新润丰·活性锌

八项举措 只为活性

创新技术 稳定畅销超10万吨

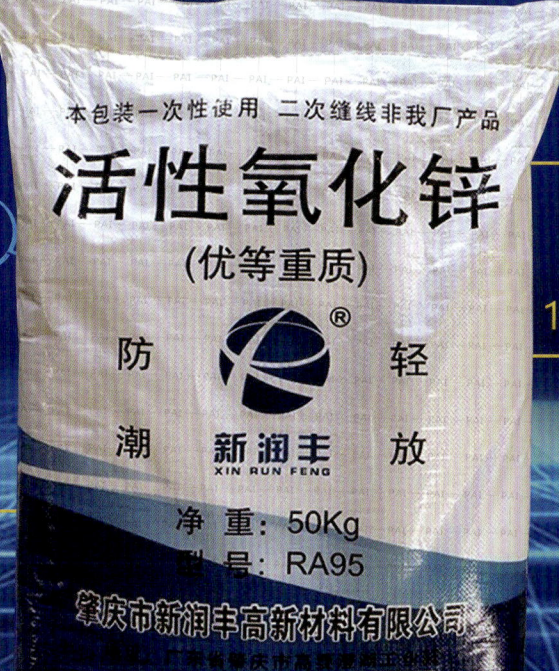

降本增效
1:1替代常规99-99.5煅烧锌

**低碳减排
节能降耗**

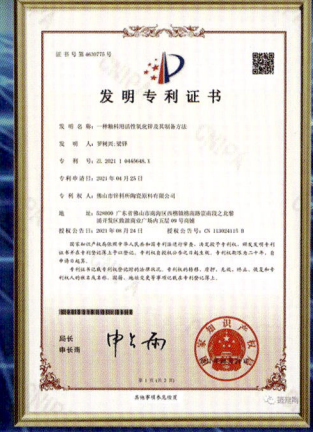

 锌知识　 锌管理　 锌行情

联系方式：133-9275-4680 许总监　　http://www.zqxrf.com/
一厂地址：肇庆市高要区回龙镇澄湖工业区　http://www.xrfzno.com/
二厂地址：肇庆市怀集县梁村镇沙田工业区
销售总部：佛山市南海区西樵镇樵高路致盈广场5层

企业简介

肇庆市新润丰高新材料有限公司，自成立以来，潜心专注于在新型锌基材料方面创新发展、艰苦奋斗，我们始终秉持为客户创造价值的核心理念，致力于为陶瓷行业、橡胶行业及电子行业客户提供高纯环保改性锌基材料，为客户创造更高效的生产方式和更优质的产品体验。为更好地履行社会责任，在研发和生产阶段，就秉承"低碳减排、节能降耗、绿色清洁"理念，坚持"高起点、高标准、高质量"要求，致力打造"资源节约型、科技创新型生产企业"！

肇庆市新润丰高新材料有限公司拥有强大的生产体系和国内先进的生产设备及严格的质量管控体系。下属高要一厂、怀集二厂有：美式连续直接法氧化锌车间、碳酸锌车间、改性间接法制备纳米氧化锌车间、釉用活性氧化锌煅烧回转窑多个车间等，年可产锌系列产品5万多吨。我们先后通过了ISO14001、ISO18001和ISO9001多项认证，获有色金属行业、陶瓷行业等优秀材料创新奖、科技进步奖几十余项，长期稳定地为行业客户提供高品质的锌基系列产品。我们组建产学研博士团队，持续不断地与国内多家陶瓷行业生产厂家、陶瓷色釉料生产单位、橡胶及电子研发生产单位紧密合作，共同解决行业材料应用技术难题。

公司坚信，为客户创造价值，便是我们存在的意义。作为一家"十五年如一日"的专业锌基材料生产企业，在低碳减排、降本增效的道路上，我们永不止步！我们始终坚持努力为客户提供卓越的产品和服务，通过不断的技术创新和升级，帮助客户降低成本、提高效率，共同发展。

公司主要产品：发明专利产品RA95型釉用活性煅烧氧化锌，间接法99.7低铅环保级氧化锌、超耐磨活性氧化锌、超自洁活性氧化锌、橡胶级活性氧化锌、涂料级活性氧化锌、高白度直接法氧化锌、纳米活性氧化锌、常规99.5和99.6煅烧氧化锌等各种规格氧化锌，品种齐全。

企业优势

专业研发团队
用客户思维与利他思维站在客户角度研发产品
降本增效永远在路上

全年生产不停歇
工厂出货稳定，发货及时，库存充足
始终坚持"质量就是企业的生命"为核心理念

专业售后服务
不断为用户做到真实及时解决客户困难和疑惑

广东中达新材料科技有限公司

■ 锆系色料　墨水色彩　塑胶颜料

联系人：黄小姐　13927718415

广东中达新材料科技有限公司，成立于2012年，注册地为四会市江谷镇精细化工区创新大道5号，所属行业为化学原料和化学制品制造业，经营范围包含：新材料、新技术研发及推广，化工原料、陶瓷原料、釉料、油墨、涂料的生产及销售。
推荐产品：锆系色料、墨水色料、玻璃油墨、塑胶颜料涂料等。

硅酸锆
复合锆
增白剂

广西藤县创域新材料有限公司

联系人：黄生 13809212263
工厂地址：广西藤县陶瓷产业园临源路
销售地址：佛山市禅城区绿景西路11号盛南公馆1507-1510

匠心20年 专业生产陶瓷原料

比质量、比价格、诚招全国中间商

规模化生产企业、售后技术支持！

专业生产： 陶瓷色料

优势产品： 坯黑 橘黄 咖啡 钴蓝 等

★ ——————————

规模化生产： 煅烧氧化锌

品种齐全： 95%、98%、99%等

品质有保障，用了就知道！

佛山市陶结义无机材料有限公司
FOSHAN TAOJIEYI INORGANIC MATERIALS CO.,LTD.

销售热线：13809217175（廖生）
公司地址：广东省佛山市禅城区石湾榴苑五街三座101
电话/传真：0757-82274458
工厂地址：广东省四会市南江工业园兴旺路1号
工厂电话：0758-3851533
网　　址：www.taojieyi.com

美添做熔块
Making Frit Be Soon

900°C
750°C
600°C
450°C
350°C

佛山市美添功能材料有限公司

地址：佛山市禅城区张槎街道智慧路2号智汇大厦1105　电话：13590561761

佛山市展邦锆材料有限公司

专业生产销售优质硅酸锆、复合锆

公司简介

佛山市展邦锆材料有限公司是国内专业生产硅酸锆的厂家。自2005年创立以来，公司始终坚持"商业信誉好，产品质量佳，客户服务至上"的营销服务宗旨，以良好的商业信誉赢得了广大客户的充分认同与赞许。近年来，公司业务迅速发展，销售总值逐年大幅度递增，现生产规模年产量为：硅酸锆20000吨，复合锆20000吨。公司生产的陶瓷用硅酸锆、锆英粉，采用优质澳砂作原料，经过精细加工生产，具有良好的白度和乳浊性，能满足建筑陶瓷、日用陶瓷及卫生陶瓷的使用要求。

佛山市展邦锆材料有限公司生产基地位于广东省佛山市高明区杨和镇对川村禄堂长腰岗开发区。目前，公司产品采用国内先进的湿法生产工艺与技术，通过引进国外先进生产设备和国产自动化生产线，实现了产品的大批量均化生产与保障产品品质始终稳定，为广大客户供货及时提供保障。立足品质，创新服务，为客户创造价值是展邦一直追求的公司理念。截至2023年，公司产品及销售服务已基本覆盖国内大部分建陶及卫浴产区，并且积极参加各种国内外相关展会活动，努力拓展海外市场，向世界展示高品质的产品与服务，为陶瓷行业提供专业品质的硅酸锆产品及完善配套的技术服务。

硅酸锆　　复合锆

联系人：林伟泉　13929954866
厂　　址：佛山市高明区杨和镇对川村禄堂长腰岗开发区126号
公司地址：佛山市禅城区石湾镇街道和平路11号A1座三楼308室

岩板增强剂

增强解胶，双效合一

陶瓷解胶剂

稳定彰显品质

陶瓷添加剂行业的**先行者**

佛山市三水区富威顺化工有限公司
佛山市威豪特陶瓷辅料有限公司

公司总部：佛山市季华西路133号金盈绿岛国际中心A5栋1205
生产基地：佛山市三水区乐平镇范湖工业区
电话：0757-82107659　13923148870　张先生　传真：0757-82307616
邮箱：fszjfeng@163.com　网址：www.weihaote.com

中冠色料·以稳定为本

岩板专用色料 | 墨水色料 | 涂料级颜料 | 彩色坯粉 | 成品釉

0757-8226 0133　　159 7575 5578

公司地址：**佛山·石湾** | 工厂地址：**肇庆·广宁**　　www.dragonpigment.com

中冠微信公众号

陶瓷色釉料及辅料生产工艺技术

主　编　秦　威
副主编　张天杰　黄　宾

中国建材工业出版社
北　京

图书在版编目（CIP）数据

陶瓷色釉料及辅料生产工艺技术 / 秦威主编. -- 北京：中国建材工业出版社，2024.9
ISBN 978-7-5160-3543-6

Ⅰ. ①陶… Ⅱ. ①秦… Ⅲ. ①陶瓷－颜色釉－生产工艺 Ⅳ. ①TQ174.6

中国国家版本馆CIP数据核字(2024)第095626号

内 容 简 介

本书是一本系统性介绍陶瓷色釉料及辅料产品生产工艺的专业书籍。全书详尽地阐述了陶瓷色釉料、陶瓷墨水、硅酸锆和减水剂等核心辅料产品的配方研制及生产流程。书中针对生产过程中所需的设备，如混料机、研磨机和煅烧窑炉等，进行了详细的说明和分析。此外，本书还深入探讨了生产工艺各环节的控制策略、配方研发的要点，以及原材料选择的关键因素，帮助读者理解并掌握生产过程中的质量控制技术。书中结合生产实践中的常见质量问题和缺陷案例，提供了切实可行的解决方案，具有较强的实操指导价值。

本书不仅适合陶瓷生产技术人员和科研工作者参考，也为陶瓷相关专业的高校学生提供了宝贵的学习资料和实践经验。

陶瓷色釉料及辅料生产工艺技术
TAOCI SEYOULIAO JI FULIAO SHENGCHAN GONGYI JISHU
主编　秦威

出版发行：中国建材工业出版社
地　　址：北京市西城区白纸坊东街2号院6号楼
邮　　编：100054
经　　销：全国各地新华书店
印　　刷：北京印刷集团有限责任公司
开　　本：889mm×1194mm　1/16
印　　张：17.75
字　　数：520千字
版　　次：2024年9月第1版
印　　次：2024年9月第1次
定　　价：198.00元

本社网址：www.jccbs.com，微信公众号：zgjcgycbs
请选用正版图书，采购、销售盗版图书属违法行为
版权专有，盗版必究。 本社法律顾问：北京天驰君泰律师事务所，张杰律师
举报信箱：zhangjie@tiantailaw.com　　举报电话：(010) 63567684
本书如有印装质量问题，由我社事业发展中心负责调换，联系电话：(010) 63567692

主 编 简 介

秦威，男，1982年11月生，籍贯为湖北黄石，中共党员；本科毕业于华东师范大学人力资源管理专业；目前担任佛山市达索陶瓷科技有限公司总经理、佛山新意美文化传播有限公司总经理、色釉料网总编辑，并受聘为中国建筑卫生陶瓷协会色釉料原辅材料分会顾问、广东省人力资源厅陶瓷原料准备工作题库开发专家、广州数据交易所陶瓷行业数据空间智库专家、学术期刊《佛山陶瓷》编委、佛山市禅城区人民法院人民陪审员；先后在《陶城报》《陶瓷信息》等开设机械化工专栏，担任《佛山陶瓷》杂志专家门诊栏目解答专家等。

2004年大学毕业后即到广东佛山，进入陶瓷行业后一直在生产技术一线工作，先后就职于宝力高、禾合等企业；2013年创办佛山市达索陶瓷科技有限公司，主要通过技术带动销售，深耕精细划分的陶瓷色料矿化剂市场；2020年创办色釉料网，打造行业专业媒体平台，以调研需求、传递价值为核心价值观，为行业发声，为企业降本增效拓展客源，塑造原料供应商企业的品牌和口碑。

自2005年开始，先后在行业内学术期刊《陶瓷》《佛山陶瓷》等发表学术论文60余篇，被《佛山陶瓷》杂志、《创新陶业》报聘请为特约撰稿人；2010年被佛山市陶瓷学会评为"2010年度学术交流先进个人"，2011年被《佛山陶瓷》杂志授予"创刊20周年优秀作者"，2015年被佛山市陶瓷学会评为"2013—2014年度科技创新优秀个人"，同年被中国陶瓷工业协会、中国陶瓷媒体俱乐部授予"中国陶瓷行业报刊优秀作者"，2021年被佛山市健康家居材料协会授予"健康家居美学推广大使"，2023年被佛山市陶瓷学会第十五届理事会增选为理事。

《陶瓷色釉料及辅料生产工艺技术》编委会

名誉主任：

徐熙武　中国建筑卫生陶瓷协会驻会副会长、教授级高级工程师
张柏清　景德镇陶瓷大学教授
尹　虹　华南理工大学教授、博士、佛山市陶瓷行业协会秘书长
黄　菲　东北大学资源与土木工程学院地质系教授

主　编：

秦　威　色釉料网总编辑、中国建筑卫生陶瓷协会色釉料原辅料分会顾问

副主编：

张天杰　山东国瓷康立泰新材料科技有限公司总经理、高级工程师
黄　宾　广东轻工职业技术学院教授、正高级工程师、佛山市陶瓷学会秘书长、《佛山陶瓷》主编

委　员：

周　军　山东国瓷康立泰新材料科技有限公司副总经理、博士、高级工程师
徐志成　广东中达新材料科技有限公司董事长
况学成　广东大角鹿新材料有限公司研发总监、博士、教授级高级工程师
罗树兴　肇庆市新润丰高新材料有限公司总经理、高级工程师
张俊峰　佛山市三水区富威顺化工有限公司总经理
钟保民　广东东鹏控股股份有限公司教授级高级工程师
卫翠婷　佛山市中冠无机材料有限公司总经理
蔡耀鸿　广东三水大鸿制釉有限公司副总经理
刘亚民　佛山海关综合技术中心高级工程师
陈迪晴　佛山市玉矶材料科技有限公司总经理
廖继明　佛山市陶结义无机材料有限公司总经理
胡智敏　威远大禾陶瓷原料有限公司总经理、博士
吴团花　佛山市展邦锆材料有限公司总经理
赵秀娟　广东道氏技术股份有限公司技术副总监、高级工程师
柯善军　佛山欧神诺陶瓷有限公司省工程研发中心主任、博士/后、教授级高级工程师
黄玉生　福建省群益陶瓷原料有限公司总经理
江正耕　佛山市杨森化工有限公司总经理
刘桂彬　佛山市美添功能材料有限公司总经理
冯晓文　欧陶科技集团化工事业部总经理
汪庆刚　蒙娜丽莎集团股份有限公司研发中心副总经理、博士、教授级高级工程师

张代兰　广东金牌陶瓷有限公司生产副总裁
李文芳　肇庆市中元高新材料有限公司总经理
李建成　佛山市新集化工科技有限公司总经理
陈　殊　佛山市华都陶瓷色釉有限公司副总经理
吴爱勇　佛山市扬子颜料有限公司总经理
方国福　佛山市国方纤维材料科技有限公司总经理
黄显华　广西藤县创域新材料有限公司总经理
李爱林　佛山市华意陶瓷颜料有限公司总经理
李　平　广西恒特新材料科技有限责任公司董事长

参编成员：（排名不分先后）

刘文海	邱子良	张德佑	张建	彭湘晖	吴晋	张缇
张松伟	章文义	潘雄	卢高升	张军	姚文澄	徐德君
刘保玉	金诗平	张宁	文泽杰	王丽丽	康昭	黄文忠
黄金平	董行	张冰冰	曾宪达	牛岩松	许宏	饶云
邱成华	吴良友	陈文军	袁子学	徐云	汪训杰	李汉贞
胡猛	刘燕锋					

序一

陶瓷有彩描天下　端赖此物入工坊

中华陶瓷，传承千年。人类的生活一直在向品质、安全、健康方向发展，不同历史时期都有陶瓷行业技术进步的足迹，都有陶瓷产品美化生活的人文体现。精美的釉色起到文化承载的作用，其中色釉料是成就陶瓷熠熠生辉的关键材料。

人类文明的进程是人文品质生活的进程。基于美化、保护人类居住环境，提供安全健康的生活，人们提出了陶瓷发展的三个维度：性能、装饰、安全健康。色釉料产业作为陶瓷装饰技术的主力军，为行业高质量发展提供了技术保障。

近几十年来，建筑陶瓷已发展成为体量最大的陶瓷品类，与日用陶瓷、卫生陶瓷等组成我国的陶瓷工业体系。伴随现代陶瓷工业的不断壮大，产品规格不断突破，陶瓷仿真装饰的自然要求度不断提升，新工艺不断进化，尤其是喷墨打印技术的应用，必然要全面提升色釉料技术水平，从而提升陶瓷的美学层次。

中国建筑卫生陶瓷协会组建色釉料原辅材料分会已开展工作多年。2013年起我进入协会，作为主要负责人参加分会工作，接触到色釉料行业的各路精英，认识了很多新朋友，多为研究学者、技术人员和行业精英，他们有技术有作为，共同促进了行业的发展。色釉料网秦威先生是其中的代表，作为行业资深研究者，他从事行业进步推动工作，卓有成效，得到了大家的认可。

日前，欣闻秦威先生策划主编《陶瓷色釉料及辅料生产工艺技术》一书，结合行业发展情况，邀请多名专家学者，将色釉料及原辅材料的配方、用料、工艺、装备等内容进行系统编写，阐述色釉料生产管理、质量提升、环境保护等内容，在突出技术进步、研究创新的同时，还详细分析了产品质量出现问题的原因，提出解决方案，非常实用。本书系统全面，有针对性，值得行业科技工作者学习使用。

在国家提出高质量发展的大背景下，行业合众力，凝智慧，科技力量必致其效。相信该书的出版对于行业的健康发展具有积极意义。

为此总结：行业增色因人起，向阳花木次第开。

以此作序，致敬有识之士，致敬有为行业。

中国建筑卫生陶瓷协会驻会副会长

徐熙武

2024年4月

序二
求知若饥　虚心若愚

2024年3月底的一天，朋友秦威邀请我共进晚餐。我提前到达"石湾公仔"茶室，正在刷着手机，仿红木门"吱扭"一声开了。我起身的同时秦威也迅速闪身进来。一米八的个子显得高大挺拔，满脸的微笑中露出一口洁白的牙齿，四十来岁的他帅气高大，充满生命的活力。

在等待其他客人的时间，我和秦威攀谈起来。

要说秦威的职业生涯，可以说是跨越了多个行业。

从大学毕业后最初进入佛山的一家色料企业，他从一名基层技术员干起，做到色料配方工程师。

逐步积累经验后，他发现少量的成分原料对色料的稳定发色至关重要，便离开企业，自己开了一家公司。在为服务对象企业提供配方改进方案的同时，供应这种"少量"而"关键"的原料，在"双向互动"中忙得不亦乐乎，赚得人生第一桶金。

几年后，他又涉足自媒体领域，做得风生水起，收获一众专业粉丝。生性腼腆的他做起主持人后，却驾轻就熟，掌控自如。

色釉料专业的工作经验和媒体工作的摸爬滚打，给他插上了强有力的翅膀，让秦威的胆子大了起来——他要出书。

最终，他和朋友一起编了《陶瓷色釉料及辅料生产工艺技术》这本书，让我感到非常惊喜，所以晚餐的第一时间就献上了衷心的祝贺。

再来说说这本书。

古语有云：医不叩门，道不轻传，师不顺路，法不空出。

出书类似于传道授业，把自己学习了20年的傍身秘诀公之于众，这要下多大的决心才行？

最近，一位教授在视频中讲到，我国的大学教材相对于工业发展普遍滞后了20年，有个别专业甚至达40年。这并不是因为教授们懒惰，而是由于现代社会，特别是近40年来，我国经济快速发展，各种设备、原料、配方和工艺都发生了巨大变化。此外，教学人员与生产实践之间存在隔离，这也是一个需要解决的问题。在象牙塔里的教授可能缺乏实践经验，而在企业工作的人员则往往因工作繁忙而无暇写书。最终的结果就是教材的更新出现大面积断层。

然而，秦威却将专业知识、家国情怀和人生追求完美地结合在一起，并且出版成书。他梳理了整个陶瓷色釉料行业近年来的发展，编写了这本书。

秦威编写的这本书结构完整、内容充实，与现代生产实践紧密结合。书中的大部分内容来源于生产实践，包括一些工艺诀窍和保密配方。此外，书中还包含了一些按照书本操作后发现不对、需要调整的内容，他都一一写出来。特别是现在陶瓷喷墨墨水使用以后，针对色釉料、墨水及数码打印相关内容，他浓墨重彩地予以阐述。陶瓷墙地砖整个数字化进程迅速推进，数字化和智能化的应用，彻底改造了陶瓷墙地砖产业，带来了巨大的革新。

在这里我要代表读者向秦威等作者表示感谢。首先，秦威个人拥有丰富的工作经验，这些经验不仅是他个人的，也是综合了多家工厂、多个工艺工程师的体会。这使得本书的"含金量"甚高。其次，他有情怀，愿意把自己的智慧奉献出来，与大家分享。出版这本书，既能让相关知识得以传承，又能让后人少走很多弯路。这种无私奉献的精神，真是善莫大焉。

在和秦威的聊天中，他也感叹自己仿佛被掏空了，他把自己的实践经验和智慧都奉献出来，相当于自己也"归零"了，要重新出发。

这不正应了苹果创始人乔布斯的名言吗？"求知若饥，虚心若愚。"不敢说"英雄所见略同"，起码认知的境界是相同的。

等图书出版的那天，一定"借一缕书香，送一杯美酒"，与一众作者再次祝贺。盼望那天的到来。

金刚科技研究院院长

2024 年 4 月

序三
一切皆有可能　去创造生命中更多不一样

出于对我的信任，秦威先生邀请我为此书写序。

虽没和秦威先生打过太多交道，但我对秦威先生在陶瓷色釉料领域深耕20余年并取得的卓越成就早有耳闻。特别是他近期一本著作《陶论》的出版，实属不易。该书获得陶瓷行业众多专家的夸赞，认为有理论、有见地、有实践、有方法、敢说、敢干、敢开先河，而且介绍得通俗易懂，特别接地气。很多大型陶瓷企业还在中高层职员培训中推荐该书作为重要培训教材。

在平日繁忙工作之余，秦威先生笔耕不辍，不断整理自己的技术实践成果和大家分享。这本《陶瓷色釉料及辅料生产工艺技术》可以说是其20余年技术研究实践工作的归纳和总结，从色料、釉料、墨水、辅料的技术配方和设备到生产过程中的常见问题解决，非常全面。它是目前行业内稀缺的一本与时俱进的、足够系统、足够全面的教科书、工具书、参考资料。我认为这本书对陶瓷行业各级从业者都有很大的借鉴意义和实用价值。

第一，本书全面、系统、清晰地阐述了陶瓷色釉料技术配方和生产工艺设备。它如同一张清晰的地图，贯穿于整个陶瓷色釉料及原辅料行业，指引从业者以最高效的方式抵达目的地，为行业新人提供系统的介绍。如陶瓷色料的种类和实用配方实例，可以让后来的从业人员直接站在大师的肩膀上去做基础配方升级研究。如最新的釉料介绍和常见墨水生产中的应用答疑等，每个环节的问题与方法在书中都得到了详尽的阐述。当新从业者案头上拥有这本书时，也就获得了一本通往和深入行业的指南。

第二，"有道无术，术尚可求也；有术无道，止于术"。与市面上许多技术图书不同，这本书不仅科普了陶瓷色釉料的命名、用途、配方、工艺、设备，还详细解答了色釉料生产应用的各环节问题，谈到了行业的发展趋势话题。作者集平时多学科多维度的思考于一书：从配方到工艺，从设备到生产，从应用到趋势，甚至分享行业发展情况和区域资源数据。这些都是为了帮助从业者更好地了解陶瓷色釉料行业和掌握色釉料行业过去和未来的真正之"道"。

第三，一本书背后是作者的专业、见识、思想、品格等特质的体现，从这本书中可以看到丰富的科普内容，兼有宽度与深度，看得出作者作为一名媒体人和技术专家平时虽有诸多繁杂事务缠身但仍能不断勤于阅读，博学且多思，把林林总总的各种知识有机地串联起来并形成自己的体系。一名真正有影响力的从业者不仅实战经验丰富，还善于总结提升并传递其思想。今天，在企业里有丰富工作实践并有斐然成绩的从业者有许许多多，但能把经验总结出来并系统表述清楚的人寥寥无几,而秦威先生做到了。

《后汉书》里有一句话:天下皆知取之为取,而莫知与之为取。秦威先生这本来自实践并有深度提炼的著作,相信可以给行业内各位从业者带来启发并使其从中获得一些行之有效的方法,这其实是人生最大的一种"与之":给人方法、给人启迪、给人力量。当然,在著书过程中秦威先生自己的行业理念与认知亦得到升华,从而让自己有机会可以去探索陶瓷世界里更宽广的边界,这也是一种"取"。相信这本书的出版还可以让更多的陶瓷从业者看到一切皆有可能,从而去创造生命中更多的不一样。

肇庆市新润丰高新材料有限公司总经理

罗树兴

2024 年 4 月

前　言

我国陶瓷行业经历了20多年的高速发展，陶瓷色釉料及辅料行业伴随着陶瓷行业数字化也发生变革升级。自2017年我国建筑陶瓷产量以101.3亿m^2达峰之后，2023年国内建筑陶瓷产量已逐年下降至67.3亿m^2，陶瓷色釉料行业伴随着陶瓷产量缩减开始进入缩量市场，陶瓷大板岩板的兴起为辅料行业增长提供了产业基础。

本书根据国内外陶瓷色釉料墨水及辅料近10年以来的技术创新编写，并且考虑到陶瓷色料墨水、陶瓷釉料熔块、辅料减水剂及硅酸锆、精细加工设备以及陶瓷墙地砖生产企业技术人员的需求而编写。

2022年国内陶瓷色釉料及原辅材料行业整体产值下滑8%～9%，除了陶瓷墨水及色釉料之外，结合2022全国陶瓷色釉料暨原辅材料产业调查的情况来看，全行业包含添加剂辅料的行业总产值约188.7亿元。其中，陶瓷添加剂包括减水剂、增强剂、硅酸锆、抛光纳米液等，产值合计约为88.7亿元，其余部分包括陶瓷墨水、色釉料、熔块干粒和抛釉等，产值合计约为100亿元。

依据色釉料网在2023年进行的色釉料暨原辅材料行业产业调查发现，截至2023年6月，国内现存的具备一定生产规模以及自身持有土地证的色釉料及原辅材料企业176家，其中包含外资墨水企业5家。国内房地产市场遭遇拐点之后，相关陶瓷产区内的传统色釉料企业开始部分转型，相继有企业放弃生产转向贸易或退出这个行业。色釉料行业再细分的话，抛釉及熔块干粒企业的数量占比超过70%，传统色料企业占比逐年下降，单纯只生产坯体色料和少量釉用色料的传统色料企业有30多家。

为了科学系统地总结近10年来我国在陶瓷色釉料熔块及原料辅料生产技术与工艺设备上的进步，包括陶瓷色料配方研发技术、陶瓷墨水色素生产工艺、全自动化抛釉生产设备、陶瓷墨水大容量研磨设备及原理工艺、结合实际生产的抛釉配方研制技术、陶瓷减水剂生产工艺、纳米硅酸锆湿法生产工艺、陶瓷色料精细加工设备、实用生产案例剖析、国内色釉料与辅料产业分布情况等，同时，介绍国外色釉料墨水研发趋势及新技术，从而推动我国陶瓷色釉料及辅料技术与加工设备整体提升，从模仿到创新，从学习到超越，我们特编写了本书。

本书由40余位行业同人参与编写，基础内容源自笔者2013年在《佛山陶瓷》增刊发表的《陶瓷色釉料实用生产与工艺技术》，并结合最新的生产工艺设备和新产品研发邀请行业内资深的技术专家和生产一线技术工程师进行了完善和更新。全书分为6章，主要介绍了陶瓷色料的生产及工艺设备、陶瓷色料的配方调试与工艺控制、陶瓷釉料及熔块、陶瓷色釉料墨水及辅料生产疑难问题与应用、陶瓷辅料添加剂及硅酸锆和国内陶瓷色釉料墨水行业发展情况等内容。

希望本书成为陶瓷色釉料产品、陶瓷墨水熔块产品、陶瓷辅料减水剂及硅酸锆产品研发与生产技术人员的工具书。

也希望本书成为相关高等院校，如武汉理工大学、华南理工大学、景德镇陶瓷大学、陕西科技大学、湖北理工学院、江西陶瓷工艺美术职业技术学院等陶瓷相关专业学生和教师的选修专业书。

由于作者水平有限，本书在编写过程中难免存在不妥与疏忽之处，诚恳希望广大读者批评指正。

编者

2024 年 2 月

目 录

0 绪论 1
   0.1 陶瓷色釉料行业发展现状综述 1
   0.2 陶瓷色釉料暨原辅材料产业发展现状与机遇 3

1 陶瓷色料的生产及工艺设备 5
   1.1 陶瓷色料的种类及实用配方 5
   1.2 陶瓷色料的生产窑炉 24
   1.3 陶瓷色料生产工艺流程与加工设备 30

2 陶瓷色料的配方调试与工艺控制 41
   2.1 陶瓷色料的配方调试与生产工艺 41
   2.2 陶瓷喷墨打印墨水的研制 76
   2.3 陶瓷色料常用原材料及其性质 95

3 陶瓷釉料及熔块 126
   3.1 釉的作用与分类 126
   3.2 生料釉的混料设备及流程 133
   3.3 常见釉料原材料与性质 134
   3.4 陶瓷熔块 139
   3.5 陶瓷干粒 144
   3.6 金属釉 148
   3.7 全抛釉 152
   3.8 陶瓷功能性釉料 156
   3.9 陶瓷数码釉 165

4 陶瓷色釉料墨水及辅料生产疑难问题与应用 166
   4.1 全抛釉瓷砖生产过程中常见的技术问题及解决方法分析 166
   4.2 抛釉砖凹釉缺陷产生的原因及解决方法 167
   4.3 浅析大规格岩板或瓷砖出现阴阳色的原因及预防措施 171
   4.4 关于原材料进厂检测需要注意的问题 173
   4.5 橘黄产品出现黑心的解决方法 174
   4.6 浅析 400mm×800mm×8mm 规格釉面砖色差的原因 174
   4.7 关于隧道窑倒窑、窑车轴承坏死等问题的答疑 177
   4.8 利用铬铁矿生产陶瓷色料时需要注意的问题 178
   4.9 煅烧锌使用和生产中常见的质量缺陷 179
   4.10 白砖出现质量问题的原因及解决措施 179
   4.11 钴系列宝石蓝产品加工过程中的注意事项 180
   4.12 化学锆和电熔氧化锆在生产锆铁红产品时的差异 181
   4.13 关于釉面砖出现质量缺陷的答疑 182
   4.14 利用金红石矿生产钛系列色料的工艺问题 183
   4.15 抛釉和肌肤釉/柔光釉常见的问题及解决方案 184

4.16	关于煤气炉等各种热交换器的日常保养除垢问题的说明	185
4.17	关于几种常见色料在透明熔块和锆白熔块中出现色差的控制	185
4.18	关于陶瓷釉用黑色在使用过程中需要注意的几个问题	186
4.19	窑炉的选择与转窑的调试要点	187
4.20	日用瓷釉料对陶瓷色料的要求	188
4.21	隧道窑的配置与调试中需要注意的几个关键点	189
4.22	陶瓷坯体钛黄色料配方试制中的几个关键点	190
4.23	陶瓷色料生产中匣钵的选择	191
4.24	墨水使用过程中的常见故障及解决方案	192
4.25	喷墨机出现各种拉线缺陷的解决方案	194
4.26	喷墨机出现滴墨的解决方案	194
4.27	喷墨出现色痕、阴阳色缺陷的解决方案	195
4.28	喷墨出现图案模糊、釉裂、起皮、炸釉等情况的解决方案	195
4.29	喷墨产品出现凹釉、排墨的解决方案	196
4.30	堵点拉线生产问题的解决方案	196
4.31	气泡拉线问题的解决方案	197
4.32	缺墨拉线问题的解决方案	197
5	**陶瓷辅料添加剂及硅酸锆**	**199**
5.1	陶瓷添加剂分类及应用	199
5.2	硅酸锆的生产及应用	213
6	**国内陶瓷色釉料墨水行业发展情况**	**218**
6.1	广东陶瓷色釉料行业发展情况及区域资源	218
6.2	江西陶瓷色釉料行业发展情况及区域资源	221
6.3	湖北陶瓷色釉料行业发展情况及区域资源	224
6.4	广西陶瓷色釉料行业发展情况及区域资源	227
6.5	福建陶瓷色釉料行业发展情况及区域资源	231
6.6	山东陶瓷色釉料行业发展情况及区域资源	233
6.7	四川陶瓷色釉料行业发展情况及区域资源	234
6.8	江苏、浙江、安徽陶瓷色釉料行业发展情况及区域资源	236
6.9	国内外资陶瓷色釉料企业发展情况	237
6.10	陶瓷喷墨打印机的未来发展方向	238
附录		**242**
参考文献		**247**
后记		**248**

0 绪 论

0.1 陶瓷色釉料行业发展现状综述

(1) 中国陶瓷行业整体发展情况

中国建筑卫生陶瓷协会调研数据显示：2022年，全国瓷砖"名义产能"从2020年的123.2亿m^2增长到125.6亿m^2，增长率为1.95%。事实上有近25亿m^2产能的装备由于设备的老化、政策迭代等原因已无法正常满足现在政策环境以及市场环境下所提出的生产要求，因此125.6亿m^2是"名义产能"，全国陶瓷砖有效产能约100亿m^2。2022年，行业的实际产量约73亿m^2，同比下降10.5%，产能利用率约为73%。2022年，抛釉砖成为产能占比最大的品类，瓷片在过去两年产能大幅萎缩，目前产能占比16%，居第二位；中板是过去两年间增速最快的品类，占比为12%，跃居第三位；仿古砖(11%)，大/岩/薄板产能也将近翻倍，占比8%。

依据《2022我国陶瓷卫浴行业市场大数据报告》显示，2022年1—12月，全国陶瓷砖实际产量同比去年降低15.21%。产区方面，2022年广东、江西、福建、四川、山东、辽宁、湖北等主要陶瓷产区陶瓷砖产量均出现较大幅度下滑，其中下滑幅度最大的省份是湖北省，累计产量同比下滑38.7%，其次是福建省，累计产量同比下滑25.8%。2022年1—12月，规模以上建筑陶瓷工业主营业务收入比上年同期降低4.1%。2022年全年，全国瓷砖总需求量同比下滑5.3%。

根据海关相关数据统计：2022年，我国陶瓷砖进出口总额为50.45亿美元，其中出口总额为48.99亿美元，进口总额为1.45亿美元。以人民币计，2022年，我国陶瓷砖进出口总额为339.82亿元，其中出口总额为330.15亿元，进口总额为9.67亿元。据国家建筑卫生陶瓷检测重点实验室刘亚民统计，2022年是近5年来建筑陶瓷出口额最多的一年。

整体来看，2022年国内整个陶瓷产业链上下游整体下滑幅度在8%~9%。需要指出的是，国内建筑卫生陶瓷产量进入下降周期，但是建筑卫生陶瓷产能显示出较之上一年增长。因此，未来国内陶瓷厂家以及产能方面还需整合与淘汰至少20%的产能。当然，需要看到的是，即使中国广义陶瓷产量在下降，但是在全球建筑陶瓷市场方面依旧是全球最大的稀缺市场和生产市场。随着新冠疫情的结束与对外放开，国内陶瓷依旧充满机遇与新机会。

(2) 陶瓷色釉料暨原辅材料产业发展情况及产值

2022年国内色釉料暨原辅材料行业整体产值下滑8%~9%，除了陶瓷墨水以及色釉料之外，结合《2022全国陶瓷色釉料暨原辅材料产业调查》的情况来看，全行业包含添加剂辅料的行业总产值约188.7亿元。其中，陶瓷添加剂包括减水剂、增强剂等硅酸锆纳米液等产值合计为88.7亿元左右，其余部分包括陶瓷墨水、色釉料、熔块干粒和抛釉等产值合计约为100亿元。从行业产销方面来看，上半年呈现良好的市场需求情况，其中部分抛釉类企业在6—7月甚至实现逆势增长，超过历史最高产能。下半年进入8月之后市场逐步低迷，市场需求遭遇断崖式下降，特别是传统色料行业提前进入停产放假情况的企业逐渐增多。

另外，从单个企业面来看，色釉料行业年产值超过10亿元的企业并不多见，除2家上市企业外，整个行业年产销值超过5亿元的色釉料企业不超过5家。从细分领域来看的话，色料产品以及硅酸锆和干粒产品叠加在一起的产值在57亿元左右。陶瓷墨水整个产业的产值在27亿元左右。抛釉以及熔块干粒类产品的产值在76亿元。适用于陶瓷企业的添加剂类产品的产值在27亿元左右。

(3) 传统色料产业及釉料的发展情况及产值

2022年传统色料行业的市场生存空间进一步被陶瓷墨水挤占。传统色料行业80%以上的企业主要产品为陶瓷坯黑类产品。其中，市场主流占比最大的品类为中低端的坯黑类产品，市场销售价格集中在4000～5000元/t。中档用于中板和薄板类的坯黑类产品的市场售价主要集中在9000～13000元/t。而真正用于陶瓷大规格和厚板的岩板黑类产品，上半年从市场需求每月在3000t左右，到下半年近乎腰斩，逐步退出市场，而此类岩板黑产品的价格也是从上市初期的接近31000～33000元/t，到2022年下半年时价格下滑超过25%。部分色料厂家为了迎合陶瓷厂的低价要求，使用略低于标准含量99%的铬绿产品，如95%或者90%含量的氧化铬绿产品来进行岩板黑类色料的生产，行业内卷导致岩板黑类产品价格直线下跌至23000～26000元/t。因此，2022年传统色料行业的总体产值，抛开陶瓷墨水色素部分来看，单纯色料部分的产值在23亿～25亿元是合理的。

抛釉类企业在2022年的情况整体相对平稳，主要基于目前国内瓷砖主流产品依旧是抛釉类产品。其中，国内主要陶瓷产区内的抛釉砖生产线超过600条，而且随着国内瓷片类产品生产线的逐步淘汰，对于熔块的需求在持续的减少。从2022年全年来看，国内全年不停产的熔块窑炉保持在50台左右，熔块的整体产能和产量在持续减少，而且熔块类产品的主要方向上也是走外贸出口订单。抛釉类产品的单价下滑叠加上原料价格波动，抛釉类企业的利润十分稀薄，稍有不慎就会亏损。而且，2022年下半年部分陶瓷企业的资金链断裂以及经营不佳导致个别抛釉类企业产生烂账以及打折收款都造成了釉料类企业全年亏损等情况的发生。目前，抛釉类产品是主流，在产值方面占比肯定高出熔块类产品，从估值方面来看，国内抛釉类产品的年产值在50亿元以上。

(4) 陶瓷墨水行业及上市企业的发展情况与产值

2022年陶瓷墨水行业遭遇原材料氧化钴价格暴涨，导致陶瓷墨水成本直线上升。陶瓷墨水中蓝色及黑色墨水占比较高，氧化钴作为蓝色墨水和黑色墨水的主要原料之一，因此氧化钴价格短时间暴涨之后，这2个色系的墨水成本也直线上涨。受房地产企业暴雷影响，2022年不少头部陶瓷企业销售迟滞、回款困难，导致色釉料企业在回款方面也受到很大影响。陶瓷墨水企业面临涨价压力大，收款账期变长等不利因素影响。除了头部2家上市企业在国内墨水市场占比继续上升至75%之外，外资企业以及其他中小国产墨水企业也面临市场竞争压力大、陶瓷厂端涨价难等问题。

上市陶瓷墨水企业方面，国瓷材料（股票代码：300285）发布2022年三季度报告。公告显示，2022年前三季度营业收入为2443010176.08元，比上年同期增长7.46%；归属于上市公司股东的净利润为457013015.83元，比上年同期下滑24.02%。报告期内经营活动产生的现金流量净额为184293001.52元，总资产7676153874.10元。报告期内公司投资收益-5696841.43元，比上年同期减少134.23%，主要是联营企业亏损和远期结汇损失；营业外支出6156234.13元，比上年同期增加414.01%，报告期处置报废资产和新冠疫情捐赠。

道氏技术（股票代码：300409）发布2022年年度业绩预告显示，报告期内归属于上市公司股东的净利润8500万～11050万元，比上年同期下降80.33%～84.87%。公司2022年经营业绩波动主要原因：一方面，2022年上半年钴镍产品的市场价格波动幅度较大，钴金属产品自3月起呈单边下滑趋势，同时公司产品销售单价亦出现下滑，而主要原材料成本的下跌幅度滞后于产品价格下调幅度；另一方面，公司上半年采购的钴产品价格相对较高，导致结存的部分钴原材料及以钴为原材料生产的产成品成本高于可变现净值，公司对该部分存货计提了存货跌价准备。报告期内，预计非经常性损益对公司净利润的影响金额约为2997.94万元。

综上可知，由于2022年原材料氧化钴等价格大幅波动，行业内2家上市企业的业绩受影响较大。即使在上半年的时候针对国内市场陶瓷墨水价格有限提价，但是原材料成本增长幅度过高以及营业外支出项目增加，由此导致净利润下滑明显。因此，未来来看的话，2家上市企业减少陶瓷墨水价格内卷以及实现业务向其他领域拓展十分必要。

0.2 陶瓷色釉料暨原辅材料产业发展现状与机遇

（1）陶瓷色釉料行业企业情况及产业现状

根据色釉料网在2022年所进行的色釉料暨原辅材料行业产业调查中发现，截至2022年12月30日，国内现存的具备一定生产规模以及自身持有土地证的色釉料及原辅材料产业企业176家，其中包含外资陶瓷墨水企业5家。新冠疫情以及国内房地产遭遇拐点之后，国内相关陶瓷产区内的传统色釉料企业开始部分转型以及相继有企业放弃生产转向贸易或退出这个行业。当中，如江苏地区的拜富企业直接转向了硅酸锆的生产；广东地区的宝力高等直接转卖厂房退出这个行业。从色釉料行业再来细分的话，抛釉以及熔块干粒企业的数量占比超过70%，传统色料企业占比逐年在下降，单纯只生产坯体色料和少量釉用色料的传统色料企业有30多家。

（2）陶瓷色釉料产品流行趋势与辅料行业情况

黑白灰系列瓷砖依旧是2022年的市场主流产品，当然岩板类产品在2022年上半年也是走出了一段小高峰，特别是厚岩板黑色砖系列使用高档坯黑类产品较多，单条生产线最高可消耗100～200t的岩板黑类产品。因此，从时间点上来看，上半年市场主流是高档岩板黑和中低档坯黑，高档岩板黑类产品市场每月需求量在3000～4000t，而中低档的坯黑类产品市场每月需求超过12000～15000t。因此，上半年国内陶瓷市场整个坯体色料市场仅仅是黑色类色料需求就在15000～19000t。但是，时间进入到8月之后，市场需求明显减少，首先是高档岩板黑类产品断崖式下降至每月500～600t，同时，中低档的坯黑类产品需求同样是对半腰斩下跌至3000～4000t。

从辅料行业来看，大中岩板等生产线的产能释放在上半年促进了添加剂市场的恢复。传统的减水剂市场保持相对稳定的运行，虽然也遭遇液碱等减水剂原料价格波动，但是出于留存和稳定客户的需要，大部分的添加剂企业并没有跟进市场进行价格的调整，部分添加剂企业甚至还降低单价来抢夺订单。白色岩板以及大中板等的盛行为增白剂以及硅酸锆类产品提供了较强的支撑，由于海运以及锆砂资源紧张和价格大涨，2022年硅酸锆类产品价格也是经历了短时间内的大涨。另外，如悬浮剂以及印油印膏类产品市场需求相对较小，特别是陶瓷生产线向喷墨数字化转型之后对于印油之类的需求更是在逐年减少。

（3）陶瓷釉料技术创新与干粒在抛釉中的应用

近些年，色料方面的技术创新遭遇瓶颈，在原料以及工艺等没有创新和没有新材料的应用下，色料产品更多的只是在做规模化采购。相对来说，釉料方面的创新点多一些，如道氏技术推出的巨晶干粒是道氏最新研制的一款陶瓷材料产品，该产品属建筑陶瓷行业内首创产品，独一无二，全程自主研发。巨晶干粒产品总体分为三大板块六大工艺，应用领域广泛。其原理在于通过配方优化创新，能使结晶体在快速烧成中呈现出更大的晶花形态，增强了材料的装饰性，提高了成品附加值，是建筑陶瓷领域又一项重大技术突破，可应用于岩板的表面装饰，为客户提供了更多选择。还有像艾陶制釉推出的次生原料熔制高附加值熔块技术，在陶瓷行业中各种锶、钡、铝、锌、锆等材料大多依赖进口，价格高并受国际环境影响价格波动大，需求及成本基本难以管控，特别是碳酸锶和氧化锌价格居高不下。鉴于此，艾陶制釉团队利用性价比高含锶、锌、钡的次生原料，结合长石、白云石、石英等基础原料经高温熔融生成稳定的硅酸盐结构，制成陶瓷熔块。该技术利用高温熔制的生产条件所制成的702熔块应用在全抛釉生产过程中具有两方面特点：一是能更好地适应快速烧成，大大地减少了传统生料釉在生产过程中的缺陷，釉面气泡针孔明显改善，助熔效果强，防污性能好，发色稳定；二是一般使用量均在15%～20%，同时可减少碳酸锶、氧化锌等高值原料的使用量，釉料综合成本降低。

（4）大板喷墨装饰与通体布料喷粉

陶瓷行业升级到数字化喷墨生产线之后，陶瓷喷墨打印机设备厂家对于瓷砖产品的升级起到了关键作用。如新景泰大板背景墙喷墨装饰技术，包括机器（扫描式喷墨机、单 Pass 机）和专用墨水技术。它突破了传统瓷砖的工艺瓶颈，开拓了一个能在烧结后光洁的大板表面打印，是适应全尺寸系列中、高产量的全新的工艺方案。该技术通过喷墨机将低温（650～720℃）的无机墨水打印到大板或玻璃上，再经过窑炉或钢化炉低温烧制，生产出颜色鲜艳、低碳环保的建材、家居产品，能丰富大板背景墙的花色，使陶瓷大板更好地融入传统墙地砖的使用空间，拓宽大板的应用场景，解决普通大板因同质化而产能严重过剩的问题，提供了一个低碳环保的技术路线。还有如赛普飞特推出数字化高速精密多色陶瓷通体布料喷粉机，数码喷墨机实现了瓷砖表面纹理的数字化、智能化装饰，而赛普飞特研制的数码喷粉机则实现了瓷砖坯体内部纹理的数码化装饰，为生产全通体高档次的各种规格陶瓷板提供了技术保证，为提升陶瓷产品竞争力提供了有力支撑。佛山市赛普飞特生产的数字化高速精密多色陶瓷通体布料喷粉机通过技术创新，可从外观、纹理、强度等多方面与石材高度接近，生产出来的产品纹理流畅自然、效果逼真，装饰效果更加自然，接近天然石材，可以替代石材，对节约资源、保护环境具有积极意义。该款设备已投入杭州诺贝尔陶瓷有限公司、广东宏陶陶瓷有限公司、广东金牌陶瓷有限公司等知名陶瓷企业使用，设备运行良好，获得用户高度认可。

1 陶瓷色料的生产及工艺设备

1.1 陶瓷色料的种类及实用配方

1.1.1 陶瓷色料的命名及标准

陶瓷色料是在陶瓷制品上所使用的着色材料的通称，包括釉用色料和坯用色料、其基本着色物质通常是各种人工着色无机化合物，少数情况下是天然矿物和金属氧化物。其状态通常是粉体也有液体的，它们分散在基体（坯或釉）中，形成一种非均质的多相结构。

陶瓷制品离不开装饰，好的装饰使制品身价百倍。装饰材料是装饰的物质基础，陶瓷色料是最重要的陶瓷装饰材料，由此可见陶瓷色料在陶瓷装饰中的地位。

陶瓷色料的组成包括其化学组成、矿物组成、颗粒组成，通称为三大组成。陶瓷色料的分类有多种，主要是按矿物组成和晶体结构来分，共有15类，分别为斜锆石型、硼酸盐型、刚玉赤铁矿型、石榴石型、橄榄石型、方镁石型、硅铍石型、磷酸盐型、红柱石型、烧绿石型、金红石锡石型、楣石型、尖晶石型、锆英石型、钙钛矿型。此外，还有按用途不同可分为坯用色料、釉用色料。釉用色料又可分为釉上色料、釉中色料、釉下色料。

陶瓷色料的命名，国内多采用以颜色和化学组成重叠的方式来表示，如粉红 Al-Cr，绿 Cr-Al，钒锆蓝 Zr-Si-V，多见诸于国内厂家的产品样本。在颜色上也有采用诸如世纪红、金砂红、贵妃红等描述方式的，这种描述并不提倡，因为它不规范，也不利于国际交流。这里推荐一种科学的、国际通用的、符合标准化的陶瓷色料的分类和命名法，这就是美国干法色料制造者协会（DCMA）提出的数码分类命名法。该协会将陶瓷色料采用数码形式用三组数字来表示：第一组数字代表该色料的主晶相所属的晶体结构类型，即前面所提到的15类，按顺序排列从01~15；由于每一类中有一到多种主要品种，第二组数字用顺序号来表示，共计52种，从01~52；第三组数字代表典型的颜色，共9种，用1~9来表示，它们分别是1代表紫色或红蓝色（violet and red-blue），2代表蓝色或蓝绿色（blue and blue-green），3代表绿色（green），4代表黄色或淡黄色（yelow and primrose），5代表品红、淡紫、珊瑚红或桃红（pink, orhid, cornl, peach），6代表米黄（buff），7代表棕色（brown），8代表灰色（grey），9代表黑色（black）。

1. 化学组成

陶瓷色料主要是复合金属氧化物，其中着色金属元素主要是过渡金属元素（位于元素周期表中第四周期）、稀土金属元素和部分副族元素，如钛、钒、铬、锰、铁、钴、镍、铜、硒、钼、银、镉、锑、钨、金、镧、铈、镨、钕、铀等。

此外，还有简单着色金属氧化物、着色金属的盐或复合盐、着色金属的络合物或有机化合物。

2. 15类晶体结构及其代表的陶瓷色料举例

①斜锆石型，色料如钒锆黄 $(Zr,V)O_2$；②硼酸盐型如钴镁紫 $(Co,Mg)_2B_2O_5$；③刚玉-赤铁矿型如铬铝粉红 $(Al,Cr)_2O_2$；④石榴石型如维多利亚绿 $3CaO \cdot Cr_2O_3 \cdot 3SiO_2$；⑤橄榄石型如钴硅蓝 (Co_2SiO_4)；⑥方镁石型如钴镍灰 $(Co,Ni)O$；⑦硅铍石型如钴锌硅蓝 $(Co,Zn)_2SiO_2$；⑧磷酸盐型如钴锂紫罗兰 $CoLiPO_2$；⑨红柱石型如镍钡钛黄 $2NiO \cdot 3BaO \cdot 17TiO_2$；⑩烧绿石型如铅锑黄 $Pb_2Sb_2O_2$；

⑪金红石锡石型如镍锑钛黄（Ni,Sb,Ti）O_2；⑫榍石型如铬锡红 $CaO·SnO_2·SiO_2：Cr_2O_3$；⑬尖晶石型如钴铬蓝绿 $Co(Al,Cr)_2O_4$；⑭锆英石型如锆镨黄 $(Zr,Pr)SiO_4$；⑮钙钛矿型如铬钇铝红 $Y(Al,Cr)O_2$。

3. DCMA中列出的52类色料

序号01，1-01-4　　钒锆黄，斜锆石型晶体结构，黄色，化学式$(Zr,V)O_2$；

序号02，2-02-1　　钴镁紫，硼酸盐型晶体结构，紫色，化学式$(Co,Mg)_2B_2O_5$；

序号03，3-03-5　　铬铝红，刚玉型晶体结构，粉红色，化学式$(Al,Cr)_2O_3$；

序号04，3-04-5　　锰铝红，刚玉型晶体结构，粉红色，化学式$(Al,Mn)_2O_3$；

序号05，3-05-3　　铬绿，赤铁矿型晶体结构，绿色，化学式Cr_2O_3；

序号06，3-06-7　　铁铬棕，赤铁矿型晶体结构，棕色，化学式$(Fe,Cr)_2O_3$；

序号07，4-07-3　　维多利亚绿；石榴石型晶体结构，绿色，化学式$3CaO·Cr_2O_3·3SiO_2$；

序号08，5-08-2　　硅酸钴蓝，橄榄石型晶体结构，深蓝色，化学式(Co_2SiO_4)；

序号09，6-09-8　　钴镍灰，方镁石型晶体结构，灰色，化学式$(Co,Ni)O$；

序号10，7-10-2　　硅酸钴锌蓝，硅铍石型晶体结构，蓝色，化学式$(Co,Zn)_2SiO_4$；

序号11，8-11-1　　磷酸钴紫，磷酸盐型晶体结构，紫色，化学式$Co_3(PO_4)_2$；

序号12，8-12-1　　磷酸钴锂紫，磷酸盐型晶体结构，紫色，化学式$CoLiPO_4$；

序号13，9-13-4　　镍钡钛黄，红柱石型晶体结构，黄色，化学式$2NiO·3BaO·17TiO_2$；

序号14，10-14-4　　锑铅黄，烧绿石型晶体结构，黄色，化学式$Pb_2Sb_2O_7$；

序号15，11-15-4　　镍锑钛黄，金红石型晶体结构，黄色，化学式$(Ti,Ni,Sb)O_2$；

序号16，11-16-4　　镍铌钛黄，金红石型晶体结构，黄色，化学式$(Ti,Ni,Sb)O_2$；

序号17，11-17-6　　铬锑钛米黄，金红石型晶体结构，米黄色，化学式$(Ti,Cr,Sb)O_2$；

序号18，11-18-6　　铬铌钛米黄，金红石型晶体结构，米黄色，化学式$(Ti,Cr,Ni)O_2$；

序号19，11-19-6　　铬钨钛米黄，金红石型晶体结构，米黄色，化学式$(Ti,Cr,W)O_2$；

序号20，11-20-6　　锰锑钛米黄，金红石型晶体结构，米黄色，化学式$(Ti,Mn,Sb)O_2$；

序号21，11-21-8　　钛钒锑灰，金红石型晶体结构，灰色，化学式$(T,V,Sb)O_2$；

序号22，11-22-4　　锡钒黄，锡石型晶体结构，黄色，化学式$(Sn,V)O_2$；

序号23，11-23-5　　铬锡紫，锡石型晶体结构，紫红色，化学式$(Sn,Cr)O_2$；

序号24，11-24-8　　锡锑灰，锡石型晶体结构，灰色，化学式$(Sn,Pb)O_2$；

序号25，12-25-5　　铬锡粉红，榍石型晶体结构，粉红色，化学式$CaO·SnO_2·SiO_2：Cr_2O_3$；

序号26，13-26-2　　钴铝蓝，尖晶石型晶体结构，蓝色，化学式$CoAl_2O_4$；

序号27，13-27-2　　钴锡蓝灰，尖晶石型晶体结构，蓝灰色，化学式Co_2SnO_4；

序号28，13-28-2　　钴锌铝蓝，尖晶石型晶体结构，蓝色，化学式$(Co,Zn)Al_2O_4$；

序号29，13-29-2　　钴铬蓝绿（孔雀蓝），尖晶石型晶体结构，蓝绿色，化学式$Co(Al,Cr)_2O_4$；

序号30，13-30-3　　钴铬绿，尖晶石型晶体结构，绿色，化学式$CoCr_2O_4$；

序号31，13-31-3　　钴钛绿，尖晶石型晶体结构，绿色，化学式Co_2TiO_4；

序号32，13-32-5　　铬铝粉红，尖晶石型晶体结构，粉红色，化学式$Zn(Al,Cr)_2O_4$；

序号33，13-33-7　　铁铬棕，尖晶石型晶体结构，棕色，化学式$Fe(Fe,Cr)_2O_4$；

序号34，13-34-7　　铁钛棕，尖晶石型晶体结构，棕色，化学式Fe_2TiO_4；

序号35，13-35-7　　镍铁棕，尖晶石型晶体结构，棕色，化学式$NiFe_2O_4$；

序号36，13-36-7　　锌铁棕，尖晶石型晶体结构，棕色，化学式$(Zn,Fe)Fe_2O_4$；

序号37，13-37-7　　锌铁铬棕，尖晶石型晶体结构，棕色，化学式$Zn(Fe,Cr)_2O_4$；

序号38，13-38-9　　铜铬黑，尖晶石型晶体结构，黑色，化学式$CuCr_2O_4$；

序号39，13-39-9　　铁钴黑，尖晶石型晶体结构，黑色，化学式$(Fe,Co)Fe_2O_4$；

序号40，13-40-9　　铁钴铬黑，尖晶石型晶体结构，黑色，化学式$(Co,Fe)(Fe,Cr)_2O_4$；

序号41，13-41-9　　锰铁黑，尖晶石型晶体结构，黑色，化学式$(Fe,Mn)(Fe,Mn)_2O_4$；

序号42，14-42-2　　锆钒蓝，锆英石型晶体结构，蓝色，化学式$(Zr,V)SiO_4$；

序号43，14-43-4　　锆镨黄，锆英石型晶体结构，黄色，化学式$(Zr,Pr)SiO_4$；

序号44，14-44-5　　锆铁红，锆英石型晶体结构，红色，化学式$(Zr,Fe)SiO_4$；

序号45，5-45-3　　 硅酸镍绿，微榄石型晶体结构，绿色，化学式Ni_2SiO_4；

序号46，11-46-7　　锰铬锑钛棕，金红石型晶体结构，棕色，化学式$(Ti,Mn,Cr,Sb)O_2$；

序号47，13-47-7　　棕色，尖晶石型晶体结构，棕色，化学式$(Fe,Mn)(Fe,Cr,Mn)_2O_4$

序号48，13-48-7　　铬铁锰棕，尖晶石型晶体结构，棕色，化学式$(Fe,Mn)(Fe,Cr,Mn)_2O_4$；

序号49，13-49-2　　钴锡铝蓝，尖晶石型晶体结构，蓝色，化学式CoA_2O_4/Co_2SnO_4；

序号50，13-50-9　　铬铁镍黑，尖晶石型晶体结构，黑色，化学式$(Ni,Fe)(Cr,Fe)_2O_4$；

序号51，13-51-7　　铬锰锌棕，尖晶石型晶体结构，棕色，化学式$(Zn,Mn)Cr_2O_4$；

序号52，15-52-5　　铬钇铝红，钙钛矿型晶体结构，红色，化学式$Y(Al,Cr)O_3$。

4. 陶瓷色料和无机色料

陶瓷色料属无机色料中的一大类，DCMA将无机色料按其应用对象的不同分成A、B、C三类。A类为热稳定性好的陶瓷色料，在使用过程中它悬浮在玻化的基体（陶瓷、玻璃、搪瓷）中，具有很好的热稳定性；B类则使用在常温和中温的环境中，用在热塑性塑料制品、中温热固性树脂和涂料中作为着色剂；C类使用时悬浮在液体载体中，热稳定性差，常用在颜色墨水和有机液体中作为着色剂。A类可用在B类和C类的对象中，B类可用在C类的对象中，反之，则不行。

5. 矿化剂和修饰剂

在陶瓷色料的合成和使用过程中常会用到矿化剂和修饰剂，矿化剂（mineralizer）是为了促进陶瓷色料合成效果而引入的添加剂，是许多人工合成色料配方中不可缺少的组成部分。矿化剂的作用大致有以下三个方面：一是促进少量液相在较低温度下产生，降低液相的高温黏度，加快扩散和传质的速度，从而促进固相反应的进行；二是与反应物形成固溶体（置换型或间隙型）或中间化合物，使反应物的晶格活化，从而促进色料的合成；三是通过添加剂的氧化-还原作用，起到调节气氛或改变着色元素（多为过渡金属元素）化合物的蒸汽分压（如氧化铁的氧分压，硫化硒、硫化镉的疏分压）的效果，从而促进色料的合成。矿化剂的种类不同，促进色料合成的机制也不同，在合成某种特定色料时，可能需要同时引入几种矿化剂以发挥综合作用，也不是所有色料的合成都需要加入矿化剂，合成时必须加入矿化剂的色料实际上只有5大类，它们分别是刚玉-赤铁矿类型、斜锆石类型、锆英石类型、锡石类型及锡楣石类型。在实际生产中，陶瓷色料合成使用矿化剂的种类、数量的优化选择和确定是陶瓷色料合成的关键。目前业界对色料合成用矿化剂及其矿化机理的研究还不够深入，不够全面，还存在很多空白和疑点有待去解决，目前矿化剂的使用只停留在生产实践和经验层面，这是很不够的。

DCMA文件中提出修饰剂（modifer）的概念，所谓"修饰剂"又称"改性剂"，在陶瓷色料的合成特别是使用过程中引入它，可以改变和改善色料的合成和使用特性，但并不改变色料的晶体结构，它起到了助色、补色、调色和表面改性等作用。如钒锆黄色料$(Zr,V)O_2$中所用的修饰剂有Al_2O_3、Fe_2O_3、In_2O_3、SnO_2，并适用于色釉和色坯的组成中；再如铬铝红色料$(Al,Cr)_2O_3$中常用的修饰剂有ZnO，适用于色釉组成中；锰铝红色料$(Al,Mn)_2O_3$中常用的修饰剂有P_2O_5适用于色坯组成中，不同色料所用的修饰剂有的相同，也有的不同，在此不再赘述。

中华人民共和国轻工行业标准《陶瓷颜料》（QB/T 2455—2022 代替 QB/T 2455—2011）规定了陶瓷颜料的术语和定义、产品分类、要求、试验方法、检验规则及标志、包装、运输、贮存。适用于日用陶瓷颜料，不适用于含荧光物质的陶瓷颜料。该标准由中国轻工业联合会提出并制定。另外，2020年，中国陶瓷工业协会批准发布《喷墨打印用陶瓷颜料》（T/CCIA 0001—2020）标准。2020年6月，《陶瓷包裹红颜料》《喷墨打印用陶瓷色料》《陶瓷包裹黄颜料》3项中国陶瓷行业团体标准审查会在江西金环颜料有限公司采用网络会议与现场会议相结合的方式召开，该3项标准由江西金环颜料有限公司、欧神诺陶瓷有限公司、醴陵科兴实业有限公司共同起草编制。

1.1.2 陶瓷色料的定义与用途

陶瓷的研究发展历史源远流长，作为陶瓷坯、釉重要的装饰材料——陶瓷色料的研究应用与发展过程也同样有着悠久的历史。远在古代，我国劳动人民就已成功地运用含有着色离子的天然矿物作为着色剂制作彩色陶瓷制品。而后，随着更多种类的传统色料的运用，涌现了大量的名贵彩陶及彩瓷品种，如"唐三彩""钧红""郎窑红""天青"等名贵色釉品种，极大地丰富了陶瓷制品的装饰。

色料也称颜料或彩料，是以色基和熔剂或添加剂配制而成的粉状有色陶瓷用装饰材料。颜料＝色基＋熔剂，色基为发色物质和其他原料，熔剂为低熔点的硅酸盐物质。陶瓷色料主要用于陶瓷制品的着色，需要配合釉料一起充分混匀后，经过高温煅烧才能够呈现出丰富的色彩。

目前，市场上常见的陶瓷色料按照使用方法大致可分为以下几种。

(1) 坯体着色：将色剂和坯料混合，使烧后坯体呈现一定的颜色。

(2) 釉料着色：用色剂和基础釉料可调配各种颜色釉和艺术釉。

(3) 绘制花纹图案：大量用于釉层表面和釉下进行机械或手工彩绘，也可用作贴花纸、丝网印刷等。

(4) 玻璃着色：应用于玻璃上面二次煅烧着色，通常使用釉用陶瓷色料，经过添加低温溶剂来降低熔点。

陶瓷色料中常见的色调有钴蓝、红棕、金黄、镨黄、钒蓝、锆铁红、橘黄、橘红、黑色、钒锆黄、孔雀蓝、孔雀绿、海军蓝、海军绿、草绿、黑棕、紫丁香、锡桃红、玛瑙红、锰铝红、咖啡色、锑锡灰，等等。以锆系列产品的三原色色料品种为基础，通过不同的配比组合可以衍生出更加丰富多彩的色料品种。另外，陶瓷色料中釉用色料基本上在坯体中都是有发色的，但是坯体色料不一定都能够在釉料中有发色，特别是生料釉煅烧温度较高时，对于色料的品质要求也相应提高。一般而言，尖晶石类型的陶瓷色料结构稳定，高温物理化学性能较好。

1.1.3 陶瓷色料着色剂与矿化剂

陶瓷色料按组成和晶型物相结构可以划分为：氧化物型，如刚玉型、氧化锆型、方镁石型；复合氧化物型，如尖晶石型、烧绿石型；硅酸盐型，如锆英石型、橄榄石型、硅铍石型、红柱石型；硼酸盐型；磷酸盐型；镉酸盐型等。常用陶瓷着色剂见表1-1。

矿化剂泛指内生成矿作用中对成矿物质的运移和集中起重要媒介作用的物质。矿化剂可分为单矿化剂和复合矿化剂。加入少量的矿化剂能促进烧结和改善制品的某些性能。从生产实践来看，复合型矿化剂的效果一般好于单一型矿化剂。

选择合理的矿化剂不但可以促进固相反应，而且产生的气相可以使固相反应更加充分完全，提高色料产品的饱和度。同时加入矿化剂，可以改变反应历程，使反应活化能明显降低，与此同时，实际生产煅烧温度明显下降，燃料消耗减少，生产成本降低。在实际生产中，矿化剂的种类和用量的优化选择是陶瓷色料合成中的关键技术之一。

表 1-1　常用陶瓷着色剂

色彩	氧化气氛	还原气氛
白色	氧化镁、碳酸镁、氧化铝、碳酸钙、氧化钛、氧化锌、氧化锑	
灰色	白金、铱、铑、钯、钌、锇的可溶性盐类，锑灰和三氧化二铱等	碳和有机化合物、镍化合物、氧化亚镍、氧化锡、金属锑、氧化铀、氧化锰、氧化铜
黑色	氧化锰、氧化铁、氧化铬、氧化钴、氧化镍、氧化铀、氧化铜的混合物	氧化铀、氧化镍、钼酸铵、氧化铋、氧化铅、碳化合物、硫化物
黄色	氧化钛、氧化锑、金红石、氧化铈、锡酸钒、氧化镍、硫化镉、氧化镨、金属金、铬酸、氧化铋	锡酸钒、锆化合物
橙色	金红石、钛酸铁、碱式铬酸铅、氧化锰和钛酸盐、氧化铁和铬酸、钨酸锰、钛酸铀、硫化镉和硒酸	
红色	碱式铬酸铅、碳酸锰、磷酸锰、氧化铁红、氧化钕、重铬酸钾、氧化铬、铬酸铅、硫酸镉、氧化硒、铀酸铋	氧化铜
粉红	碳酸锰氧化铝合成物、氧化锡、铬酸铅	
紫色	软锰矿、氧化镍	金红石、金属胶状铜
深蓝色	氧化钴、草酸钴、碳酸钴、磷酸钴	金红石、氧化亚钒
浅蓝色	氧化镍锌组合物、氧化铜、硫酸铜、醋酸铜	
绿色	氧化铬绿、红矾钾、红矾钠、碳酸镍	钛酸钴、锆盐
金属色	氧化钒、氧化铜、氧化锰、氧化铁、氧化钛、磷酸铁	
银色	磷酸钠、磷酸铝、金属银	
咖啡色	氧化铁、氧化锰、铬酸铁	

矿化剂的主要作用：促进液相在较低温度下的产生或降低液相黏度，加速扩散作用，从而促进固相反应的进行；可能与反应物或促成反应物之间形成固溶体或形成中间物，使反应物晶格活化，从而促进结晶中心的形成或加速晶体生长。锆英石和斜锆石结构类型的色料都属于必须加入矿化剂的色料品种之一，特别是锆铁红色料，矿化剂对其品质的影响十分明显。陶瓷色料生产中常用矿化剂种类见表 1-2。

表 1-2　陶瓷色料生产中常用矿化剂种类

矿化剂作用	对应原材料
着色类	碳酸锰、磷酸锰、碳酸钴、草酸钴、重铬酸钾、重铬酸钠、铬酸铅、铬酸钠、铬酸钾、硫酸铜、硫酸铁、氯化铁、锑酸钠、锑酸钾、硫酸锰、磷酸钴、醋酸镍、碳酸镍、氯化铜、氯化锆、磷酸锆、硝酸铈、碳酸铈等
降温类	氟化钠、氟化钾、氟硅酸钾、氟硅酸钠、碳酸钾、碳酸钠、硝酸钾、硝酸钠、氟化铝、氟化钙、氯化钙、碳酸钙、硼酸、硼砂、硼酸钙、氯化钾、氯化钠、硼酸铅等

需要指出的是，矿化剂的具体使用量要通过实际生产来调整。矿化剂用量太少，则起不到矿化作用，而且会使合成温度过高，易烧结成块，影响后期加工；矿化剂用量过多，将过度降低合成温度，例如锆系列产品中使 $ZrSiO_4$ 过快地结合，而着色离子又不具有气化扩散迁移能力，直接降低了对其的包裹率，严重影响产品的性能。同时，矿化剂中的某些离子会占据一定的 $ZrSiO_4$ 晶格，减少了与着色离子结合的 $ZrSiO_4$ 基团数量，影响其在釉中的最终呈色效果。

1.1.4 陶瓷墨水色素及工艺特点

陶瓷墨水的性能要求除普通墨水的颗粒度、黏度、表面张力、电导率、pH以外，根据陶瓷墨水应用的特点，对陶瓷色料的要求还有一些特殊性能。(1) 要求陶瓷色料粉体在溶剂中能保持良好的化学和物理特性，经长时间存放，不会出现化学反应、团聚、沉淀等现象。(2) 在打印过程中，要求陶瓷色料颗粒能在短时间内以最有效的堆积结构排列，附着牢固，获得较大密度的打印层，以便煅烧后具有较高的烧结密度。(3) 色料在加工到目标粒径后，色饱和度下降不太明显，色料高温烧成后稳定，具有良好的呈色性能以及与坯釉的匹配性能。下面就钴蓝墨水色料、锆镨黄墨水色料、玛瑙红墨水色料、黑色墨水色料、棕色墨水色料5种色料在生产中的技术要点做出阐述。

1. 钴蓝墨水色料

钴蓝墨水色料的生产工艺流程如图1-1所示。

图1-1 钴蓝墨水色料的生产工艺流程

技术要点：

(1) 钴蓝墨水色料的高温烧成过程，在250~500℃氢氧化铝的脱水范围应适当降低升温速度，使氢氧化铝低温脱水完全，有利于$CoAl_2O_4$晶体的生长均衡。钴蓝煅烧900~1050℃的主晶相为$CoAl_2O$尖晶石，颜色为蓝绿色，1100℃以上转变为$CoAl_2O_4$尖晶石，颜色为蓝色。

(2) 以超细氢氧化铝为原料合成的钴蓝，烧成温度以1150~1200℃为宜，保温4~5h。

(3) 钴蓝墨水色料的湿法研磨细度要达到325目，筛余<0.1%，使进入砂磨粉碎后不沉淀、不堵网。钴蓝墨水色料的砂磨宜采用0.6~1.0mm的锆球。砂磨开始时，料、水比例为1:(1~1.5)（质量比），到砂磨结束时逐渐增加到料：水为1:(1~2)，并使砂磨过程中料浆的温度不会明显上升。砂磨最终控制钴蓝色料的颗粒为$D_{50}<0.8\mu m$，$D_{90}<1.2\mu m$。

2. 锆镨黄墨水色料

锆镨黄墨水色料配方见表1-3。

表1-3 锆镨黄墨水色料配方

原料名称	氯化锆	石英	氯化镨	氟硅酸钠	氯化钾	氯化铵	氯化钠	氯化钡
配料百分含量(%)	60~65	30~33	4.5~6.5	0~2	0~3	0~3	0~2	0~2

锆镨黄墨水色料的生产工艺流程如图1-2所示。

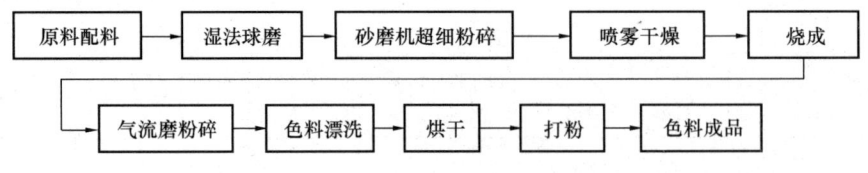

图1-2 锆镨黄墨水色料的生产工艺流程

技术提示：

锆镨黄用于墨水的色料，矿化剂在配方中的量比常规的镨黄色料要少得多，矿化剂在半成品中的均匀性是必须注意的问题。成品色料的粉碎除了采用气流磨粉碎外，也可以使用湿法砂磨。

技术要点：

（1）为了使锆镨黄色料中镨元素能较多地掺杂进入硅酸锆晶体的晶格中，形成的色料晶体颗粒细小均匀，使用矿化剂的量要尽可能少，烧成的温度不能太高。对锆镨黄色料半成品进行超细粉碎是十分必要的，超细粉碎可通过砂磨机来实现。

（2）为了使砂磨粉碎过程中不堵网，料浆不沉淀，砂磨之前应先对色料进行球磨粉碎。球磨应选择硅球或锆球，不能使用氧化铝球。少量氧化铝的杂质会影响镨黄色料的合成。

（3）球磨的细度以达到325目全通过为宜。砂磨机的研磨球选择0.4~1.0mm的氧化锆球为宜。

3. 玛瑙红墨水色料

玛瑙红是少数几种呈红色的陶瓷色料，特别是它可用于高温下呈色，在与之相适应的基础釉中呈美丽的玛瑙红色。玛瑙红墨水色料制备工艺流程如图1-3所示。

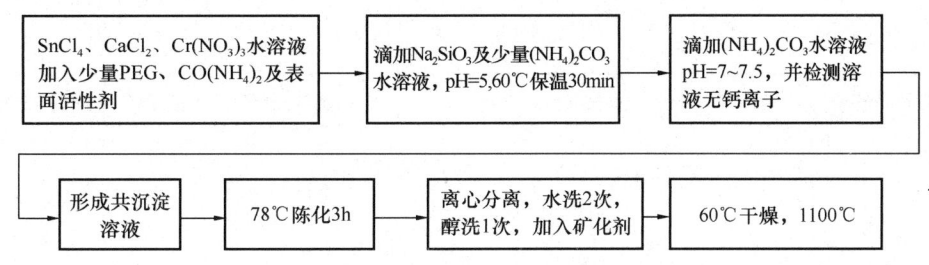

图1-3 玛瑙红墨水色料制备工艺流程

技术提示：

从发色机理上看，玛瑙红是Cr^{3+}固溶于锡榍石中形成的固溶体。铬不是构成锡榍石的基础成分，因此将玛瑙红色料研磨到墨水能使用的细度（<1.0μm），玛瑙红色料的色饱和度将明显降低。

技术要点：

（1）要使玛瑙红色料能够在墨水中使用，应加工到平均颗粒在300~500nm范围，而色饱和度不明显下降。

（2）玛瑙红色料半成品的超细砂磨是最重要的工艺。砂磨前为了使原料在砂磨过程中不堵网，必须先用湿法球磨，将料浆球磨到325目全通过。球磨选用硅球。砂磨机选用的锆球应选用0.6~0.8mm的小球。砂磨过程中要选用合适的助磨剂，否则在1μm以下就难以将粉体磨细。

（3）原料砂磨开始时料、水比约为1:2.5，随着砂磨的进行要逐渐加水，到砂磨结束时，一般料、水比达到1:3.5。玛瑙红成品的细度最好达到D_{50}<1.0μm，D_{90}<1.5μm。进一步细磨可在制墨水时进行。

4. 黑色墨水色料

黑色墨水颜料种类较多，发色纯正、在釉中有广泛适应性的黑色色料的制备仍是行业难题。陶瓷喷墨打印技术的应用，对颜料要求越来越高。制备超细且颗粒分布窄的黑色色料具有重要意义。

Co-Cr-Fe-Ni-Mn黑色墨水色料配方见表1-4。

表1-4 Co-Cr-Fe-Ni-Mn黑色墨水色料配方

原料名称	氧化钴	三氧化二铬	氧化铁	氧化亚镍	氧化锰
质量配比（%）	18~20	28~32	35~40	8~10	5~8

技术要点：

(1) Co-Cr-Fe-Ni-Mn 黑色色料半成品的超细粉碎可选择用砂磨机。

(2) 砂磨之前要先使用湿球磨到料浆全部通过 325 目筛。半成品的砂磨控制半成品的细度在 $D_{50}<0.8\mu m$，$D_{90}<1.2\mu m$。成品的细磨控制细度至 $D_{50}<1.1\mu m$，$D_{90}<1.6\mu m$。进一步细磨可在制作墨水时进行。

5. 棕色墨水色料

棕色墨水色料的配方组成见表 1-5。

表 1-5 棕色墨水色料的配方组成（%）

原料名称	氧化锌	氧化铁	三氧化二铬	氧化铝
红棕色料	31～35	32～37	33～38	—
黄（金）棕色料	26～30	28～33	30～35	10～25

棕色墨水色料的生产工艺流程如图 1-4 所示。

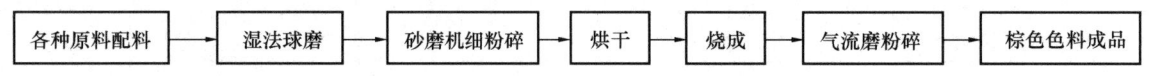

图 1-4 棕色墨水色料的生产工艺流程

技术提示：

在棕色色料的加工过程中，成品可直接采用气流磨粉碎，采用这一加工流程，配料使用的原料要求纯度高，配方中不添加矿化剂。如果产品的电导率不能满足要求，那么成品的粉碎宜采用湿法砂磨，砂磨后需要增加一道颜料漂洗工艺。

技术要点：

(1) 棕色色料在半成品的处理过程中经过了砂磨机超细粉碎，因此，烧结所需温度比普通棕色色料略低。但是，为了墨水色料合成的晶体更完整，实际生产中采用与普通棕色色料相同的温度烧成。

(2) 在烧成黄棕色色料产品时要适当降低升温速率。

1.1.5 常用色料配方实例

1. 铁-铬-锌系列红棕色产品配方实例

铁-铬-锌系列红棕色属于尖晶石结构陶瓷釉用色料，其发色饱和度好，色泽鲜艳，高温物理化学性能优异，特别是在透明陶瓷釉、锆白釉、仿古釉料中发色稳定。通过调整配方中氧化铁的含量，可以生产出从黄到黑紫色调变化的系列产品。

如下面棕色系列产品配方（单位：质量分数，%）：

① 配方一：黄棕色调

  a. 氧化铁：15   b. 氧化铁：18
    氧化锌：50   氧化锌：50
    氧化铬：35   氧化铬：30
                                         氢氧化铝：5

② 配方二：红棕色调

  a. 氧化铁：40   b. 氧化铁黄：45
    氧化锌：45   氧化锌：40
    氧化铬：15   氧化铬：15

③ 配方三：黑棕色调

a. 氧化铁：40
   氧化锌：30
   氧化铬：30

b. 氧化铁：35
   氧化锌：30
   氧化铬：25
   氧化锰：10

铁-铬-锌系列棕色颜料对于氧化锌相对比较敏感，特别是当配方中所使用的氧化锌的含量不同时，其釉面的发色情况和煅烧温度也是有所变化的。通常陶瓷色釉料厂家使用氧化锌的含量集中在98%～99.5%。氧化锌含量对于红棕系列产品的发色影响主要在亚光高温釉料中表现明显。棕色颜料在不添加矿化剂的前提下，煅烧温度高于1200℃，再使用降温类的如硼酸等矿化剂类的物质可以将色料的温度降低至1150℃左右。需要说明的是，在深棕色系列中添加矿化剂会导致色料在釉料中的饱和度降低，如果不添加矿化剂则需要煅烧温度提高到1250℃以上时，才能将深棕的色调调制成黑紫色调。

氧化铁红的品质直接影响棕色颜料中釉的色调，如色料行业中常见的国标铁红有110、130、190等品种。110铁红由于成本较高很少用于棕色的生产；130铁红则是色料生产中使用最多的型号，特别是在釉用黑色等金黄色料中都可以使用130铁红；190铁红与130相比，色调偏向于紫色调，用于钴黑类和深棕类比较多。

2. 铁-铬-钴-镍-锰系列釉用黑色产品配方实例

陶瓷釉用黑色和坯体之间的配方差别主要是在钴镍的含量上。通常坯体上使用的黑色只需要添加氧化铁红和氧化铬绿两种主要原材料。黑色坯体产品中，有部分色料在熔块釉料中也能发色，但是随着温度升高，釉面针孔增加和发色往棕色方向发展。

一般釉用黑色可分为钴黑和艳黑两个品种，其中钴黑中添加了氧化钴，艳黑中一般是不需要添加氧化钴的。钴黑在透明釉料中发色纯正，色调呈现纯正的蓝色调，而艳黑类则偏向于红色调。一般钴黑产品多用于复古砖类的生产，由于钴黑高温化学和物理性能较好，目前也被用于陶瓷喷墨墨水的生产，而艳黑类产品由于添加了氧化锰等，对细度非常敏感，也比较容易出现釉面针孔缺陷，特别是高温釉料中发色偏向红黄色调。

(1) 钴黑类产品配方实例（单位：质量分数,%）：

① 配方一：
氧化铁红：35
氧化铬绿：38
氧化钴：25
碳酸锰：10

② 配方二：
氧化铁红：40
氧化铬绿：30
氧化钴：30
氧化锰：10

③ 配方三：
氧化铁红：35
氧化铬绿：38
氧化钴：15
氧化镍：15
氧化锰：5

④ 配方四：
氧化铁红：35
氧化铬绿：35
氧化钴：30

⑤ 配方五：
氧化铁红：30
氧化铬绿：40
氧化钴：25
碳酸锰：10
五氧化二钒：0.5

⑥ 配方六：
氧化铁红：32
氧化铬绿：38
氧化钴：20
氧化镍：10
氧化锰：5
偏钒酸铵：0.6

(2) 艳黑类产品配方实例（单位：质量分数,%）：

① 配方一：
氧化铁红：38
氧化铬绿：35
氧化镍：30
碳酸锰：15
氧化铜：2

② 配方二：
氧化铁红：30
氧化铬绿：40
氧化镍：25
氧化锰：10
红丹：5

③ 配方三：
氧化铁红：35
氧化铬绿：38
氧化镍：16
碳酸锰：10
硝酸钾：3

④ 配方四：
氧化铁红：32
氧化铬绿：38
氧化镍：28
碳酸锰：20
偏钒酸铵：0.5

⑤ 配方五：
氧化铁红：31
氧化铬绿：39
氧化镍：20
氧化钴：2
氧化锰：15
红丹：3
硝酸钾：2

⑥ 配方六：
氧化铁红：30
氧化铬绿：38
氧化镍：16
碳酸锰：30
硝酸钾：3
硫酸铜：2

釉用黑色产品对于煅烧温度比较敏感，生产中常见的釉用黑色产品的煅烧温度为1180～1250℃，矿化剂对于黑色的发色影响主要是色调和饱和度。常用的红丹矿化剂在降低釉面针孔缺陷方面有非常明显的作用，但是配方中加入铅丹后容易导致色料在低温透明釉料中色调偏向红调。

一般钴黑类产品很少使用矿化剂，特别是对于氧化锰的引入形式比较敏感，碳酸锰的色调要比氧化锰的色调更偏向于蓝调，但是碳酸锰更加容易出现针孔，当配方中氧化锰的含量超过15%时，釉面出现针孔的情况会增加，特别是在低温透明熔块中，温度越高针孔越明显。

坯体黑色中加入硫酸铵可以明显提高坯体黑色的饱和度，但是加入硫酸铵后会增加色料的红色调，特别是直接降低坯体黑色色料的熔点，一旦黑色在坯泥中的含量超过15%时，就会造成砖坯中间夹黑和坯体起泡。黑色坯体对于铬绿的含量反应敏感，氧化铬的品质直接影响色料的耐温性能和饱和度。在生产实践中发现，使用铬铁矿生产的坯体黑和咖啡类产品容易出现不耐温和中间夹黑的质量问题，严重时还会出现泥浆絮凝结胶的现象，导致浆池搅拌机抱死等质量事故。

3. 铁-铬-锌-铝系列金黄类产品配方实例

由于最近几年市场一直都在流行仿古木纹系列产品，因此，金黄系列釉用色料的市场需求量非常大。特别是铁-铬-锌-铝系列产品也属于尖晶石结构类型，产品高温物理化学性能非常稳定，在透明和亚光釉料中都能够呈现出非常好的饱和度，其色调范围也非常广泛，基本上覆盖了从浅黄到深黄的色彩范围。配方中氧化锌的含量和铁红的品质直接影响到产品的色彩以及高温的耐温性能，而氧化铬的含量则可以调节色调和产品的饱和度。当然，氧化铝的细度也是影响产品饱和度的关键因素之一。

金黄类产品配方实例（单位：质量分数,%）：

① 配方一：

氧化铁红：15

氧化铬绿：20

氧化锌：40

氧化铝：30

矿化剂：5

② 配方二：

氧化铁红：18

氧化铬绿：16

氧化锌：35

氢氧化铝：40

矿化剂：3

③ 配方三：

氧化铁红：12

氧化铬绿：18

氧化锌：50

高岭土：30

矿化剂：3

④ 配方四：

氧化铁黄：20

氧化铬绿：18

氧化锌：40

氧化铝：22

硼酸：5

⑤ 配方五：

氧化铁黄：20

氧化铬绿：16

氧化锌：35

氢氧化铝：35

硼砂：3

⑥ 配方六：

氧化铁红：14

氧化铬绿：16

氧化锌：50

水洗高岭土：25

硼酸：3

金黄配方中引入含铝的原材料对色料的色调和鲜艳度有直接影响。当需要鲜艳的金黄产品时，一般通过氢氧化铝来引入铝的成分，而当使用氧化铝时，色料的釉面发色偏向于暗绿色调。由于氧化铝的活性没有氢氧化铝高，因此使用氢氧化铝生产的金黄产品在饱和度上明显高于氧化铝。需要说明的是，氢氧化铝的烧失在65%左右，因此，使用氢氧化铝的金黄配方在相同条件下的产量要小于使用氧化铝配方产品的产量。目前市场中常见的氧化铝产品有郑州产的氧化铝和进口的印度氧化铝，试验中发现进口的印度氧化铝在金黄产品中的发色鲜艳度和饱和度上较国产的氧化铝要好一些。

4. 硅酸锆基三原色系列产品配方实例

硅酸锆包裹系列产品常见的主要有锆铁红、镨黄、钒锆蓝、锆灰等。以锆基三原色产品经过不同配比的调和，可以调制出丰富的色彩范围。市场中常见的调和色如银灰、果绿、钒锆黄等都是可以通过锆基三原色调和出来的。锆基色料色彩鲜艳，产品性能稳定，釉面色泽光亮，较少出现常见的针孔等质量事故。

（1）镨黄产品配方实例（单位：质量分数，%）：

① 配方一：

氧化锆：60

石英粉：40

氧化镨：6

氟化钠：2.5

氯化钠：8

氯化铵：2.5

② 配方二：

氧化锆：60

石英粉：30

氧化镨：7.0

氟化钡：5.0
氯化钾：2.5
氯化铵：1.5
③ 配方三：
氧化锆：60
石英粉：40
氧化镨：6
氟化钠：3
氯化钠：3.0
氯化铵：4.0
氧化铈：2.5
④ 配方四：
氧化锆：55
石英粉：30
氧化镨：5.0
钼酸铵：2.6
氯化钾：2.5
氟化钡：1.5
氟锆酸铵：1.5

(2) 钒锆蓝产品配方实例（单位：质量分数，%）：
① 配方一：
氧化锆：60
石英粉：30
五氧化二钒：5
氯化钠：8
硫酸钾：5
硫酸铵：2.5
② 配方二：
氧化锆：60
石英粉：30
五氧化二钒：4.5
硫酸钾：8
碳酸钠：1.5
氯化钠：5
氯化钾：2.5

(3) 锆铁红产品配方实例（单位：质量分数，%）：
① 配方一：
氧化锆：60
石英粉：30
氧化铁红：12
氟硅酸钠：2.5
氯化钾：2

氯化钙：2
氟化锂：0.5
② 配方二：
氧化锆：60
石英粉：30
氧化铁红：10
硫酸铁：2
氟硅酸钾：2.5
氯化钠：3
氯化铵：0.5

实际生产过程中，镨黄产品对于烧成气氛比较敏感，一般需要使用弱氧化气氛进行烧成，特别是保温时间也需要延长。镨黄对于氧化镨的含量也比较敏感，特别是在锆白熔块中镨黄的氧化镨含量少于4%时，釉面效果并不好。一般生产中镨黄产品的氧化镨含量介于4.2%～5.6%，镨黄中加入氧化铈可以提高釉面的饱和度，但是色调会偏向于红色，但是在亚光高温釉料中发色饱和度明显降低。化学锆生产镨黄产品的区别主要在高温亚光釉料中的发色和耐温性能不同。

矿化剂的选择对于钒锆蓝产品十分关键，特别是配方中一定要含有钠成分，氧化钠对于钒锆蓝在釉中呈色有促进作用。另外，钡对于钒锆蓝出现蓝色调有促进作用，如配方中添加少量碳酸钡往往能取得特别好的效果。目前，市场上的钒锆蓝配方有两种，一种是直接加水球磨或者干法加细处理，另一种是配方中由于酸性成分太多，往往在加水球磨过程中需要加入片碱来进行中和处理。

锆铁红产品对于生料的混合球磨工艺要求较高，一般认为使用硅质的鹅卵球石的球磨效果好于锆质或者铁质的研磨球石。锆铁红由于配方中的铁是不可转移的，因此球磨时间除了与球石有关系之外，还与矿化剂中是否含氟有关。

5. 钴-铝和钴-铝-锌系列产品配方实例

陶瓷釉用色料中呈现蓝色调的产品，主要有钴蓝和钒锆蓝等，其中钴蓝产品发色饱和度和蓝度值都明显高于钒锆蓝产品，特别是尖晶石系列的钴蓝，产品结构非常稳定，对于配方的要求也不高。因此，基本上每家陶瓷色釉料企业都有能力生产出钴蓝产品。钴蓝产品根据是否含有氧化锌成分又可以划分为钴蓝和海碧蓝，当海碧蓝产品配方中加入氧化铬绿的时候，可以衍生出孔雀蓝和孔雀绿等一系列偏向于绿色调的产品。

具体生产实践中，钴蓝产品的发色饱和度和色调是根据配方中氧化钴的含量来决定的。当配方中氧化钴的含量在20%以下时，则呈现出鲜艳的蓝色；当配方中的氧化钴的含量高于20%时，则呈现出较深的深蓝色调。钴-铝结构配方中的氧化钴含量超过50%的极限后，陶瓷产品容易出现黑心。

孔雀蓝和孔雀绿产品的色调主要由配方中氧化铬的含量来决定。一般情况下，氧化铬的含量在35%以下时，色料的发色倾向于孔雀蓝色调，而配方中的氧化铬含量超过50%时，色料的外观和在釉料中的发色偏向于孔雀绿色调。

(1) 下面给出钴蓝实际陶瓷色料配方（单位：质量分数，%）：

① 配方一：
氧化钴：20
氧化铝：80
硼酸：3

② 配方二：
碳酸钴：40
氢氧化铝：60
硼砂：2.5

③ 配方三：

氧化钴：30

印度煅烧氧化铝：60

氧化镁：10

④ 配方四：

氧化钴：35

煅烧氧化铝：60

白云石：5

碳酸锂：2

(2) 下面给出海碧蓝实际陶瓷色料配方（单位：质量分数，%）：

① 配方一：

氧化钴：30

氧化锌：12

氧化铝：54

硼酸：4

② 配方二：

氧化钴：20

氧化锌：20

氢氧化铝：60

硼酸：2

③ 配方三：

氧化钴：35

氧化锌：15

煅烧氧化铝：60

偏锡酸：2

硼砂：5

④ 配方四：

氧化钴：18

氧化锌：12

氧化镁：8

氢氧化铝：60

氟化锂：1.5

(3) 下面给出孔雀蓝实际陶瓷色料配方（单位：质量分数，%）：

① 配方一：

氧化钴：25

氧化锌：18

氧化铬绿：35

氢氧化铝：22

硼酸：2.5

② 配方二：

氧化钴：20

氧化锌：6

氧化镁：6

氧化铬绿：28

氧化铝：40

氟化钠：1.5

硼酸：1.5

③ 配方三：

氧化钴：13

氧化锌：17

氧化铬绿：50

氢氧化铝：20

硼酸：2

④ 配方四：

氧化钴：16

氧化铬绿：64

氧化锌：20

硼酸：3

6. 钛-锑-铬系列坯体钛黄产品配方实例

坯体色料市场相对于釉用色料来说市场需求量更大，原材料相对便宜，对于烧成等工艺环节要求更低。因此，每家色釉料企业基本上都可以生产坯体色料，特别是近几年陶瓷喷墨打印技术不断市场化，传统釉用色料受到一定影响，而坯体色料市场需求基本上没有多大变化。钛系列产品主要集中在橘黄、橘红、纯黄三大类，其中又以橘黄的市场需求量最大。未来不少企业降低成本将使用钛铁矿来进行橘黄系列产品的生产，由于矿物原料的不稳定性，使用钛铁矿生产的橘黄产品色泽为暗绿色调，而且色料的发色饱和度也不高。

氧化锑是影响钛黄产品色调和饱和度的关键原材料之一。目前行业所使用的氧化锑的金属单质锑含量是70%左右，低于70%的金属单质锑产品容易导致橘黄类产品产生黑心质量缺陷。钛白粉也是影响钛黄产品色调和饱和度的关键原材料之一，钛白粉以广西产的较多，江苏等其他地方也有产陶瓷用钛白粉。钛白粉的含量通常在98.5%左右，过高的氧化钛含量对于橘黄类产品中的发色情况没有明显改善，只有使用低于98%含量的钛白粉所生产的橘黄产品在黄度值和饱和度方面有所下降。

(1) 橘黄类产品配方实例（单位：质量分数，%）

① 配方一：
钛白粉：86
氧化锑：15
氧化铬绿：3.5
硝酸钾：2

② 配方二：
钛白粉：83
氧化锑：12
氧化铬绿：4
轻质碳酸钙：3
红矾钾：2
硝酸钾：4

③ 配方三：
金红石型钛白粉：50
钛白粉：36
氧化锑：14
氧化铬绿：4.5
硝酸钾：3

④ 配方四：
偏钛酸：86
氧化锑：12
氧化铬绿：3.8
硝酸钾：2

(2) 橘红类产品配方实例（单位：质量分数，%）

① 配方一：
钛白粉：85
氧化锑：12
氧化铬：5
硝酸锌：3

② 配方二：
钛白粉：85
氧化锑：13
氧化铬：5
硝酸钾：3

③ 配方三：
钛白粉：85
氧化锑：15
氧化铬：3.5
红矾钾：1.5
硝酸锌：5

④ 配方四：
钛白粉：80
氧化锑：15
氧化铬：5
氧化锌：1
硝酸钾：3

(3) 纯黄类产品配方实例（单位：质量分数，%）

① 配方一：
钛白粉：90
氧化锑：6
氧化铬：1.5

② 配方二：
钛白粉：85
氧化锑：10
红矾钾：1.6
轻质碳酸钙：5

③ 配方三：
钛白粉：60
石英粉：30
氧化锑：6
红矾钾：1.6
硝酸钠：2
氯化钙：2

④ 配方四：
金红石型钛白粉：60
钛白粉：30
氧化锑：8
氧化铬：1.2
碳酸氢钙：5

7. 铁-铬、铁-铬-钛系列坯体黑色和咖啡色配方实例

坯体黑色一直都是坯体市场中占有量最大的色料品种之一。特别是后期采用转窑生产坯用黑色和咖啡色是不少色釉料厂家的选择。目前，市场中的纯正黑色基本上很少见，主要是因为氧化铬绿成本较高，导致坯体黑色的价格上涨。因此，大部分的色釉料企业都是掺杂铬铁矿来进行坯体黑色和咖啡色的生产，使用铬铁矿生产的黑色和咖啡色对于使用温度较为敏感，部分氧化铬含量较低的产品高温性能差，极容易导致砖坯中间夹黑和表面起泡。

铁-铬系列黑色配方相对简单，影响色调和饱和度的关键是氧化铬的含量，当铁、铬的比例为1∶1时，达到黑色调的极限，继续添加氧化铬的含量只会使色调往绿调衍生。咖啡色中的氧化铬含量很低，基本上可以使用铬铁矿来进行代替，前期使用加入黄色基调的钛白粉，可以使咖啡色中带有黄色调。如果要是咖啡色变暗紫调或者是暗度值提高，一般在生产中提高温度就可以达到需要的色调。

(1) 坯体黑色配方实例（单位：质量分数，%）

① 配方一：

氧化铁红：35

氧化铬：65

② 配方二：

氧化铁红：60

铬铁矿：40

氯化钾：1.5

偏钒酸铵：0.8

③ 配方三：

氧化铁红：50

铬铁矿：40

氧化铬绿：10

硫酸铵：1.5

氧化锑：0.5

④ 配方四：

氧化铁红：55

软锰矿：30

铬铁矿：10

硝酸钾：1.5

⑤ 配方五：

铁黄：55

氧化铬绿：50

(2) 坯体咖啡色配方实例（单位：质量分类，%）

① 配方一：

氧化铁红：50

铬铁矿：30

高岭土：20

② 配方二：

氧化铁红：60

铬铁矿：40

③ 配方三：

氧化铁红：60

氧化铬：12

钛白粉：40

④ 配方四：

氧化铁红：60

铬铁矿：30

氢氧化铝：10

8. 锰-铝刚玉结构红色系列产品配方实例

陶瓷色料中红色系列产品的配方技术要求相对较高，特别是釉用的红色产品。目前市场上常见的釉用红色产品有锆铁红和包裹红色，相对于其他几种红色来说，锰红系列产品既可以釉用，又可以调整配方比例使用在坯体中。锰红的发色调也是倾向于粉红色，目前来说只有锡桃红产品的色调与之较为接近。

坯体锰红在前几年的市场上需求量很大，但随着铝铁红的问世，坯体锰红的市场逐步被铝铁红所代替。另外，锰铝红的发色饱和度一般不高，特别是釉用的锰铝红产品多半是应用于仿古砖的生产中，在瓷片砖中锰铝红产品容易产生针孔缺陷。

氧化铝的引入对于锰铝红产品有一定的影响，一般使用氢氧化铝时的饱和度会好于使用氧化铝时的饱和度，色泽也会鲜艳很多。但是氢氧化铝的烧失在35%左右，一般来说，实际生产中多使用氧化铝来生产坯体锰红，而釉用锰铝红则是使用氢氧化铝。氧化锰的含量主要对色调有影响，配方中的氧化锰超过20%的极限时，煅烧出来的会是紫色的暗红色，并且发色饱和度很差。

(1) 釉用锰铝红配方（单位：质量分数，%）

① 配方一：

氧化铝：80

碳酸锰：10

氟化钠：2.5

氯化钠：2

氯化钙：2

② 配方二：

氢氧化铝：80

碳酸锰：8

氟化钠：3

氯化钠：2

氯化钙：2

磷酸铵：2.5

(2) 坯体用锰铝红配方

① 配方一：

氧化铝：85

碳酸锰：15

氟化钠：1.5

氯化钠：2

氯化钙：2

硝酸钾：2

② 配方二：

氢氧化铝：80

磷酸锰：20

氟化钠：3

氯化钠：5

氯化钙：2

硝酸钾：2

红丹：2

1.1.6 包裹色料（镉硒红、镉硒黄等）

硫硒化镉（$CdSSe_{1-x}$）是一种能产生纯正大红色的陶瓷颜料。它的着色力强，色彩鲜艳，变化丰富，在低于 550 ℃ 的低温条件下具有很好的稳定性和应用价值，并被广泛使用于涂料、油漆、油墨、陶瓷等领域。然而在中高温条件下，硫硒化镉在空气中迅速分解，颜色变成黑色或白色。因此，如何使硫硒化镉在高温时稳定发色以及产生大红色成为陶瓷颜料研究领域的重大难题。

直至 20 世纪 70 年代，联邦德国发明了一种利用高温稳定且透明的硅酸锆介质将硫硒化镉包裹起来的方法，使得颜料在高温条件下避免氧化分解而稳定发色，硫硒化镉高温发色稳定性的问题才得以突破。硅酸锆具有折射率高、膨胀系数低、稳定性好、耐酸碱腐蚀等优点，是一种理想的高温包裹介质。但是包裹硫硒化镉仍然面临着包裹率低、呈色弱、烧成温度高、能耗高等问题，需要不断调整和优化制备工艺。

包裹色料作为一种新型陶瓷色料，要求色料中的包裹相能够最大限度地把呈色离子包裹起来，而且包裹相应具备一定的透光性，从而不影响呈色离子的呈色。因此，包裹相本身必须是高温稳定的，以保证呈色离子的高温稳定性。就目前研究而言，要得到浓色调的且均一、重复性好的稳定型包裹色料，主要有两种制备方法，一种是固相法，另一种是液相法。以包裹色料中的锆英石包裹型 $Cd(S,Se)$ 色料为例，简要说明一下这种制备方法。

固相法制备锆英石包裹型 $Cd(S,Se)$ 色料，一般采用 $CdCO_3$、NaS、Se、ZrO_2、SiO_2 等原料和矿化剂（为促进 $ZrSiO_4$ 生成而用）加水均匀混合后干燥，再在 900~1000℃ 下加热。在 500℃ 附近，$Cd(S,Se)$ 系固溶体生成，接着在 750℃ 以后 $ZrSiO_4$ 开始生成。反应结束后，用浓硝酸等除去没有被 $ZrSiO_4$ 包裹好的 $Cd(S,Se)$。该方法之所以能用 $ZrSiO_4$ 包裹 $Cd(S,Se)$ 是因为加热上述配合料时，$Cd(S,Se)$ 系固溶体的生成和 $ZrSiO_4$ 的生成是相互独立的，而且在不同温度范围内生成。除两者的生成反应外，几乎无其他副反应进行。

液相法制备锆英石包裹型 $Cd(S,Se)$ 色料，可使用 $Cd(NO_3)_2$、Na_2SO_4、$Se(NO_3)_2$、$ZrOCl_2 \cdot 6H_2O$ 以及 $Si(C_2H_5O)_4$ 等可溶性盐类为原料，采用水热法，在高压容器中合成。其优点是能提高色料的包裹率，合成色料的品位高，呈色强度增大。以上是制备包裹型色料的两种主要方法。随着对包裹色料包裹机理的进一步研究，将不断有新的制备方法出现。实践中，制备一种包裹色料采用固相法还是液相法，要依原料、反应要求和色料使用范围而定。

(1) 亮红色包裹色料配方（单位：质量分数,%）

① 配方一：

氧化锆：47.62

二氧化硅：23.48

碳酸镉：19.00

硒粉：2.58

硫黄：3.76

氟化锂：3.56

② 配方二：

氧化锆：42.5

二氧化硅：21.0

碳酸镉：17.0
硒粉：2.10
硫酸钠：26.0
氟化锂：1.5

③ 配方三：
氧化锆：42.5
二氧化硅：21.0
碳酸镉：17.0
硒酸钠：4.10
硫酸钠：13.0
氟化锂：3.15
白糖：1.80

(2) 橙黄色包裹色料配方（单位：质量分数，%）
氧化镉：15.7
硫化钠：9.0
氧化锆：29.2
硒粉：2.0
二氧化硅：18.6
氧化钠：17.5
氟化锂：8.0

(3) 碲镉红包裹色料配方（单位：质量分数，%）
氧化锆：42.5
二氧化硅：21.0
碳酸镉：17.0
硫化钠：13.0
氟化锂：3.0
碲：1.6
白糖：1.5

(4) 镉黄包裹色料配方（单位：质量分数，%）
① 配方一：
氧化锆：42.5
二氧化硅：21.0
硫酸镉：25.0
硫酸钠：12.5
氟化锂：3.15
白糖：1.8

② 配方二：
氧化锆：42.5
二氧化硅：21.0
碳酸镉：15.0
硒粉：1.5
硫酸钠：13.0

氟化锂：3.2

氧化锌：1.6

(5) 镨黄包裹色料配方（单位：质量分数，%）

氧化锆：42.5

二氧化硅：21.0

碳酸镉：17.0

硫酸钠：13.0

氟化锂：3.2

白糖：3.0

氧化镨：2.0

1.2 陶瓷色料的生产窑炉

1.2.1 梭式窑

梭式窑由于投资相对较少，生产调节灵活，是陶瓷色釉料行业中使用最为广泛的窑炉之一。梭式窑是间歇烧成的窑，跟火柴盒的结构类似，窑车推进窑内烧成，烧完了再往相反的方向拉出来，卸下烧好的陶瓷产品，窑车进出如同梭子，故而称为梭式窑，如图1-5、图1-6所示。

图 1-5 梭式窑

梭式窑除具有一般倒焰窑操作灵活性大、能满足多品种生产等优点外，其装窑、出窑和制品的部分冷却可以在窑外进行，既改善了劳动条件，又可以缩短窑的周转时间。但由于间歇烧成，窑的蓄热损失和散热损失大，烟气温度高，热耗量较高。新型节能型梭式窑改进了窑体砌筑结构，增设了废气余热利

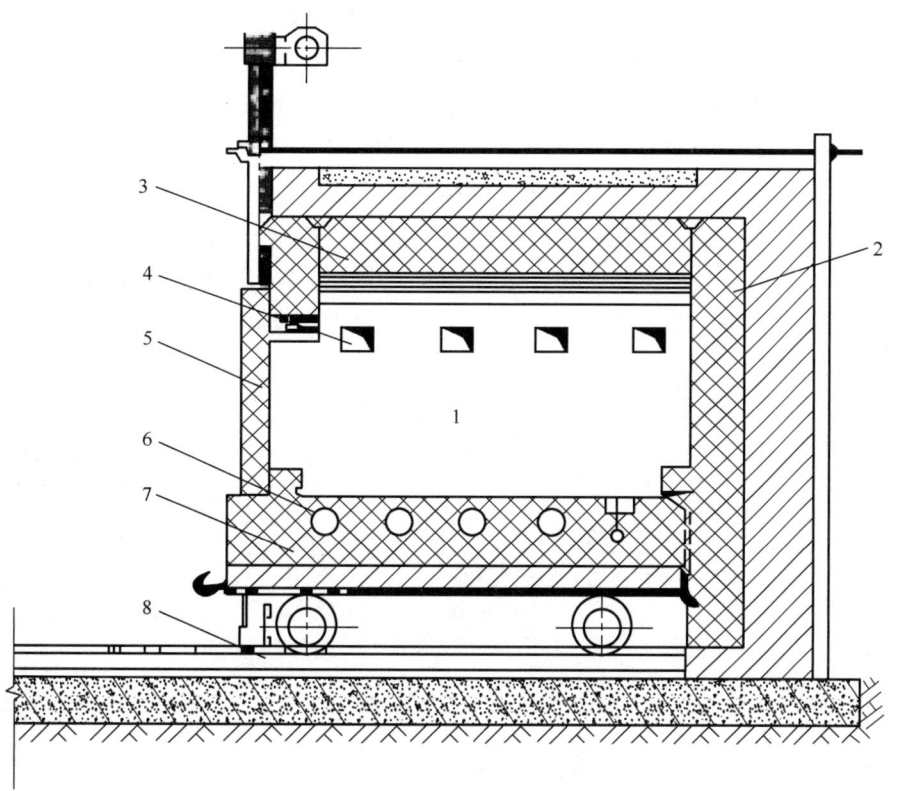

图 1-6 梭式窑结构示意图

1—窑室；2—窑墙；3—窑顶；4—烧嘴；5—升降窑门；6—支烟道；7—窑车；8—窑轨

用装置,使原来的缺点得到很大改善。梭式窑的生产系统由燃料供给及燃烧设备、燃烧风机、烟气-空气换热器、调温风机和排烟风机等组成。梭式窑的窑体为矩形,窑墙的砌筑沿厚度方向分为三层结构,工作衬即采用高强度高档耐火隔热砖,夹层是隔热耐火材料,外层采用耐火纤维毡贴在窑壁上。窑顶采用平吊顶结构,砌筑也分为三层,内层为高强度高档隔热砖,吊挂于吊顶砖下方,夹层是隔热砖,顶层采用耐火纤维毡,既为隔热层又为密封层。由于窑门经常移动,所以窑门的砌筑为两层,内层为高强度高档隔热砖,外层为隔热层,采用耐火纤维毡贴于窑门金属壳上。烧嘴安装在窑墙上,视窑的高度设置成一排或两排。窑车台面为窑底,它和窑顶、窑墙构成窑的烧成空间,窑车衬砖中心留设主烟道,与地下烟道相接。窑的一端（或两端）设有窑门,窑门可单独设置也可砌筑在窑车端部。窑车两侧裙板插入窑墙砂封槽内,窑车与窑车之间,窑车与端墙、窑门之间设有曲封槽,耐火纤维挤紧,起密封作用。在窑墙砂封槽下部留有许多通风孔,有利于窑车底部散热,延长了窑车的使用寿命。

典型的梭式窑以轻型、薄壁、节能为特征,其主要特点是:

(1) 适应多品种小批量生产。

(2) 采用轻型薄壁式窑墙结构,内衬采用高温轻质材料。

(3) 装卸车在窑外进行。

(4) 采用高速等温烧嘴,高低错落布置,喷出高速气流,使窑内气流强烈地旋转,极大提高对流换热效果,高温阶段窑内各点温差可控制在 5 ℃以内。在低温阶段,采用调温风增大烟气量,调节喷入窑内烟气温度,窑内温差在 5～10℃。升温、降温速度快,烧成周期短。

(5) 可配置适宜的自动化检控仪表,采用可编程控制系统 PLC 控制,实现全自动化操作。

1.2.2 推板窑

陶瓷色料行业应用推板窑起始于 2005 年前后,推板窑类似于隧道窑,但是建造成本低廉。目前,用于陶瓷色料生产的双孔推板窑的价格在20万元左右。推板窑又可以分为隔焰推板窑和不隔焰推板窑。隔焰推板窑就是在窑炉内部燃烧室同匣钵物料是分开的，即燃烧的火苗不是直接加热匣钵，而是通过耐温的挡火墙将燃烧室同物料通道隔开，因此称为隔焰式推板窑。不隔焰推板窑就是燃烧室同物料在同一空间内火苗直接燃烧匣钵来加热物料。由于是直接与火苗接触，不隔焰推板窑升温速度快，但是烟雾的出现对于窑内的气氛影响较大，不适合煅烧对气氛敏感的产品。

推板窑，又称推板炉或推板式隧道窑，是一种连续式加热烧结设备，按照烧结产品的工艺要求，布置所需的温区及功率，组成设备的热工部分，满足产品对热量的需求。把烧结产品直接或间接放在耐高温、耐摩擦的推板上，由推进系统按照产品的工艺要求对放置在推板上的产品进行移动，在炉膛中完成产品的烧结过程，如图1-7所示。

图1-7 推板窑

推板窑属于小型隧道窑一类，其中，在推板窑两侧设计燃烧室利用煤炭加热燃烧称为燃煤推板窑。随着环保意识的增强，利用燃煤加热的推板窑改为气炉的比较多，使用天然气或者煤气进行燃烧加热。因为天然气燃烧需要配备专门的天然气烧嘴，成本较高，并且时常受气源供应的限制，所以大多以煤气燃烧为多，一般配备小型煤气发生炉供应窑炉的燃烧，推板窑一般配备煤气烧嘴2~6个，分置推板窑两侧或者一侧。

目前，色料行业中使用推板窑煅烧的产品主要是相对温度偏低类的坯体锰红和锆系列产品，特别是对于气氛较为敏感的锆黄产品，使用隔焰的推板窑煅烧可以得到较为满意的锆黄产品。由于推板窑的产量相对于隧道窑小许多，因此，非常适合中小型陶瓷色釉料企业的生产。不隔焰推板窑的煅烧温度高于隔焰推板窑，因此可以进行釉用高温类的如金黄、釉用黑色等产品的生产。

1.2.3 隧道窑

1. 隧道窑结构及其用途

陶瓷色釉料行业在2004年后开始进入快速发展期，特别是随着色料企业越来越专业化，产量的不断提高，使得旧式的梭式窑和推板窑逐步被大型化的隧道窑所代替，如图1-8、图1-9所示。

隧道窑生产陶瓷色料具有产量大，产品稳定，降低综合成本的优势，特别是对大订单的生产非常有

图 1-8 隧道窑

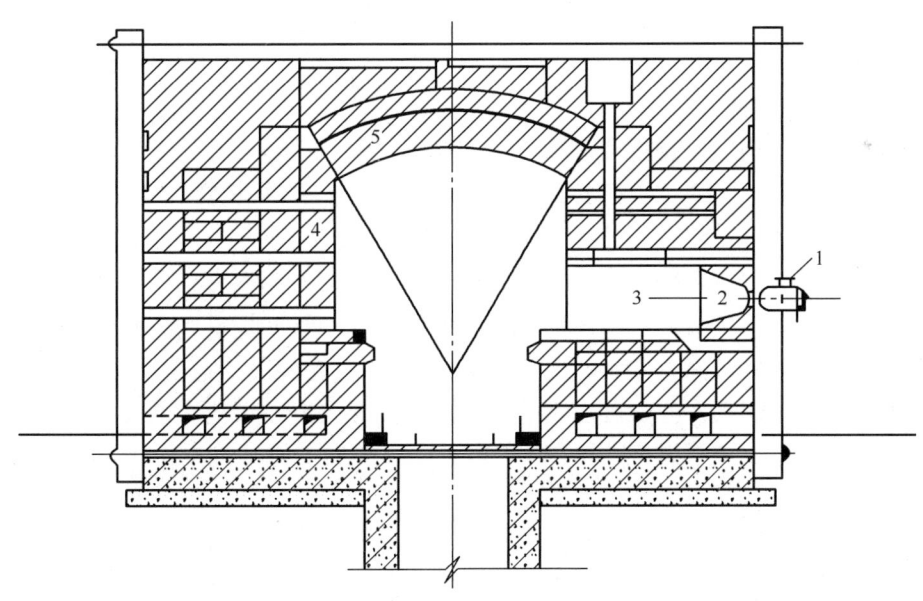

图 1-9 隧道窑结构示意图
1—烧嘴；2—烧嘴砖；3—燃烧室；4—窑墙；5—拱顶

优势。隧道窑是现代化的连续式烧成热工设备，广泛用于陶瓷产品的焙烧生产，在磨料和冶金行业中也有应用。其中以苏联列宁格勒当地设计的最新式隧道窑，较为先进。隧道窑始于 1765 年，当时只能烧陶瓷的釉上彩，到了 1810 年，开始用来烧砖或陶器，从 1906 年起，才用来烧瓷胎。最初著名的隧道窑，是福基伦式，到了 1910 年以后，就渐渐有了许多改进的方式。

隧道窑一般是一条长的直线形隧道，其两侧及顶部有固定的墙壁及拱顶，底部铺设的轨道上运行着窑车。燃烧设备设在隧道窑的中部两侧，构成了固定的高温带——烧成带，燃烧产生的高温烟气在隧道窑前端烟囱或引风机的作用下,沿着隧道向窑头方向流动,同时逐步地预热进入窑内的制品,这一段构成了隧道窑的预热带。在隧道窑的窑尾鼓入冷风,冷却隧道窑内后一段的制品,鼓入的冷风流经制品而被加热后再抽出送入干燥器作为干燥生坯的热源,这一段便构成了隧道窑的冷却带。

在台车上放置装入陶瓷制品的匣钵,连续地由预热带的入口慢慢地推入(常用机械推入),而载有烧成品的台车,就由冷却带的出口依次被推出来(约 1h 推出一车)。

2. 隧道窑的优点

与间歇式的旧式倒焰窑相比,隧道窑具有以下优点:

(1) 生产连续化。周期短,产量大,质量高。

(2) 热利用率高,燃料经济。利用逆流原理工作,热量的保持和余热的利用都良好,所以燃料很节省,较倒焰窑可以节省燃料 50%~60%。

(3) 烧成时间减短。普通大窑由装窑到出窑需要 3~5d,而隧道窑 20h 左右就可以完成。

(4) 节省劳力。不但烧成时操作简便,而且装窑和出窑的操作都在窑外进行,也很便利,改善了操作人员的劳动条件,减轻了劳动强度。

(5) 提高质量。预热带、烧成带、冷却带三部分的温度,常常保持一定的范围,容易掌握其烧成规律,因此产品质量也较好,损耗率也小。

(6) 窑和窑具都耐用。因为窑内不受急冷急热的影响,所以窑体使用寿命长,一般 2~3 年才修理一次。

但是,隧道窑建造所需材料和设备较多,因此一次性投资较大。因为是连续烧成窑,所以烧成制度不宜随意变动,一般只适用大批量的生产和对烧成制度要求基本相同的制品,灵活性较差。

3. 隧道窑的缺点

隧道窑的缺点主要有:

(1) 隧道窑建造所需材料和设备较多,因此一次投资较大。

(2) 对于不同制品必须全面改变焙烧工艺制度;生产技术要求严格;窑车易损坏,维修工作量大等。

隧道窑的燃料主要是重油、轻柴油、天然气及煤气,原有的直燃煤方式已不多用。油类燃烧配备有储油罐和燃烧喷嘴。因油类成本较高,目前使用较多的仍是天然气和煤气,天然气是通过天然气管道将天然气输送至窑炉,有专门的天然气烧嘴进行喷射燃烧。煤气燃烧除了有专一的煤气管道输送至窑炉外,隧道窑用户大都自备有煤气发生炉进行煤气的生产,由煤气发生炉所产的煤气经过管道输送至隧道窑燃烧室,通过煤气烧嘴进行喷射燃烧,如图 1-10、图 1-11 所示。

1.2.4 旋转窑

旋转窑炉主要应用于水泥等的生产,近些年也应用于陶瓷坯体色料的生产。旋转窑具有连续性生产的优势,最主要的是生产色料的过程中不需要人工装匣钵的工序以及不需要使用匣钵。因此,利用旋转窑炉生产陶瓷色料相对于其他几种窑炉具有明显的成本优势,如图 1-12 所示。

目前,旋转窑只能用于陶瓷坯体色料的生产,如坯体用的橘黄系列产品、坯体黑色和咖啡色产品。由于旋转窑内部结构和气氛关系,对于釉用产品来说,气氛的影响是主要原因之一。

图 1-10　使用天然气为燃料的隧道窑喷嘴

图 1-11　使用重油为燃料的隧道窑喷嘴

图 1-12　旋转窑

1.2.5 电窑

目前来看，陶瓷色料的煅烧温度主要分为低温、中温和高温。其中低温为800~1000℃，主要的色料产品有锆基三原色以及部分坯体色料钛黄、咖啡、黑色等。中温为1000~1200℃，主要色料品种是釉用中的尖晶石系列的棕色、金黄等。高温为1200℃以上，主要的色料品种也是尖晶石系列的深棕、釉黑、钴蓝、园子红、钒锆黄等。作为电窑来说，相对于燃油或者天然气的供热方式，其主要优点是升温速度快，恒温温差小，使用环境简单清洁，维修简单方便，市场中的色料产品基本上都可以用电窑煅烧生产。

陶瓷色料对于烧成气氛有一定要求，特别是锆系色料以及坯体黑色色料对于烧成气氛十分敏感。大部陶瓷色料品种都需要氧化气氛来煅烧。当然，部分色料产品需要弱还原气氛来煅烧，如钒锆蓝、坯体黑等。如坯体的钛黄系列产品，如果煅烧过程中存在还原气氛会导致产品中间黑心、表面发绿等影响产品质量。电窑使用以电热丝、硅碳棒等材质发热体的加热方式，更加接近实验室中的小试配方效果，因而从实验室到生产车间的窑炉转化差异更小。当然，对于一些需要气氛配合的色料产品来说，电窑煅烧出来的效果可能不及传统的燃料型窑炉。

陶瓷色料的生产窑炉主要有旋转窑、梭式窑、推板窑、隧道窑等。目前来看，市场中常见的陶瓷色料煅烧窑炉都可以改建成电窑。因此，完全可以通过技术改造的方式将现有窑炉升级为电窑。以坯体色料来看，除了坯体珊瑚红、硅铁红等产品需要装匣钵密封状态煅烧之外，钛黄系列、坯体黑色、咖啡色等产品都可以使用旋转窑来煅烧，使用旋转窑的煅烧方式可以减少烧成成本的50%左右，另外省去人工装卸匣钵的工艺环节，成本优势明显，旋转窑产量为5~7t/d。梭式窑适合小品种、高附加值类色料产品的生产，梭式窑生产灵活，50~3000kg的单窑一天产量。推板窑适合生产有稳定产量的中小批量的高附加值的产品，产量为1~3t/d，特别适合中等产量的锆系色料的生产。隧道窑属于大产量型窑炉，适合釉用色料中的中高温色料的生产，如尖晶石系列的棕色、黑色、钴蓝等大部分釉用色料的生产，产量为3~7t/d。

陶瓷色料配方的矿化剂类如氟化物等对于电窑的发热体腐蚀得非常厉害。因此，针对不同的陶瓷色料产品在选择好窑炉之后需要对发热体如发热丝、硅碳棒等进行保护处理，比如增加外层陶瓷保护套或者是建成隔焰窑式的使用耐火材料进行物理隔离的处理。另外，针对电窑升降温快的技术特点，修建窑炉时对于耐火材料的选择以及使用量十分讲究。总体上来说，可以适当降低窑炉整体耐火材料的采购成本以及保温层的厚度。需要注意的是，对于部分对烧成气氛敏感的色料品种，使用电窑生产时需要调整配方，而且部分产品的生产大样效果可能没有传统燃料型窑炉的发色好。

1.3 陶瓷色料生产工艺流程与加工设备

1.3.1 陶瓷色料生产工艺流程

目前市场上所销售的色料产品，除了包裹色料品种以外，大部分的品种多是由固相合成法生产的。该方法工艺较液相法更加简单，容易操作。生产中除了原材料及生产配方和烧成等关键因素之外，混料环节对产品的质量影响也十分关键。从理论上来讲，物料越细，混合得越均匀，其反应就更加充分，生产出来的产品就越稳定，发色也越好。

陶瓷色料的生产流程如下：
配料→混合→装窑→烧成→卸窑→粗加工→精加工→打包入仓。
（1）配料
按照配方单到仓库领取相对应编号的材料。

(2) 混合

将领取的物料根据工艺要求，使用指定的机器在一定时间内进行混合。

(3) 装窑

将混合好的物料，按照一定的数量装到指定的窑车上。

(4) 烧成

装好窑车的生料推入到梭式窑内，按照一定的升温速度和时间烧结到指定温度并保温。

(5) 卸窑

将经过高温煅烧好的熟料，待自然冷却后倒出匣钵装袋。

(6) 粗加工

初步的加工，如进行卸窑后的爪式机打粉均化过程。

(7) 精加工

将初步加工的产品进一步加工，细化加工，如釉用产品的水磨工序。

(8) 打包入仓

将精加工的产品，经烘干打粉均化后，按照一定的质量，过筛打包入库。

一般来说，陶瓷坯体用色料的生产工艺相对简单一些，大部分产品如钛黄、黑色、咖啡色等品种只是需要将原材料混合均匀后进行煅烧处理，特别是使用转窑生产坯体颜料的时候都不需要使用匣钵来装料，只需要人工投料到喂料机，直接出料加细即可，而使用推板窑或者隧道窑等窑炉时，需要使用匣钵，就多出一个装窑和卸窑的工序，既增加了燃料成本又必须多增加人工才能维持生产。

釉用色料由于对釉面要求较高，因此大部分都需要进行水磨工艺来处理加细，特别是釉用的黑色使用干法加细时的布袋尾料很容易产生针孔缺陷，而对于钒锆蓝产品来说，则必须用片碱水磨来处理。水磨处理的颜料粉末烘干后，还需要二次打粉分散，否则容易产生结块而影响细度。

一般生产过程中，大部分的产品都是使用直筒型的装窑方式，一是比较安全，发生倒窑的概率比较低；二是装窑的时候比较节省时间，对于工人的操作要求不高。但是对于部分对气氛比较敏感的产品，如钛黄中的橘红产品就需要使用叠加错开的装窑方法，这样煅烧出来的产品外观发色鲜艳，产品发生黑心缺陷的概率也非常低。

由于产品的特性和配方中原材料的影响，有些产品是需要在装窑的时候进行处理的，比如钛黄系列中的纯黄产品就可以进行按压装钵，以 300mm 直径的匣钵为例，每匣钵可以装 3.2~3.6kg 生料。但是橘红类产品就必须中间进行开窝处理，即中间挖个浅洞，否则装得太满容易发生黑心，导致产品色调偏暗，饱和度降低。

煅烧后的产品经过 4~6h 的自然冷却降温后，人工进行卸窑。不同的产品需要使用不同的匣钵，特别是釉用产品需要每一个系列的产品专用一套匣钵。对于坯体的色料来说，一般整个系列仅需一套匣钵。对于有些对气氛比较敏感的产品，如镨黄、锆铁红等需要在装窑的时候还要加盖匣钵盖子进行密封处理。

1.3.2　常用陶瓷色料加细类机械设备

1. 微粉机

微粉机用于陶瓷色料的后期加细处理，一般要求釉用色料 325 目全通过，除了部分釉用色料需要经过水磨处理之外，其他的釉用色料和坯体色料经过初步破碎后，即可使用微粉机进行加细工艺环节，如图 1-13、图 1-14 所示。

图 1-13 微粉机

图 1-14 微粉机布局图

微粉机具有调节性灵活和细度易操控的优势，加工不同颜色产品时的清洗也相对容易，缺点是单位产量不高，而且布袋的尾料也较多。微粉机出料时利用旋风除尘器来收集加细的产品，如果物料的黏性较大，容易粘在除尘器的铁壁上，出料速率下降，需要人工敲打来清理。由于内部高速运转的滚轮，对于色料的外观也是有一定的影响，特别是锆系列产品中的镨黄不能直接使用铁制的内衬进行加细。

微粉机的主要缺点是布袋尾料较多，由于是旋风除尘收集的尾料，因此细度都可以达到 400 目以上，特别是锆系产品的布袋尾料发色会明显减弱。而对于尖晶石结构的黑色和钴蓝色料来说，细度越小，发色饱和度越高。

2. 刀片式加细机

刀片式加细机的优点就是单位产量大，主要用于陶瓷坯体色料的加细处理。由于刀片的磨损，需要经常更换刀片，否则加细产品的粒径就达不到要求。以坯用黑色料来计算，0.5m 直径规格的微粉机每天能够处理 6～10t 陶瓷色料。当然，如果是加细坯体咖啡色，产量相对会少一些，由于咖啡色相对密度较小，黏性较大，使用刀片式加细机处理会比较粘机器。刀片式加细机采用集中的粉房来收集物料，因此不存在布袋尾料，而且均化效果也较好，如图 1-15 所示。

图 1-15　刀片式加细机

在实际生产中，刀片式加细机的安全隐患问题是最需要管理者关注的地方。由于内部都是钢铁结构，因此，对于生硬的物料是严格禁止投入的，特别是钢铁类的，如螺丝、匣钵碎片等硬质类物料。生硬物料进入机器的后果非常严重，容易造成人身伤害。另外，就是比较黏的物料在投料过程中要紧盯电机电流表，电流超过 100A 时容易烧坏电机。

因此，生产中每次开机前一定要检查周边物料是否有硬质类部件散落，还有就是冷却水管是否正常，机油是否在正常的液位，必要时需要及时添加。

1.3.3　陶瓷色料混料类机械设备

1. 犁刀式混料机

犁刀式混料机主要用于陶瓷色料中成品和生料的搅拌环节，常见的犁刀式混料机有 1t 和 3t 两种规格，也有大到 5～10t 的。犁刀式混料机混料时间一般需要 2～3h，安装的时候需要配合安装升降平台，特别是生料或者成品的黏性比较大时，使用犁刀式混料机通过高速运转的刀头能够打散结块的物料。陶瓷颜料厂家一般也使用犁刀式混料机来混合半成品和成品出货。生产中发现使用犁刀式混料机时，一般混料中途不允许停机，停机后再启动非常困难，需要先把里面的物料清空大部分后，空载机器时才能再次启动。而对于生料混料过程中，如果用于液体或者含水比较多的产品时，一般只能按照机器容量的

80%左右进行投料，否则随着混料时间的增加，机器负荷明显加重，轻则烧坏皮带，重则烧坏电机，如图 1-16、图 1-17 所示。

图 1-16　犁刀式混料机

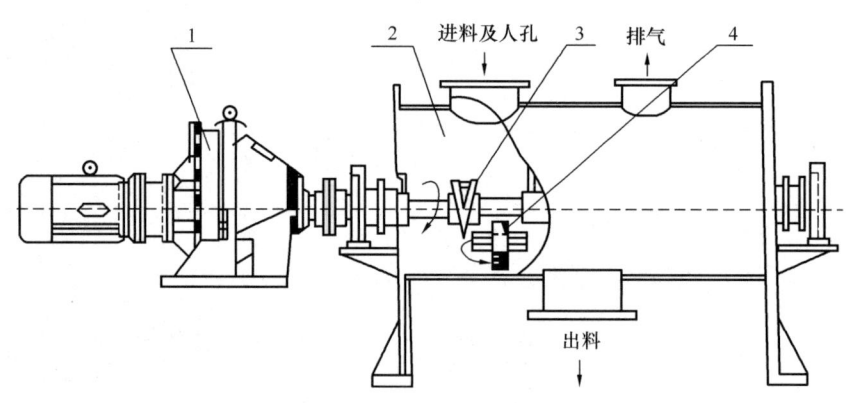

图 1-17　犁刀式混料机结构
1—减速齿轮；2—腔体；3—犁刀部件；4—搅拌电机

2. 双臂螺旋式混料机

双臂螺旋式混料机主要用于陶瓷色料成品的出货环节，相对于犁刀式混料机的高速运转刀头，螺旋混料机只适合干粉状物料的混合。混料时间通常在 2～4h，通过内部两条旋转的手臂来进行物料的拌匀处理，由于存在底部混料死角，通常生产环节中需要投料后将底部料进行 1～2 次的外部循环投放才能充分混匀。双臂螺旋混料机对于黏性比较大的物料混料效果差，特别是含有氧化铁红和氧化铬绿之类的原材料时，混料效果达不到要求。而对于比较干性的物料，如锆系列产品中的石英粉比例通常在 30% 以上，物料很干而且很分散，使用双臂螺旋机混料时效果较好，而且物料混匀后比较膨松，不容易结块，如图 1-18、图 1-19 所示。

3. 球磨机

球磨机是由水平的筒体、进出料空心轴及磨头等部分组成。筒体为长的圆筒，筒内装有研磨体，筒体为钢板制造，有钢制衬板与筒体固定，研磨体一般为钢制圆球，并按不同直径和一定比例装入筒中，研磨体也可用钢段。物料由进料装置经入料中螺旋空轴均匀进入球磨机第一仓，该仓内有阶梯衬板或波纹衬板，内装各种规格钢球，筒体转动产生的离心力将钢球带到一定高度后落下，对物料产生冲击和研磨作用。物料在第一仓达到粗磨后，经单层隔仓板进入第二仓，该仓内镶有平衬板，内有钢球，将物料

图 1-18　双臂螺旋式混料机

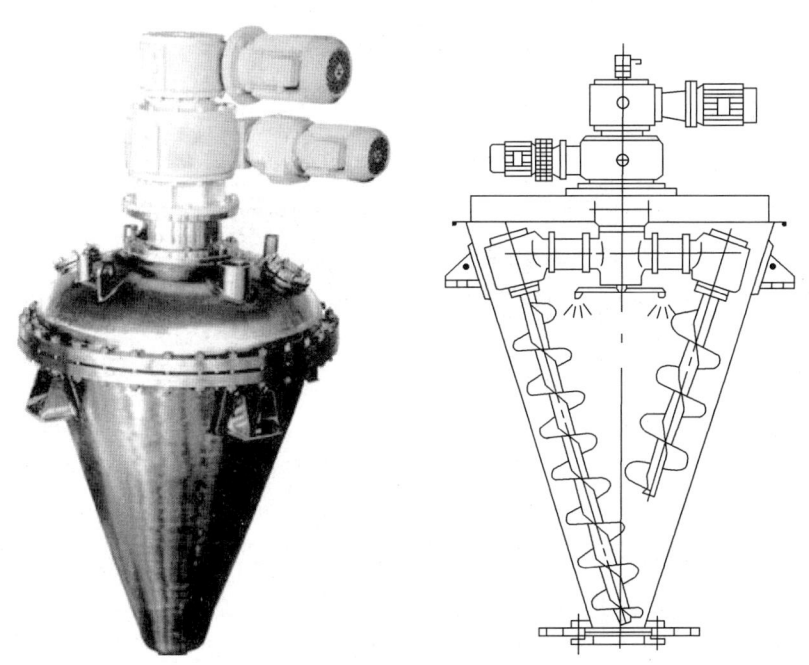

图 1-19　双臂螺旋式混料机结构

进一步研磨。粉状物通过卸料筛板排出，完成粉磨作业，如图 1-20 所示。

筒体在回转过程中研磨体也有滑落现象，在滑落过程中对物料起研磨作用，为了有效利用该研磨作用，对一般粒度达到 20 目的较大物料磨细时，把磨体筒体用隔仓板分隔为二段，即成为双仓，物料进入第一仓时被钢球击碎，物料进入第二仓时，钢段对物料进行研磨，磨细合格的物料从出料端空心轴排出，对进料颗粒小的物料进行磨细时，如砂二号矿渣、粗粉煤灰，磨机筒体可不设隔板，成为一个单仓筒磨，研磨体也可以用钢段。

图 1-20 球磨机

原料通过空心轴颈进入空心圆筒进行磨碎,圆筒内装有各种直径的磨矿介质(钢球、钢棒或砾石等)。当圆筒绕水平轴线以一定的转速回转时,装在筒内的介质和原料在离心力和摩擦力的作用下,随着筒体达到一定的高度,当自身的重力大于离心力时,便脱离筒体内壁抛射下落或滚下,由于冲击力而击碎矿石。同时,在磨机转动过程中,磨矿介质相互间的滑动运动对原料也产生研磨作用。磨碎后的物料通过空心轴颈排出,如图 1-21 所示。

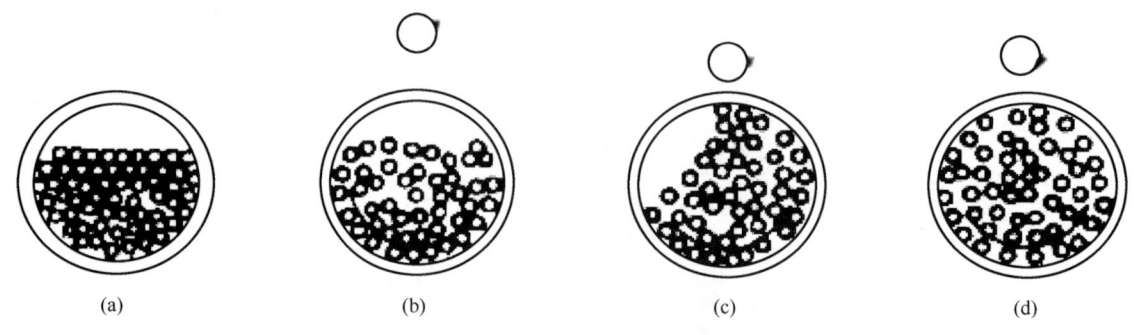

图 1-21 球磨介质运动行径
(a)静止时;(b)介质运动时;(c)干燥物料投入时;(d)连续运转时

球磨机在陶瓷行业属于两用型机械,可以用于生料的球磨混合,也可以用于成品的加细处理和成品的出货混料。特别是部分釉用产品必须使用球磨机水磨处理,例如釉用色料中的黑色和部分锆黄产品,水磨处理的品质和加细机加细的产品性能有明显的区别。另外,陶瓷色料中的锆铁红和铝铁红等产品,必须使用球磨机混料来进行生产,锆铁红的球磨时间为 8~12h。球磨机使用时的料、球石、水的比例也是关键因素之一,合理的配比可以提高球磨效率,减少球磨时间。

4. 卧式双螺带混料机

卧式混料机相对于犁刀式和螺旋式搅拌机来说,不需要建造提升平台,混料也灵活,清洗机器也方便,设备一次性投资较少。目前,陶瓷色釉料企业使用卧式混料机的还是相对较少,主要用于成品出货时的粉料混合,如图 1-22、图 1-23 所示。

图 1-22 卧式双螺带混料机

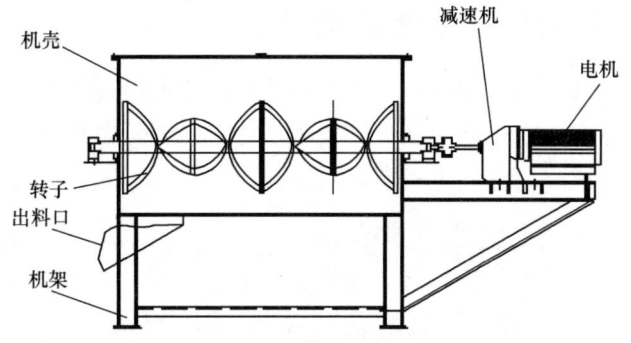
图 1-23 卧式混料机结构

5. 爪式粉碎机

爪式粉碎机是一种能将物料粉碎的机械设备。爪式粉碎机，在机座上装有主机，主机包括有机体以及和机体连接在一起的活门组成粉碎室，机体内装有轴承以及由轴承支承的主轴，主轴伸出机体外部的一端装有皮带轮，在粉碎室内的一端装有转子，轴承两端装有内端盖和外端盖，转子上紧固有数圈钢齿，与固定在活门里的齿盘交错配置。活门上端有入料口，入料口上面装有盛料斗，活门下端有出料口，如图 1-24 所示。

图 1-24 爪式粉碎机

爪式粉碎机的优点是结构简单、设计合理，可以用多种动力机械驱动，筛出不同粗细的物料，广泛用于粮食、饲料、化工原料及中草药的粉碎。陶瓷色料行业一般用于生料的二次破碎和拌匀作用。特别是釉用的棕色系列产品，由于氧化铝和氧化锌等物料比较膨松，氧化铬绿不容易与之混合均匀，因此需要进行二次打粉混匀处理。

爪式粉碎机的工作原理是：该机是切向进料锤片式粉碎机。在粉碎室中，转子高速旋转，物料通过锤片的打击和齿板的摩擦作用而被粉碎成细粒，从筛孔中漏下，然后由离心式风机吸送至储料袋或集料室。

6. 色料企业自动混料配料系统

系统集成化配料以及成品的系统化配料是未来陶瓷色料企业生产自动化的一个趋势。目前，行业内已经有例如锐捷科技等设备生产企业已经可以根据色料企业生产的特殊性以及物料的特性针对性地开发出集成自动化的生料混料系统和成品物料的配料混合系统，如图1-25所示。

图1-25　色料企业自动混料系统

1.3.4　常见实验室用设备

1. 发热丝电炉

发热丝电炉具有温差小、价格便宜、使用成本低的优势。发热的电阻丝一般在60元/条左右。发热丝电炉一般用于烧板和煅烧温度低于1100℃以下的色料。通常陶瓷色料厂用于坯用黑色和橘黄等色料的小试试烧。发热丝电炉在煅烧低温产品时的温差小于20℃以内，比硅碳棒电炉有明显的优势。但是升温速度没有硅碳棒电炉快，特别是在烧制透明熔块釉面板的时候，频繁的升降温会加快电炉内衬的老化。另外，就是发热丝电炉的气氛要好于硅碳棒电炉，密封性要好一些，比较适合用来煅烧锆系列的产品如锆黄、钒蓝、锆铁红等，如图1-26所示。

使用发热丝电炉烧制坯体板或者釉用板时一定要将发热丝整理好，放进卡槽里面，由于电炉丝老化后容易掉出卡槽，而直接靠近要烧的物料，导致靠近电炉丝的物料温度会明显偏高。

2. 硅碳棒电炉

硅碳棒电炉主要有马弗炉等，还有试烧熔块的钼棒熔块电炉。硅碳棒电炉相对于发热丝电炉具有升温速度快、煅烧温度高的优点，通常可以煅烧1300℃高温，而且硅碳棒也较发热丝耐用一些。一般生产中主要用于釉用色料的试烧试验，特别是1100℃以上的产品，比如棕色系列、釉用黑色系列等高温产品。硅碳棒电炉随着硅碳棒的老化和电阻的变化会导致内部出现一定的温差，因此，在进行电炉试烧料时保温时间通常在2h以上为佳，如图1-27所示。

图 1-26 发热丝电炉

图 1-27 硅碳棒电炉

3. 行星式球磨机

行星式球磨机是陶瓷行业中必备的实验室设备，在釉用色料的制板过程中用于球磨釉浆，在坯体色料的制板过程中用于球磨泥浆。当然，也有在试验中用于色料生料的球磨混匀工艺的需要。在色料的半成品的检验过程中，则是用于加细半成品以便于打板。行星式球磨机有单头和双头等几种，如图 1-28 所示。

4. 烧板辊道窑

陶瓷企业中用于烧板的电炉有发热丝和硅碳棒两种小型电炉，小型电炉具有成本低、烧板灵活等优势，但是如果企业的样品较多时，光是使用电炉来烧制样板明显忙不过来，因此在最近几年出现了实验

图 1-28 行星式球磨机

室烧板用途的小型辊道窑。小型辊道窑具有温差范围小、连续式烧板等优势，特别是釉用色料较多时，采用挂板工艺来调色的工厂建议采用辊道窑来烧制样板，如图 1-29 所示。

图 1-29 实验室烧板辊道窑

2　陶瓷色料的配方调试与工艺控制

2.1　陶瓷色料的配方调试与生产工艺

2.1.1　陶瓷色料的调配方法

对于陶瓷色料企业来说，色料的颜色调配占有十分重要的地位。色料煅烧出来以后，受其原材料、烧成曲线等各方面因素的影响，导致产品各批次最终呈色效果存在一定的差异，这时需要技术人员对其进行调配，以保证前后产品色调的一致性。调配的内容主要是对每批次的产品进行标定样调和，使产品前后批次的最终呈色效果稳定及品质得到保障。另外，随着人们生活水平的提高和艺术鉴赏品位的不断提升，人们对陶瓷产品不单有质量上的要求，还对产品的花纹图案、色彩色调都有一定要求。然而现有陶瓷产品的色料品种毕竟有限，因此，在日常工作中需要对现有的产品进行技术性的调配以满足市场对色料色彩、色调等方面上的要求。

虽然色料颜色的调配非常重要，但是陶瓷色料不同于普通颜料，它有许多特性和影响其最终呈色的因素，对于它的颜色调配可以借鉴普通颜料的调配，但最终还是要以试验来确认。实际调配工作中会面临以下几个问题：①色料的外观颜色与其在釉中的发色不完全一样；②依照三原色定理对两种颜色进行比例调配时得到的不一定就是中间色；③同一色料在不同的釉或坯粉中的发色不一定相同。要克服这些难题除了要具备一定的颜色调配理论知识和工作经验外，还要求调色技术人员对色料的性质以及基础釉（坯粉）对其发色的影响有充分的认识和了解。只有具备了这些条件，才能更好、更快速地进行陶瓷色料颜色的调配。

1. 陶瓷色料的特性

陶瓷色料是由着色离子或质子团与其他氧化物形成的具有一定结构的稳定晶体或固熔于稳定晶格结构的固熔体。目前，市场上所销售的陶瓷色料大多为人工合成的。人工合成色料具有的特点是：色料晶体具有稳定的结构、色彩丰富、高温稳定性和化学稳定性好、在釉中熔解较少，且不易与釉中的某些成分发生反应。

陶瓷色料的调配与普通绘画颜料的调色有很大的差别。陶瓷色料在呈色前须经过高温焙烧，调配出来的色彩应是产品的最终表面呈色效果，它不像普通色料那样具有可见性。因此，调板人员需要对混色的比例和烧成的影响以及所使用的釉或坯粉做出准确的判断，特别是要对该色料品种性质充分了解并能正确使用色料，如需了解该色料的极限使用温度及在釉中或坯粉中的发色等。

2. 影响色料颜色调配的因素

（1）色料使用条件的影响

颜料是一种起装饰和保护作用的有色物质，它不溶于介质，而以分散状态存在于各种材料中并使其着色。根据颜料的生产方法、组成、功能、结构不同，将颜料分为无机和有机色料两大类。

陶瓷色料属于无机类色料，一般分为釉用色料和坯用色料，釉用的使用温度通常为1100~1200℃，后者较前者的使用温度要高许多，通常在1200℃以上。每一种色料都有它的极限使用温度，当温度过低或者过高时对其发色影响很大。对于釉用色料来说，温度太高会破坏其晶体结构，影响其最终发色效果，严重时会导致失色；对于坯用色料来说，温度过低，坯粉未能烧熟，遮掩了色料的发色。另外，每一种色料对釉（坯体）都有一定的适应性，并不是所有的釉（坯体）都适合同一种色料。

(2) 外观因素的影响

由于陶瓷色料的特殊性，它必须经过涂板焙烧成成品以后才能获知其在釉或坯中的呈色效果。因此，在进行色料颜色调配时，除了借鉴以往的工作经验和三原色定理以外，必须经过试验打板并焙烧成样品。

需要指出的是，色料的最终呈色效果不一定就是其外观颜色。实际工作中往往会发现有以下现象：①同一样品，a样的外观颜色较b样的深，但经过试验制板焙烧步骤后，a样的最终呈色较b样浅；②烧板前a样已调至b样的外观颜色，但最终呈色还是不一样；③a样和b样混合后，得到的不一定是中间色。以上表明，色料外观颜色的深浅与色料的最终呈色效果没有必然的关系。同样，三原色定理并不适用于所有的色料品种。色料的外观颜色并不一定是其最终的成色。例如，同样是钴系呈蓝色调的海碧蓝和宝石蓝，后者的成品颜色却是紫色。

这些都说明在进行色料调配时，调板技术人员必须具备一定的颜色学理论，并且要对陶瓷色料性质有充分认识和了解。

(3) 基础釉对呈色的影响

日常工作中有时会出现这样的情况，明明已经配好的产品，也经过了品检合格，出厂后运到客户那里就出现问题。分析原因之后得出该问题是使用的基础釉不同所导致的。陶瓷色料按其晶格结构可分为锆英石、尖晶石等14种类型。除了锆基色料对基础釉没有特殊要求外，其他类型的都需要与合适的基础釉相配用，才可以获得最佳的呈色效果。

色料在使用过程中不同程度地受到以下两个方面的影响：①基础釉对色基的熔解，降低其最终的发色。在高温下，釉中的低熔成分如Li_2O、Na_2O、K_2O等会对色料产生助熔作用，但有时会相反地形成再结晶，使得色料呈色效果更好。例如，锆铁红在含锆釉中的呈色能力强，色调纯正。同样，铬铝红在高铝、高锌釉中的呈色较其他釉中的要好。②基础釉中的某些成分与基釉发生反应，生成新的晶核，改变其原有色调。例如，尖晶石结构的Co-Cr-Al-Zn系的孔雀绿色料，在含有高硅的釉中吸收较长波长，呈现偏绿色调，而在Na、K、Ca含量高的基釉中吸收波长偏向紫色，最终呈现出蓝色调。

因此，在进行色料调和时需要考虑基础釉对发色的影响。坯粉的影响较釉要小一些，主要考虑其极限烧成温度。

3. 色料调配的注意事项

颜色是色料最主要的性质，种类众多，可大致分为红、黄、蓝、绿、紫、黑、灰、白等颜色，各种颜色之间也存在一定的内在联系。色调是彩色彼此相互区别的特性。物体的色调决定于光源的光谱组成和物体表面所反射的波长辐射的比例对人眼产生的感觉。陶瓷色料的颜色主要取决于着色离子的存在状态，即色料自身的原子或分子结构，其次取决于制备工艺和使用条件。

在陶瓷色料调色工艺中，应该了解颜料的混色原理。使用混合的色料种类越多，明度、纯度越低，最后趋向于黑灰色。在日常调板工作中，除了工作经验以外，一般以三原色定理来进行颜色的调配，将两种颜色相混合得到其中间色。如用红色和黄色相混合得到橙色。当然也有一些特别的，如用蓝色和黄色混合得到的却是绿色。还有一种情况就是，当两种颜色为色系相差较远的互补色时，其混合得到的是黑灰色。如紫色与黄色混合，得到的将是黑灰色。对于调板工作人员来说，只有对所使用的色料的发色有了充分的了解，才能更好地依据三原色定理快速、有效地开展调板工作。

以下是一些调板过程中需要注意的问题：

(1) 对颜色的正确分辨

要调色必须首先要学会分析辨别颜色，用行话讲，就是要会"看板"。颜色是我们所看到的色的刺激，它与照射的光源、物体的性质、人的眼睛的响应有着十分密切的关系。不同的人，或者在不同的光源照射下看到的同一样品可能会存在差异，因此需要个人在实际工作中准确地去把握。其次，不要过度依赖色差仪器，可以借鉴其数据，但仍然需要由人的眼睛来做最终判定。调板过程中的样品必须具有整批次产品的代表性，这一点是十分重要的，否则将导致整次试验的失败。

(2) 系统误差的控制

由于色料混合以及喷釉制板过程中存在一定的误差，所以必须要求每一步工作都要细心，特别是混合两种以上颜色时，可将其比例整倍扩大，以减少各个环节的误差，整次试验必须在同一条件下完成。只有保证每一步的误差最小，才能降低整次试验的系统误差，使试验结果更具有代表性。

2.1.2 色料生产工艺控制对产品质量的影响

人工合成色料最显著的特点是色料晶体具有稳定的结构、色彩丰富、高温稳定性和化学稳定性好、在釉中不熔解或熔解量很少、不易与釉中的其他组分发生反应，因而保证了呈色的稳定。为陶瓷制品的高档化、系列化、大规模工业化生产奠定了基础，同时也对陶瓷色料生产企业提出了更高的要求，不仅是产品销售价格上的需要，也是对陶瓷行业的细化分工朝着更加专业化、规模化的生产提出了明确的发展方向。

随着原材料价格的不断上涨和燃料成本的增加，陶瓷色料企业也跟随着陶瓷企业进入了一个特殊时期。部分陶瓷色料企业除了加强科研投入外，同时对日常的生产管理也有了新的认识，开始逐步加强生产现场的管理，对工艺流程进行跟踪及改造，在现有的机器设备条件下，将产品的性能提高到最佳，从而保证产品品质的稳定，降低生产成本，提高产品的市场竞争力。

影响产品质量的因素主要有以下几个方面：

(1) 原材料质量对产品的影响

人工合成色料在生产过程中原材料的波动对产品品质影响很大。对于原材料的选用，通常来说纯度越高，烧出来的产品就越好。特别是像锑锡灰、钒锆蓝等品种，对其原材料的纯度要求都很高，一般纯度需要达到99.8%以上，特别是沙漠红生产中，氧化钇的纯度对产品最终的发色影响十分明显。同时，出于对产品成本的考虑，有些产品可以适当放低要求，像钛黄系列的产品，对于原材料氧化锑和钛白粉可以根据客户的需要来做调整，当所用氧化锑含量在98%以上时，可以降低对钛白粉使用纯度的要求。同理，当所使用的钛白粉纯度在98%以上时，可以降低锑的纯度要求，但配方中需要多增加1%~2%。生产中发现氧化锑对钛黄系列产品的烧成温度有着明显的影响，一般随着氧化锑纯度的增加，其最高烧成温度也会相应增加。

(2) 混料方式对产品的影响

色料生产过程中的混料方式主要有两种：一是干法混料，干法混料即将各种物料在干粉状态下进行混合；二是湿法混料，即将不可溶的原料按照配比装入球磨机内，加入水或其他的液体来进行混合。在实际生产中，多数产品都采用干法混料方式，如镨黄、钴蓝、橘黄等，也有一些产品需要湿法来进行混料，如釉用的金棕、金黄的配方中需引入Al时等。需要注意的是，干法混料时根据物料的材质，有的产品需要进一步均化处理才能达到设计的标准，如钛黄系列的产品，经过锥形混料机混合后，还需经过爪式机打粉均化工序。这样才能保证产品的性能达到最佳。表2-1中的数据显示，同一批生料，1号没有打粉，2号经爪式机打粉；同一温度烧成后进行打板，2号明显比1号发色深。

表2-1 桔黄生产实验数据（仪器为日本产美能达 CR-10 型色差仪）

编号	ΔE	a	b	色差	
1	60.4	+16.2	+35.0	ΔE：2.3	ΔL：-2.3
2	58.3	+16.7	+34.5	Δa：+0.5	Δb：-0.5

(3) 混料设备对工艺的影响

陶瓷色料企业在日常生产过程中对同一产品的工艺流程必须保持一致性，以保证产品品质的稳定，但是有的时候也会因为生产上的其他原因而改变同一产品不同批次的工艺流程。例如黑色系列的产品，一般会选择使用搅拌磨混料，搅拌磨混料的特点是混料十分均匀，单次混料在100kg左右，单位时间内效率不高，不利于短时间内大批量生产的需要。当需要进行大批量生产时，就会选择使用锥形机来混料，通常单次产量在2t左右，相比较于搅拌磨，混料产量得到了提高，但是需要增加打粉工序。当然也有一些产品是不需要打粉工序的，如锰红系列，经过锥形混料机混合后，直接就可以进入装窑工序。表2-2数据显示，1号未打粉和2号打粉后的发色基本一样。

表2-2 锰红生产试验数据（仪器为日本产美能达CR-10型色差仪）

编号	ΔE	a	b	色差
1	65.3	+14.2	+8.3	ΔE：0.5　ΔL：-0.3
2	65.4	+14.1	+8.3	Δa：+0.2　Δb：-0.2

（4）混料时间对发色的影响

生产中混料时间一般是根据混料过程中的跟踪取样品检来确认的。确定混料是否均匀的标准为：是否有杂色，有些产品需要进一步取样在试验电炉中煅烧打板后来确认。通常使用锥形混料机的时间一般控制在2h左右，使用球形混料机控制在1h左右。搅拌磨的时间一般为10～20min。需要说明的是，当使用搅拌磨来混料时，其生料的烧成温度一般较其他机型低20℃左右。同时，混料时间的长短对产品的发色也有很大影响，例如在锆铁红色料生产过程中，混料时间的长短对其在釉中的发色影响十分明显。表2-3数据显示，不同的混料时间对其有不同的发色影响。

表2-3 锆铁红生产试验数据（仪器为日本产美能达CR-10型色差仪）

编号	ΔE	a	b	混料时间	釉中发色效果
1	52.3	+31.0	+30.0	10h	很浅，淡红
2	43.6	+27.6	+18.2	16h	较暗，很红
3	45.6	+29.2	+20.4	20h	较鲜艳，红
4	50.3	+30.0	+29.5	24h	偏黄调，浅

（5）烧成工艺对产品质量的影响

对于陶瓷色料生产厂家来说，烧成过程就是企业产生利润的过程。陶瓷色料从各种化工原材料经过一定的科学配比，混合好之后煅烧就变为陶瓷色料产品。对于烧成环节的控制，笔者曾经在《佛山陶瓷》杂志2005年第十期文章《梭式窑烧成制度对产品质量的影响》一文中，以当时大多数厂家所使用的梭式窑为例进行了详细的说明。烧成工艺控制的三个关键因素是：一，最高烧成温度的控制；二，烧成曲线的合理设置；三，保温时间的控制。在实际生产过程中，根据各厂地产品的不同以及配方和原材料的差异来进行控制。特别是锆黄品种，根据实际生产经验来看，温度的过高和偏低都达不到产品的设计要求。

烧成曲线控制的原则是：前快，中缓，后慢。需要注意的是，当配方中氧化铝以氢氧化铝的形式引入时，需要留意其转化点温度，必须留有足够的时间使其排完结晶水。总体来说，升温曲线的制定原则是：一，前段部分要使生料中的挥发物和结晶水排除；二，后段部分要留有足够的时间使各晶团结合。保温时间的长短一般在2～4h，釉用黑色系列和锆铁红品种的保温时间需要适当延长。

大部分的色料产品都需要氧化气氛来烧成，但钒蓝和部分坯用黑色系列除外。判断窑内气氛最简单的方法有：一，观察窑内火焰清晰度和火苗颜色，当气氛主要为氧化时，内部燃烧充分，火苗呈现蓝色，清晰或者不见火苗。反之则内部较为模糊，火苗苗头呈现橙色。二，抽力测试口气压的判断，正压有利于还原，负压有利于氧化。

(6) 后期加工对产品质量的影响

① 粗加工控制

经过煅烧的色料半成品，卸窑后一般需要经过粗加工工序粉碎后才能进入下一道工序，粉碎的主要目的是初步的均化和细度加工。经过初步加工的产品，细度一般在 10～20 目，根据产品的坯用和釉用两大系列来区分，坯用产品可使用雷蒙机和微粉机来进行加工。根据材质的疏松程度，硬质的产品使用前者，软质的采用后者来进行加工。对于坯用产品，一般细度控制在 1000 目左右，对于锰红等钛黄系列产品，随着细度的增加，其在坯体中的发色会逐渐减弱。

② 精加工控制

对于釉用色料产品，经过粗加工后，需要进一步进行深加工。细度一般要求控制在 1200 目以上。主要使用球磨机水磨加工，球磨中的料、球、水比例一般控制在 1∶2∶0.5 为佳。根据产品的不同，有些产品需要加酸或者碱来进行水洗，其产品 pH 值一般控制在中性值 7 左右。球磨好的产品需要进行沉淀烘干，烘干过程中必须避免铁质等的混入，以免引起釉面缺陷。同时必须对同一批次的出窑产品进行均化处理，由于沉淀分离过程中颗粒大小存在差别，易导致分层，致使上下色料有部分差异。经过均化处理后，可以保证同一窑或同一批次的产品没有色差，从而保证产品的质量稳定。

陶瓷色料生产过程中对产品质量有影响的因素主要集中在原材料、混料、烧成和加工等工艺环节上，各个环节都对产品的最终品质起着关键作用。原材料的合理搭配可以在保证质量的前提下有效降低成本；合理的烧成制度可以保证产品的性能达到最佳；色料煅烧之前的混料工艺的控制对产品最终品质的稳定和性能的提高有着十分关键的作用；混料工艺过程中除了混料的方式、设备的选用、混料时间的控制等关键控制点以外，对混料过程中投料的先后顺序以及设备混料过程中死角和漏料的处理也十分重要。

在当前原材料价格不断上涨和燃料成本增加的情况下，陶瓷色料企业除了需要不断加强科研力量等常规投入之外，还应该更加注重企业内在管理的提升，通过加强对生产现场的管理和不断改善生产工艺，从而提高产品品质，降低生产成本，提高企业的产品竞争力，同时也可以节约资源，减少浪费。

2.1.3 梭式窑烧成制度对产品质量的影响

陶瓷色料的生产大多采用传统的固相反应法，也有使用近些年发展起来的液相合成法和微波烧成工艺。目前，佛山地区的大多数陶瓷色料厂家都在使用梭式窑。这主要因为：其一，一次性固定投资相对较少，建设周期短、投产快，生产技术成熟；其二，后期维护较容易，操作简单，生产灵活。梭式窑的操控要点主要集中在进气口压力的调节和抽力大小的配合。这两个要素直接影响到升温速度和窑内气氛的控制，进而影响到产品的最终质量。

众所周知，好的配方不一定能生产出好的产品，除了受原材料因素影响，烧成制度也是色料生产的关键所在。由此可见，要想生产出高品质的色料产品，除了对原材料纯度、生产配方有严格要求，合理的烧成制度也是至关重要的。

1. 烧成制度的制定

(1) 最高烧成温度的设定

煅烧的目的是合成稳定的着色矿物，其温度通常可分为高温和低温两种。低温为 850～1100℃，如锆黄、钒蓝等锆英石系和包裹色料。高温为 1200～1310℃，如含钴系列的海碧蓝、孔雀蓝、绿和黑色尖晶石系列等。

一般而言，固相反应速度随温度的升高呈指数函数增加。表面上看，温度烧得越高似乎对合成过程越有利，但实际情况并非如此，由于每个色料品种的晶体结构不同，其反应体系也大不相同，它们都有其最佳的合成温度范围，并不是所有的色料温度烧得越高越好，如含钴的黑色尖晶石系列，如果温度没有把握好,温度过高或者过低都会导致其在釉中发色非常浅。这主要是因为温度过高时,使原本已经形成稳定结构的晶体被破坏,而温度过低则可能尚未形成稳定的晶型,这些都会导致其在釉中分散溶解,从而降低其发色。

从实际生产中来看,镨黄、锆铁红、艳黑等品种,当适当提高其烧成温度时对烧成有利,而钒蓝、锰红、钛黄系列等品种通过增减矿化剂用量、降低其最高烧成温度,会比高温时有更好的效果,并且降低了烧成成本。

(2) 煅烧曲线的设定

烧成曲线的设定主要是对烧成过程中升温速率的控制。大部分的色料合成温度在1000~1300℃,烧成时间通常为10~16h。升温速率的选择应根据各品种的晶体结构、最高烧成温度和窑炉的大小尺寸综合考虑来决定。

总体来说,烧成曲线是前快,中缓,后慢。以黑色尖晶石系列来说,通常温度在1250℃左右,从常温升至500℃之前可控制在150~250℃/h;500~1000℃控制在60~90℃/h;1000~1200℃控制在40~60℃/h;1200~1250℃控制在15~20℃/h,如像钒蓝等温度相对较低的品种则应将升温速度整体减缓。同时,还应根据窑炉的尺寸大小来调整升温速度。当窑炉尺寸较小时,整体升温较快,内部温差较小,因而可以适当缩短烧成周期。

需要指出的是,当配方中氧化铝以氢氧化铝的形式引入时,需要注意其转化点温度,必须留有足够的时间使其排完结晶水。总体来说,升温曲线的制定原则是:一,前段部分要使生料中的挥发物和结晶水排除;二,后段部分要留有足够时间使各晶团结合。

(3) 保温时间的选择

理论上来说,在相同烧成曲线制度下,保温时间越长可使反应进行得越完全,晶体结构发育得越完善。相比较而言,煅烧温度较高的产品,如钒锆黄、锡灰等,其保温时间可以相应地短一些。而像煅烧温度相对较低的镨黄、锆铁红等品种,则应适当地延长保温时间,这样可以很明显地提高其品质。

当然也有一些高温品种需要较长的保温时间,如黑色尖晶石系列,适当地延长其保温时间,可以促使其反应得更加完全,减少游离态铁离子的存在,有效地降低色料釉面针孔的出现,并且使黑色发色更加纯正。

2. 窑内气氛的控制

(1) 生料反应对气氛的影响

色料的呈色主要由着色离子的价态来决定。着色离子多为变价离子,其价态不同呈现的颜色及着色强度都会有很大的差异。在大体相同的温度制度下,匣钵内部气氛是决定着色离子价态的关键所在。

当窑内温度达到生料的反应温度时,随着反应的进行,氧化物会逐步释放出氧,若其价态随温度升高而降低,则反应过程中释放出的氧可以形成氧化气氛,反之,则需要由外界补充足够的氧才能形成氧化气氛。

与此同时,生料中的矿化剂也会对内部气氛产生决定性的影响。从理论上来讲,当需要氧化气氛时加入氧化剂,反之,则加入还原剂。除了某些色料必须用还原气氛烧成外,一般都采用氧化气氛来烧成。

(2) 燃气进口压力及抽力的调节

窑内气氛的控制主要由窑内的燃烧程度来决定。通过对燃气进口压力和抽力大小的调节来达到控制目的。窑内热量的传递主要以气流的形式来进行传导,匣钵内部气体的扩散受到钵壁的阻挡,当匣钵气压与窑内气压达到一定差值时便达到平衡。

当窑内气氛以氧化气氛为主时,则匣钵内部也将形成氧化气氛。控制窑内气氛的主要手段可通过调节烟气流量大小来进行。当进气口压力与抽力同时增大时,烟气流量加大,窑内气体同匣钵内气体向外扩散加快，有效降低其氧分差，使窑内整体气氛保持一致。当然，实际操作时还需要根据升温曲线来综合考虑抽力的大小和燃气进气口压力的调节。

判断窑内气氛最简单的方法有：一，观察窑内火焰清晰度和火苗颜色，当气氛主要为氧化时，内部燃烧充分，火苗呈现蓝色，清晰或者不见火苗；反之则内部较为模糊，火苗苗头呈现橙色；二，抽力口气压的判断，正压有利于还原，负压有利于氧化。

（3）匣钵材质和装料量的影响

匣钵的材质对产品在烧成过程中的燃烧气氛也是有影响的。匣钵的密封性、气孔的大小决定了匣钵内外的压力值。从理论上来讲，气孔越大，窑内气流扩散得越快，产品也较容易烧透。当然也有一些产品必须在密封状态下烧成，特别是镨黄这个品种，由于镨离子可以气化挥发，所以在选择匣钵时必须选择密封性好的。另外，像锡灰、玛瑙红等烧成温度较高和矿化剂腐蚀性较严重的产品，则对匣钵的耐高温和抗腐蚀性提出了更高的要求，选择合理的匣钵还可以避免"倒窑"现象的发生。

生料装填量的多与少，则需要根据具体每个品种烧成制度和匣钵大小来决定。通常来说，尽可能不要装得太满。因为装料越多则反应过程中产生或者消耗的氧气就越多，尽可能使匣钵内部生料的反应空间保持在反应过程中的气氛。

另外，像钛黄、沙漠红等品种的生料一般较为疏松，装填时可以压实一点，但需要在中间打通气孔以防止"夹生"的发生。

2.1.4 镨黄色料质量的控制方法

任何一种色料要得到广泛的应用，都必须具备两个基本条件：一是呈色的稳定性好；二是呈色能力强。锆镨黄色料呈色鲜明，在加入量极少的情况下可获得柔和的色调。通过锆基三原色（锆镨黄、钒锆蓝、锆铁红）可以制得一系列的调和色。

因此，它是市场上一种销售量极好的色料品种。目前，许多陶瓷色料厂都努力研究如何制备呈色能力强、色调干净、成本低廉的镨黄色料，最重要的是保证其产品品质的稳定性。根据笔者从业经验，现就锆镨黄色料生产过程中影响其质量的一些因素以及控制工艺，介绍如下。

1. 原料因素

（1）原料成分及细度的控制

色料生产中的大部分原料是金属氧化物。原料的主要成分（即纯度）和细度是影响色料质量的主要因素之一。因此，控制原料的标准主要是控制其纯度和细度。根据镨黄生产需要，既要保证色料的质量，又要从经营上进行考虑。通常主要原材料氧化锆等纯度须控制在98%左右，325目筛子小于0.5。由于釉用色料受原材料纯度和细度影响较大，为了保证色料生产质量的稳定，建议厂家采取定点供应，尽可能降低由于更换原料供应商而带来不必要的生产波动。需要特别注意的是，即使原料的纯度相同，若结晶度不同也会使色料的合成过程产生波动。

（2）矿化剂的选择

由于ZrO_2和SiO_2直接进行固相反应生成锆英石时的温度高于1300℃，此时，矿化剂的使用对色料合成的作用及色料的影响十分重要。镨黄合成过程中需加入3%~10%的矿化剂。像NaF、NaCl等熔点都很低（NaF,995℃；NaCl,800℃），选择合理的矿化剂不但可以促进固相反应，产生的气相可以使固相反应更加完全。同时，矿化剂的加入可以改变反应历程，明显降低反应活化能，使生产温度得以下降，减少燃料消耗，降低生产成本。更重要的是，使更多的镨离子与基团结合，改善其呈色性能。在生产实际中发现，加入复合型矿化剂比使用单一矿化剂效果更好，某些离子的加入还可以使其煅烧后不结块，更加蓬松，有利于下一步加工。

2. 原料配比和混合因素

（1）原料的配比控制

从理论上来讲，根据合成 $ZrSiO_4$ 的反应：$ZrO_2 + SiO_2 = ZrSiO_4$，基础组成中各组分的比例符合母体晶格理论组成，才能保证反应的完全。但在锆镨黄色料生产中，锆英石的理论化学组成为 ZrO_2：$SiO_2 = 0.673：0.327$，实际生产中大多数选择为 ZrO_2：$SiO_2 = 6：4$，SiO_2 稍微过量。主要从以下方面考虑：①合成过程中加入的矿化剂 NaF 等易与熔点较低的 SiO_2 形成共熔液相，消耗一定量的 SiO_2。②石英的市场价格低廉，过量可以保证 ZrO_2 的完全反应从而生成锆英石。

（2）原料的混合控制

混合的目的是让各种原料的颗粒充分接触，以保证色料在煅烧过程中固相反应完全。在镨黄色料生产中，由于着色剂氧化镨的加入量通常只占 2%～7%，所以必须充分地将生料混匀。以笔者所在公司目前使用的悬臂双螺旋锥形混料机为例，通常需混料 40～90 min，生产中主要根据物料的数量来具体规定混料时间。混料过程中也可通过人工方法来检测是否混匀。具体方法为：取出一定量色料，用小瓢或铁锹抹动观察没有单一的颜色即可。

3. 烧成因素

（1）烧成气氛控制

镨黄色料的烧成要求必须在纯氧化气氛中烧成，保证色料中挥发物的排出不影响其反应的进行。烧成中的主要做法是将装有生料的钵体用高岭土泥浆密封，同时采取负压来煅烧，通过人工控制进气口的风流量和燃气气压来控制窑内气氛。生产中可根据窑炉的前后观察孔查看窑内火焰的颜色以及清晰度，从而判断窑内气氛。

（2）烧成制度控制

为了使产品的品质得到保障，必须保证升温曲线和烧成温度一致。只有这样才能保证前后不同批次的呈色一致。根据生产的实际经验，镨离子在 300～500℃完全变成气态物质，为了避免镨离子因挥发造成的丢失，此时，需要加快升温速度。750～850℃是锆英石合成的重要阶段，应放慢升温速度。850～950℃是锆英石晶体发育完善阶段，升温放慢，并在 950℃保温。根据生产中窑炉的大小，一般情况下需保温 2～4h。

4. 后期加工因素

（1）加工粉碎控制

镨黄色料烧成后，一般需要经过粉碎后才能进入下一道工序。粉碎的主要目的是初步均化。由于先前对原料细度和矿化剂的合理使用，烧出色料较蓬松，可直接进入球磨工序。球磨中的料、球、水，一般控制在 1：1.5：0.5 为佳。生产中可定时取样检测球磨的细度，要求控制在 325 目筛余小于 0.2。

（2）均化控制

经过球磨工序的初步均化，经沉淀烘干，必须对同一批次的出窑产品进行均化处理。由于沉淀分离过程中颗粒大小的差别易产生分层，致使上下色料有部分差异。经过均化处理后，可以保证同一窑或同一批次的产品没有色差，从而保证产品质量的稳定。

2.1.5 锆铁红色料的工艺控制

由于锆铁红色料的生产成本较钒蓝和镨黄色料的高，而且生产工艺较为复杂，因此，许多色料厂家都不愿意投入生产，但是它目前仍旧是市场上销售比较好的色料品种之一。假如在现有设备的基础上，通过对生产工艺等的改进可以使锆铁红产品的品质得到显著提高，相信可以产生一定的经济效益和社会效益。从锆基色料的开发历史来看，钒锆蓝由美国的克雷伦斯·斯布莱特在1949年首先合成出来，镨黄则是由日本学者在1952年首先合成出来。以上两种色料的合成机理均基于在加热过程中产生如下反应：$ZrO_2 + SiO_2 = ZrSiO_4$，着色离子钒和镨置换了$ZrSiO_4$中的部分Zr^{4+}形成固溶体从而呈色。反应过程中，着色氧化物氧化镨和五氧化二钒以气态形式扩散和迁移到氧化锆表面，通过反应而形成固溶体。

固溶体型色料是单相颜料，基体晶格$ZrSiO_4$中固溶一定数量的着色离子而呈色。与前两者不同，锆铁红色料属于锆基色料中的包裹型，是混晶色料，存在两个相，其中发色的化合物或胶态金属相被晶体所包裹。需要说明的是，锆铁红色料中的铁离子不会与矿化剂卤化物等发生反应形成挥发性气体，故其难以依靠自身进行扩散迁移，它不可能通过扩散途径迁移到"反应带"来完成反应，而必须通过自身迁移到"反应带"与锆结合。锆铁红色料在锆基色料中发现得最晚，1960年以后才开发出来。该色料的大规模生产难度较大，特别是要开发出呈色强度高、高温发色稳定的产品难度更大。下面就生产中如何提高锆铁红产品的品质，提出了一些具体的改进措施。

1. 具体改进措施

（1）配方的改进

通过试验发现，锆铁红色料的色调与ZrO_2和SiO_2的配料比有较密切的关系，当配方中$ZrO_2：SiO_2$（摩尔比）＝1时，烧出物呈红色调，而当其摩尔比＞1时，色调则偏向于桃红色。由于着色剂氧化铁不能气化迁移，所以首先必须保证使它与同样不能迁移的ZrO_2紧密混合接触。在同一生料混合工艺的前提下，适当增加配方中ZrO_2的量，有利于锆英石的形成，可以使更多的铁离子被包裹，从而提高产品的品质。

（2）选用矿化剂的种类

配方中矿化剂的种类和数量直接影响到锆铁红色料的最终合成温度和釉中的发色效果。以下是笔者在实验室马弗炉中所做的试验数据，选用基础配方Zr：Si：Fe＝60：28：12，烧成温度为1050℃，结果详见表2-4。

表2-4 矿化剂种类和数量对外观及釉中发色的影响

编号	矿化剂种类和数量	外观呈色	釉中的发色
1	Na_2SiF_6(6%)	暗红色	深暗红色
2	NaF(6%)	红色	红中带黄调
3	NaCl(6%)	粉红色	淡红
4	Na_2SiF_6(4%)、NaCl(2%)	深暗红色	较深红色
5	Na_2SiF_6(3%)、NaCl(2%)、KNO_3(1%)	深暗红色	更深红色
6	Na_2SiF_6(2%)、NaCl(2%)、$CaCl_2$(1%)、KNO_3(1%)	粉红色	鲜艳的深红色

通过以上试验可以发现，氟化物的矿化作用最为明显。使用后比复合型矿化剂效果更好。配方中的KNO_3为强氧化剂，在500℃左右分解时产生的挥发物在固体表面会产生硝化效果，可以增强发色，而且可以明显降低合成温度，同时还可保证氧化铁保持在三价态。

（3）矿化剂的用量

在实际生产中，矿化剂种类和用量的优化选择是陶瓷色料合成中的关键技术之一。矿化剂的主要作用有：促进液相在较低温度下产生或降低液相的黏度，加速扩散作用，从而促进固相反应的进行；也可能与反应物或反应物之间形成固溶体或形成中间物，使反应物晶格活化，从而促进结晶中心的形成或加速晶体生长，如锆英石和斜锆石结构类型的色料都属于必须加入矿化剂的色料品种之一。特别是锆铁红色料，矿化剂对其品质的影响十分明显。

需要指出的是，矿化剂的具体使用量需要通过实际生产来调整。矿化剂用量太少，则起不到矿化作用，而且使合成温度过高，易烧结成块，影响后期加工；用量过多，将过度降低合成温度，使 $ZrSiO_4$ 过快地结合，而 Fe 离子又不具有气化扩散迁移能力，直接降低了对其的包裹率，严重影响产品的性能。同时，矿化剂中的某些离子会占据一定的 $ZrSiO_4$ 晶格，减少了与铁离子结合的 $ZrSiO_4$ 基团数量，影响其在釉中的最终呈色效果。

(4) 矿化剂与烧成温度

当以表 2-4 中的 6 号为基础配方，分别在 900℃、950℃、1000℃、1050℃下合成色料时发现，当矿化剂的加入量都相同时，900℃、950℃两个样品外观呈现深暗红色，但是经过透明釉制板于 1100℃下烧成时却都呈无色，1000℃下合成的样品外观呈现深红色，经过透明釉制板于 1100℃下烧成时呈较鲜艳的珊瑚红色；1050℃下合成的样品外观为深红色，有烧结现象，经过透明釉制板于 1100℃下烧成时呈现非常深的暗红色。以上说明，在同一配方条件下，适当提高锆铁红色料的合成温度，有利于提高产品的性能。

2. 生产工艺的改进

(1) 原材料的选择

由于锆铁红色料在合成过程中着色剂 Fe_2O_3 不能通过气化扩散迁移，所以必须使它与同样不能迁移的 ZrO_2 紧密地混合接触。通过合理选择原材料的细度，可以明显改善其合成温度及最终呈色效果。对于主料 ZrO_2、SiO_2、Fe_2O_3 三种原材料，细度越细越好，要求 1000 目以上。同时，其纯度也非常重要，要求必须在 99.8% 以上。在氧化锆的选择上，化学分解法生成的锆比电熔法生成的使用效果更好。对于氧化铁的选择，含水铁盐的效果与 Fe_2O_3 相差不大，主要是色调上存在一定的差异。

(2) 生料的混合

改善氧化铁与氧化锆的反应活性是锆铁红色料合成工艺的关键所在。通过适当延长球磨时间，尽可能使氧化铁与氧化锆紧密接触，扩大其接触面以提高其反应的表面活性。选用的球石最好是钢质的，磨损小，最重要的是，若选用含铝的球石，反应中的铁会与球石中的铝发生反应，生成铝铁尖晶石，严重影响其在釉中的呈色。另外，球磨过程中通过加入一定量的水，可以减少球磨中的粘壁现象，而且还可以增加其内部的流动性，提高球磨效率。需要说明的是，球磨的程序是先将氧化锆与氧化铁混合球磨 2/3 时间，剩余 1/3 时间再配入石英粉，球磨料放出烘干后再与矿化剂配合混匀入窑煅烧。

(3) 烧成制度

与其他锆基色料一样，锆铁红色料的合成升温制度对其最终在釉中的呈色有着直接的影响。在有矿化剂加入的前提下，硅酸锆的形成在 700℃ 左右，当所使用的着色剂为铁盐时，铁盐的分解与硅酸锆的形成基本同时进行。在生产过程中制订升温曲线时，需要考虑到硅酸锆晶核的形成速度不宜太快，必须保证有足够的时间使铁离子进入硅酸锆晶格，由于硅酸锆一旦形成，铁离子再也无法进入晶格，所以必须要求色料一次烧成。具体要求为：常温升至 500℃ 阶段，升温速度控制在 150～200℃/h；500～1000℃ 阶段，升温速度控制在 40～70℃/h，最高温度下保温 3h 以上。

2.1.6 提高钒锆蓝产品质量的措施

锆基三原色之一钒锆蓝色料，以其较高的热能、高化学稳定性、强着色能力，而且能和大多数陶瓷色料混合制成复合色而成为市场上最受欢迎的色料品种之一。

从生产角度来讲，钒锆蓝色料的生产是锆基色料生产中比较复杂的一种。主要涉及钒离子的变价效应，引入着色剂钒化合物的形式，烧成制度和窑内气氛控制等方面，这些都直接影响到产品的最终呈色效果。根据笔者从业经验，以在生产中影响钒锆蓝产品质量的几个因素为研究对象，提出了一些具体的改善建议。

1. 钒锆蓝的合成原理

锆基色料的工业制备方法主要利用固相烧结反应原理。钒锆蓝的着色是相等克分子数的 ZrO_2 和 SiO_2 在加入 V_2O_5 时合成产生的。一般认为，ZrO_2 和 SiO_2 借助于矿化剂在低温下合成，同时使五价钒还原成四价而进入硅酸锆晶格。

四价钒离子固溶在 $ZrSiO_4$ 中发出蓝色。反应中，矿化剂先与 V_2O_5 发生反应而生成低温共熔物，接着与 SiO_2 反应，把五价钒还原成四价，然后才与 ZrO_2 和 SiO_2 反应生成固熔有四价钒离子的锆英石。

需要注意的是，只有四价钒离子发蓝色，而且要在碱性条件下。

2. 合理选择矿化剂

（1）配方改良

与其他锆基色料一样，生产钒锆蓝中建议也采用富硅比。从 $ZrSiO_4$ 合成反应方程式来看，反应中由于矿化剂的加入，使其生成低熔点共熔物。部分 SiO_2 与其反应产生 SiF_4 气体而挥发损失掉，造成 SiO_2 参与后期反应数量减少，可能使 ZrO_2 相对过剩而造成浪费，严重影响到锆英石的合成数量和产品的着色强度。

（2）矿化剂的优选

在生产钒锆蓝色料中，一定要有一种或者几种矿化剂，否则很难得到理想的蓝色色调。若没有矿化剂存在，不仅烧成温度相对较高，而且烧出来的产品带有蓝绿色调。主要原因是锆英石合成总量减少，固熔着色离子的量也会随之减小，而一部分 V_2O_5 与 ZrO_2 直接反应生成钒锆黄，当其与蓝色混合便会产生绿色。

一般认为，复合型矿化剂比单一型矿化剂效果更好。钒锆蓝色料在生产过程中多选用碱金属卤化物，如 NaF、$NaCl$、LiF 等。反应中若着色剂 V_2O_5 有残余，会与矿化剂反应生成钒酸，它能与釉中的某些成分反应生成钒酸盐，导致釉面张力增大，引起波纹；还可能生成 $NaVO_3$，严重影响在釉中的呈色效果。

3. 制定烧成制度

（1）升温曲线和保温时间的确定

在没有引入矿化剂的情况下，钒锆蓝合成温度相对较高。在生产中由于使用了高效的 NaF-NaCl 复合型矿化剂，可使合成温度下降，通常在 900℃ 左右。根据生产经验，一般 500℃ 之前可快速升温，以减少由于矿化剂参与反应挥发而造成的着色离子损失；600~850℃ 为锆英石生成发育阶段，应当放慢升温速度；900℃ 左右为锆英石的完善阶段，应适当保温。一般大容量的倒焰窑因窑内温差较大会使升温受到一定的限制。在 850℃ 以前，升温速度可控制在 50~60℃/h，强氧化阶段为 30~50℃/h。由于钒锆蓝烧成温度相对偏低，所以应当适当延长其保温时间，以促使 $ZrSiO_4$ 晶格的完善与调整，改善产品的性能。需要注意的是，温度过高，保温时间超长，会因水分挥发损失导致产品过火，造成发色暗淡。生产中一般保温以 2~3h 为宜。

（2）严格控制窑内气氛

窑内气氛的性质根据燃料产物中游离氧及还原成分的含量而定。一般游离氧含量为 8%~10% 时呈强氧化气氛，游离氧含量为 4%~6% 时呈普通氧化气氛，游离氧含量小于 1% 而一氧化碳含量在 2%~7% 时呈还原气氛。在氧化气氛条件下，气氛"重"温度上升，气氛"轻"温度下降，但是过剩空气将导致温度停滞甚至下降。

因此，要求氧化阶段在保证燃料完全燃烧的前提下，尽可能减小过剩空气量，使升温、气氛控制两不误。在通常情况下，负压有利于氧化气氛的控制。在实际生产中，可按照窑炉结构特性来调节总烟道闸板，排烟孔小闸控制抽力，以及利用燃气气压和喷嘴喷气量来综合调节控制。钒锆蓝生产中对烧成气氛比较敏感。只有在中性或者弱氧化气氛下才能获得比较满意的色调。氧化气氛下容易产生不稳定的偏黄调，还原气氛过浓则偏向灰调，所以生产中一般采用弱氧化气氛。

(3) 后期加工控制

出窑产品一般需要经过初步破碎，生产中可使用颚式破碎机进行初加工。经初步粉碎的产品既便于灌装球磨，也大大减少了后期球磨时间，提高了工作效率。建议球、水、料比为 1∶0.5∶1。在球磨工序中，加入一定量的碱可以提高除钒酸的效率。球磨时，产品细度应严格控制在 325 目筛余 0.60 左右。细度过细，容易破坏其晶体结构而影响呈色，同时，也增加了在釉中的溶解性。

球磨时间一般控制在 4~6h，应定时停机抽样检测细度。球磨过后的产品须经过多次水洗，以便彻底除去钒酸和 $NaVO_3$。一般需要清水漂洗 6 次左右，以目测水质清澈无黄色感为佳。

2.1.7 硅铁红色料的生产工艺控制

红色系列一直是市场上较为流行和受欢迎的色料品种之一。如锆铁红、锡桃红、沙漠红等，以及这里谈到的硅铁红色料。从技术的角度讲，红色系列又是对生产技术和生产工艺要求较高的品种之一，它们对配方和原材料的选择以及烧成等工艺有着十分严格的要求。国内规模化生产人工合成硅铁红色料大概是在 2004 年，之前都是使用法国的 510B 天然色料，所以研发该色料时，参考的是法国进口的 510B 的发色效果。通过精选原材料，不断改进配方以及不断完善工艺，目前国内已基本掌握该工艺。

当下，部分厂家可以生产出比较理想的硅铁红色料产品，其在坯体中的发色效果比 510B 深且鲜，同时成本也可以控制在一个合理的、可接受的范围内。因此在市场上还比较受欢迎，并且产生了良好的社会效益和经济效益。下面主要就该产品的配方、生产工艺和流程作一些初步的介绍，并就生产中需要注意的问题提出一些解决措施。

1. 生产配方及材料选用

(1) 硅铁红色料的呈色机理

硅铁红色料在坯体中能呈现出鲜艳的类似于沙漠红的色调，是一种能耐高温的陶瓷色料。它主要是基于发色铁离子在石英中发生晶型转变时产生裂纹，高活性的铁离子向裂纹中扩散，同时在 α-石英向 β-石英重复晶型转变过程中被包裹而形成的耐高温发色晶体。

(2) 生产配方及矿化剂的选用

前面已经提到硅铁红色料的发色原理，它主要是基于铁被石英晶相包裹而形成的发色基团，所以配方中的主料以硅和铁为主。从事研发工作的人员都知道，在配方中并不是着色原料加得越多颜色就越深，有时加多了还会适得其反。通过试验发现，硅铁最佳配比在 80~90∶20~10。根据市场需要，通过调节配方中铁的加入量来得到不同色调的产品，矿化剂的选择也是色料生产中的关键技术之一。

根据试验和实际生产情况来看，在硅铁红色料的生产中选用 NaF 和 $CaCl_2$ 作为矿化剂可以起到非常好的效果，特别是含结晶水的 $CaCl_2$ 反应效果更好。生产中需根据矿化剂的加入量来确定最高烧成温度。

(3) 原材料的优选

天然硅铁红色料的主要成分是硅和铁以及少量的铝等。人工合成的硅铁红色料可以作为试验的参考。我们知道，如果直接用石英粉和铁红在试验电炉里用 1000℃ 左右的温度混合煅烧，得到的产物在坯体中是不发色的。这主要是因为石英粉呈惰性，其颗粒较大，晶型稳定，活性相对较低，所以必须选择一种超细的高硅含量的材料来代替普通的石英粉。目前市场上可选的硅微粉厂家和型号有许多，笔者通过试验发现硅微粉并不是越细就越好。相对来说，粗一点的效果可能更理想，通常 120~200 目即可。铁红的选择也是至关重要的，因为它直接影响最终产品的发色深度和色调以及鲜艳程度。一般来说，铁红主要有两种色调方向：一种是偏向于紫色调，另一种则是偏向于黄色调。上海产铁红一般偏向于黄色调，比较鲜艳，江西产铁红则偏向于紫色调。实际生产中可根据客户需要进行选择。

2. 工艺流程及控制

（1）生料的混合

固相反应过程中对原料的混合均匀度要求十分严格，由于硅微粉的形状是颗粒，极细、材质蓬松。而铁红则比较重，而且还带有一点黏性，所以使用常规的锥形混料机显然不行。如果使用搅拌磨来配料则效率不高，而且磨到后期时容易造成死机，所以建议采用湿法混料。在实际生产中，可使用球磨机来配生料，按照生产配方称好生料，将矿化剂中的 $CaCl_2$ 先用凉水完全溶解后，再投入到球磨机中。严格控制加水量，以生料经过球磨后能自动流出为佳。一般球磨时间为 2~4h。需要注意的是，由于硅微粉在未浸水前很蓬松，会造成一次球磨量较少，所以在每次开始投料时，可以边投料边开机，这样可以提高一次球磨效率。

（2）烧成制度控制

① 装窑

生料经过球磨机球磨混料后，放出来时呈泥巴状，不需要烘干，直接装窑即可。匣钵应选用壁薄、透气性好的那种。一般装九成满，以不溢出为佳，装得太多对后期卸窑有影响。

② 最高烧成温度

根据所加入矿化剂的数量来决定煅烧的最高温度。通常温度控制在 950~1050℃ 范围为佳。在生产中发现，于 1000℃ 左右下烧成的产品品质最佳，要求在氧化气氛中完成煅烧。需要说明的是，所选用的着色剂铁红的种类也对烧成温度有影响。另外，在相同配方的前提下，湿法混料方式的最高烧成温度比干法混料要低 20℃ 左右。

③ 烧成曲线及保温时间

由于硅铁红色料主要基于石英晶型转型过程中对铁的包裹。因此，在煅烧过程中主要考虑石英的转型对色料的影响，其烧成曲线原则上与其他产品一样，120℃ 之后可以适当采用快烧。由于 α-石英向 β-石英转变是可逆反应，其第一次转型在 650℃ 左右发生，所以在该温度后应适当放缓升温速度。同时，应尽可能保证升温速度的均匀。通常烧成周期在 12~16h，根据生产窑炉的大小作适当的调整，保温时间一般要求 2~4h。需要注意的是，由于是湿法混料，生料中一般含水过多，从常温升温至 120℃ 时要留有足够的时间让其将水分排净。

（3）后期加工

由于原材料本身的性质及配方的合理选择，可以通过调整煅烧最高温度使烧出来的产品较为疏松。经爪式破碎机打粉初步加工后，细度可以控制在一个可以接受的范围以内，直接打包入仓即可。如果客户对产品细度有特殊要求，可使用雷蒙机或者微粉机加工，细度一般可控制在 325 目全通。需要说明的是，细度对产品在坯体中发色有明显的影响，过细会减弱其在坯中的发色。

2.1.8 钴蓝色料的研制

钴蓝色料作为一种非常传统、典型的尖晶石类型色料，由于其呈色能力非常强，发色稳定，在坯和釉中少量加入就能呈现出较深的蓝色。因此，该产品一直都是市场上常见的和销量最大的色料品种之一。

当前在化工原材料氧化钴等相关产品价格不断攀升的情况下，通过技术上的创新和工艺上的改进，在保证产品品质不下降的前提下，开展对传统色料钴蓝配方的改进和研究是十分有必要的。引入廉价的材料代替氧化锌和矿化剂，不但能降低钴蓝色料的生产成本，而且还能提高产品的品质，可以产生良好的社会效益和经济效益。

1. 钴蓝色料的应用领域

尖晶石类色料是一种历史悠久的传统色料。早在 1902 年，德国著名陶瓷学家塞格尔就对此类色料作了系统的研究。钴化合物在陶瓷界很早就出现了。在中国，钴金属应用于陶瓷可推溯到唐代（公元 618—906 年），但是，波斯人从 9 世纪就一直使用钴进行装饰。因为钴呈色鲜艳，颜色又稳定，古代陶瓷用得非常多。到 15 世纪，法国人用砷酸钴和氧化钴混合物开始做钴玻璃；以大青色钴、硅石和其他钴元素来制蓝色料。在同时代的法国钴被用作非常美丽的皇家蓝的发色原料，英国人在当时也做出了深蓝色。尽管随着现代科学技术的发展产生了一种在高温情况下更稳定的锆钒蓝，但钴蓝色料仍旧深受消费者的喜欢。

钴蓝是重要的彩色无机颜料，其显著特点是具有很好的耐热性、耐光性、耐候性和耐化学品性，多应用于耐高温涂料、塑料、陶瓷、搪瓷、玻璃等着色及美术颜料等领域。尤其在要求超耐久性（特别是超保色性、保光性和抗粉化性）系统中则要使用这种高级颜料。因此，国际上一些著名的公司，如美国的 Sheoherd Color 公司、Harshaw Chemical 公司，德国的拜耳公司、BASF 公司，英国的 Blythe Colours 公司以及日本的大日精化公司等，都生产这种附加价值甚高的无机颜料。高级钴蓝颜料已应用于彩色电视机 CRT 显像管荧光体的着色。

习惯上将以 $CoO \cdot Al_2O_3$ 尖晶石作为主晶相的色料统称为钴蓝，而将含有氧化锌的这类色料则专门命名为海碧蓝。

2. 影响钴蓝呈色质量的因素分析

（1）氧化钴对钴蓝产品的影响

表 2-5 为氧化钴近年的价格趋势。

表 2-5　氧化钴近年的价格趋势（含量≥72％，万元/t）

年份	2017	2018	2019	2020	2021	2022	2023
价格	38	65	22	18	35	21	16

从表 2-5 中可以看出，氧化钴的价格在 2017 年、2018 年波动很大。对于陶瓷色料企业来说，原材料成本是企业运营的主要部分。有效控制产品的生产成本，对于企业的供应人员来讲，责任重大。

对于陶瓷色料来说，原材料的纯度是需要有效控制的主要参数之一。既要保证原材料的纯度达到产品的品质要求，又要价格实惠。对于化工类产品，千万不能贪图便宜，因为化工类产品品质不合格所造成的损失将令你得不偿失。

在烧成温度 1250℃下，通过对比试验发现（表 2-6），随着配方中氧化钴比例的增加，其发色情况明显增强，而且烧成温度也会适当下降。当配方中钴的比例超过 30％时，色料开始朝暗紫色调方向发展，并且还伴随有烧结现象的出现，色料外观颜色呈墨绿色。所以说，钴蓝色料中，氧化钴对色料的深浅有决定性作用，随着钴的增加，发色逐渐加强。但是，当钴的比例超出适宜量时，会严重影响色料的发色，甚至造成不合格品。在实际生产中，一般根据客户提供的样板的发色情况，再来决定产品中钴的加入量。

表 2-6　配方中钴的影响（质量分数,％）

编号	Co	Zn	Al	矿化剂（硼酸）	色料外观
1	15	10	70	5	蓬松，浅蓝色
2	20	10	60	5	蓬松，鲜艳的蓝色
3	30	10	55	5	结块，深蓝色
4	35	10	50	5	烧结，墨绿色

将以上样品使用坯粉（表2-7）制板，在快速升温的电炉中烧制。周期为30min，温度1240℃，保温6min。发色情况见表2-8。

表2-7 坯料的化学组成（质量分数，%）

组成	SiO_2	Al_2O_3	Fe_2O_3	CaO	MgO	K_2O	Na_2O	TiO_2	烧失量
含量	69.83	20.93	0.72	0.15	0.17	2.63	0.23	0.24	5.48

表2-8 坯体中的发色情况（下料：3%，质量分数）

编号	色差L	a	b	肉眼观测结果
1	45.2	-6.2	-19.1	浅蓝色
2	40.2	-4.4	-20.5	较深的蓝色
3	39.2	-3.6	-18.1	深蓝色，偏紫色调
4	39.8	-4.0	-20.8	暗紫色调的蓝色

（2）氧化锌对钴蓝产品的影响

在烧成温度为1250℃、保温2h下，通过对比试验发现，原材料氧化锌能够促进钴蓝色料的发色。随着配方中氧化锌所占比例的增加，色料的烧成温度有明显变化。色料的发色情况加强，烧成温度也出现下降的趋势。结果详见表2-9。

表2-9 氧化锌对发色的影响（质量分数，%）

编号	Co	Zn	Al	硼酸	色差L	a	b	色料外观
1	20	5	70	5	42.0	-5.4	-18.6	浅蓝色，蓬松
2	20	10	65	5	41.4	-5.3	-19.6	略深蓝色，蓬松
3	20	15	60	5	41.7	-4.8	-20.6	鲜艳深蓝色，较松
4	20	20	55	5	41.9	-4.2	-21.4	偏紫深蓝色，结块

通过氧化锌可以调节钴蓝产品发色的鲜艳度，当氧化锌含量维持在10%左右时，色料在色调和浓度上都表现得很好。但是，随着氧化锌的增加，色调有向红紫色调发展的趋势，不利于色料在坯体中的发色。

需要说明的是，氧化锌的含量对产品的影响不是很大。含量在98.5%左右就可以，含量太低的话会造成色料不耐高温。

以上试验数据表明，氧化锌在钴蓝色料中主要起到一种增强发色的作用。作为氧化锌来讲，其本身并不发色。对于目前市场上的氧化锌产品，可供选择的厂家比较多，氧化锌含量的高低直接决定了其价格。作为钴蓝色料来讲，笔者建议使用98.5%左右的含量就可以。这样既可以保证产品的发色和品质，又可以有效控制原材料的成本。对于市场上新推出的所谓纳米级别的氧化锌，其在钴蓝产品的生产中没有必要使用。

（3）氧化铝对钴蓝产品的影响

钴蓝色料的成分构成中氧化铝占主要部分，氧化铝产品的性能对钴蓝有十分重要的影响。不同厂家生产的氧化铝差别比较大，产品的细度也是一个重要的参考因素。表2-10对不同厂家的氧化铝用于钴蓝试验进行了对比。

表2-10 不同厂家氧化铝对钴蓝发色的影响（质量分数，%）

编号	Co	Zn	Al	硼酸	细度	厂家（品牌）	色料外观
1	20	15	65	5	60目	苹果	松散，沙状，深蓝色
2	20	15	65	5	100目	中州	松散，沙状，暗蓝色
3	20	15	65	5	600目	印度（进口）	蓬松，鲜艳的深蓝色
4	20	15	65	5	600目	澳大利亚（进口）	澳大利亚，较浅的蓝色

以上试验在实验室马弗炉中进行，煅烧温度为 1250 ℃，烧成周期 6 h，保温 1h。使用相同坯粉制板，在实验室中在快速升温电炉中烧成，时间 30 min，保温 6 min。色差见表 2-11（下色料为 3 %，质量分数）。

表 2-11　样品在坯料中的色差情况

编号	L	a	b	肉眼观测结果
1	42.3	−4.6	−19.7	蓝色，偏紫调
2	43.8	−4.9	−19.1	浅蓝色
3	41.7	−5.3	−20.1	鲜艳的深蓝色
4	41.8	−5.6	−19.9	鲜艳深蓝色，略带绿调

从试验结果来看，印度（进口）氧化铝更适合于坯用钴蓝色料的生产。澳大利亚（进口）氧化铝与印度氧化铝用于钴蓝色料生产时差别不是很大，色调上略微偏绿调。考虑到两者的价格差别很大（表 2-12），建议生产时在配方中引用澳大利亚氧化铝来部分代替印度氧化铝。

表 2-12　近期各厂家氧化铝价格（元/t）

厂家（品牌）	苹果	中州	印度（进口）	澳大利亚（进口）
价格	3200	4500	6800	5500

需要说明的是，采用固相合成法来生产陶瓷色料，原材料的细度对产品的发色影响很大，特别是像钴蓝色料这样的尖晶石类型的色料产品，所选用的原材料细度越细，其反应接触面就越大，越有利于反应的进行和色料品质的提升。

3. 配方的改进

（1）配方中主料的调整

当前原材料价格不断上涨，陶瓷色料企业的生产成本也相应增加。如何有效地控制成本和提升产品品质，成为色料企业中每一位研发工程师的新课题。在保证产品品质不变或提升的前提下，通过选用新材料或引入廉价的原材料代替原先昂贵的原材料成为一种技术创新的新方向。

在钴蓝产品中，通过引入廉价材料 RO 代替氧化锌，可以有效提高产品的发色和品质，并且还可以降低生产成本（材料 RO 当前价格 600 元/t。氧化锌今年的价格趋势见表 2-13），在烧成温度 1250℃、保温时间 1h 下，发色情况见表 2-14。

表 2-13　氧化锌近年价格趋势（含量为 99.5%，元/t）

年份	2018	2019	2020	2021	2022	2023	2024
价格	20000	21000	19000	19000	19000	17000	19500

表 2-14　使用材料 RO 代替氧化锌的发色情况

编号	Co	Zn	RO	Al	硼酸	L	a	b	色料外观
1	20	15	—	60	5	41.9	−5.2	−20.8	蓬松，鲜艳蓝色
2	20	12	3	60	5	41.9	−4.8	−20.7	蓬松，深蓝色
3	20	9	6	60	5	42.4	−4.6	−21.0	结块，深蓝色
4	20	6	9	60	5	42.6	−4.6	−20.5	结块，带紫调深蓝色

以上试验数据表明，随着材料 RO 代替量的增加，色料的外观呈色逐渐加深，色调也朝红紫方向发展，同时烧结情况也开始加剧。当代替量在 3%～9% 时，对色料的发色影响不大，蓝度值有明显提高，有利于色料的发色。

(2) 矿化剂的调整

矿化剂的选用是陶瓷色料的关键技术所在。矿化剂可以促进色料基团的反应，降低色料合成的温度。传统的钴蓝色料一般都使用硼酸或者硼砂作为矿化剂，也有文献建议不要使用矿化剂，烧成温度主要集中在1250～1300℃。在烧成温度1250℃下，矿化剂对钴蓝的影响见表2-15。

表2-15 矿化剂对钴蓝的影响（质量分数，%）

编号	Co	Zn	Al	矿化剂	色料外观
1	25	15	60	A#：5	结块，深蓝色
2	25	15	60	A#：3，B#：2	结块，深蓝色
3	25	15	60	A#：3，C#：0.5	蓬松，鲜艳深蓝
4	25	15	60	A#：3，D#：0.5，E#：0.5	蓬松，带绿调深蓝

将样品初步破碎并作均化处理后，按照下色料3%的比例，在实验室快速升温电炉中烧成，升温时间为30min，保温6min。制成坯板，发色情况见表2-16。

表2-16 样品在坯料中的发色情况

编号	L	a	b	肉眼观测结果
1	40.1	-4.1	-20.8	蓝色（基础配方）
2	39.1	-4.6	-21.9	鲜艳的深蓝色
3	39.7	-4.4	-21.3	更深的纯正蓝色
4	39.9	-4.6	-21.6	略带绿调的深蓝色

通过以上两组数据表明，使用调整后的矿化剂其效果都优于传统矿化剂。样板的发色情况和色调都比传统配方的要好，浓度值和蓝度值都比较好。烧成温度可控制在1230～1250℃。从肉眼的观测结果来看，2号的效果最好，但是色调略有向紫色调发展的趋势；3号色调非常纯正，鲜艳漂亮，色料也非常蓬松，有利于下一步的加工处理；4号在色调上有向绿色调发展的趋势。总体来说，通过调整和改进矿化剂后，产品的品质得到明显提高，也更有利于下一步的加工处理。

钴蓝作为传统色料，在研制过程中需要留意各种材料的细度和纯度。对于氧化钴的用量，笔者建议在10%～30%，氧化锌在10%～20%，氧化铝在50%～70%。矿化剂以硼酸为主，加入少量的硝酸钾、偏锡酸等物质，可以明显提高其发色并有利于下一步的加工。温度控制在1230～1250℃，烧成制度可以采用快烧延长保温时间的方法。如传统的烧成为13h，保温2h，改进烧成方法后为烧成11h，保温3h，同时最高烧成温度可下调10℃左右。经过以上措施的改进和调整，可以提高钴蓝产品的品质，进一步降低生产成本，产生了良好的社会效益和经济效益。

通过技术创新来深度挖掘传统色料的附加价值是一项很有意义的工程。当前在国家"节能减排"的方针政策下，作为高投入、高能耗、高污染、低产出的"三高一低"传统产业的陶瓷行业大有作为。陶瓷色料企业所使用的各种化工原材料大多属于不可再生资源，如何最大限度地发挥这些材料的价值，减少浪费和寻找新的可代替的廉价材料，值得大家去关注和思考。

2.1.9 釉用黑色的工艺控制

陶瓷用黑色颜料一直都是市场上的主流产品之一。从历史上来看，在东汉时期，我国劳动人民就开始用黑釉装饰瓷器，那时候是用还原气氛烧出较深的黑釉，东晋时期就已能烧出呈色纯正的黑釉了。由此可见，黑色一直都是作为一种陶瓷常用色和流行色在使用。如佛山本地和东莞的某些大型陶瓷企业，以生产较深和纯正的黑色仿古砖或者瓷片而驰名。市场上的消费者也并没有因为价格问题而反应消极，相反，随着整个社会生活水平的提高和消费者个性化装饰的需要，市场上销售的陶瓷产品档次也在不断提高。

陶瓷色料的品质是提高陶瓷装饰水平的关键所在。如何提高色料产品的品质和不断降低生产成本是摆在每一个色料生产厂家面前的主要议题。随着氧化钴价格的不断攀升，由2017年的30多万元涨至2018年年底的接近60万元，相信大部分的陶瓷色料生产企业都在考虑是否继续生产高钴黑产品。2011年后期市场上已有厂家推出无钴深黑产品，其各项指标在低温釉中都接近高钴黑产品。因而，在当前各种化工材料不断上涨的情况下，通过技术手段不断地改进和优化配方，研制不含钴的深黑釉用产品显得十分必要。（当前市场中的72%含量的氧化钴价格维持在13万~14万元/t，2023年）

1. 黑色色料的呈色机理

铁-铬-镍-锰系黑色色料属于尖晶石类型。尖晶石型色料的特点有：①色调丰富且具有绿、蓝、红、棕、黑等颜色；②结构稳定性较好；③化学稳定性较好。

尖晶石类型色料的结构非常紧密，在釉中的溶解度很小，因而能抵抗高温且色泽鲜艳。通常认为，在氧化气氛烧成条件下，1000℃时形成的$NiO\text{-}Cr_2O_3$发青绿色调，$NiO\text{-}Fe_2O_3$发黑色带红调，$CoO\text{-}Fe_2O_3$发蓝黑色调，通过复合着色可以呈现较纯正的黑色。同时，$CuO\text{-}Fe_2O_3$在釉中也能呈现出蓝黑色。因此，当配方中含有少量氧化铜时可以起到助色和调节色调的作用。

2. 配方中主要材料对黑色的影响

（1）氧化铁红和铬绿的影响

目前，市场上所销售的陶瓷色料用铁红产品的型号主要集中在110、130、190。由于采用的生产工艺不同，各厂家同一规格的产品在性能上也有很大的区别，价格相差也较大，通常在3000~5000元/t。如何选择用于陶瓷釉用黑色生产的铁红十分重要。依笔者的经验来看，铁红的简易评判方法有：①查看外观是否鲜艳；②是否耐高温；③用手捏时的粘手程度。一般来说，色泽越鲜红，又非常粘手的铁红较色泽暗紫的产品要好。铁红对产品的烧成温度和色调都有着较大的影响，需要根据产品的设计要求来选择合适的铁红，并要求通过生产配方煅烧来检测其是否达到要求。各厂家铁红的对比试验见表2-17。

表2-17 各厂家铁红的对比试验

编号	厂家	DL	a	b
1	上海130	26.0	-0.6	+1.5
2	江门190	25.9	-0.9	+1.4
3	江背130	25.8	-0.7	+1.5
4	江门130	26.1	-0.8	+1.5

试验配方采用Fe:Cr:Ni:Mn=30:35:25:10作为基础配方，实验室快速升温电炉煅烧6h，恒温3h，烧成温度为1250℃；配方中的Mn以氧化锰形式引入；采用低温熔块进行排板（所用熔块的化学组成见表2-18，该熔块烧成范围为1050~1100℃），烧成30min，色料添加为3%（质量分数）。

表2-18 熔块的化学组成（质量分数，%）

组成	SiO_2	Al_2O_3	B_2O_3	CaO	MgO	K_2O	Na_2O	BaO	Li_2O	ZrO_2
含量	50~60	8~14	8~14	2~7	1.6	2.0	2~9	2.0	1.8	1.6

铬绿的生产厂家也较多，有的厂家以使用温度来区分型号，也有按照产品的含量来分等级。在釉用黑色颜料的对比试验中，在保证配方一致和铬绿含量相同的前提下，发现各厂家同规格产品的差别不是很大，主要是对产品的色调有所影响（表2-19）。

表 2-19 各厂家铬绿对比试验（采用上例基础配方，同试验条件）

编号	厂家（产地）	DL	a	b
1	河北 KG03	25.8	−0.9	+1.6
2	河南	25.9	−0.9	+1.3
3	赵县	26.1	−1.0	+1.5
4	黄石	25.6	−0.8	+1.4

需要说明的是，铬绿进厂检测时除了带入生产配方煅烧外，还可以通过直接制成坯用板来评价其好坏。一般外观发青色且暗的适用于坯体黑料的生产，而外观发色较青且带有黄调的适用于釉用黑料的生产。

(2) 配方中铁铬比的影响

在釉用黑色的配方设计中，铁红和铬绿的比重可以占到配方中主要成分的70%以上。因此，铁红和铬绿的配比对产品的最终品质和发色的影响十分关键。通常而言，铁红和铬绿按照1:1质量配比，经过1100℃煅烧便可成为色调较深且纯正的坯用黑料。出于成本的考虑以及生产实践的发现，铁铬的配比也可以十分灵活。

一般生产中根据客户提供的样板来确定具体的配比。需要说明的是，无论是釉用黑料还是坯用黑料，在特定的条件下，增加配方中铬绿的含量都会提高产品的发色效果以及可以调整产品的色调。不同铁铬配比的对比试验详见表2-20。试验过程为烧成时间6h，保温时间3h，烧成温度为1250℃，色料添加量为3%（质量分数）。

表 2-20 不同铁铬配比的对比试验

编号	Fe	Cr	Ni	Mn	DL	a	b
1	32	38	25	10	25.0	−0.3	+1.7
2	35	35	25	10	24.7	−0.2	+1.7
3	38	32	25	10	25.1	−0.2	+1.5

(3) 配方中氧化镍的影响

在铁-铬-镍-锰系黑色色料配方中，氧化镍是主要的助色元素之一。陶瓷色料行业一般都采用氧化亚镍来引入Ni，其产品含量一般要求控制在72%以上。釉用黑色色料产品的最终品质由配方中引入的镍的含量来决定。配方中引入不同镍含量的对比试验见表2-21。试验过程为烧成时间6h，保温时间3h，烧成温度为1250℃，色料添加量为3%（质量分数）。

表 2-21 配方中引入不同镍含量的对比试验

编号	Fe	Cr	Ni	Mn	DL	a	b
1	30	35	10	10	26.4	+0.4	+2.3
2	30	35	15	10	25.5	−0.3	+2.3
3	30	35	20	10	25.6	−0.9	+1.8
4	30	35	30	10	25.0	−1.1	+1.6

在实际生产中，一些技术人员认为，采用价格略低的镍，在配方中多引入一些即可达到高品质镍的效果。从实践生产中的情况来看，这种方法并不可取。即使通过技术手段使某一批次产品能够达到要求，但其性能必然存在波动和缺陷，严重时会造成产品的长期不稳定性和品质下降。当然，在特殊的情况下，为了保证出货的需要，可以短时间通过技术手段对配方进行调整来满足日常出货要求。

从表2-21的数据来看，配方中镍的含量增加会使产品的发色程度不断加强，色调也更加朝向纯正的黑色调。

肉眼观测，1号和2号带有棕色调，而3号和4号则明显为黑色调。由于氧化镍的价格较高，直接影响到产品的最终成本。所以，设计釉用黑色料配方时，首先要确定好产品的市场定位以及成本控制要求，从而确定配方中引入镍的含量。

(4) 配方中锰的引入形式的影响

在陶瓷色料产品中，除了黑色可以引入锰来复合着色外，锰铝红、棕色等色料产品也会引入锰来作为主要的发色离子。常用的引入锰的材料有氧化锰、软锰矿、碳酸锰、磷酸锰等。由于锰本身发棕色和红色，因此，在釉用黑色的配方设计中锰的引入量不宜超过15%。表2-22为引入不同锰形式的对比试验。试验过程为烧成时间6h，保温时间3h，烧成温度为1250℃，色料添加量为3%（质量分数）。

表2-22 引入不同锰形式的对比试验

编号	Fe	Cr	Ni	MnO_2	$MnCO_3$	DL	a	b
1	30	35	25	10	—	25.6	−0.4	+1.6
2	30	35	25	5	5	25.4	−0.4	+1.1
3	30	35	25	—	10	24.9	−0.6	+1.6

引入过量的锰会导致：①色调偏棕红；②产品深度上不去；③容易引起釉面缺陷，导致针孔出现。

从表2-22试验数据来看，当全部以碳酸锰的形式引入锰时效果最好，考虑到产品的烧失，可以根据产品的色调要求来合理调配引入锰的具体比例。

3. 外加剂对产品的影响

(1) 矿化剂的选择

矿化剂的作用可简要概括为：①提高产品性能；②降低烧成温度；③引入着色离子。在色料产品的配方设计中，矿化剂是其中主要的关键技术之一。在产品配方保持一致的前提下，引入合适的矿化剂可以最直接地提高产品的品质，降低生产成本。当然，并不是所有的产品都必须加矿化剂。不同矿化剂的对比试验结果见表2-23。其中，试验过程为烧成时间6h，保温时间3h，烧成温度为1250℃，色料添加量为3%（质量分数）。

表2-23 不同矿化剂的对比试验

编号	矿化剂	DE	DL	Da	Db
1	不添加	—	—	—	—
2	KNO_3	0.4	0.3	−0.3	−0.1
3	B_2O_3	0.2	−0.1	−0.2	+0.0
4	Pb_3O_4	0.3	−0.2	−0.2	+0.1
5	KCl	0.1	−0.0	+0.0	+0.1
6	NaF	0.4	+0.3	−0.2	−0.2

从试验的结果来看，氧化硼的降温效果最好，但对发色没有帮助。硝酸钾的加入提高了红度值。

(2) 配方中添加氧化铜的作用

氧化铜可用作釉上、釉下及釉中的绿色色料。在釉中将其化合物加到饱和状态时，则成为黑色金属状的无光釉。釉用黑色配方中，通过添加少量的氧化铜或者铜化合物，可以有效提高产品的发色效果和使产品色调更加纯正。添加铜的对比试验见表2-24。其中，试验过程为烧成时间6h，保温时间3h，烧成温度为1250℃，色料添加量为3%（质量分数）。

表 2-24 添加铜的对比试验

编号	Fe	Cr	Ni	Mn	氧化铜	DL	a	b
1	30	35	25	10	—	25.8	−0.7	+1.8
2	30	35	25	10	4	25.2	−0.8	+1.3
3	30	35	25	10	8	25.6	−0.6	+1.3
4	30	35	25	10	12	26.3	−0.8	+1.3

需要说明的是,加入铜会降低产品的烧成温度。当配方中引入的氧化铜过量时会导致:①色料的高温稳定性降低;②产品颜色偏灰且浅;③成本增加。从试验数据来看,铜的引入量应控制在10%以内为宜。

4. 生产工艺的控制要求

(1) 生料的混合要求

目前,佛山大多数陶瓷色料生产厂家都在使用悬臂双螺旋混料机进行生料的混合。固相反应对产品的细度和混合紧密度有着重要的要求。对于釉用黑色的生料混合,如使用悬臂双螺旋混料机进行单一混料,往往达不到产品的设计要求。因此,为了确保产品性能达到设计要求,必须再使用爪式机打粉一次,甚至两次以上。由于铁红较轻且黏度较大,投料混合时要交叉进行。如使用F1系列搅拌磨来配料效果会更好。混合好的生料,必须经过电炉试烧合格后,才可以上生产线。

(2) 烧成制度的控制

煅烧的目的是合成稳定的着色矿物,其温度通常可分为高温和低温两种。低温850~1100℃,如锆黄、钒蓝等锆英石系和包裹色料;高温1200~1310℃,如含钴系列海碧蓝、孔雀蓝、绿和黑色尖晶石系列等。

一般而言,固相反应速度随温度的升高呈指数律地增加。表面上看,温度烧得越高似乎对合成过程越有利,但实际情况并非如此,由于每个色料品种的晶体结构不同,其反应体系也大不相同。它们都有最佳的合成温度范围,并不是所有的色料温度都是烧得越高越好。理论上来说,在相同烧成曲线制度下,保温时间越长可使反应进行得越完全,晶体结构发育得越完善。

通过试验对比,釉用黑料对气氛没有特殊要求,一般采用氧化气氛烧成。升温速率对产品的发色没有直接影响,可以采用快烧形式。保温时间对产品有明显的影响,对产品的色调影响较大,保温时间过短还会造成釉面针孔的发生。生产中一般建议保温4h以上。

(3) 后期加工要求

由于釉用黑色产品本身具有潜在的釉面针孔缺陷,生产中一般要求进行加水球磨加工。同时,可以通过在球磨过程中加入1%~2.5%的盐酸来去除未反应完全的可溶性盐,防止出现釉面针孔。球:料:水=2:1.5:1。球磨好的浆料放置在水桶中进行漂洗,要求目测见底,水质清澈。pH值控制在7左右。

粒径对釉用黑色的影响较大。对比试验发现,随着产品粒径的减小,其在釉中的发色朝棕红色调发展。因此,在产品的深加工过程中,必须定时取样排板并对比标准样。

作为釉用黑色配方中的主要成分的铁红和铬绿,其比重可以占到产品成分的60%~70%,配方中引入锰的形式对色调和深度都有很大的影响。同时,氧化镍的含量和配方中所占的比重对产品的最终呈色和品质起决定性的作用。通过添加少量的氧化铜和合适的矿化剂,可以显著提高产品的品质,降低产品的烧成温度。

2.1.10 利用锆铁矿生产陶瓷坯体黑色

随着人民生活水平提高和审美观的不断变化,以黑白为主调的简约风和黑色为主的工业风流行,使得黑色色料在瓷砖生产中用量较大。传统坯用黑色色料主要利用铁、镍、铬等金属的氧化物作为呈色剂,这些氧化物需要专门生产,普遍成本高昂,导致黑色色料成本居高不下。铬铁渣是火法冶炼含铬铁合金时所产生的含铬废渣,主要是矿热炉法冶炼高碳铬铁时产生。根据国家标准《混凝土外加剂》(GB 8076—2008),铬铁渣可适量用作水泥原料,但水泥附加值不高,因此,铬铁渣产生的经济效益有限。铬铁渣内含有一定量的铁、铬等成分,可用于制备陶瓷坯体用黑色色料。据调研,某厂有大量的铬铁渣库存,库存压力大,且大量的铬铁渣堆放存在污染环境的风险。针对这种情况,以该铬铁渣为原料,并辅以其他原料,通过固相反应法制备了坯用黑色色料,并对色料的呈色性能进行了研究。

1. 试验

(1) 原料与试剂

试验用原料和试剂见表 2-25。

表 2-25 试验用原料和试剂

原料/试剂	纯度	来源
铬铁渣	—	某厂
坯体粉料	—	某陶瓷厂
铁红	工业级	湖南
氯化钾	工业级	以色列
硝酸钾	工业级	文通公司
硫酸钾	工业级	山西
钒酸铵	工业级	湖北
三氧化二锑	工业级	湖南
氟化钠	工业级	山西
碳酸锰	工业级	湖南

(2) 设备与仪器

试验用设备和仪器见表 2-26。

表 2-26 试验用设备和仪器

设备	型号	厂家
电子秤	JJ500 型	常熟市双杰测试仪器厂
搅拌器	MB-1001	豪迈电器有限公司
电炉	KSS-1400℃	洛阳鲁威窑炉有限公司
压饼机	Zot	佛山市正东科技有限公司
色差仪	CR-10	KONICA MINOLTA, INC. MADE IN JAPAN

(3) 试验方法

以铁红和铬铁渣为主要原料,通过引入不同的矿化剂制备黑色色料样品。同时将黑色色料试样按2%的量引入陶瓷坯体中,经过1220℃电炉烧成,检测坯体的颜色值,通过与标准板对比评分的方式,选择最佳配方。

2. 结果与讨论

铬铁渣成分分析

表 2-27 所示为试验用铬铁渣的化学组成。由表可知,铬铁渣的主要成分为氧化铁和氧化铬,同时

含有少量其他有色金属元素。铁、铬元素也是黑色色料主要的化学成分,因此铬铁渣是一种潜在的黑色色料原材料。

表 2-27 铬铁渣化学成分

成分	Fe_2O_3	Cr_2O_3	NiO	MnO	Al_2O_3	MoO_3	SiO_2	CaO	TiO_2	V_2O_5	Cl
含量(%)	54.93	37.52	1.7	1.35	0.89	0.71	0.65	0.59	0.13	0.47	0.24

3. 配方设计与呈色性能

根据现有生产配方,查阅相关资料文献,选取主要影响因素。试验配方的因素和水平见表 2-28。按表 2-29 配制试验配方 18 个,按照生产同样的升温曲线在电炉制得色料样品,以正常生产使用的标准样品对比,按照色料 2% 加入量引入陶瓷坯体中,1220℃ 电炉烧成。

表 2-28 试验配方的因素和水平

序号	铁红加入量	K 盐种类	K 盐加入量	NH_4VO_3 加入量	$MnCO_3$ 加入量	Sb_2O_3 加入量	NaF 加入量	铬铁渣加入量
1	55	KCl	0.2	0	0	0	0	35
2	60	KNO_3	0.6	0.2	0.5	1.0	0.2	40
3	—	K_2SO_4	1.2	0.5	1.0	1.5	0.5	45

表 2-29 试验配方

序号	铁红	KCl	KNO_3	K_2SO_3	Nh_4VO_3	$MnCO_3$	Sb_2O_3	NaF	铬铁渣
1	55	0.2			0	0	0	0	35
2	55	0.6			0.2	0.5	1.0	0.2	40
3	5	1.2			0.5	1.0	1.5	0.5	45
4	55		0.2		0	0.5	1.0	0.5	45
5	55		0.6		0.2	1.0	1.5	0	35
6	55		1.2		0.5	0	0	0.2	40
7	55			0.2	0.2	1.0	1.5	0	45
8	55			0.6	0.5	0.5	0	0.5	35
9	55			1.2	0	1.0	0.5	0	40
10	60	0.2			0.5	1.0	1.0	0.2	35
11	60	0.6			0	0	1.5	0.5	40
12	60	1.2			0.2	0.5	0	0	45
13	60		0.2		0	0	0	0.5	40
14	60		0.6		0.5	0	1.0	0	45
15	60		1.2		0	0.5	1.5	0	35
16	60			0.2	0.5	0.5	1.5	0	40
17	60			0.6	0	0	1.0	0.2	45
18	60			1.2	0.2	0	1.0	0.5	35

采用 CR-10 型色差仪测试试样的 Lab 值。表 2-30 为试样色度值表。Lab 参数中,L 代表明度,正 a 代表红色,负 a 代表绿色,正 b 代表黄色,负 b 代表蓝色。由表可知,所有试验试样具有正的 a 值和负的 b 值,且标准试样的 Lab 值分别为 35.75、0.18 和 -1.47。同时,根据各试样与标准样的色差值并根据客户的需求情况进行评分(分值范围 0~5)。从试验结果看,16 号样品颜色最深(33.09、0.56、

—1.66);其次是 13 号样品（33.76、0.23、—1.57）、7 号样品（微红，33.66、0.61、—1.46）和 6 号样品（34.35、0.10、—1.83）。1 号样品最红，a 值为 1.39；8 号样品最浅，a 值为 0.07。3 号样品、12 号样品、18 号样品与标准板试样数值接近，其次是 4 号样品、17 号样品、14 号样品、15 号样品、10 号样品和 11 号样品，其中 10 号样品和 11 号样品的色度值接近，而 2 号样品、5 号样品和 9 号样品 a 值偏大，与标准试样相比微偏红。

表 2-30　试验试样的色度值

色度值	L	a	b	色差值	分值
标准	35.75	0.18	—1.47	0.00	
1	33.44	1.39	—1.64	2.73	0
2	34.35	0.61	—1.67	1.47	1
3	35.42	0.08	—1.77	0.46	3
4	35.10	0.53	—1.46	0.73	2
5	33.86	0.90	—1.32	1.60	1
6	34.35	0.10	—1.83	1.45	4
7	33.66	0.61	—1.46	2.13	5
8	36.39	0.07	—1.51	0.65	0
9	34.40	0.74	—1.40	1.46	1
10	34.80	0.43	—1.67	1.00	2
11	34.74	0.44	—1.58	1.05	2
12	35.71	0.15	—1.67	0.21	3
13	33.76	0.23	—1.57	1.99	5
14	34.65	0.53	—1.45	1.15	2
15	34.25	0.60	—1.45	1.55	2
16	33.09	0.56	—1.66	2.69	5
17	34.87	0.58	—1.46	0.96	2
18	35.33	0.33	—1.81	0.56	3

表 2-31 为试验数据的极差分析结果。根据极差（R 值）情况分析，R 值越大，表明影响因素越大，R 值越小，表明影响因素越小。由表可知，K 盐加入量极差值为 11 最大，其影响因素最大。综合分析，根据因素水平分析（表 2-32）确定最佳配方为：60 份铁红、40 份铬铁渣、0.2 份 KNO_3、0.2 份 NH_4VO_3、1.5 份 Sb_2O_3、0.2 份 NaF 和 0.5 份 $MnCO_3$。

表 2-31　数据分析

序号	铁红加入量	K 盐种类	K 盐加入量	NH_4VO_3 加入量	$MnCO_3$ 加入量	Sb_2O_3 加入量	NaF 加入量	铬铁渣加入量
1	17	11	19	9	16	14	12	8
2	26	16	8	18	13	11	16	18
3	—	16	16	16	14	18	15	17
R 值	9	5	11	9	3	7	4	10

综合考虑，矿化剂价格较高，本试验固定了铁红、铬铁渣及 KNO_3 的量（60 份铁红、40 份铬铁渣和 0.2 份 KNO_3），将矿化剂（NH_4VO_3、Sb_2O_3、NaF 和 $MnCO_3$）进行进一步的定量试验。表 2-32 为

试验配方的因素和水平表。按表2-32配制试验配方9个，见表2-33，按照生产同样的升温曲线在电炉制得色料样品，与正常生产使用的标准样品对比，按照色料2%加入量引入陶瓷坯体中，1220℃电炉烧成。

表 2-32　试验配方的因素和水平

序号	铁红	铬铁渣	KNO_3 加入量	NH_4VO_3 加入量	Sb_2O_3 加入量	NaF 加入量	$MnCO_3$ 加入量
1	60	40	0.2	0.2	1.3	0.1	0.5
2				0.3	1.5	0.3	0.7
3				0.4	1.8	0.4	0.9

表 2-33　试验配方

序号	铁红	铬铁渣	KNO_3	NH_4VO_3	Sb_2O_3	NaF	$MnCO_3$
1	60	40	0.2	0.2	1.3	0.1	0.5
2	60	40	0.2	0.2	1.5	0.3	0.7
3	60	40	0.2	0.2	1.8	0.4	0.9
4	60	40	0.2	0.3	1.3	0.3	0.9
5	60	40	0.2	0.3	1.5	0.4	0.5
6	60	40	0.2	0.3	1.8	0.1	0.7
7	60	40	0.2	0.4	1.3	0.4	0.7
8	60	40	0.2	0.4	1.5	0.1	0.7
9	60	40	0.2	0.4	1.8	0.3	0.5

表2-34为试样色度值。由表可知，1号样品（34.94，0.59，−1.65）与标准样的发色程度最接近。表2-35为试验数据的极差分析结果。综合试验结果，根据因素水平分析（表2-32）确定最佳配方为：60份铁红、40份铬铁渣、0.2份KNO_3、0.2份NH_4VO_3、1.5份Sb_2O_3、0.1份NaF、0.7份$MnCO_3$。

表 2-34　试样色度值

色度值	L	a	b	色差值	分值
标准	34.82	0.54	−1.55	0.00	
1	34.94	0.59	−1.65	0.17	5
2	34.43	0.38	−1.88	0.54	5
3	35.29	0.22	−2.01	0.73	3
4	35.08	0.24	−1.98	0.58	4
5	35.24	0.22	−1.91	0.64	3
6	35.25	0.41	−1.81	0.52	3
7	35.48	0.13	−2.00	0.90	3
8	35.04	0.22	−1.96	0.56	4
9	35.57	0.13	−2.07	1.00	2

表 2-35　数据分析

序号	铁红	铬铁渣	KNO_3	NH_4VO_3 加入量	Sb_2O_3 加入量	NaF 加入量	$MnCO_3$ 加入量
1	—	—	—	13	12	12	10
2	—	—	—	10	12	11	11
3	—	—	—	9	8	9	11
R值	—	—	—	4	4	3	1

表 2-36 为不同原材料制备的坯用黑色色料的成本对比。

表 2-36　成本分析（元/t）

	材料价格	普通坯黑	材料成本	试验配方	材料成本
锆红	7500	75	5625	60	4500
氧化铬绿	28000	25	7000	—	—
铬铁渣	9500	—	—	40	3800
KNO_3	9000	—	—	0.2	18
KCl	9000	0.5	45	0.2	18
NH_4VO_3	40000	—	—	0.2	80
NaF	10000	—	—	0.1	10
Sb_2O_3	70000	—	—	1.5	450
$MnCO_3$	5000	—	—	0.7	35
合计			13300		9200

可表可知：

（1）铬铁渣可用于制备陶瓷坯用黑色色料，使用铬铁渣原料生产陶瓷坯用黑色色料，其控制重点是控制钾盐、偏钒和氧化锑的量。

（2）经过试验研究表明，采用本试验的铬铁渣为原料，其最佳配方为：60 份铁红、40 份铬铁渣、0.2 份 KNO_3、0.2 份 NH_4VO_3、1.5 份 Sb_2O_3、0.1 份 NaF、0.7 份 $MnCO_3$。

（3）普通原料制备成本约为 13300 元/t，而采用铬铁渣为主要原料制备成本约为 9200 元/t，可降低 30% 左右的生产成本。同时，铬铁渣属尾渣废料，资源化利用铬铁渣有利于降低铬铁渣对环境的污染。

2.1.11　耐高温岩板用铬-铁黑配方设计及产品缺陷分析

陶瓷岩板和大板的盛行为陶瓷坯体颜料提供了新兴的市场需求，陶瓷岩板主要用于家居、厨房板材领域。作为家居领域的新品种，岩板家居相比其他家居产品，具有规格大、可塑造性强、花色多样、耐高温、耐磨刮、防渗透、耐酸碱、零甲醛、环保健康等特性。特别是近年家居装饰流行黑白灰色调，这为陶瓷黑色颜料的盛行奠定了市场基础。陶瓷岩板，英文描述是 sintered stone，意思是"烧结的石头"，是由天然原料经过特殊工艺，借助万吨以上压机压制（超过 15000t），结合先进的生产技术，经过 1200℃ 以上高温烧制而成，能够经得起切割、钻孔、打磨等加工过程的超大规格新型瓷质材料。可加工属性是陶瓷岩板的一个标志性物理指标。与传统陶瓷大板产品相比，大规格陶瓷厚岩板的生产工艺和技术要求更高。2019—2020 年期间，广东岩板生产线的"上新高峰"，基本上也是"除旧换新"需求下的"最优解"。根据统计，2022 年，广东岩板生产线已达 71 条，占全国岩板生产线（99 条）的 72%。必须指出的是，陶瓷大板不同于岩板，能够生产大板的企业不一定能够生产出岩板。陶瓷大板虽然形状跟岩板类似，但是在材料特性和功能上存在一定差别，因此，适用于陶瓷岩板生产的耐高温抗氧化性能好的铬铁黑类产品，就具有了特定的市场需求，它的使用会影响岩板的最终品质。

因此，对于市场上的黑色颜料来说，并不是全部都能适用于陶瓷岩板类产品。大板类产品对于陶瓷铬铁黑颜料的技术指标要求也不尽相同。陶瓷岩板用铬铁黑色必须具备耐高温抗氧化性能好的特性。另外，由于岩板产品应用于厨房等会接触食品，因此，岩板黑色颜料还必须环保，对于重金属和有害物质等的渗出要求有严格的指标。

1. 岩板黑色配方设计及生产控制

铬-铁尖晶石配方理论基础及配方设计如下。

尖晶石是由二价金属氧化物和三价金属氧化物按摩尔比 1∶1 形成的矿物的总称。化学通式为 $MO \cdot R_2O_3(MR_2O_4)$，其中 M 可以是 Mg^{2+}、Fe^{2+}、Zn^{2+}、Mn^{2+} 等，R 可以是 Al^{3+}、Fe^{3+}、Cr^{3+} 等。根据组成中三价离子的不同，分为尖晶石系列（铝尖晶石）、磁铁矿系列（铁尖晶石）、铬铁矿系列（铬尖晶石）。

陶瓷色料产品中的黑色类大致分为坯体黑色和釉用黑色。釉用黑色通常为铁-铬-钴-镍-锰结构或者是铁-铬-钴结构，而坯体黑色基本就是铁-铬结构的单一尖晶石着色体。釉用黑色属于复合着色体，因为釉料中存在更多的钾钠钙镁以及液相的反应，因而对于单一的铁-铬结构的坯体黑色很难不被液相中的游离钾钠钙镁溶解反应破坏。单一的铁铬是尖晶石结构，所以在大部分的釉料中，坯体黑色呈现出着色力弱的特点，但是釉用黑色基于复合着色的特点，在釉料和坯体当中基本上都是有着色饱和度的。

在实际生产中，出于控制生产成本和技术指标中耐高温抗氧化性能好等因素的考虑，基本上可以排除岩板黑使用复合着色体系的配方。铁-铬单一尖晶石结构分子式为 $FeCr_2O_4(AB_2O_4)$，可以看作成分中的氧化亚铁与三氧化二铬的摩尔比为 1∶1。理论上来说，配方中引入的氧化亚铁与三氧化二铬质量比为 71.84∶151.99，为了方便大家参考换算成百分质量比就是：32g 氧化亚铁等于 68g 三氧化二铬。但是我们实际生产中使用的是氧化铁红即三氧化二铁单位摩尔质量为 159.68，而氧化亚铁的单位摩尔质量比为 71.84，所以理论上来说，如果使用三氧化二铁来代替氧化亚铁来引入配方的话，折算后使用量在 14.39g。由于氧化铬绿的成分是 99.9％的三氧化二铬，这里可以直接以 1∶1 的比例引入。综上所述，要想合成理论上的铁-铬尖晶石体需要的质量配比是高纯度的（99％含量）三氧化二铁 14.39g、三氧化二铬 68g。

2. 岩板黑原料配比及材料选择

目前，国内陶瓷颜料基本上采用固相合成法，即采用各种氧化物原料按照配方配比之后进行混合，再通过高温煅烧合成，因此，物料的原始细度以及混料工艺对于最终的颜料发色和色相饱和度影响非常大。根据理论数据，岩板黑生产中下料配比大致可以换算成 99％含量的氧化铁红 17.5％，99％含量的氧化铬绿 82.5％。但是出于成本和质量的考虑，目前陶瓷色料生产厂家基本上会将氧化铬绿的含量适当减少。比如目前市场中常见的岩板黑类产品的氧化铬绿含量基本在 50％~80％。因此市场销售价格也有较大的差异。

综上而言，单就铁-铬单一尖晶石配方来说，铬绿含量 80％以上是高档铬-铁黑的重要指标之一，但是铬绿含量 80％以上并不代表一定是合格和性价比高的岩板黑。假如使用低含量的氧化铬绿或者是含量 80％~90％的铬渣，通过添加少量的铁红，铬绿在指标上也能够达到 80％的指标线，但是不一定就能够适用于所有岩板，生产中容易产生质量缺陷。这也涉及后期重金属微量元素和游离态 6 价铬浸出量超标等。

因此，高档岩板黑的原料选择上，氧化铁红和氧化铬绿尽量使用国标产品。其中，氧化铬使用 99.9％含量以上产品。铁红类产品根据色调的不同，通常使用 G190 和 G130 类铁红产品。

3. 岩板黑颜料的烧成与工艺控制

对于用固相合成法来生产色料，有三个关键点：一是原料的初始粒径；二是物料的混合均匀程度；三是升温曲线和保温时间。

（1）原料的初始粒径。目前市场中的氧化铁红和氧化铬绿的粒径和细度基本上可以满足325目筛余1%左右的要求，但是对于岩板黑色来说，特别是对于氧化铬绿的加工处理方面，还是有工艺可以提升的，即通过气流磨或者其他方式，将氧化铬绿的粒径处理到 $D_{90}=1\mu m$ 左右，这样既可以降低合成色料时的煅烧温度，也可以促使反应更加完全，增加色料的饱和度，提高蓝度值。

（2）色料行业目前的混料方式，特别是坯体色料，基本上使用球磨机和犁刀式混料机来混合生料。对于岩板黑色来说，如果原料的初始粒径已经过处理，那么直接使用犁刀式混料机来混料问题不大，又由于铁红原料的黏性较大，并不适合用球磨机来混合生料，所以，对于物料经过犁刀式混料机混合之后，再经过爪式打粉机打粉混合效果会更好，也可以保持原料出厂粒径直接进行混料工艺，再使用重力微粉机进行微粉加细工艺精细拌匀。但是出于对铁红黏性问题的考虑，并结合实际生产情况，最省时间和精力的处理方法是预先将氧化铬绿进行气流磨打粉处理，再直接同铁红混合使用犁刀式混料机搅拌。

（3）岩板黑色的煅烧升温曲线上，按照正常的升温速度来进行，保温时间在5~6h即可。由于判断岩板是否合格的主要因素，基于是否夹生以及产生黑心等质量缺陷，所以在煅烧温度上要有所讲究，岩板黑色色料的煅烧温度要高于普通的坯体黑色色料的煅烧温度，要使铁铬形成稳定的铁铬尖晶石结构，另外，对于未参与反应和反应不完全的氧化铁和氧化铬要经过高温使其形成固溶的铁铬合金。所以，在煅烧温度上，基本上测温锥上的温度在1270~1290℃，使用测温管检测温度应该在1300~1320℃。从物料的表象来看，烧成后的物料离开匣钵壁1~2cm为佳。另外，装窑时不允许按压物料，使用有排气缺口的高温匣钵，呈现氧化气氛。

4. 岩板黑后期加工及设备选择

（1）微粉机。由于经过高温煅烧，含氧化铬超过50%的岩板黑色物料的外观会略带蓝灰色调，而含氧化铬为60%~70%的岩板黑色物料的外观将会呈现出带绿色调的黑灰色。目前市场中对于坯体色料的加细机器，主要有重力横式微粉机（刀片式）和浙江产的竖式微粉机（滚轮式）。两种机器的区别是：刀片式的加工效率高，但是对于硬质粉料打不碎，造成粉料中的 D_{90} 粒径分布不均匀，粗颗粒过多，要将粉料打细至325目全通过较难，最佳效率能耗点是325目筛余0.3%以内；滚轮式的可以通过风选机来调节选择粒径，保证过硬的物料在细度没有达到要求时留存在加细舱里继续粉碎，对于粒径的加细选择范围大，最细可以调至1000目左右，可以保证粉料325目全通过，但是效率相对刀片型机器低一些。

（2）球磨机。连续式球磨机对于较硬的陶瓷粉料的加工优点：首先是可以保证物料批次的稳定性，对于粒径的控制较为准确，粉料球磨过程中进行了2次均化处理；其次，通过球磨加细工艺可以改变物料的发色性状，比如蓝灰色调的坯体黑色，经过球磨加细处理后，通过延长球磨时间可以增加物料的红度值，进而提高物料的饱和度。简单理解为物料出窑时呈现的是很浅很灰的色调，通过球磨机加细后可以增加物料的黑度和饱和度。同一个配方的产品经过相同温度的煅烧，在后期进行球磨工艺加细时，控制不同的球磨时间，可以衍生出一个蓝色调的产品和一个偏向红色调的产品，两者可以相互调和。

5. 岩板黑及黑色系列颜料的市场需求分析

目前，国内市场对于岩板大板类黑色颜料的需求占到坯体色料市场需求总量的70%以上。特别是近几年市场开始流行黑白灰色调的产品以来，导致坯体色料中钛黄等红色系列产品需求直线下降。当前国内市场整体坯体黑色的需求在3500~4000t/月，其中以99%含量以上氧化铬绿生产的高档坯体黑色的市场需求在1200~1500t/月。价格为10~18元/kg的中档坯体黑色类产品主要使用的是含量在

85%～92%的氧化铬绿类产品。当然，国内市场中的坯黑类产品也使用经过提纯处理过的铬铁粉作为原料，其中氧化铬的含量可以达到80%～85%，剩余部分为氧化铁，这类经过处理的高纯铬铁粉的市场销售价格低于10000元/t时还是有一定的市场价格优势的。使用铬渣以及南非铬矿类生产的价格在10000元/t以下的产品，主要在大板以及3mm的岩板中使用，如图2-1所示。

值得注意的是，今年市场对于2000～3000元/t的坯体黑色的需求较高，基于市场对于地铺石等类似产品的需求，5000元/t的坯体黑色主要倾向于蓝色调。而传统的10000～15000元/t的坯体黑色色料的主打市场在大板类产品市场，从今年的潭州展会以及近期的陶博会来看，3.5mm薄板以及2cm以下的岩板类产品已经使用10000～15000元/t的坯体黑色类产品。市场中的高档岩板黑色的潜在市场主要是在生产厚板类的企业，以及知名的陶瓷品牌厂才会使用23000～26000元/t的坯体黑色类产品，如图2-2所示。

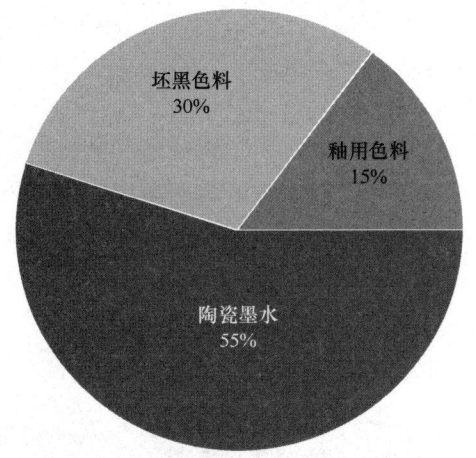
图2-1　国内陶瓷色料市场分布图

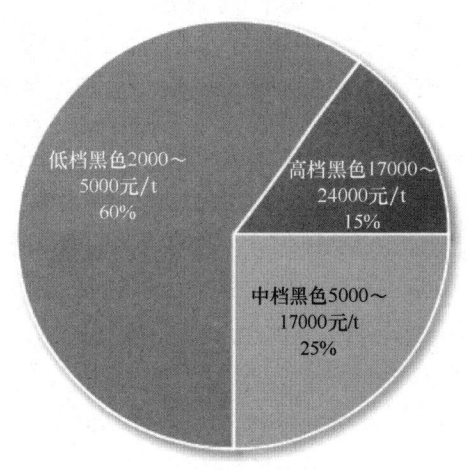
图2-2　国内坯体黑色市场产品占比

2.1.12　陶瓷岩板黑生产缺陷分析及解决方案

陶瓷岩板与大板等之前的瓷砖类产品相比，最大的特点之一就是尺寸以及厚度的增加，常见岩板的厚度介于1～2cm之间，规格最大有1600mm×3600mm等。岩板的厚度规格和烧成制度也会在较大程度上影响黑色色料的发色性能，主要对应的产品缺陷就是夹心和鼓泡，厚度和尺寸越大越容易出现该类缺陷，而且大规格的岩板类产品出现切割裂等应力缺陷跟坯釉结合和色料与坯体的结合有很直接的关系。因此，容易导致生产缺陷和影响高档岩板物理加工和化学指标的岩板黑颜料需要注重每一个生产工艺环节。

1. 岩板夹生和黑心情况分解

夹生一般认为是由于烧成过程中氧化不充分导致的。岩板的厚度越厚，温度及气氛越不容易扩散到内部，导致内外工艺环境相差较大，反应充分程度差异也越大。实际生产中，岩板可能出现的生产质量缺陷情况根据坯体配方体系不同以及使用的岩板黑颜料的配方原料不同，而应该区别对待。首先是需要分清质量缺陷的岩板大板是黑心还是夹心。

（1）黑心是因为氧化不够充分，造成坯体中心层的有机物、碳素、单价铁、二价铁呈现黑灰色。

（2）图2-3、图2-4是某大板企业和某岩板企业的夹心截面图，从这两幅图看得出坯体中心层呈现浅色，显示铁为Fe_2O_3的形态。因此，夹心现象的本质是未烧透，未烧熟。

图 2-3 岩板夹生情况　　　　　　　　图 2-4 岩板发泡情况

2. 岩板烧成工艺对于质量缺陷的影响及解决方案

陶瓷都是经过高温煅烧的产品,而且岩板产品具有厚度高、规格大等产品特点。原料热传递的方式有对流、传导,当烧成进入玻化成瓷后半高温阶段时,窑炉内压力为正压状态,窑炉的高温热能本应以对流的方式渗进坯体中心层,但因氧化分解阶段未能把分解气体排空(图2-5),造成坯体内部仍处于正压排气状态,使正压高温热能无法渗入,热量传递只有传导而无对流,从而造成坯体中心受热不足而未烧熟。

夹心的根本原因是在陶瓷表层封闭气孔前,未能把坯体中的分解气体排完,因此提出以下解决措施:

1)让陶瓷表层气孔延迟封闭

(1)减少 FeO 及游离 Fe_2O_3,当坯中存在游离石英及碱金属熔剂时,$FeO(Fe_2O_3) \cdot SiO_2$ 在 900℃时开始出现液相,因此坯体黑色料中应减少 Fe_2O_3 的引入,最好不要超过38%(质量分数),

图 2-5 岩板煅烧坯体排气示意图

同时氧化铁红粒径要求400目全通过,配料要混合均匀且烧成时间要够,这样才能保证 Fe_2O_3 充分反应且不过剩。

(2)提高坯釉的始熔点。坯体不要引入低熔点或容易形成低共熔点的原料,如玻璃粉、钒钛磁铁矿、含铁铜多的泥沙、游离石英,少使用酸性原料,以免加入过多含钠减水剂。

2)充分排气及提前燃烧有机物

(1)坯体原料不要含有高温才能分解的硫酸盐等物质,少含有中高温才能分解的碳酸盐等物质。碳酸盐、硫酸盐的存在是产生高温分解气体的罪魁祸首,同时因分解吸热造成中心层的温度进一步降低,进一步延迟分解反应。

氧化气氛中,以下物质的分解温度

$$MgCO_3 \longrightarrow MgO + CO_2 \uparrow \quad 900℃以上$$

$$CaCO_3 \longrightarrow CaO + CO_2 \uparrow \quad 900℃以上$$

$$MgCO_3 \cdot CaCO_3 \longrightarrow MgO + CaO + 2O_2 \uparrow \quad 1000℃以上$$

$$CaSO_4 \longrightarrow CaO + SO_3 \uparrow \quad 1200℃以上$$

$$Na_2SO_4 \longrightarrow Na_2O + SO_3 \uparrow \quad 1250℃以上$$

$$2Fe_2O_3 \longrightarrow 4FeO + O_2 \uparrow \quad 1250℃以上$$

注意：①窑炉仪表显示温度与坯体中心层有很大温差，特别是分解排气阶段，所以900℃开始分解的物质在1050℃前都很可能未完全分解。

② 虽然硫酸盐要1250℃才能快速分解，但如果坯体中有碳素的情况下，反应会提前许多。

③ 开始分解的温度与完全分解的温度存在100~200℃的温差。

（2）500~1050℃温度段，要保持强氧化负压操作，让物质充分氧化分解排气。

当然导致岩板出现夹心的情况还有许多其他因素，受篇幅影响不能以偏概全。陶瓷行业的每次技术升级都是从机械设备开始的，具体到终端的瓷砖及岩板类产品来看，作为表面装饰材料的陶瓷墨水及釉料、坯体颜料来说，在关键技术节点上起到非常关键的作用，特别是岩板类产品的物理技术参数的升级以及可加工属性对陶瓷颜料提出了新的要求，包括岩板黑类产品首先需要解决的是耐高温抗氧化性能好、适应快烧等综合技术指标要求。另外，就是岩板的家居会应用到厨房，因与食品接触，进一步对传统陶瓷色料行业厂家关于色料产品的重金属控制和有害物质渗出管理等提出了新的要求，也就是说陶瓷颜料不仅是生产环节要求环保，终端色料产品也必须符合环保要求。

陶瓷岩板黑的配方设计上更加注重原材料的选择和品质的控制。其对于原料的混合和煅烧工艺中采用的窑炉也有一定的要求，必须保证原料在氧化气氛条件下充分的反应，并给予充足的固相反应时间，也就是说煅烧窑炉和煅烧升温曲线及保温时间也是需要重点去关注的。值得注意的是，色料产品应用在瓷砖上面依旧需要关注瓷砖产品的坯体配方中的钾钠镁钙等对于岩板黑色料的影响。色料生产企业不仅要考虑色料本身的配方原料问题，还要结合陶瓷厂家使用条件和环境来针对性地进行配方的调整。

2.1.13 陶瓷岩板黑色料评价及检测方法

近年来随着岩板风口的出现，岩板产品的创新成为行业的关注焦点。目前，无论是从岩板研发角度或是市场接受度来说，岩板坯体的主流装饰基调主要包括黑、白、灰等三大色系。

白色乃至超白岩板（80以上白度）坯体的研发生产技术路线是明确的，即通过原材料精选、除杂质、升级加工工艺等方式提升岩板白度；灰色系由于坯体中色料的引入量很少，基本不会对岩板坯体性能带来不利影响；黑色坯体岩板的技术难度是最大的，如果相关技术关键环节未把控好，轻则产品发色不正，重则产品起针孔、夹心、起泡，影响生产质量。解决这一问题的关键就在于坯用黑色色料的质量和性能要有保证。

依诺、德利丰、顺辉、新岩素、领标等品牌近年来均推出了黑色坯体的岩板。然而，针对岩板专用的黑色色料目前仍未形成相关的行业标准，市场上产品质量良莠不齐，缺乏统一的评价标准，不利于行业的良性发展。本文从专业岩板黑色色料研发生产企业的角度，针对色料的研发及其在生产上的应用问题展开分析，建立相关的质量评价依据，协助岩板生产企业进行甄别。

1. 岩板专用黑色色料体系及物相分析

铁和铬的配比会使发色产生波动。目前常见的坯用黑色色料采用的是铁铬黑材料体系（铬铁化合物），主要由固相法制成，外观呈黑色。当配料中铁和铬的配比变化时会导致产物的发色产生波动。这就要求生产过程中需要严格控制原材料的质量和不同批次的配比，保证色料的发色纯正，降低色料中的杂相。另外，色料在煅烧过程中的温度、气氛、时间等工艺控制也至关重要。因为该体系黑色色料的本质就是一种晶相固溶体，其结晶完善度的高低直接关系到色料的耐高温稳定性。

由于色料中氧化铁的存在，铁铬黑须在氧化气氛下烧成。烧成温度越高、时间越长，固相粒子反应越充分，结晶度越高。

图2-6、图2-7是选取四种普通坯用黑色色料和岩板专用黑色色料在相同测试条件下进行的XRD物相分析图谱。

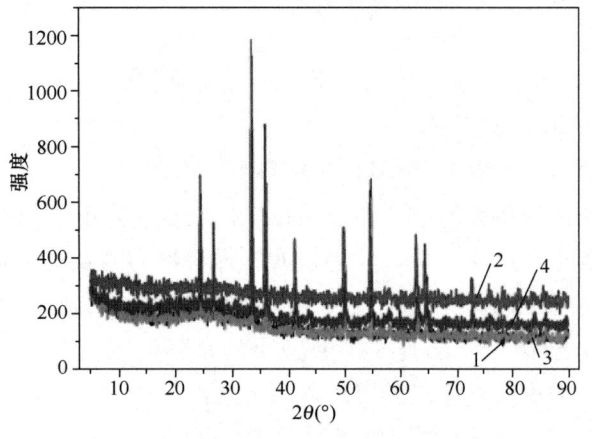 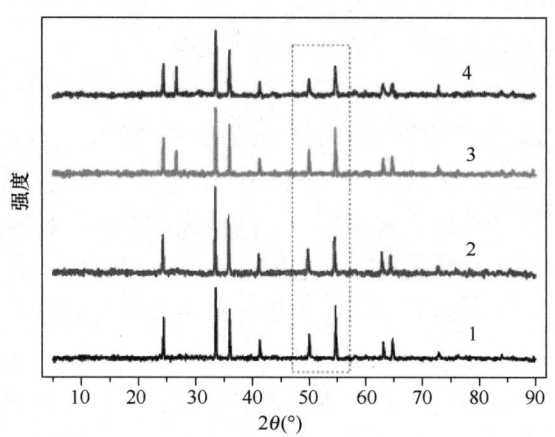

图 2-6　四种坯用黑色色料的 XRD 分析图谱（原始图谱）　　　图 2-7　四种坯用黑色色料的 XRD 分析图谱（扣除衍射背景图谱）

从图 2-6 中可以看出，不同黑色色料的特征衍射峰峰位基本相同，符合铁-铬固溶体的特征，表明四种坯用黑色色料均属于铁铬黑材料体系，但也存在一些差异，如 2 号样品的 X 射线衍射背景最高，4 号样品次之，1 号、3 号背景最低。X 射线衍射背景是由于样品的荧光效应导致的，背景越高说明样品中游离的异相杂质越多，如含铁、锰的氧化物等杂质。当扣除衍射背景后，样品的衍射图谱如图 2-7 所示。由衍射图谱分析，3 号、4 号样品在 26.7°左右存在一个杂峰，表明这两个样品除铁-铬固溶体外，还存在杂质晶相。从图 2-8 所示的铁铬氧化物固溶体的 XRD 标准图谱可以看出，理想晶体在 50°和 55°左右的两个衍射峰相对强度比约为 1∶2，而图 2-7 中相应两个特征衍射峰强度满足该比例关系的样品只有 1 号样品，3 号样品略好，2 号、4 号样品较差。

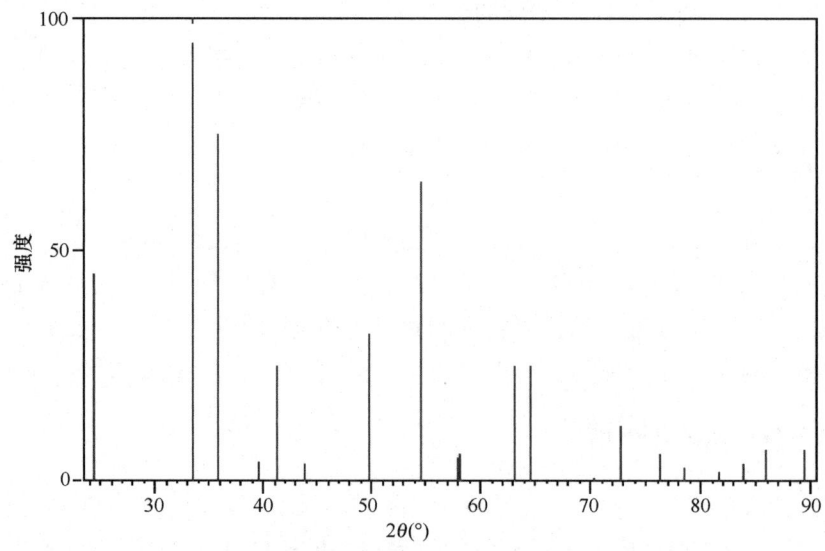

图 2-8　铁铬氧化物固溶体的 XRD 标准图谱

综合以上分析可知，1 号样品的结晶度最高，而在实际使用过程中也表明，1 号样品性能也最佳，在各种严苛条件下（如高掺量、快烧）均未出现夹心、针孔现象；3 号样品较好，但发色不如 1 号；2 号、4 号样品较易出现夹心、起泡，对岩板配方的适应性和发色也较差。

从以上分析可知，1 号样品（岩板专用黑色）色料 XRD 图谱的微小差异，背后却是生产厂家对原材料质量、配比和生产工艺、成本的大量付出。

2. 色料的发色性能表征

色料的发色性能和呈色稳定性也是一个关键的指标,当色料纯度和结晶度不够时就会使呈色发生变化。常用的呈色评价方法采用国际通用的 Lab 色度空间表示方式,如图 2-9 所示。这是一种与设备无关的颜色系统,是用数字化的方法来描述人的视觉感应。Lab 颜色空间中的 L 分量用于表示明度,取值范围是 [0,100],表示从纯黑到纯白;a 表示从红色到绿色的范围,取值范围是 [127,-128];b 表示从黄色到蓝色的范围,取值范围是 [127,-128]。

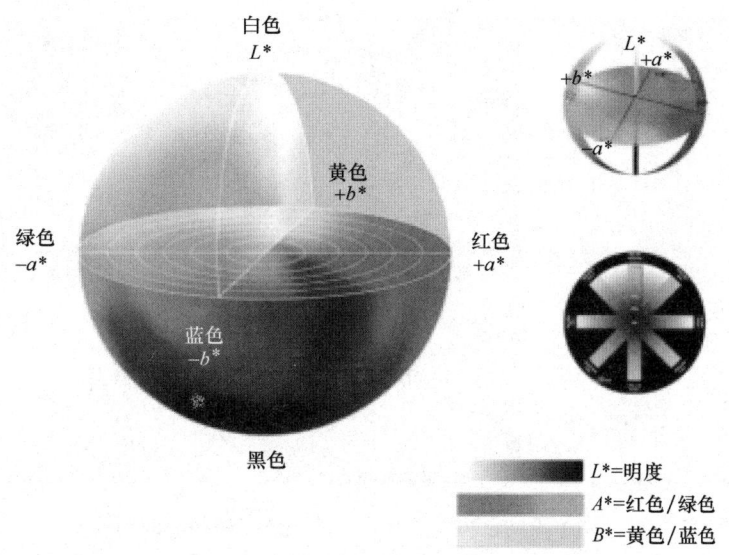

图 2-9 Lab 色度空间

在评价不同黑色色料的发色性能时,可以按一定比例加入岩板配方中烧成,通过测试坯体平整表面的 Lab 值来判定。L 值越低,越接近黑色,如 a 值为正,说明发色偏红,b 值为负,说明发色偏蓝。同等生产条件下,黑色色料的烧成温度越高,其蓝度值越高。

3. 黑色色料掺量的影响分析

掺量越高,发色越黑。一般来说,黑色色料在配方中的掺量越高,发色就越接近黑色,但配方的成本也会越高,对坯体的性能影响也会越大。因此需要结合黑色岩板的开发需求,适量引入即可。以钾钠体系岩板配方为例,在配方中分别掺入普通坯体黑色色料和岩板专用黑色色料,掺量设置为 2% 和 4%。通过制备坯饼并烧成后测试样品的发色性能,结果见表 2-37。

表 2-37 钾钠配方体系不同黑色色料种类及掺量发色性能

配比	钾钠配方+2%岩板专用黑色色料			钾钠配方+2%普通坯用黑色色料		
Lab	L	a	b	L	a	b
	27.52	1.39	-1.53	29.02	1.61	0.7
蓝光白度	8.66			11.56		
配比	钾钠配方+4%岩板专用黑色色料			钾钠配方+4%普通坯用黑色色料		
Lab	22.31	1.03	-0.82	25.89	1.71	0.25
蓝光白度	6.38			8.53		

注:对比试验由领标岩板提供。

从表 2-37 数据可以看出，当同种黑色色料的掺量由 2% 增加到 4% 时，L 值有所降低，蓝光白度数值同时下降。这说明随着掺量的增加，坯体白度下降更接近黑色。对比两种色料在相同掺量条件下的数据可以看出，岩板专用黑色色料比普通坯用黑色色料的发色更好，2% 掺量即可接近普通 4% 掺量的效果。另外，从 a、b 值可以看出，普通黑色色料发色偏红且稍微偏黄，而岩板专用黑色色料发色略偏红和蓝，发色更加纯正。从坯体的夹心情况和表面质量来看（图 2-10），岩板专用黑色色料即使掺量增加到 4% 也未出现夹心情况，表面质量也较高，而普通坯用黑色色料在掺量为 2% 时就出现了明显夹心，表面起泡严重，直接影响坯体的外观质量。

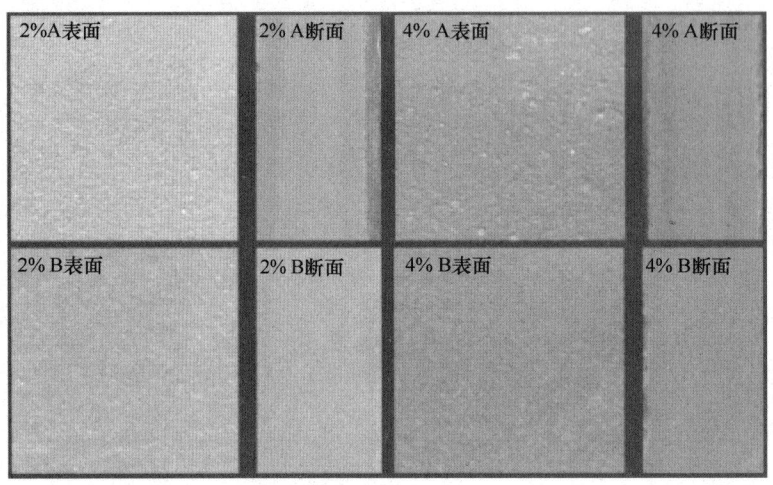

图 2-10　不同色料种类和掺量的坯体表面和断面照片

（A 普通坯用，B 岩板专用）

注：① 照片因拍摄环境和不同介质转换可能存在差异，不影响说明问题；
　　② 对比试验由顺辉岩板提供。

4. 岩板厚度和烧成制度的影响分析

厚度越大越容易出现缺陷。岩板的厚度规格和烧成制度也会在较大程度上影响黑色色料的发色性能，主要对应的产品缺陷就是夹心和鼓泡，厚度越大越容易出现该类缺陷。夹心主要表现为坯体断面中间部位或局部颜色发红或发黄，但还不影响表面的平整度。严重的则表现为岩板坯体大面积鼓起或局部鼓泡（图 2-11），严重影响产品的平整度，切割裂破损率而导致产品报废。根本就在于色料本身的稳定性和坯体配方的匹配性。夹心一般认为是由于烧成过程中氧化不充分导致的。岩板的厚度越大，温度及

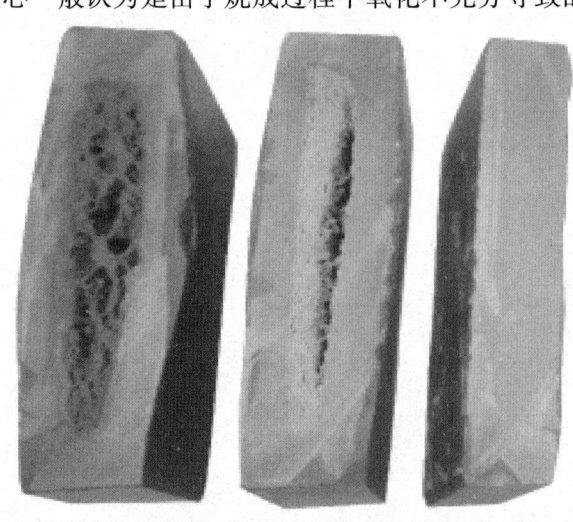

图 2-11　夹心和鼓泡缺陷照片

气氛越不容易扩散到内部,导致内外工艺环境相差较大,反应充分程度差异也越大。因此,黑色色料对厚的坯体和快烧的适应能力是区分色料质量好坏的又一个重要依据。

5. 岩板配方体系的影响分析

目前岩板配方主要包括钾钠熔剂体系和钙镁熔剂体系两类。生产实践表明,黑色色料在钙镁体系配方中更容易出现夹心和鼓泡的缺陷。这是因为黑色色料中的氧化铁成分容易和钙镁配方体系中的碱土金属氧化物等形成易熔的铁硅酸盐(如铁堇青石)所致,同时也会对色料的发色产生影响。

表 2-38 是不同色料及配方体系的发色性能测试数据。可以看出:①岩板专用黑色色料在钾钠配方中比钙镁配方中的发色略好;②普通坯用黑色色料在钙镁配方中蓝光白度虽有所下降,但是 b 值明显增大,导致外观偏黄,发色不正。

表 2-38 钾钠配方体系不同黑色色料种类及掺量发色性能

配比	钾钠配方+4%岩板专用黑色色料			钙镁配方+4%岩板专用黑色色料		
Lab	L	a	b	L	a	b
	22.31	1.03	−0.82	27.73	1.18	0.01
蓝光白度	6.38			7.78		
配比	钾钠配方+4%普通坯用黑色色料			钙镁配方+4%普通坯用黑色色料		
Lab	25.89	1.71	0.25	26.08	2.14	1.0
蓝光白度	8.53			7.32		

注:对比试验由领标岩板提供。

图 2-12 是按表 2-38 中配比的坯体断面外观,可以看出岩板专用黑色色料在两种坯体配方体系中均未出现夹心,而普通坯用黑色色料在钾钠配方体系中出现明显夹心,在钙镁配方体系中出现严重鼓泡缺陷。充分表明岩板专用黑色色料具有广泛的适应性。

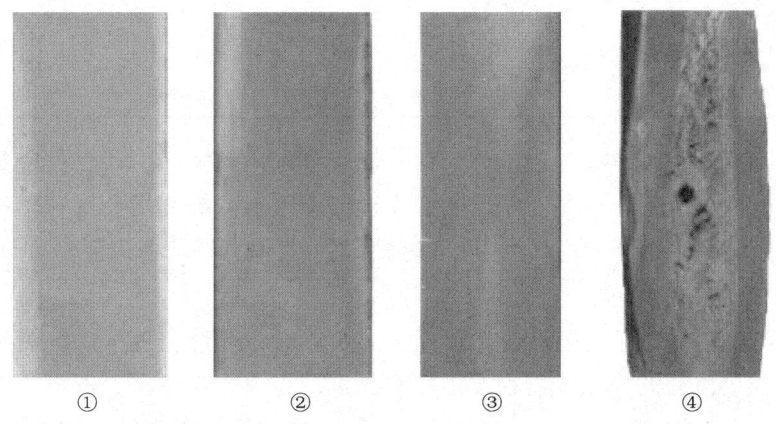

图 2-12 不同色料及配方体系的坯体断面外观照片(浸水便于观察夹心)
①钾钠岩板用色料;②钙镁岩板用色料;③钾钠普通色料;④钙镁普通色料
注:以上测试数据由新岩素岩板提供。

6. 岩板专用黑色色料烧成周期适应性测试

选取某种配方的粉料作为基础料,分别加入 4%的岩板专用黑色色料和 4%的普通黑色色料,在不同的窑炉进行试烧。烧成结果对比见表 2-39、表 2-40。

表 2-39　岩板专用黑色色料在慢烧情况下试烧结果数据

	基础粉料	岩板黑	普通黑
引入量（%）	0	4	4
试样厚度（mm）	20	20	20
烧成时间（min）	120	120	120
烧成温度（℃）	1200	1200	1200
高火保温时间（min）	17	17	17
吸水率（%）	0.03	0.03	0.05
断裂模数（MPa）	41.3	42.7	38.3
成品体积密度（g/cm³）	2.38	2.39	2.31
600℃线膨胀系数（×10⁻⁶）	8.78	8.92	8.33
备注	无夹心	无夹心	夹心明显

表 2-40　岩板专用黑色色料在快烧情况下试烧结果数据

	基础粉料	岩板黑	普通黑
引入量（%）	0	4	4
试样厚度（mm）	20	20	20
烧成时间（min）	40	40	40
烧成温度（℃）	1200	1200	1200
高火保温时间（min）	4.5	4.5	4.5
吸水率（%）	0.03	0.03	坯体起泡，无法检测
断裂模数（MPa）	40.7	41.6	21.7
成品体积密度（g/cm³）	2.36	2.37	2.13
600℃线膨胀系数（×10⁻⁶）	8.65	8.74	坯体起泡，无法检测
备注	无夹心	无夹心	起泡

从以上数据对比可以看出，岩板专用黑色色料的烧成范围比较宽，引入配方后基本不会影响到基础配方的烧成制度，成品的吸水率、体积密度、断裂模数和膨胀系数等都不会受到影响，而普通黑色色料在厚坯体、快速烧成时，易出现"夹心""起泡"等缺陷，特别是普通黑色色料坯体在快烧时，坯体容易起泡，严重影响到成品的断裂模数。

总体来说，通过以上的测试、分析和讨论可以看出，岩板专用黑色色料的性能是决定产品质量的最关键因素。可以通过黑色色料的物相分析和发色性能测试，以及岩板厚度、快烧和配方体系适应性等方面的差异来综合评价色料的性能，提升岩板的产品品质及附加值，实现色料供应商和岩板生产企业的共赢。

2.2　陶瓷喷墨打印墨水的研制

2.2.1　陶瓷喷墨色料的生产及其工艺

陶瓷喷墨打印技术的发展可分成两个阶段。第一阶段是 2000—2006 年，喷墨系统只有可溶性墨水。

在这一阶段,由于所使用的可溶性墨水的色彩范围窄、稳定性差和成本高,大大限制了产品所能实现的各种可能性,制约了其发展。第二阶段,随着颜料墨水的技术进步,喷墨系统发生了质的飞跃,喷墨打印系统几乎可以打印市场上的常规颜色,而且价格也具竞争力。这种技术的飞跃甚至影响到景观设计,并带动了更多的新设备厂家进入市场,将一些新元素引入到新的色彩制作中。

(1) 陶瓷喷墨墨水的技术要求

喷墨打印技术在陶瓷上的应用关键在于陶瓷墨水的制备。陶瓷墨水的组成、性能与喷墨打印机的工作原理和墨水用途有关。陶瓷墨水通常由无机非金属颜料(色料、釉料)、溶剂、分散剂、结合剂、表面活性剂及其他辅料构成。无机非金属颜料(色料、釉料)是墨水的核心物质,陶瓷喷墨用墨水要求具备以下特性:

① 要求陶瓷粉体在溶剂中能保持良好的化学和物理稳定性,不会出现化学反应和颗粒团聚沉淀。

② 要求在打印过程中,陶瓷粉体颗粒能够在短时间内以最有效的堆积结构排列,附着牢固,获得较大密度的打印层,以便煅烧后获得较高的烧结密度。

③ 要求所打印的色剂高温烧成后具有良好的呈色性能以及与坯釉的匹配性能。

除了核心的发色主体无机陶瓷色料之外,墨水的介质也是关键核心技术之一。介质的功能相当于传统的釉料作用,介质以溶剂的形式把色料粉体从喷墨打印机输送到载体上,同时控制干燥时间。陶瓷用喷墨墨水的性能要求见表2-41。

表2-41 陶瓷用喷墨墨水的性能要求

打印机类型	导电性(ms/m)	黏度(mPa·s)	表面张力(mN/m)	最大粒径(μm)	pH值
连续喷墨	>100	1~10	25~70	<1	
需求喷墨		1~30	35~60	<1	7~12

(2) 陶瓷喷墨墨水对色料的要求

陶瓷喷墨墨水的核心就是陶瓷用无机颜料的研制。目前,市场上常见的陶瓷坯釉用色料细度基本上在325目筛余0.3左右,再高端一点的辊筒色料也基本上就是325目全通过。由此可见,传统印花用色料在细度上的要求不是特别高,要达到喷墨墨水的技术要求,必须将传统的陶瓷色料细度加工到小于1μm。通过以下对比试验,我们可以看出色料粒径对产品发色的影响,见表2-42、表2-43,试验用熔块的化学组成见表2-44。

表2-42 不同粒径对锆镨黄色料的发色影响

编号	325目筛余(%)	外观颜色	L	a	b
1	≤2	深黄	34.76	+38.40	+24.94
2	≤1	鲜黄,较深	35.80	+37.82	+23.30
3	≤0.5	浅黄	36.41	+36.41	+22.94
4	≤0	带浅白的黄	38.64	+34.80	+20.23

表2-43 不同粒径对宝石蓝色料的发色影响

编号	325目筛余(%)	外观颜色	L	a	b
1	≤2	深紫色	16.58	+22.68	-46.94
2	≤1	深紫色	16.50	+22.68	-47.06
3	≤0.5	稍浅的紫色	15.61	+22.10	-47.30
4	≤0	淡紫色	15.02	+22.08	-47.83

表 2-44 试验用熔块的化学组成（质量分数，%）

组成	SiO_2	Al_2O_3	B_2O_3	CaO	MgO	K_2O	Na_2O	BaO	Li_2O	ZrO_2
熔块	50~60	8~14	8~14	2~7	1.6	2.0	2~9	2.0	1.8	1.6

注：熔块的烧成范围为1050~1100℃。

通过以上试验表明，传统陶瓷无机色料对粒径的影响很大，当然锆系色料存在结构不稳定和发色饱和度不够等问题。随着粒径的减小，在釉料中的发色饱和度明显降低，特别是黄度值下降很明显。需要说明的是，宝石蓝色料对于粒径影响较小，随着粒径的减小，发色饱和度反而更好。因此，在选择适用于陶瓷喷墨墨水的色料时，必须要考虑发色饱和度和高温化学稳定性。

在目前的陶瓷色料结构体系中，尖晶石结构的色料高温和化学稳定性都较好，如蓝色中的钴蓝系列，黄色中的棕黄系列和黑色系列。因此，选择喷墨墨水色料的时候最好选择尖晶石等结构类型的陶瓷色料。

(3) 喷墨色料的加工设备和工艺

目前，陶瓷色料行业中传统的用于加工细度的设备主要有研磨机和球磨机两大类型。研磨机是以刚玉质球石为介质，加工工艺简单，但产品的外观颜色不好看，加工效率低。球磨机进行球磨工艺相对复杂，需要后期的烘干工序，制造成本相对较高，但生产的色料品质相对稳定，发色鲜艳。

当前的加工设备和工艺根本无法满足喷墨墨水对陶瓷色料细度的要求。要进行喷墨色料的生产，首先要解决细度这一技术难关。在2011年广州陶瓷工业展览会上，已经有厂家展示纳米级加工的机械设备，其中主要有蒸汽气流磨和水球磨两大类型的设备。蒸汽气流磨是利用过热蒸汽作为介质，通过环形超音速喷嘴加速成高速气流，带动物料加速，相互碰撞从而使物料粉碎。粉碎后的物料经过涡轮气流分级机分级，合格粉体进入后面的收集系统，不合格物料返回粉碎机继续进行粉碎。整个过程中，蒸汽保持过热状态，在全干法状态下进行生产。市面上气流磨型号及加工效率见表2-45。

表 2-45 气流磨型号及加工效率

型号	蒸汽耗量 (t/h)	最大进料粒度 (mm)	出料粒度 (μm)	生产能力 (t/h)
LNJS-200A	2	<5	1~50	0.5~7
LNJS-400A	4	<5	1~45	1~8

另外，笔者也了解到深圳某厂家推出了高压球磨机，其应用原理是在高压环境下进行高强硬度的湿法球磨，其厂家也宣称可以加工纳米级粉体。秦皇岛某企业可承接粉体材料纳米化加工处理，加工粉碎的平均粒径在100~300nm（6万~18万目），使用的设备是纯物理机械法制备的纳米材料，分为干法和湿法加工。其设备独有的特点是不但可以粉碎物料，还可以使粉末和溶液达到均匀分散及乳化功能。

(4) 喷墨墨水当前存在的问题和发展前景

目前陶瓷墨水在发色、色彩色调、打印质量、物理化学稳定性等方面还有一些问题需要解决，如发色强度方面，由于陶瓷墨水喷墨时要求墨滴小，小至4~6pl；喷墨速度快，频率达6kHz；墨滴可变。以上这些参数都决定了陶瓷墨水的流速、黏度与相对密度等物理参数，低相对密度也就决定了墨水中发色的色料相对密度低，导致产品可调明暗值降低。今后高强度发色色料将是研究的重要课题。另外，现在陶瓷墨水的颜色系统还不够丰富，尽管有报道目前已经有11种陶瓷墨水被发明，但是红色色系、黄色色系和黑色色系陶瓷墨水仍极少见，较窄的彩色范围陶瓷墨水也是制约陶瓷砖装饰应用的重要因素。

研究陶瓷墨水加工方法、发色强度、颜色系统、喷墨效率、高温和化学稳定性等方面是未来陶瓷墨水开发的主要方向。由于陶瓷墨水加工技术的局限性，如分散法虽然色系较多、色彩范围较广，成本也较低，但由于其颗粒度较大，陶瓷墨水的稳定性问题仍有待探索，而溶胶-凝胶法尽管粒度较小，但稳定性和生产成本又略显不足，而且由于陶瓷墨水黏度低、相对密度低，还需要解决墨水的稳定性；反相乳相法在粒度、固含量上都较溶胶-凝胶法略好，但稳定性也并非十分理想。因此，选择一种既能保证产品品质，又能提高生产效率的低成本墨水的生产工艺显得十分必要。

陶瓷喷墨打印技术是未来陶瓷行业发展的必然趋势。目前国内在喷墨墨水和喷墨机械设备上已经取得长足的发展，但是就陶瓷喷墨打印的核心技术而言，我们和国外的先进技术还是有差距。市场上所谓的国产设备，其核心技术依然来自国外。因此，必须抓住机遇尽快消化和掌握陶瓷喷墨色料和打印喷头的生产技术。

喷墨打印在色彩饱和度上无法跟传统丝网、辊筒方式相比，尤其是在大规格岩板产品的生产方面。在现今的国内市场上，喷墨陶瓷被冠以高端产品的光环而获得好评。许多大型企业不惜高成本引入国外先进设备，争先占领市场先机。而随着喷墨陶瓷的神秘面纱逐步退去，更多的中小型企业加入其中，喷墨陶瓷的高端形象迟早会崩塌，喷墨产品在"价格战"的国内市场，其前景也是不容乐观。

2.2.2 分散法陶瓷喷墨打印墨水的研制

喷墨打印的核心是喷头从微孔板上吸取探针试剂后移至处理过的支持物上，通过热敏或声控等形式，利用喷射器的动力把液滴喷射到支持物表面。由于采用较多的喷嘴和多次喷射相同的区域，大多数喷墨打印机都能输出中、高分辨率的图像。由于打印时喷头与支持物表面保持了一定距离，所以又称为非接触式打印。陶瓷行业的喷墨打印技术很早之前已在国外投入到工业化生产中，由于2008年金融危机，使得欧美喷墨设备公司对中国设备输出条件放松，以及国产喷墨设备的陆续推出，中国人也逐渐迈开了对喷墨墨水探索的步伐，特别是陶瓷喷墨打印机和陶瓷墨水这两项制造技术，之前一直被国外所垄断。可喜的是，在国内科研人员的不断努力下，经历了多年的技术攻关后，目前国产陶瓷喷墨打印机设备和陶瓷墨水都取得了重大进展，并在国内陶瓷厂家投入大规模生产。陶瓷喷墨打印机和墨水的售价也从上百万直接下降到目前的几十万，成本的降低为陶瓷喷墨打印技术的普及起到了很好的催化作用。

陶瓷墨水的制造方法仍集中于分散法、溶胶-凝胶法和反相乳相法。而以上三种加工方法中，溶胶-凝胶法由于制造工艺原料昂贵、溶胶不稳定而受到限制；反相乳相法由于制得的墨水固含量低，也存在许多技术问题亟待解决；分散法工艺较上述两种方法简单，而且生产成本相对便宜，结合目前国内陶瓷色料技术配方上的优势，以及国内超细研磨机械制造商这两年在砂磨机方面所取得的突破，因此分散法现成为国内大部分陶瓷喷墨打印墨水生产厂家的首选工艺。

1. 分散法制备陶瓷墨水

分散法即制备分散体系的一种方法。其原则是从大块物质出发，利用机械研磨或超声分散等分散手段将其粉碎，再制成分散体系。常用的机械研磨设备有球磨机、砂磨机和胶体磨等，但它们通常只能将物质磨细到 $1\mu m$ 左右，而超声分散则广泛用于制备乳状液。分散法是利用分散介质氧化锆珠进行研磨，将陶瓷用无机色料粉碎到纳米级后，利用醇类分散剂和油脂稳定剂使超细固体的色料颗粒稳定地悬浮分散在墨水溶剂中。通常操作是将陶瓷色料预处理达到 $100\mu m$ 以下后，再与溶剂、分散剂、稳定剂等一起经过砂磨机进行研磨。

各公司不同喷墨阶段陶瓷用喷墨墨水的性能要求见表2-46。

表2-46　各公司不同喷墨阶段陶瓷用喷墨墨水的性能要求

阶段	福禄 Ferro	意达加 Esmalglass-itaca	陶丽西 Torrecid	卡罗比亚 Colorobbia
先驱阶段	可溶性金属有机物墨水	—	可溶性金属有机物墨水	—

续表

阶段公司	福禄 Ferro	意达加 Esmalglass-itaca	陶丽西 Torrecid	卡罗比亚 Colorobbia
常规色阶段	Keraminks（米黄、黄、赭石、蓝、青、翠绿、棕、咖啡、粉红、品红）	DCI（7 种常规色，闪光效果和白色墨水）、HCP（增强墨水发色的釉料）	Inkcid 墨水（9 色：蓝、钴蓝、棕、米黄、黄、金黄、黑、粉红、品红）	C-Inks（8 色：蓝、深蓝、棕、米黄、黄、黑、粉红、绿八种颜色）、C-Glaze（白色）
炫彩阶段				
特殊装饰效果阶段	Inksnova（亚光、白色、超白、下陷、珍珠和金属）	DPG（乳白釉和透明光泽釉）	Keramcid 墨水（微细化、闪光、珠光、亚光透明效果）、Metalcid 墨水（黄金、铂金、闪光）、DG-CID、TM-CID	C-Shine（金属、闪烁）、C-Glaze（亚光）
3D 打印阶段	—	数字打印材料 DPM（微米级、亚微米级）	—	—
功能化阶段	防滑墨水	—	—	将来可能推纳米 TiO_2 墨水

2. 陶瓷墨水发色剂的制备要求

陶瓷喷墨打印墨水的发色剂即陶瓷厂家常用的无机色料再进行精加工制备。与之前所使用的球磨工艺和印刷工艺要求不一样的是，用于制备墨水的陶瓷色料需要经过特殊的处理。它与色料的饱和度、色调、发色遮盖力、耐温性能，自身化学稳定性等性能指标相关。部分色料经过预处理之后，由于对粒径要求较高，部分陶瓷色料的发色饱和度下降明显，如锆系列产品就会出现因为粒径的减小而出现明显的色彩减弱，而黑色类产品对于含有氧化锰或者含有氧化镍的产品则会出现色调改变的趋势；棕色类的产品对于合成温度低的产品在进行预处理过程中也会引起釉面雾化和材料在釉料中发生分解而导致出现各种问题。表 2-47 为不同粒径对锆镨黄色料的发色影响，表 2-48 为试验采用熔块的化学组成。

表 2-47　不同粒径对锆镨黄色料的发色影响

编号	325 目筛余（%）	外观颜色	L	a	b
1	≤2	深黄	34.76	+38.40	+24.94
2	≤1	鲜黄，较深	35.80	+37.82	+23.30
3	≤0.5	浅黄	36.41	+36.41	+22.94
4	≤0	带浅白的黄	38.64	+34.80	+20.23

表 2-48　熔块的化学组成（质量分数，%）

组成	SiO_2	Al_2O_3	B_2O_3	CaO	MgO	K_2O	Na_2O	BaO	Li_2O	ZrO_2
熔块	50~60	8~14	8~14	2~7	1.6	2.0	2~9	2.0	1.8	1.6

注：熔块的烧成范围为 1050~1100℃。

以上试验表明，锆系镨黄对于粒径比较敏感，随着粒径的减小，发色饱和度逐步降低，色调也从深黄色变为较为鲜艳的浅黄色。表 2-49 及表 2-50 分别为不同球磨时间对 Fe-Cr-Ni-Mn 黑色颜料及 Fe-Cr-Co 黑色颜料发色的影响。试验中均使用 250g 规格的球磨罐，其中色料 50g、球石 250g、水 80g。

表 2-49　不同球磨时间对 Fe-Cr-Ni-Mn 黑色颜料的发色影响

编号	球磨时间（min）	外观颜色	L	a	b
1	3	黑色	26.9	−0.2	+0.0
2	6	略红黑色	26.7	+0.1	+0.3

续表

编号	球磨时间（min）	外观颜色	L	a	b
3	9	棕红黑色	27.2	+0.5	+0.2
4	12	深棕色	29.8	+6.2	+1.3

表 2-50　不同球磨时间对 Fe-Cr-Co 黑色颜料的发色影响

编号	球磨时间（min）	外观颜色	L	a	b
1	3	带蓝黑色	26.1	−0.2	+0.1
2	6	黑色	25.6	−0.3	−0.3
3	9	略红黑色	25.3	+0.1	+0.0
4	12	带红黑色	26.8	+0.1	+0.1

以上试验表明，陶瓷钴黑类产品对于研磨时间的变化不大，含氧化锰和氧化镍类的黑色产品对于研磨时间较为敏感，随着研磨时间增加，色料的外观颜色和在亚光釉料中的发色有较为明显的改变，并向棕黄色调发展。而钴黑类产品则不会出现非常明显的改变。

需要注意的是，部分矿化剂类如钾盐、铵盐等对于色料的发色有促进作用，但是在陶瓷墨水制备中，矿化剂容易导致墨水电导率过高而产生诸如结胶和絮凝团聚现象。同时，对于煅烧温度过高或者过低的色料产品，在后期的超细研磨过程中容易发生物理和化学变化，从而导致产品发色不稳定和延长墨水的研磨时间。

3. 陶瓷墨水超细研磨时间与粒径变化

陶瓷喷墨打印对于墨水的细度要求非常严格，墨水中固化物的粒径直接影响墨水的后期稳定性以及保存期等物化指标。细度在小于 500nm 的界限范围内，通常为减小粒径所需要的球磨时间也会明显增加，同时也对表面活性剂的性质和指标提出了更高的要求。工业化生产时，墨水中的固化物含量通常要求在 20%～50%。在下面的试验中，笔者采用某厂生产的 1L 砂磨机进行研磨处理时发现，当墨水中固含量超过 35% 后，以研磨至 500nm 为界限，向下再研磨的时间明显增加。

当然，随着配方固化物的增加，表面活化剂的使用量也必须进行调整，否则容易出现团聚现象。图 2-13 为黄色墨水中的色料研磨至 500nm 时，固化物为 30%，表面活化剂为 16%；图 2-14 中的表面活化剂的含量为 8%，使用某厂生产的 120L 容量砂磨机（图 2-15），研磨时间为 2h 的扫描电镜图。其中，图 2-14 出现的情况极容易见于粒径小于 500nm 后继续进行加细的过程。马尔文激光粒度仪 2000E 如图 2-16 所示。

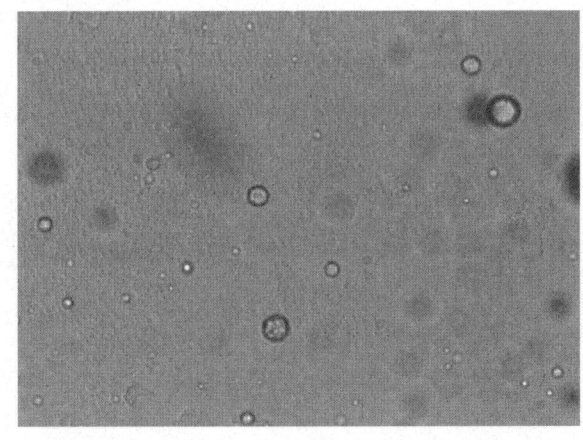

图 2-13　合格黄色墨水的电镜图
（注：大颗粒为油性物质）

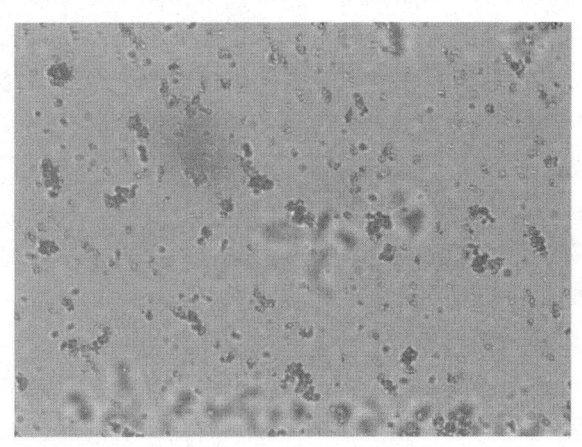

图 2-14　不合格黄色墨水发生团聚现象

图 2-15　某厂生产的 120L 容量砂磨机

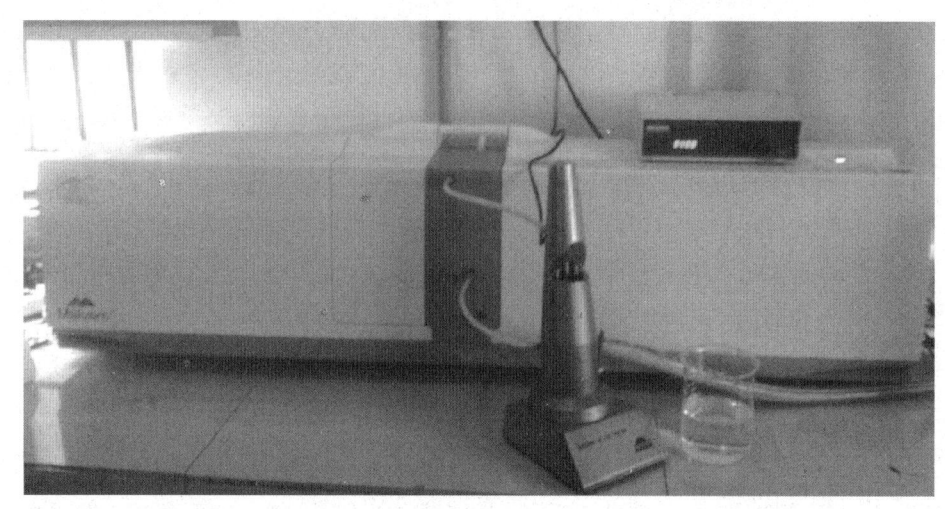

图 2-16　马尔文激光粒度仪 2000E

根据试验可得知,陶瓷墨水的固含量最佳值范围在 20%～50%,固含量偏低对墨水的发色以及成本控制方面不具备经济优势,但是当墨水中的固含量超过 30% 时,配方中的溶剂与表面活化剂等添加剂的调和显得非常重要,特别是配方中占据主要成本的颜料和表面活化剂随着固含量增加而增加。另外,选择溶剂添加剂时需要匹配溶剂的熔点与挥发点的结合,墨水对于温度的敏感度需要尽量调宽。

同时,为了减少砂磨机的磨损和提高研磨的效率,对于进入砂磨机的颜料细度需严格控制。根据实际生产经验,陶瓷颜料预处理的最佳入机粒径范围在 1000nm 以下时是最佳的,当入机颜料粒径大于 1000nm 时,很容易发生研磨机内过滤网堵塞的现象,同时明显增加研磨时间。另外,墨水按照配方比例调和好之后,由于陶瓷颜料是干粉状的,投入溶剂的瞬间容易发生结团结块的现象,因此,最好使用球磨机进行预处理 30min 后,再通过一边搅拌一边使用泵抽到砂磨机中进行循环磨细。图 2-17～图 2-20 分别为黑色陶瓷墨水加工到合格粒径小于 150nm 所需要的时间以及粒径分布图。

从上述图表中可以得知,由于陶瓷黑色颜料属于高温合成的尖晶石颜料,本身产品结构非常稳定,硬度也较锆系、棕色的产品高,因此研磨的时间也相对较长,需要 3.5h,而类似的黄色墨水中采用的如果是尖晶石金黄类的发色剂时,通常只需要研磨 2.5h 就能达到 150nm 以下的合格粒径。

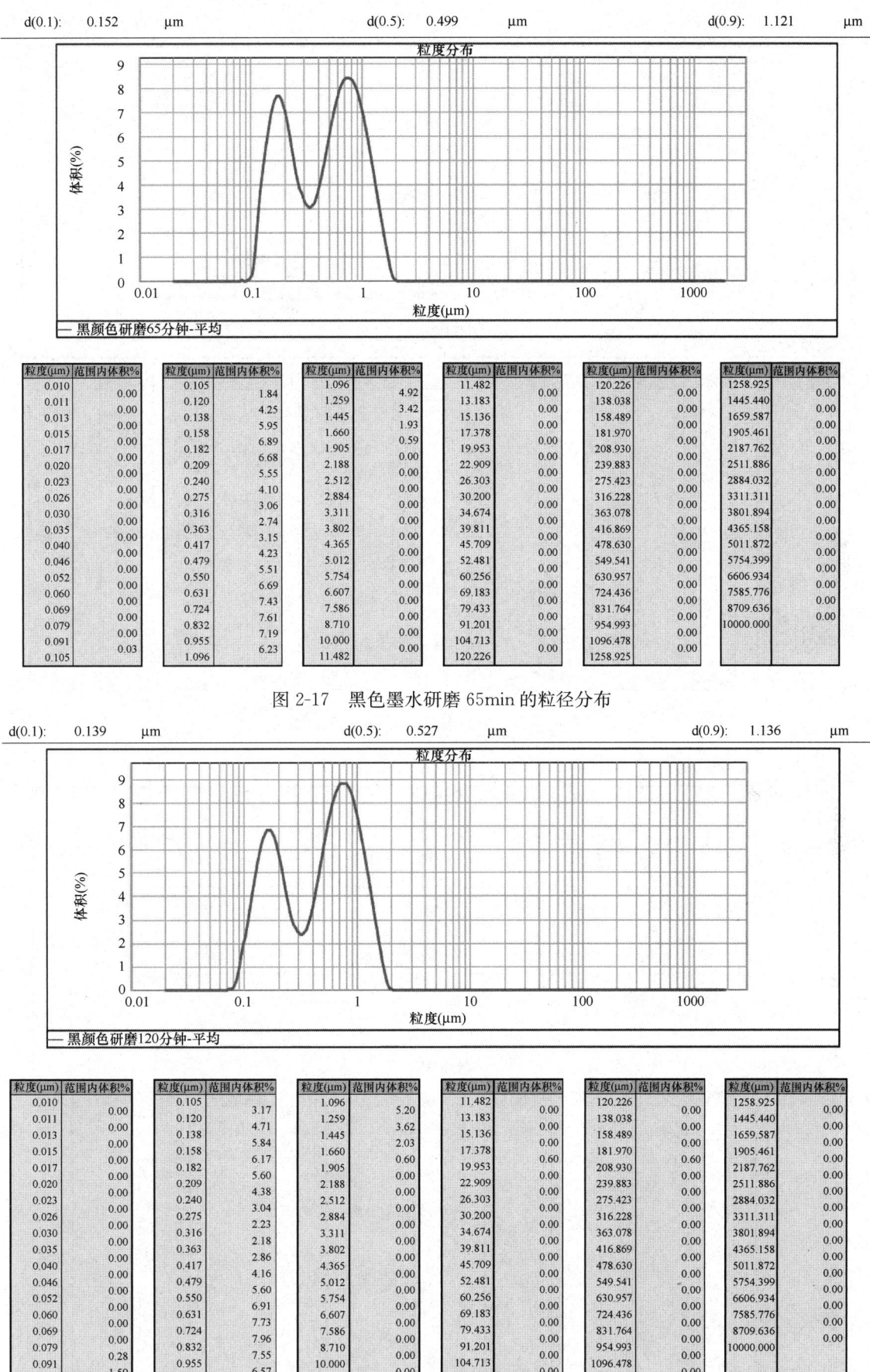

图 2-17 黑色墨水研磨 65min 的粒径分布

图 2-18 黑色墨水研磨 120min 的粒径分布

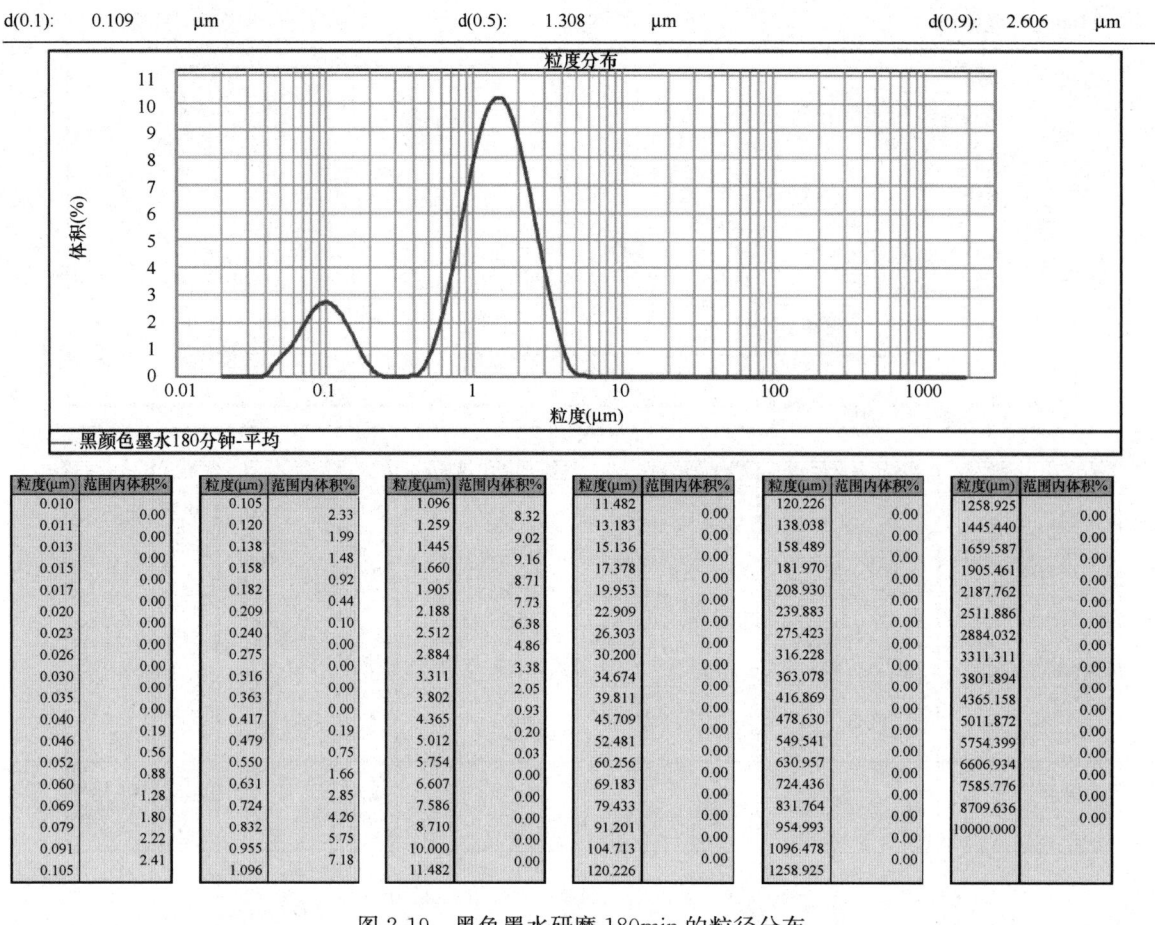

图 2-19 黑色墨水研磨 180min 的粒径分布

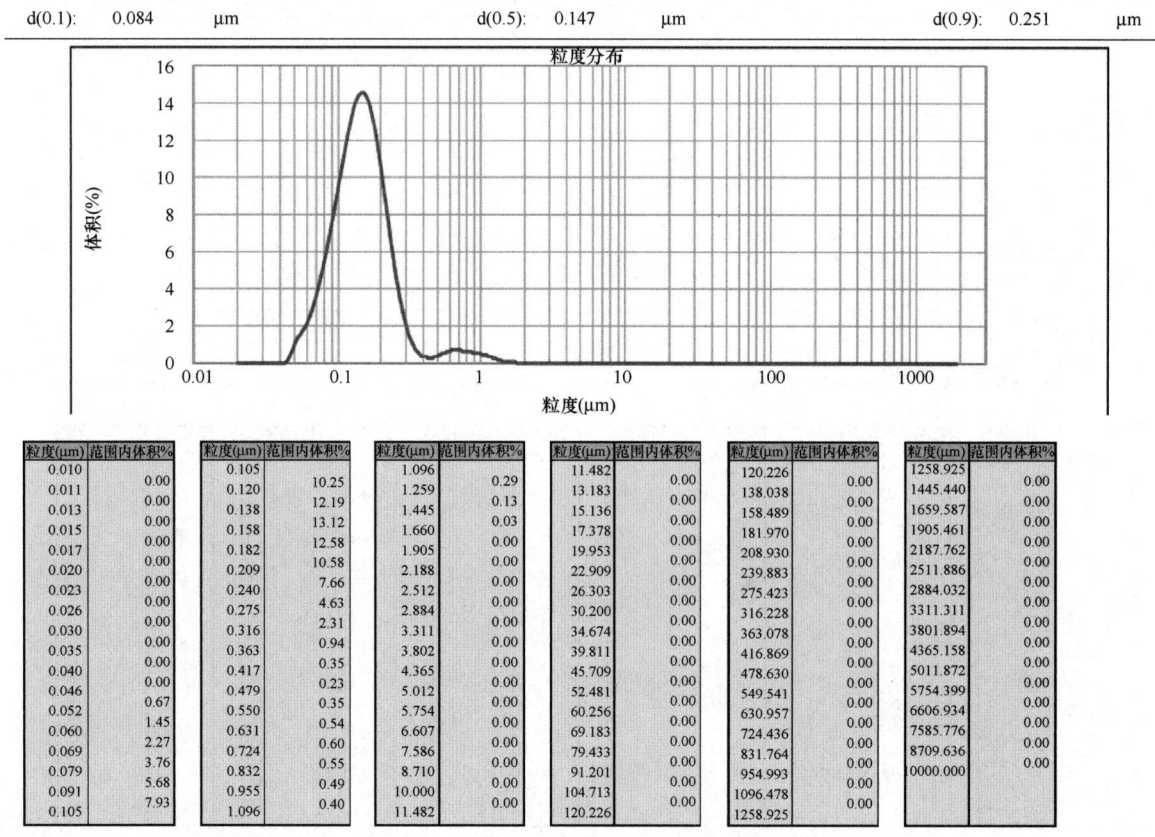

图 2-20 黑色墨水研磨 210min 的粒径分布

另外，陶瓷墨水要求粒径分布范围窄，物料表面形貌尽可能规则或者光滑。不同厂家生产的砂磨机在效率上差别不是很大，加工出来的粒径范围和晶体表面有少许差别。溶剂和表面活化剂对于研磨效率的影响非常大，合理的溶剂与添加剂配比也是墨水成功研制的关键技术之一。

目前，分散法是制备陶瓷喷墨打印墨水的一个切实可行而又具有成本经济优势的墨水生产工艺技术之一。通过选用合适的陶瓷颜料，经过适当的处理，与匹配的溶剂再经过砂磨机研磨处理，便可以生产出一系列色彩丰富的陶瓷喷墨打印用墨水。发色剂的选用需要从饱和、高温稳定性、耐磨性、电导率等方面参考，溶剂与表面活化剂是墨水能否稳定打印的关键技术之一，而对于墨水中的固化物含量和粒径的要求，随着机械设备的技术改进会进一步放宽。如墨水的粒径要求可能会从小于100nm，逐步提高到500nm以下。

2.2.3 溶胶-凝胶法陶瓷墨水的制备

水基溶胶有几个特征，使之适用于制造喷墨陶瓷墨水：(1) 溶胶是化学法合成的胶体颗粒分散体，避免了机械研磨制备颗粒的缺点；(2) 分散体系具有高固含量、低黏度特性，能实现高的陶瓷密度；(3) 在喷墨过程中，水分挥发，溶胶液滴在基体上形成固态凝胶，这个凝胶化阶段有利于阻止溶胶内各组分团聚。

1997年，英国AEA技术公司的A. Atkinson提出用Sol-Gel"陶瓷"墨水连续喷墨印刷制造工程陶瓷，提出品红色铬-铝喷墨墨水的配方（40.5%Al_2O_3、3.5%B_2O_3、37.4%ZnO、18.6%Cr_2O_3）和镍-铝蓝喷墨墨水的配方（0.25NiO-Al_2O_3），墨水的黏度为4~10mPa·s（低剪切力），电导率55~65mS·cm^{-1}，适用于连续喷印。Yeoh Cheow Keat用钛酸四丁酯和水溶性钡盐制备溶胶，将溶胶喷印到玻璃基体上，凝胶化后焙烧得到$BaTiO_3$薄膜，薄膜材料有较低介电常数（约280），明显小于体相材料的介电常数（2750）；周振君用分散法和溶剂体系Sol-Gel法合成连续喷墨用陶瓷$BaTiO_3$墨水的流变性能与固含量、分散剂PAA的关系，认为Sol-Gel法合成的$BaTiO_3$墨水打印出的液滴覆盖能力较强，在载体上有一个从溶胶到凝胶转变的过程；郭艳杰等采用So-Gel法制备了分散性良好、满足连续式喷墨打印机对墨水性能的CMYK颜色模式的四种陶瓷彩色墨水，所制备的陶瓷墨水能够满足打印要求的最大固含量为20%~26%体积分数。

墨水黏度随着固含量增加而增加，在最大固含量以下墨水没有分层现象发生。青色配方为74.2%Al_2O_3、3.0%B_2O_3、22.8%NiO；黄色配方90.7%ZrO_2、9.3%V_2O_5；黑色配方为70.4%Fe_2O_3、29.6%Co_3O_4；品红色配方与AEA公司的相同。其制备方法简述如下：用异丙醇铝水解制备氧化铝溶胶，按比例依次向氧化铝溶胶中滴入氯化镍和硼酸溶液，制备成稳定的青色陶瓷墨水溶胶液；按比例依次向氯化铝溶胶中滴入硝酸锌、硝酸铬和硼酸溶液，制备成稳定的品红色陶瓷墨水溶胶液；将混有HNO_3的NH_4VO_3溶液加入$ZrOCl_2·6H_2O$水溶液，用氨水将混合液调至pH=4，成为黄色陶瓷墨水溶胶液；将NaOH溶液加入$FeCl_3$溶液中，制备出氢氧化铁溶胶，再加入定量的氯化钴溶液得到黑色陶瓷墨水溶胶液。将这四种溶胶分别浓缩到固含量4%~28%（体积分数），分别加入适量的表面活性剂、黏合剂和导电盐NH_4NO_3，制成彩色陶瓷墨水，适用于连续喷墨打印机。

2.2.4 反相微乳法陶瓷墨水的制备

用反相微乳液法制备陶瓷墨水的关键是要获得固含量高的微乳液体系。江红涛等利用Span80-Tween60/醇/烷/水体系，制备了以油为连续相的反相微乳液型Fe_2O_3红色陶瓷彩喷墨水，除电导率较低外，其他理化性能都满足使用要求；郭瑞松等人采用优化的TritonX-100/正醇/环己烷/水反相微乳液体系，得到澄清的微乳液，再将它们均匀混合反应制得了均匀分散、微粒尺寸7~8nm、稳定存在的ZrO_2陶瓷墨水。所制备的两个陶瓷墨水的电导率分别为20m·S/m和35m·S/m（pH<8），表面张力分别为21.6mN/m和34.3mN/m，黏度为25mPa·s和32mPa·s，且无剪切增稠效应，说明所制陶瓷

墨水的性能指标基本满足非连续式打印机要求。

另外，美国费罗公司于 2000 年在中国申请的专利"用于陶瓷釉面砖（瓦）和表面的彩色喷墨印刷的独特墨水和墨水组合"介绍了一种独特的墨水和包括至少三种独立墨水的组合，用于通过喷墨打印机对被加热到 300℃ 以上温度的物体的釉面表面涂覆的墨水组合物，产生范围广泛的各种颜色。具体方法是：将适量的过渡金属配合物溶解在芳香族烃溶剂，得到墨水，利用 Xaar 技术公司制造的 Xaar Jet 500 喷墨印刷头，将墨水涂覆到预先通过湿法喷涂了透明釉的生坯陶瓷体上，再按传统的烧成制度烧成，评估色值。该方法成本高，一些中间产物相当危险，不适宜瓷砖的工业化生产。

2.2.5 陶瓷墨水研磨设备应用及发展趋势

1. 砂磨机概述及工作原理

砂磨机又称珠磨机，该机主要用于化工液体产品的湿式研磨，根据使用性能大体可分为立式砂磨机、卧式砂磨机、篮式砂磨机、棒式砂磨机等。主要由机体、磨筒、分散器、底阀、电机和送料泵组成，进料的快慢由阀门控制。该设备的研磨介质一般分为玻璃珠、氧化锆玻璃珠、氧化锆珠等，除立式砂磨机选用普通 2~3mm/3~4mm 的玻璃珠外，其他设备均采用 0.8~1.2mm 的氧化锆珠。输料泵一般采用齿轮泵、隔膜泵以及其他厚浆输料泵。图 2-21 为卧式砂磨机结构示意。

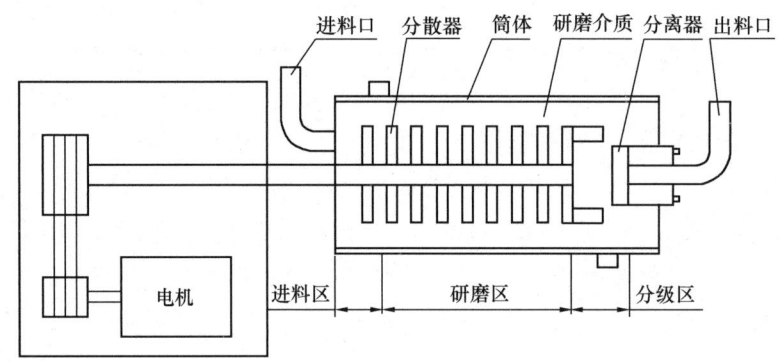

图 2-21 卧式砂磨机结构示意

（1）砂磨机用途

砂磨机是一种广泛应用于油漆涂料、化妆品、食品、日化、染料、油墨、药品、磁记录材料、铁氧体、感光胶片等工业领域的高效研磨分散设备。砂磨机与球磨机、辊磨机、胶体磨等研磨设备相比较，具有生产效率高、连续性强、成本低、产品细度高等优点。由于工艺条件差异很大，可以根据细度要求适量加减研磨介质进行调整。

（2）砂磨机工作原理

砂磨机是一种水平湿式连续性生产的超微粒分散机。将预先搅拌好的原料送入主机的研磨槽，研磨槽内填充适量的研磨介质，如玻璃珠等，经由分散叶片高速转动，赋予研磨介质以足够的动能，与被分散的颗粒撞击产生剪力，达到分散的效果，再经由特殊的分离装置，将被分散物与研磨介质分离排出。因为不必像三滚筒一样需要高度的操作技巧才可得到均一而优良的品质，又可大量连续生产，因此既可提高品质又可降低成本，也可适用于高黏度物质的分散，在油漆、油墨、医药、食品、化妆品、农药等工业均可应用。

卧式砂磨机的工作原理示意如图 2-22、图 2-23 所示。

分散作用的目的有三个：一，达到外表平坦，使分散在液体中的固体粒子微粒化，增加反射率，发生光泽并提高遮盖率，如油漆、油墨、色膏等。二，提高反应速率及均匀程度，使液体中的悬浮粒子比表面积增加，如在树脂中添加粒状硬化剂或化学反应中的粉粒状原料。三，延长沉淀时间，使悬浮在液

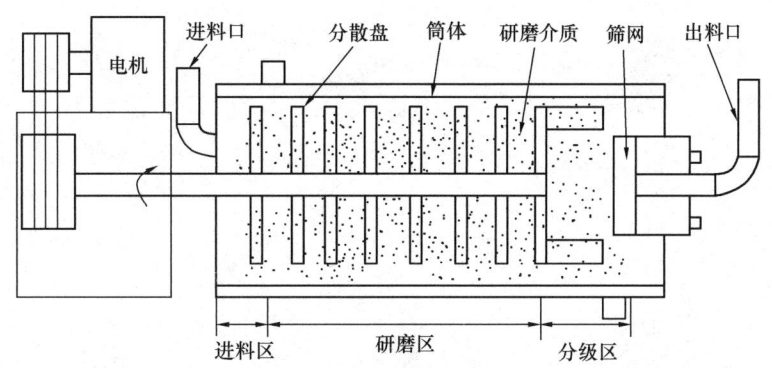

图 2-22　卧式砂磨机的工作原理示意（一）

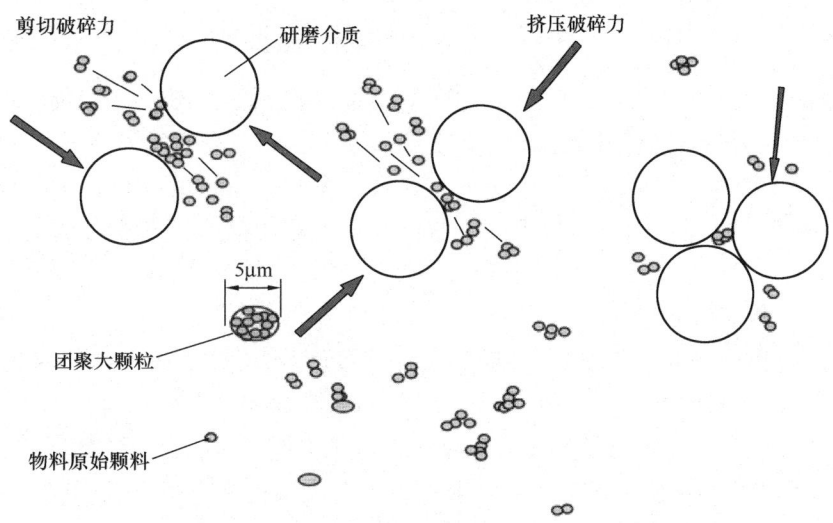

图 2-23　卧式砂磨机的工作原理示意（二）

体中的微小粒子达到临时悬浮的目的，如水悬性农药，可增加散布面积延长药效，或果汁如芭药汁等。

（3）砂磨机操作注意事项

① 长时间停机，开机前需先检查分散盘是否被介质卡死。若联轴器不转动，可用泵打入溶剂，待溶解后再启动。切不可强行启动以免损坏摩擦片。

② 长时间停机，开机前应检查顶筛网是否有结皮漆浆。若有，应用溶剂清洗干净，以免因筛网堵塞而导致冒顶。

③ 一旦出现"冒顶"时，应立即停机清洗筛网，放置接浆盆，调整供浆泵速度，重新启动。否则漆浆有可能侵入主轴轴承而导致轴承磨损或者损坏进浆泵。

④ 在筒体内没有漆料和研磨介质时严禁启动。

⑤ 用溶剂清洗筒体时，只能将分散器轻微、间歇地转动，以免部件磨损。

⑥ 使用新砂时，应过筛清除杂质异物。砂磨机用砂应定期清洗过筛和补充新砂。

⑦ 观察窗应保持完好，防止砂磨机工作中崩砂造成伤人事故。

2. 砂磨机最新发展趋势

根据砂磨机的发展，可将其分为六个阶段：球磨机、立式搅拌磨机、立式圆盘砂磨机、立式销棒砂磨机、卧式圆盘砂磨机和卧式销棒循环砂磨机（图 2-24）。

（1）研磨介质分离系统的进步

随着对产品细度要求的不断提高，使用研磨介质的尺寸越来越小。小尺寸研磨介质的分离是砂磨

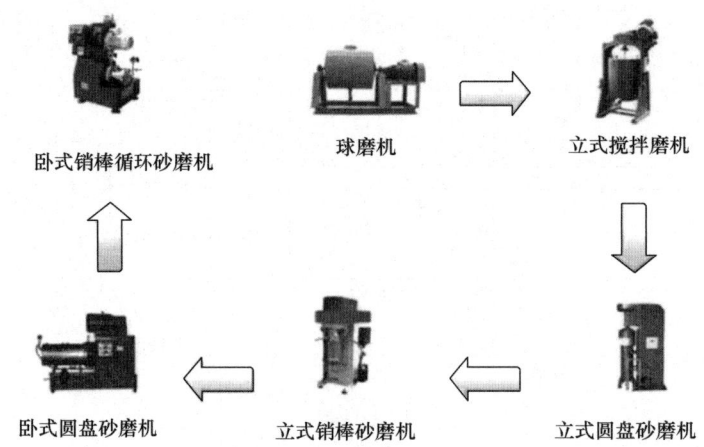

图 2-24 砂磨机技术演变发展趋势图

机研发中最难解决的难题之一。传统砂磨机使用的缝隙环（很小的过流面积）及静态筛网很难分离小尺寸介质，所以越来越多的企业使用动态离心分离系统。分离转子带动介质旋转产生的离心力使介质被甩向转子外周围，转子中心主要是料浆，将分离筛网布置在转子中心，物料可以顺利通过筛网缝隙流出，而不会发生堵塞及磨损。所以，将干法气流分级原理用于砂磨机介质分离是砂磨机发展史上的技术飞跃。

（2）高能量密度销棒式砂磨机

在过去一段时间，国内外几个主要砂磨机厂家片面地认为，要提高产品细度（减小颗粒尺寸），必须提高砂磨机能量密度，以致出现了不少结构复杂的销棒式砂磨机。

① 砂磨机 DCP 结构-1 在转子和定子上密密麻麻地布置了很多硬质合金销棒。物料从上部进入，经过弯弯曲曲的"N"字路线后从底部排出。介质对销棒、转子及定子的磨损极为严重，物料往往会受到金属污染，而且只能使用昂贵的氧化锆研磨介质。

② 砂磨机 DCP 结构-2 和结构-1 基本一样，但是为了解决散热问题，在转子上又设置了冷却夹套。

③ 砂磨机 LMZ 仅在转子上布置了销棒，而在定子及半个转子上布置了冷却夹套。销棒对于对面定子内表面磨损很厉害，金属污染物料在所难免。

（3）卧式离心砂磨机高能量密度外环研磨区

经过多年误入歧途人为复杂化的砂磨机设计，人们终于返璞归真了！发现物料真正的研磨仅出现在具有一定能量密度的研磨区域，而低能区仅发热而已。高能量密度区只能出现在线速度最大的外环区域。

① R-砂磨机从外定子径向进料，经过外环研磨区的物料通过动态介质分离筛网轴向侧面排出。

② ZR-砂磨机物料经过空心轴侧面进入转子到达外环形研磨区，该设备转鼓（定子）与内转子以不同的转速旋转。介质分离筛网（固定在转鼓上）成为真正的旋转动态分离器，结构复杂的双转子结构对各个旋转体的同轴度误差要求极高。

③ SC-砂磨机物料从轴向中心加入，到达外环研磨区域，研磨后的物料通过外环筛网环排出。研磨轨道也就是陶瓷分离环。虽然过滤面积增大了，但是分离环磨损严重，而且容易堵塞。

3. 砂磨机在陶瓷墨水中的应用

（1）分散法陶瓷墨水的生产与研磨

分散法是目前陶瓷墨水的主要制备方法，其中的关键技术是超细化颜料粉体的制备和陶瓷色浆的研磨分散。为提高研磨效率，实现陶瓷墨水中窄细的粒径分布，需从研磨前颜料的粒径分布和窄细度进行控制，同时研磨过程中需要结合粒径的变化选取合适的研磨锆珠的粒径大小进行研磨。为进一步提高色浆的研磨效率、研磨浆料的性能以及稳定地进行研磨浆料生产，设备的选型和研磨介质的选择也是非常必要的。

其中，颜料粒子的研磨分散是陶瓷墨水制备过程中最为核心的工艺，直接影响墨水的粒径分布、发色效果和发色稳定性、批次间的稳定性以及墨水的储存稳定性，而商品化的陶瓷颜料一般颗粒较大且粒度分布不均，需要超细化分散处理后才能制备合格的陶瓷墨水。

分散法制备陶瓷喷墨打印墨水采用的是湿磨法和化学分散相结合的方式，将陶瓷颜料超细粉体在溶剂中研磨制备成分散色浆后添加各种助剂调节性能后获得。其中墨水色浆的制备是整个墨水制备工艺中的关键步骤，且直接影响着墨水的粒径分布、发色效果和发色稳定性、批次间的稳定性以及墨水的储存稳定性。

陶瓷墨水中颜料平均粒径要求在 200~400nm，最大粒径小于 1μm。然而陶瓷颜料的超细化不仅加工成本高、技术难度大，并且在一定程度上破坏了颜料的晶体结构，降低了墨水发色效果，因此在控制平均粒径接近的情况下，尽可能地控制窄细的粒径分布。因为陶瓷墨水中颜料粒径越大越容易沉淀，粒径越小发色越弱。因此，为了提高墨水的发色效果和储存稳定性，尽可能地用制备粒径大和粒径分布窄细的颜料粒径分布色浆。如图 2-25 所示，图 2-25 中曲线 a 表示窄细粒径分布的陶瓷色浆，曲线 b 表示较宽粒径分布的色浆。因此，曲线 a 是陶瓷墨水制备过程中尽可能要达到的目标，因为粒度越大，粒径分布越集中，陶瓷墨水发色越稳定，发色强度越高。

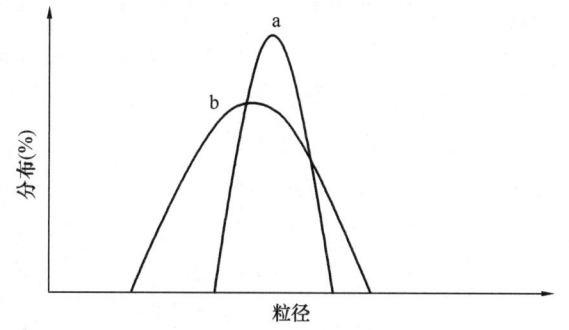

图 2-25　陶瓷墨水粒径分布示意

陶瓷墨水研磨过程是依靠研磨介质之间的剪切力和挤压力将物料颗粒粉碎至一定粒径，达到分散的效果。砂磨机的搅拌轴通过旋转物料和研磨介质，避免研磨死角，使物料混合得更均匀，而为了使颜料颗粒进行有效的研磨，需要根据颜料颗粒的粒径大小选取合适粒径大小的研磨锆珠提高研磨效率。图 2-26 列出了不同大小研磨介质的研磨效率图，当研磨锆珠的粒径较小时（图 2-26a），前期颜料粒径较大，颜料粒径降低较慢，研磨效率低，当达到一定细度之后，粒径降低则较快；当研磨锆珠的粒径较大(图 2-26b)，前期颜料粒径较大后，颜料的平均粒径降低很快，但当颜料的粒径达到一定细度后，研磨效率明显下降。因此，研磨时根据研磨过程中粒径的变化，分阶段选取合适粒径的研磨介质，如图 2-26c 所示，前期选择大粒径锆珠，可以快速降低颜料的粒径，当达到一定细度后，选取较小的研磨介质，可以进一步实现颜料的粒径快速降低。

陶瓷颜料的细度直接影响着后续陶瓷墨水的研磨制备工艺，粒径较大则后续需要更多的研磨时间，粒径分布较宽同样也会影响陶瓷墨水中粉体颗粒的粒径分布，继而直接影响陶瓷墨水的性能。研磨占墨水制备的主要生产成本，为了控制成本，应先尽可能地把陶瓷颜料粒度做细，并且研磨之前把粒径做小，做到小于 10μm，并且为了后续工艺提高效率，在陶瓷颜料研磨之前，也尽可能地做到窄细粒径分布，然后将得到的颜料超细粉体再混料研磨，控制平均粒径在 200~400nm。

陶瓷色浆的制备效果受研磨设备内部结构和研磨介质的材质影响。研磨设备一般由研磨系统、密封系统、分离系统等核心部分组成，其内部结构直接影响色浆的研磨效果。浆料的研磨效率、颜料颗粒的形貌、粒径分布等性质受研磨珠的硬度、光泽度、耐磨性、抗碎强度、球形度等参数影响。

正确选择研磨设备，是保证陶瓷墨水品质的关键，同时也可以提高生产效率、降低能耗和成本。研磨机与物料接触的主要部位为研磨轴和腔体，其材质的选择是关键。目前，市场上的研磨设备常用的材质有不锈钢、耐磨钢、陶瓷、碳化硅、氮化硅、聚氨酯等。材质的选择标准主要是考察研磨机内部腔体和研磨轴在研磨后的磨损程度以及是否影响浆料的颜色。研究发现，不锈钢、耐磨钢磨损程度大，浆料变色；碳化硅、氮化硅成本高昂；聚氨酯类材质容易受有机物类溶剂的腐蚀，而以二氧化锆为主体材质的研磨机可以制备出稳定的浆料，是较佳的选择。

磨机研磨轴的主要类型有棒销式研磨转子、涡轮盘式研磨转子、双锥式研磨转子和棒销转子结合涡轮盘式转子等结构。研磨轴的结构主要影响浆料的粒度分布、研磨效率和浆料稳定性。经对比研究发现，棒销式的卧式砂磨机研磨陶瓷墨水的效果较好。它的分离系统的作用是研磨过程中将研磨好的浆料溢出，而研磨介质则被限制停留在研磨机筒体内，以达到分离浆料和研磨介质的作用。分离器的间隙要根据所选用的研磨珠的大小进行调节，一般间隙为0.15~0.30mm，以便控制色浆研磨的细度，同时缩短研磨时间和提高研磨效率。

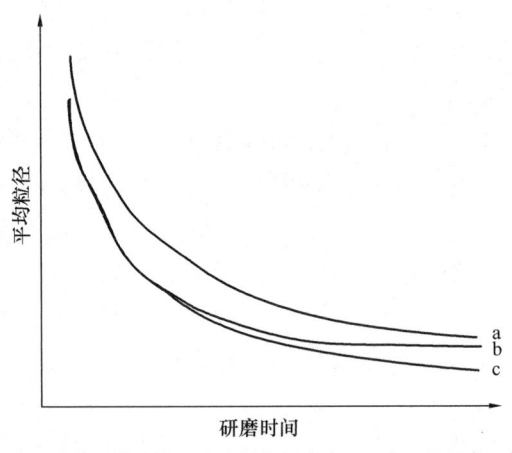

a为小粒径研磨介质，b为大粒径研磨介质，c为二级研磨工艺

图2-26 色浆研磨颜料平均粒径与时间关系示意

（2）色浆研磨介质及其影响

研磨介质按材料的不同可分为塑料、石英砂、玻璃珠（含铅或不含铅）、陶瓷珠（包括硅酸锆珠、氧化锆珠、氧化铝珠、稀土金属稳定的氧化锆珠等）和钢珠等（图2-27）。市面上常见的研磨介质有玻璃珠、硅酸锆珠、钢珠、氧化锆珠等，它们的密度、莫氏硬度、化学稳定性和研磨效率见表2-51、表2-52。

图2-27 介质分类

表2-51 常用研磨介质的性能参考

研磨介质	密度（g/cm³）	莫氏硬度	化学稳定性	研磨效率
玻璃珠	2.5	6	一般	低
硅酸锆珠	4.5	7.7	好	中
钢珠	7.8	7	差	高
氧化锆珠	6.1	9	好	高

表 2-52　钇稳定的氧化锆珠和铈稳定的氧化锆珠性能参考

类别	钇稳定氧化锆珠	铈稳定氧化锆珠
稳定成分（%）	$Y_2O_3:5$	$CeO_2:20$
密度（kg/L）	6.0	6.1
散重	3.6	3.9
吨磨耗（kg/t）	0.01	0.01
硬度	9	9
维氏硬度（kg/mm²）	1200	1100
耐压强度（N）	2000	1800

可以看到氧化锆珠在硬度、化学稳定性、研磨效率等方面都有优势，是较为合适的研磨介质。锆珠主要有钇稳定氧化锆珠和铈稳定氧化锆珠。随着陶瓷喷墨打印技术的发展，陶瓷墨水的陶瓷应用市场前景广阔。

（3）研磨介质的类型

在砂磨机研磨过程中，介质选取十分重要，对研磨效率起决定性的作用。因此在选取的过程中需要慎重考虑。在早期研磨中，介质一般选取的是天然的砂子。对于我国来说，介质一般选取氧化锆球、氧化铝球、硅酸锆球、玻璃球及金属球等。在这几种介质中，玻璃珠的密度是根据玻璃中的金属类型不同而不同，在选取的过程中，不仅对玻璃球的密度与强度有要求，同时也要求选取的金属不应污染研磨物料，有毒金属的混入会使研磨物料受到不同程度的影响。

硅酸锆球介质依据其不同的密度与使用条件，利用两种工艺即"熔融法"和"烧结法"，其内部晶体结构比较均匀细致，研磨效果较好。一般这种介质应用于涂料、油漆、油墨等分散式的研磨。

氧化锆珠是采用比较先进的工艺制成，其原料已达到微米及纳米级，性能指标比较优越，应用在超细研磨中，可以研磨高黏度、高硬度的物料，如在电子陶瓷、磁性材料、油墨、染料、特种化工行业中；对其形状要求为球形或接近球形，球形介质依然是以撞击与剪切为主，球形介质对于物料的研磨效果更好。

研磨介质的晶体结构因其化学组成及制造工艺的差异而不同，继而决定了研磨介质不同的抗压强度和耐磨性，成分的含量不同决定了研磨介质的密度，而由动力学公式 $P=mv$ 可知，研磨介质的冲量 P 与研磨介质的质量成正比，研磨介质的密度越大，动能越大，研磨效率也就越高。

（4）研磨介质的尺寸

以涂料色浆研磨工艺为例，研磨介质的大小决定了研磨介质与色浆的接触点的多少，粒径小的研磨介质在相同体积下的接触点越多，理论上的研磨效率越高。但在研磨初期颜料粒径较大时，研磨介质粒径小的冲量较小，达不到较好的研磨效果；研磨后期，大粒径的研磨介质由于接触点少，能量密度不足，导致粒径分布比小尺寸研磨介质差。同时，在一般的砂磨机中，转速的增大会导致介质的速度变大，会发生介质依附在研磨桶的壁上，减少对研磨颗粒的冲击，这对于研磨是不利的，所以对于转子转速需要选取恰当的值以保证介质能够充分地对物料颗粒进行研磨。另外，温度也是影响速度的重要原因，因为速度过高，会引起研磨桶内的温度上升，而温度升高后会对颗粒产生一定的影响，这对于获得较好的颗粒是不利的，高温引起颗粒分子聚集。

2.2.6　陶瓷墨水的技术创新及功能化发展趋势

目前，国内陶瓷墨水已研发了 12~14 种，包括 7 种不同颜色。其中蓝色发色力最强，黄色发色力较弱，现有的黄色墨水带有绿色调。棕色居中，鲜艳的红色仍然很难达到，且白色墨水的白度也不高。此外，现进入生产的组合陶瓷墨水一般为 3 色（蓝、棕、黄）、4 色（蓝、棕、黄、黑）、5 色及 6 色。红色主要是铈锆红、铬铝红、锰铝红、钴镁红、锆铁红等，青色主要是钴镍铝，黄色主要为钒锆黄、铬钛黄等，黑色主要为钴镍铁黑，白色和透明等 11 种。

表 2-53、表 2-54 分别介绍了国外墨水生产商及国内墨水生产商的研发现状。

表 2-53　国外墨水生产商的研发现状

序号	制造商	国别	研发现状
1	FERRO	西班牙	油性、水性、功能
2	TORRECID	西班牙	油性、水性、功能
3	ESMALGLASS-ITACA	西班牙	油性、水性、功能
4	BONET	西班牙	油性、功能
5	COLOROBBIA	西班牙	油性、水性、功能
6	FRITTA	西班牙	油性、功能
7	ZSCHIMMER&-SCHWARZ	德国	油性、水性、功能
8	SALQUISA	西班牙	油性
9	ESMALTES	西班牙	油性
10	SMALTICERAM	意大利	油性
11	METCO	意大利	油性、渗透
12	SICER	意大利	油性
13	INCO	意大利	油性

表 2-54　国内墨水生产商的研发现状

序号	制造商	国别	研发现状
1	国瓷康立泰	中国	油性、水性、功能
2	广东道氏	中国	油性、水性、功能
3	山东陶正	中国	油性
4	山东三锐	中国	油性
5	广东禅信	中国	油性
6	佛山迈瑞思	中国	油性、水性、功能
7	山东汇龙	中国	油性
8	佛山华意	中国	油性
9	佛山扬子	中国	油性、功能
10	佛山金鹰	中国	油性、功能
11	佛山丰霖	中国	油性、功能

图 2-28 为陶瓷墨水产品技术创新路线图。喷印技术能大幅提高产品的仿真度和清晰度，增强产品

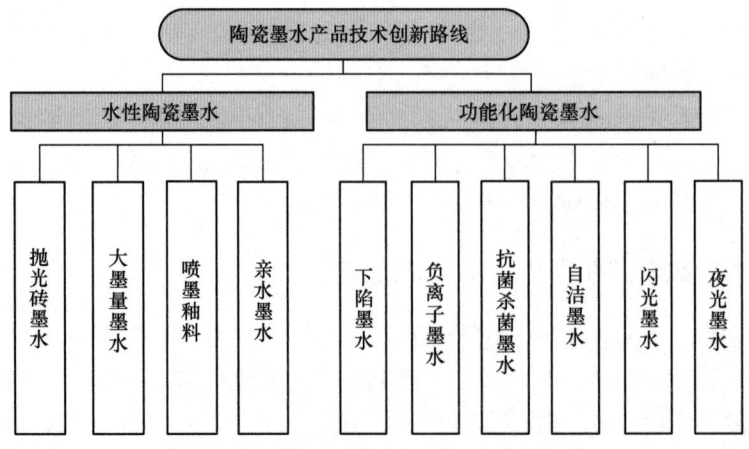

图 2-28　陶瓷墨水产品技术创新路线图

的竞争力，助力企业抢占终端市场。未来的陶瓷墨水产品技术创新主要集中在水性陶瓷墨水和功能化陶瓷墨水两大领域。

1. 喷墨打印水性体系陶瓷墨水的技术创新

（1）抛光砖陶瓷墨水已实现上线生产

抛光砖墨水是应用于抛光砖图案打印的墨水，可适用于表面强度高、耐磨性能好的抛光砖装饰。抛光砖墨水区别于釉面砖使用的墨水，但都是使用喷墨打印机将墨水喷印在抛光砖上，属于水性体系墨水。目前，已经成功上线应用，渗花深度达3～4mm，总体效果趋于稳定，技术基本成熟。

目前，已成功开发出灰、褐、蓝、灰绿、咖啡、黄绿、黑、白等颜色的墨水，新开发的墨水扩散问题已得到解决，能够避免喷墨后墨水横向扩散，并且垂直渗透能力强，渗透深度达到5mm以上，抛光后渗透深度仍然有2mm以上，垂直渗透还得益于喷墨后喷特殊的助渗剂。喷墨抛光砖与传统丝网印刷相比其亮点在于喷墨同时喷印，定位准确，不同颜色的发色因子相互叠加、均匀合理，可以在砖面得到浓淡相宜、颜色平缓过渡的板面效果，可实现平行和垂直的喷印。现在已经设计出鲜绿、鲜黄调的板面效果，有翡翠般的玉质感，在未来喷墨抛光砖的质感、玉感、触感方面都具有无限的设计空间。喷墨抛光砖的另一亮点在于设计模仿难于抛釉砖，因为喷墨抛光砖的发色与坯体的配方关系密切，将有利于品牌的保护。表2-55给出了喷墨抛光砖的一些生产参数。

表2-55 喷墨抛光砖的一些生产参数

喷墨量（g/m²）	助剂用量（g/m²）	坯温要求（℃）	负压（kPa）	渗透深度（mm）
40～50	100～200	35～40	50～70	3～4

（2）大墨量墨水

从现在喷墨产品来看，现有的油性墨水在生产浅色瓷砖上具有优势，而缺点在于难以开发出大红大紫柠檬黄等图案比较鲜艳饱满的颜色，难以得到炫彩图案，一些大图案始终比不上辊筒印刷。而伴随着喷头的设计创新，喷墨量将达到100～1000g/m²，喷墨量提升后，墨水的颗粒亦可进一步放大。如此大的喷墨量，需要水性体系的墨水进行配合，方可完全与釉料兼容，避免出现裂釉等缺陷，同时在环保上得到改善，也有利于仪器设备的清洗。在国外，已经有水性体系的墨水在流通。在国内，2015年广州陶瓷工业展上，也有水性体系的墨水展出，不过除了渗花墨水有应用样板外，其他的普通水性色料体系墨水未见应用样板展出。从目前的文献资料来看，装饰用的水性陶瓷墨水可供参考的研究性文献极少，其关键技术主要掌握在西班牙少数陶瓷色釉料公司。

（3）喷釉喷墨一体化技术

数码喷釉墨水包括下陷釉、金属釉、闪光釉、哑光釉、白花釉、渗花釉等。喷釉通过特殊的陶瓷喷墨打印喷头将功能墨水、釉料直接通过喷头喷射到瓷砖外表面，呈现立体感强的特殊装饰效果，如各种立体颗粒、凹凸纹理等。喷釉是陶瓷喷墨机的发展趋势。目前数码喷印设备发展的趋势是集喷墨喷釉于一体，喷釉与喷墨功能可在同一设备上灵活配合使用，可进行喷头的混搭、兼容，支持使用不同品牌。墨水配置的多样性和对陶瓷色釉料的兼容性以及强大的电脑软件管理系统的开发，为喷釉技术的实际应用提供了技术支持，带来无限可能。数码喷釉在大规格板材方面也具有优势，在国外工业展上曾展示出5400mm×1800mm规格的大板，如此大规格的陶板，唯有用到喷釉技术才能进行施釉。所以，随着日后的大规格板材和薄板需求增多，喷釉技术能很好地配合特殊规格板材的生产。

2. 喷墨打印功能化陶瓷墨水的技术创新

功能墨水是指用于瓷砖的釉面表层，赋予瓷砖有益于人身体健康或特殊效果、特定环境特殊要求的附加功能，是色料墨水成熟应用之后发展起来的陶瓷墨水新品。利用喷墨技术将功能性陶瓷墨水打印在陶瓷砖上，可以实现建筑陶瓷的个性化和功能化，顺应了国家政策和消费者的主流需求，对于陶瓷企业研制新产品、打造品牌具有十分重大的意义。

近年来，国内墨水企业专注于功能墨水的研发，并成功地研发出负离子墨水、下陷墨水、爆花墨水、金属效果墨水、闪光墨水、自洁墨水、变色墨水等功能性墨水。目前，在各大产区以及海外一些大型品牌企业已经应用功能墨水进行产品创新并取得了重大的成效。另外，在一些适合我国国情的功能墨水方面，如负离子墨水，在国际上未见相关报道，而下陷功能墨水，将更匹配我国的釉料，具有更明显的效果。

(1) 负离子功能墨水

负离子陶瓷墨水数码技术是指将负离子材料研制成陶瓷墨水，并应用陶瓷喷墨机打印在陶瓷砖表面，经烧成后能够永久产生负离子的技术；具有成本低廉、不影响砖面图案效果、负离子发生量高、放射性达到 A 类合格水平、应用方便等优点；具有普通油性墨水一样的使用性能，可直接在现有体系的喷头和工艺条件上应用。负离子砖产生的负离子可以净化空气，能让人精力充沛，提高人们的工作效率，在一些公共场所，比如学校、医院、办公楼、养老院、娱乐场所等地方将能发挥很好的作用，有利于改善人们的健康。负离子墨水的技术指标和数码喷印参数见表2-56、表2-57。

表 2-56　负离子墨水的技术指标

细度 D_{10}（μm）	细度 D_{50}（μm）	细度 D_{100}（μm）	黏度（40℃）（cp）
大于 0.005	0.01～0.03	小于 1	20～30
表面张力（mN/m）	相对密度	烧成温度（℃）	打印发生量（个/s·cm²）
25～35	1.20～1.30	1000～1200	大于 1500

表 2-57　负离子墨水数码喷印的一些参数

喷头负压	喷印方式	喷印用量（g/m²）	喷印灰度
60～85	全喷	3～5	20～40

(2) 变色功能墨水

变色功能墨水是将稀土元素的发光特性充分应用在陶瓷喷墨墨水中，利用稀土独特的光学性能作为着色或助色原料。近些年来，稀土在高级建筑装饰材料、艺术陶瓷、日用陶瓷等方面的应用越来越广泛，能够达到一些传统色料不能达到的效果。采用稀土原料烧制成的陶瓷是采用一般着色剂的产品难以比拟的，其色泽艳丽、柔润、均匀，如橘黄、娇黄、浅蓝、银灰、紫色等玲珑精美。其独有的变色和发光效果，随着照射光线强弱的不同而变化的各种颜色，异彩纷呈，瑰丽多姿。变色功能墨水喷印在陶瓷砖表面经烧结后，由于稀土氧化物谱线繁多，在可见光区具有多个明显狭窄吸收峰，在不同光照下能呈现出不同的色彩，其中一种变色材料在日光灯下呈现出蓝色色彩，而在弱光下呈现出粉红调的色彩。变色功能墨水经过对粉体进行改性，具有良好的使用稳定性和高温呈色稳定性，适应现在市面上流行的各种喷头和喷墨设备。变色功能墨水的技术指标见表2-58。

表 2-58　变色功能墨水的技术指标

细度 D_{50}（μm）	黏度（40℃）（cp）	表面张力（mN/m）	相对密度
0.1～0.3	20～30	25～35	1.25～1.35

(3) 下陷功能墨水

下陷墨水是使用在高温条件下能够产生溶蚀效果的材料制得的墨水，其下陷效果深浅可调节，下陷线条宽度可减小到1mm以下。达到相同的瓷砖图案，相比下陷釉节省至少50%的用量。烧成温度范围广，1000～1200℃均可，一次烧、二次烧墙地砖均可。墨水不会影响砖面色彩的发色，具有立体、简洁的效果，是新一轮开发新产品高峰的首选科技产品。目前，已在一些知名陶瓷品牌厂家应用，在开发抛釉砖类、墙纸类产品和一些小地砖产品上效果明显，形成异彩纷呈的图案，图案逼真，市场反馈很好，下陷功能墨水开启 2D 打印新时代。下陷墨水的技术指标见表 2-59。

表 2-59　下陷墨水的技术指标

细度 D_{50}（μm）	黏度（40℃）（cp）	表面张力（mN/m）	相对密度
0.1~0.3	20~30	25~35	1.30~1.40
烧成温度（℃）	喷头负压	烧成呈色	下陷线条宽度（mm）
1000~1200	70~85	无色	0.5~3 可调

（4）自洁功能墨水

随着居住要求的不断提高，人们对生态环境的重视程度也越来越高，致力于利用自然条件和人工手段来创造一个更舒适、健康的生活环境，同时又要控制自然资源的使用，保持建筑外观的美丽洁净。自洁陶瓷在日本已得到大量应用，其主要原理是瓷砖表面有一些经高温烧成后能够使瓷砖表面变得细腻光亮平滑的材料，即憎水材料，从而使得污垢极难附着在瓷砖表面上，瓷砖就很容易清洁。采用一个很简单的检测方法可以对比喷印了自洁墨水的瓷片砖与普通瓷片砖的自洁效果，即在砖面上倒 100g 左右的水，然后用嘴吹砖面的水，将会发现具有自洁效果的砖上的水很容易流动，而普通的亮面砖上的水很难流动。所以，自洁功能墨水对于外墙砖和应用在厨房、卫生间的瓷砖就具有很好的清洁效果。自洁功能墨水是使用特殊材料制得的陶瓷墨水，经喷墨打印后均匀地施在陶瓷砖表面上。自洁功能墨水的技术指标见表 2-60。

表 2-60　自洁功能墨水的技术指标

细度 D_{50}（μm）	黏度（40℃）（cp）	表面张力（mN/m）	相对密度
0.1~0.3	20~30	25~35	1.20~1.30

（5）其他功能墨水

① 闪光墨水开启喷墨打印金碧辉煌的时代，喷印在瓷砖釉面，高温烧成后析出矿物晶体而使釉面强烈反光。

② 金属墨水点石成金，打造陶瓷中的土豪金，墨水喷印在瓷砖釉面上，有金属般的光泽，有金色、黄、黑色、银灰色等系列。

③ 夜光墨水喷印在瓷砖表面后经烧成，瓷砖在黑暗的条件下能够发光。

④ 银离子和二氧化钛材料能起到抗菌杀菌的作用，所以把一些银离子和二氧化钛材料制作成墨水喷印在瓷砖表面经烧成，使得瓷砖具有抗菌杀菌的效果。

⑤ 除此之外，还有一些珠光效果的墨水，可喷大墨量的亲水釉料墨水，使得瓷砖表面具有凹凸效果的憎水墨水，可粘颗粒的胶水墨水等。

2.3　陶瓷色料常用原材料及其性质

2.3.1　陶瓷用二氧化钛的生产工艺及其发展方向

钛白粉（TiO_2）一直都是陶瓷行业的主要使用的原材料之一。作为陶瓷色料行业来说，它的用量占到坯体色料的 60% 以上。钛系列的陶瓷色料产品主要有橘黄、橘红和米黄，通常都是应用在坯体砖上面，但同时有很少一部分产品应用在陶瓷釉用水晶砖上面。

自1791年发现钛元素到1918年采用硫酸法商业生产出钛白粉以来，至今已有100多年的生产和商业使用历史。钛白粉的生产方法主要有硫酸法和氯化法。硫酸法是用钛精矿或酸溶性钛渣与硫酸进行酸解反应，得到硫酸氧钛溶液，经水解得到偏钛酸沉淀，再进入转窑煅烧产出 TiO_2。硫酸法以间歇法操作为主，生产装置弹性大，利于开停机及负荷调整；氯化法是用含钛的原料，以氯化高钛渣或人造金红石、天然金红石等与氯气反应生成四氯化钛，经精馏提纯，然后再进行气相氧化，在速冷后，经过气固分离得到 TiO_2。TiO_2 因吸附一定量的氯，需进行加热或蒸气处理将其移走。该工艺简单，但在 1000℃ 或更高条件下氯化，需要解决带入或生成的氯、氯氧化物、四氯化钛的高腐蚀问题，再加上所用的原料特殊，比硫酸法成本高。

1. 钛白粉的原材料

目前主要有两种具有经济开采价值的钛矿：岩矿和砂矿。大多数钛矿在用于钛白粉颜料加工之前需要进行浓缩与富集，或用其他的加工方法提高 TiO_2 在原料中的含量。

通常采用的选矿方法有重选、磁选、静电选等，进一步的加工方法为将电炉冶炼成的高钛渣和铁进行化学处理生产人造金红石。

2. 硫酸法生产工艺

硫酸法技术的主要工艺步骤为：将 TiO_2 原料用硫酸酸解，将可溶性硫酸氧钛从固体杂质中分离出来，水解硫酸氧钛以形成不溶的水解产物（偏钛酸），最后通过煅烧除去水分，生成干燥的纯度高的 TiO_2。若采用的最初原料中铁含量高或钛含量低时，则要在净化和水解之间增加去除和回收七水硫酸亚铁和浓缩钛液的工艺步骤。

（1）酸解

经研磨、干燥的钛铁矿或酸溶性钛渣一般在铅衬反应器中用浓硫酸于 150~180℃ 的温度下酸解。为便于酸解，原料通常要磨到 200 目左右。需要指出的是，白钛石、人造金红石和天然金红石不溶解于硫酸，因此不能用于硫酸法钛白粉的生产。

酸-料混合物一般用空气进行气流搅拌并通过吹入蒸汽进行加热。大多数生产厂家使用浓度为 85%~92% 的硫酸，剧烈的放热反应在 160℃ 左右就开始。而某些厂家则先进行酸矿预混物料，这样有助于缓和剧烈的反应。钛铁矿中的铁含量越高，所用硫酸的浓度就越高。对处理岩矿而言，合适的硫酸浓度为 85%，而在处理钛渣过程中，硫酸的含量一般为 91%~92%。为了获得平缓的反应，不需用比此更浓的硫酸。

然后，钛液逐渐被稀释，首先用酸，然后用水。无论酸的浓度如何，反应固相物的形态都是疏松的多孔饼，其主要组成是 $Fe_2(SO_4)_3$ 和 $TiOSO_4$（硫酸氧钛）。由于原料中存在的钒、铬和其他金属要在硫酸中分解，因此，多孔饼中也含有这类金属硫酸盐。

如果让 Fe^{3+} 进入水解阶段，它们将吸附在 TiO_2 粒子表面，造成钛白粉产品白度指标低。因此，在整个工艺过程中使铁保持二价形态至关重要。

（2）沉清/沉降

冷却酸解液、固体惰性物质和未反应的原料残余物溶液从酸解罐的底部全部排放到宽底的低位沉淀池/沉降池中。在这个过程中，将由钛矿杂质形成的可溶性残余物去掉。加入酪蛋白、淀粉或其他有机絮凝剂，液体便通过简单的重力分离作用沉淀在沉降池中。可溶性残余物的沉降可以在此阶段辅以硫化锑（SbS_3）沉淀的形式进行。为此，需在酸解阶段将氧化锑加入到最初的原料中，沉降时加入硫化钠以沉淀生成 SbS_3。

通常，在沉降池底部有一集中排放点。固体物质排除后，先用废酸洗涤以回收未反应的原料，然后用水洗掉残留酸。沉降后的钛液通过精滤除掉细小的残余粒子。这些精滤滤渣与从沉降池中收集的其他固体物一起送往许可的堆放场。整个沉降过程大约8h。

(3) 绿矾回收

绿矾主要是七水硫酸亚铁($FeSO_4 \cdot 7H_2O$),一般同时混杂有铬、钒、锰和其他金属硫酸盐。这些金属是最初的原料夹带进来的。剩余的Fe^{2+}仍留在钛液中。绿矾可以以红泥浆的形式滤掉。处理绿矾是硫酸法工艺的主要难点之一。在现代化的硫酸法工厂中,绿矾用专门的真空冷冻结晶系统去除,该系统设计为能生成很大的$FeSO_4 \cdot 7H_2O$晶体,而铬、钒杂质含量极少。大晶体便于处理和储存,这一点非常重要,因为大多数钛白粉生产商将回收的绿矾加工成副产品销售,如用作土壤调节剂或水处理剂。

如果只用钛渣做原料,此阶段没有大量的铁析出。这样,钛白粉生产商就避免了随之而来的绿矾处理问题。

(4) 水解

水解工序是硫酸法钛白粉生产中非常关键的一步。这一步将可溶性硫酸氧钛在90℃时水解成不溶于水的水合TiO_2沉淀物(或称偏钛酸)。

为了控制水解速度、水解物的过滤洗涤性能和最终产品的细度及质量指标,需要在水解过程加入晶种。晶种的加入方式有两种:自身晶种(Blumenfeld法,1928年)和外加晶种(Mecklenburg法,1930年)。外加晶种是向钛液中加入经另外制备的金红石或锐钛型晶种,用以控制水解速度和钛白粉产品的最终晶体类型。

偏钛酸的沉淀需通过几小时的钛液沸腾才能实现。在沉淀快结束时,有时要加入一定的水以提高水解率。但是,加入的水过量则会破坏TiO_2沉淀物的质量。整个水解沉淀过程需要花3~5h。

水解沉淀物浆料经过滤、洗涤后,在还原条件下用硫酸酸浸以除去最后微量吸附的铁和其他金属,即通常所说的漂白。有7%~8%的SO_3紧紧吸附在浆料中,无法洗掉。事实上,要经历过滤和洗涤,才能将偏钛酸沉淀分离出来。硫酸法生产钛白粉过程中的大部分废酸即由此产生。

为控制粒度生长,需向偏钛酸加入调节剂,如硫酸钾、磷酸钾和锌。有时还需在此步骤中进一步加入金红石晶种以促进煅烧时形成金红石TiO_2。最终用于煅烧的物料是水合TiO_2浆料,固含量为35%~50%。

(5) 煅烧

煅烧是在一个微倾的内燃式回转窑中进行。在重力作用下,水合TiO_2浆料在回转窑中缓缓前移,煅烧温度在900~1250℃。为了达到所需要生产的钛白粉类型,实际温度需要按几个等级严格控制。一般生产金红石型钛白粉所需的温度要高一些。通过煅烧环节脱去水分和除去残余的微量SO_3,同时还可以将锐钛型TiO_2转变成金红石型。

煅烧还有助于增强钛白粉产品的化学惰性和获得合适的粒度,尽管粒度的确定主要是在水解阶段。通过过程取样和对颜色、消色力及粒度的物理检测,可以对煅烧过程的严密控制起辅助作用。

经煅烧后,TiO_2经研磨破碎成烧结颗粒。其后,一些钛白粉以未包膜TiO_2初品的形式出售,用于搪瓷、焊条等需要初级产品的应用地方。几乎所有的钛白粉厂均要进行表面处理,即后处理。

3. 氯化法生产工艺

氯化法技术的主要步骤为:用氯气在还原气氛下氯化钛原料,将生成的四氯化钛冷凝、精馏提纯,最后将四氯化钛氧化生成TiO_2。

(1) 氯化

在氯化法生产钛白粉工艺中首先要生产四氯化钛($TiCl_4$)。其生产是用钛原料与烧结的石油焦饼和经预热的氯气混合,并在800~1000℃的温度下进行反应。通常的氯化反应器采用流化床反应器,也有其他的一些反应器。

石油焦中的炭在氯化反应中的主要作用是移走钛矿中的氧,所以应尽可能减少与金属反应的氯含量。

目前有部分公司具有使用钛精矿和高钛渣或金红石或板钛矿混合进料的技术与商业生产的能力。其进料的矿 TiO_2 的含量可达 60%,其目的是降低原料的生产成本。其他的氯化公司采用掺和原料量不能低于 85% 的 TiO_2 含量,并且要求具有低 MgO、CaO 含量的天然金红石、人造金红石、钛渣。在氯化时,Ca、Mg 含量太高,形成的液体氯化物如 $MgCl_2$,$CaCl_2$ 会堵塞流化床,造成生产不正常及停产。

气体从反应器出来,经过袋滤分离灰尘,温度维持在 200℃,再经过冷凝器分离掉主要的 $FeCl_3$。假如采用钛精矿与板钛矿掺和进料,此间分离的 $FeCl_3$ 量明显增多,会带来废物处理量大的问题。

(2) 精馏

利用精馏冷凝并提纯 TiO_2 气体。该气体从氯化反应器出来后,通过可调喷雾冷却和冷凝。其目的是使气体温度降到 136℃,刚好是 $TiCl_4$ 的沸点,在此条件下 $FeCl_2$、$MnCl_2$、$CaCl_2$、$MgCl_2$ 以固体的形式被分离掉,并得以移出。

经冷凝分离出大部分固体杂质后的 $TiCl_4$ 气体仍旧含有许多与其沸点相类似的杂质,如 $SnCl_4$、$SiCl_4$、$FeCl_3$、$MnCl_2$ 和 $VOCl_3$ 等,减少这些杂质含量是氯化钛白粉操作的关键目的之一。

分离 $VOCl_3$ 是通过用亚铁或矿物油的络合方式进行。用 H_2S 在 90℃ 处理含杂质的 $TiCl_4$,把 $VOCl_3$ 还原成 $VOCl_2$,然后以硫化物的铁、钒沉淀分离,将 $AlCl_3$ 转化成络合盐而分离掉。

(3) 氧化

将 $TiCl_4$ 与空气或氧气进行氧化反应,生成纯的 TiO_2 和氯气。氧化反应控制产品的细度及质量是关键。

氯气与四氯化钛在所使用的氧化温度条件下腐蚀性极强。通常的反应器都是采用不锈钢衬耐火材料做成。氧化反应热不能维持足够的反应温度,必须提供辅助热量,通常的做法有:① $TiCl_4$ 和氧气/空气以及少量蒸气混合,分别预热到所需的温度,并分别进入反应器;②通过燃烧 CO 成 CO_2 以提供辅助热;③氧气通过电火花进行加热。

从滤器中分离出的 TiO_2 含有大量的吸附氯,需通过加热移除,最常用的方法为蒸汽处理法,氯被洗出并转化成盐酸,再进一步处理是用含 0.1% 硼酸的蒸汽除掉微量的氯和盐酸得到 TiO_2。

4. 钛白粉的后期加工及工艺发展

(1) 钛白粉的后期加工

无论是硫酸法煅烧,还是氯化法氧化,所产出的钛白粉都是纯度十分高的产品,但用作颜料、填料时并不使用这种产品,通常根据不同的市场用途如涂料、塑料和造纸来进行后处理。其目的是改善其应用性能:一,提高钛白粉的耐候性;二,提高钛白粉在不同介质溶剂、塑料、水溶性乳胶中的分散性;三,提高钛白粉的润湿性;四,提高钛白粉的遮盖力及光泽。

后期处理主要有湿磨、无机包膜、洗涤、干燥、气流磨及有机包膜和产品包装等工序。

① 湿磨

硫酸法生产中经砖窑煅烧后获得的 TiO_2,或氯化法生产中经氧化后获得的 TiO_2,在无机或有机分散剂的存在下进行湿磨。其湿磨设备主要采用介质磨,有球磨机、珠磨机、砂磨机、重介质磨等。将 TiO_2 聚集粒子尽量磨细解聚为原级粒子,以利于进行无机包膜。此工艺在 20 世纪 90 年代开始大量使用,其关键是可获得更好包膜处理、颜料性能更加突出的钛白粉。

② 无机物包膜与干燥

经湿磨解聚后的 TiO_2 需要进行无机物包膜,以屏蔽紫外光,提高钛白粉的耐候性。常用的无机包膜剂有硅、铝的氧化物及水合氢氧化物。硅、铝包膜提高了钛白粉的耐候性能,但却影响了应用时的光泽。因此，近年来已采用锆进行混合包膜，达到高耐候、高光泽的颜料应用性能。

③ 有机包膜与气流粉碎

气流粉碎的目的是得到窄粒度范围和优良颜料性能的钛白粉而进行的最后一道工序。目前采用的粉碎机多数为扁平式气流粉碎机，其气源为 16kg 的过热蒸汽，并根据产品用途加入一定的有机包膜剂。其目的有两个：一是由于粉碎后的钛白粉表面能较高，容易重新团聚，需要中和其能量（或称为表面电位），也可起到助磨效果；二是改变钛白粉的表面物理化学性能，以使其应用在涂料、塑料等物质时有更好的匹配性及相容性。

（2）钛白粉最新生产工艺

2002 年 4 月 23 日，美国俄特尔纳米材料公司（Altair Nanomaterials Inc.）申请了发明专利。该工艺既不是硫酸法生产工艺，又不是氯化法生产工艺，确切来说是盐酸法生产工艺，其工艺流程是：用盐酸浸取钛铁矿，分离不溶的残渣。浸取液将高价铁还原为低价铁，冷却结晶出氯化亚铁，并分离氯化亚铁；对分离出氯化亚铁后的含钛浸取液进行第一次溶剂萃取，萃取相为含钛和高铁溶液，萃余相为含亚铁的水溶液，返回工艺用于再生盐酸，并回到浸取工序；对含钛的萃取相进行第二次萃取，萃取相为含钛的水溶液，萃余相为含高铁的水溶液，返回盐酸再生工序；对经过萃取提纯后的氯化钛溶液进行水解，最佳的水解方法是喷雾加热水解，得到偏钛酸，气相的盐酸和水返回盐酸再生系统。水解后的偏钛酸进行煅烧、湿磨、无机包膜、过滤洗涤、干燥、汽粉和包装。该工艺可生产纳米钛白粉、锐钛型和金红石型钛白粉。再对冷却结晶过程中分离出的氯化亚铁进行热解便得到氧化铁固体、氯化氢气体和水蒸气，并返回开始的浸取工序。其特征是盐酸循环使用，副产品只产生氧化铁渣。

该公司为美国纳斯达克上市公司，1999 年从总部设在澳大利亚的 BHP 公司购买新工艺技术和试验装置，为加强新工艺的开发，2001 年将参与研究的 15 位科学家聘请到俄特尔继续进行新钛白工艺研究，2002 年第一个专利在美国批准。外界评价：20 世纪前十年是克洛朗斯硫酸法的时代，20 世纪 50 年代是杜邦氯化法的年代，21 世纪是俄特尔盐酸法的时代。

陶瓷色料行业的钛白粉用量是十分惊人的。以笔者以前所在公司保守计算，一年的用量在 400t 以上，而且大多数厂家使用的产品含量都在 98% 左右，也有部分厂家利用部分钛铁矿来代替钛白粉的生产，但是效果并不理想。目前，进口的高含量钛矿（96%）的价格在 4000 元/t 左右，而 98% 含量的钛白粉价格在 10000 元/t 左右。通过借鉴钛白粉生产工艺中的一些原料处理技术对原矿进行处理，将矿物按照色料产品配方直接混合后进行煅烧就能生产出合格的橘黄产品，可以产生很好的社会效益和经济效益。

2.3.2 电熔氧化锆在锆系列陶瓷颜料中的应用

自然界的氧化锆矿物原料主要有斜锆石和锆英石。锆英石是火成岩深层矿物，颜色有淡黄、棕黄、黄绿等，相对密度 4.6~4.7，硬度 7.5，具有强烈的金属光泽，可作为陶瓷釉用原料。纯的氧化锆是一种高级耐火原料，其熔融温度约为 2900℃，它可提高釉的高温黏度和扩大黏度变化的温度范围，有较好的热稳定性，其含量为 2%~3% 时，能提高釉的抗龟裂性能。它的化学惰性大，故能提高釉的化学稳定性和耐酸碱能力，还能起到乳浊剂的作用。

在建筑陶瓷釉料中多使用硅酸锆，一般用量为 8%~12%。硅酸锆也是"釉下白"的主要原料，氧化锆为黄绿色颜料良好的助色剂，若想获得较好的钒锆黄颜料，必须选用化学法生产的质纯氧化锆。纯净的氧化锆是白色的固体，含有杂质时会显现灰色或淡黄色，添加显色剂还可显示各种其他颜色。纯氧化锆的分子量为 123.22，理论密度是 5.89g/cm^3，熔点为 2715℃。通常含有少量的氧化铪，难以分离，但是对氧化锆的性能没有明显的影响。

氧化锆有三种晶体形态：单斜、四方、立方晶相。常温下氧化锆只以单斜相出现，加热到 1100℃ 左右转变为四方相，加热到更高温度会转化为立方相。由于在单斜相向四方相转变时会产生较大的体积变化,冷却时又会向相反的方向发生较大的体积变化,容易造成产品的开裂,限制了纯氧化锆在高温领域的应用。但是添加稳定剂以后,四方相可以在常温下稳定,因此在加热后不会发生体积突变,大大拓展了氧化锆的应用范围。

1. 电熔氧化锆的生产工艺及应用

(1) 电熔锆的生产工艺

氧化锆按照生产工艺的不同,大致可分为化学法氧化锆和电熔法氧化锆。化学法氧化锆是氯碱分解后经过化学反应工艺生产出来的,电熔法氧化锆由电弧炉熔炼的物理方法生产出来。由于采用电弧炉熔炼法生产的电熔氧化锆具有生产成本低、产品性能稳定、适应工业化生产等优点,电熔氧化锆被广泛应用于电子、冶金、机械、化工等领域。

电熔氧化锆的主要生产原材料以优质锆英砂为主,以碳为还原剂,加入少量的催化剂或者稳定剂,如氧化钇或碳酸钙等。根据氧化锆和二氧化硅熔点的不同,在电弧炉的高温下溶解形成液相,使锆英石发生分解还原反应,最后生成氧化锆和硅微粉,氧化锆经压缩空气喷吹成球状,再经过后期粉碎工艺加工处理,分级包装后入库。电熔氧化锆包括单斜电熔氧化锆和半稳定型氧化锆,其组成和物理性能见表2-61。单斜电熔氧化锆的晶型为单斜型,半稳定型氧化锆晶型为单斜、四方和立方三种晶型混合存在。

表2-61 电熔氧化锆化学组分及物理性能

	ZrO_2(%)	Fe_2O_3(%)	TiO_2(%)	CaO(%)	半稳定率(%)	真密度(g/cm^3)	体密度(g/cm^3)
单斜锆	99	0.03	0.19	—	—	5.6	2.3
半稳定锆	95	0.05	0.20	3.8	75~80	5.6	2.8

(2) 电熔锆生产企业及行业状况

目前,世界上生产电熔氧化锆的知名企业主要有ASTRON、AFM、SEPR等。国内主要有辽宁营口阿斯创公司、蚌埠新材料科技有限责任公司,此外,还有福建三祥冶金有限公司。2006年6月,电熔氧化锆的行业标准在中国硅酸盐学会陶瓷分会色釉料暨原辅材料专业委员会第一届第四次全体会议上基本达到一致。

2. 电熔氧化锆在陶瓷色釉行业的应用

(1) 锆基色料的特点

在陶瓷工业,卫生陶瓷、餐具、地砖与墙砖生产都需要带色釉料,这些釉料可耐高温煅烧加工。氧化锆可用于制备以下颜料,如镨黄、钒蓝以及锆铁红。自20世纪以来,陶瓷釉用色料总体进展不大,但锆基色料的研究、开发及应用几乎席卷了除黑色以外的所有颜色领域,其影响之深是过去的传统色料远远不及的。钒锆蓝最早是1949年由美国的克雷伦斯·斯布莱特首先合成出来,镨黄则是由日本学者在1952年首先合成出来。

在陶瓷色料中,锆基色料具有以下特点:一,锆基色料在高温条件下不易与釉料反应,不放出气体,抗腐蚀,高温条件下在釉中溶解小,色彩稳定;二,混溶性好,不同颜色之间可以按照任意比例在釉料中混合使用,可以调试出很多色彩丰富的调和色,应用范围广泛;三,色泽纯正,锆系色料受烧成气氛、基础釉料成分影响较小,对釉料适应性强,色料饱和度好,发色鲜艳。

(2) 常见锆基陶瓷色料及其用途

锆基陶瓷色料主要有钒锆蓝、锆镨黄、钒锆黄、锆铁红、锆灰等,其组成及用途见表2-62。锆基色料的合成原理是:在硅酸锆合成过程中,过渡金属和稀土金属离子进入其晶格,形成光亮稳定的色剂。

表 2-62 锆基陶瓷色料的种类和用途

色料	组成	构成矿物	用途
锆黄	Co-Cr-Zr	锆英石	色釉
	Co-Mn-Zr	锆英石 $ZrSiO_4$(Co, Ni)	釉下彩
	Co-Ni-Zr		
	Co-Ni-Zr-Si		
钒锆黄	Zr-V	斜锆石 ZrO_2(V)	色釉、釉下彩
	Zr-Ti-V	斜锆石 ZrO_2(V, Ti)	
镨黄	Zr-Si-Pr	锆英石 $ZrSiO_4$(Pr)	色釉、色坯、釉上
镉黄	Zr-Si-Cd-S	CdS 被 $ZrSiO_4$ 包裹	色釉、釉下彩
钒锆蓝	Zr-Si-V	锆英石 $ZrSiO_4$(V)	色釉、色坯
锆铁红	Zr-Si-Fe	锆英石 $ZrSiO_4$(Fe)	色釉、色坯、釉下彩

根据合成 $ZrSiO_4$ 的反应：$ZrO_2 + SiO_2 = ZrSiO_4$，从理论上来讲，基础组成中各组分的比例符合母体晶格理论组成，这样才能保证反应的完全，但在锆镨黄色料生产中，锆英石的理论化学组成 ZrO_2：$SiO_2 = 0.673 : 0.327$，实际上生产中大多数选择 ZrO_2：$SiO_2 = 6 : 4$，即 SiO_2 稍微过量，这样操作主要从以下方面考虑：①合成过程中加入的矿化剂 NaF 等易与熔点较低的 SiO_2 形成共熔液相，消耗一定量的 SiO_2；②石英的市场价格低廉，过量可以保证 ZrO_2 完全反应生成锆英石。

钒锆蓝的着色是同等克分子数的 ZrO_2 和 SiO_2 在加入 V_2O_5 时合成的。一般认为，ZrO_2 和 SiO_2 借助于矿化剂在低温下合成，同时使五价钒还原成四价钒而进入硅酸锆晶格中。四价钒离子固溶在 $Zr-SiO_4$ 中并发出蓝色。在反应中，矿化剂先与 V_2O_5 发生反应生成低温共熔物，然后与 SiO_2 反应把五价钒还原成四价钒，最后才与 ZrO_2 和 SiO_2 反应生成固熔有四价钒离子的锆英石。

(3) 氧化锆在陶瓷釉料中的应用

在建筑陶瓷的釉料配方中，主要通过锆英砂或硅酸锆来代替氧化锆。氧化锆在釉料中主要以乳浊剂的形式出现，古时候已经知道氧化锡有乳浊作用，出于成本考虑，目前一般都是加入锆英砂或者硅酸锆，如在锆白熔块的生产中，氧化锆的含量通常在 10% 左右浮动。在高白抛光砖的生产中也经常会通过加入硅酸锆来提高坯体的白度。

氧化锆不仅有乳浊的效果，还能增大抗釉面龟裂性及釉面硬度。加入量以锆英砂 8%~12%、氧化锆或硅酸锆 6% 以上为佳。特别是在瓷器釉料中加入氧化锆或锆英砂，可显著地提高白度和抗磨性。

(4) 化学锆在锆铁红和钒锆黄中的应用

氧化锆工业产品中主要有两大类产品，按照生产工艺划分为电熔锆和化学锆。化学锆外观为白色晶体状，产品杂质较电熔锆少，具有耐高温、耐腐蚀、高介电常数、低热膨胀系数和导热系数的特性，技术参数为：$ZrO_2 \geqslant 99.5\%$，$SiO_2 \leqslant 0.025\%$，$Fe_2O_3 \leqslant 0.01\%$，$TiO_2 \leqslant 0.01\%$。

在陶瓷色料锆铁红和钒锆黄的生产中，化学锆生产出来的产品比电熔锆明显，发色更鲜艳，而且高温稳定性能更好。出于成本上的考虑，部分厂家通常都是两种氧化锆搭配着使用。钒锆黄产品是通过钒黏附在锆晶体的六角形边缘上，而不是包裹类型的结构，因此，提高氧化锆的表面活性是提高钒锆黄产品性能的唯一途径。化学法生产的氧化锆由于纯度高、表面活性好，非常适合钒锆黄的生产，通过优化配方和控制球磨工艺，使用化学锆可以生产出高质量的钒锆黄产品。

另外，在锆镨黄的生产中，化学锆生产的产品具有不可代替性，其在仿古砖釉料中的发色性能明显优于电熔锆产品，高温稳定性非常好，黄度值至少比电熔锆产品高 10%。

(5) 电熔锆在其他行业的应用

① 耐火材料与铸造

电熔氧化锆在耐火材料市场的应用主要有两个。

第一，在钢铁行业中用来做铸钢耐火材料，特别是生产静压成形产品等。这些产品主要用于中间流槽、钢包出液口和浸入式喷嘴。另外，滑动挡板也要用到氧化锆，特别是用于最高温度中心区域内。生产配方中加入部分稳定剂如氧化钙和氧化镁，不过，通常生产中多加入价格便宜的碳酸钙。

第二，市场应用是特种玻璃行业用电熔浇注法生产的（氧化铝-氧化锆-氧化硅 AZS）耐火材料。氧化锆赋予了熔融玻璃良好的抗高温和抗腐蚀性能。由于不出现反应区，所以玻璃内不会产生碎石。铝锆硅（AZS）耐火材料以氧化锆含量来分级，这种分级通过产品中的氧化锆含量的高低来决定产品的抗腐蚀性能。通常锆含量越高抗腐蚀性能越好。一般该行业生产的产品配方中锆石的含量为：33%锆石、37%锆石和41%锆石。有时也加入带有单斜晶氧化锆的锆石砂添加到炉中，以调整氧化锆含量。

② 熔模铸造

对电熔氧化锆而言，这是另一个主要应用市场。特制品铸造，如航空航天发动机，采用氧化锆作为模型涂层，包括产品涡轮发动桨片和高尔夫球棒等。锆英石因其能够与热金属合金形成固合物，从而保护模具不受热震动影响，而在熔模铸造中得以应用。

③ 研磨材料

在陶瓷行业中所使用的抛光工具如砂轮片，同时还有在石材切割中使用的非金属刀片类产品，都用到氧化锆。其产品配方中将氧化锆与氧化铝按照一定比例混合制成粗研磨颗粒，经过热工艺处理后制作成研磨轮或者涂敷在研磨工具表面，可应用于打磨钢铁及金属合金。

④ 高级陶瓷及特制品

对于稳定型氧化锆来说，电子部件焙烧调节板是其一个主要市场。稳定氧化锆还可用于氧传感器和燃料电池隔板，因为它具有使氧离子在高温条件下在晶体结构中自由移动的独特能力，这种高度离子传导力（以及低变电子传导力）使它成为最佳的电气陶瓷材料之一。在这些市场上，化学级氧化锆的应用常常多于电熔氧化锆。其他特制品市场，还包括抽吸泵和高价值部件、特种工具零件以及刹车片衬。宝石市场也采用全稳定立方晶相氧化钇稳定氧化锆，在珠宝业中以廉价替代品替代钻品。

目前，市场上对滚筒印花和仿古砖的接受度较高，以至于行业内的人士都说近年的锆系色料非常好卖。除了市场流行浅色系列的仿古和瓷片类产品外，锆系色料的稳定性、发色鲜艳饱和度好等都是其受市场欢迎的因素之一。

近期，国家加大了对稀土类元素的出口管理，导致稀土类如氧化镨的价格从之前的 7 万元/t 涨到 22 万元/t，相信锆基系列的镨黄类产品将加快涨价的步伐。对于国内的色釉料行业来说，既是机遇也是挑战，国家稀有资源回归理性价值，盲目压低价格贱卖出口的行业行为也该反省一下。

2.3.3 氧化铬绿在尖晶石结构色料中的应用

氧化铬绿又称三氧化二铬、氧化铬，分子量 151.99，属于细六方晶系，粉末为绿色；密度为 5.21g/cm³，莫氏硬度 8.5～9，接近刚玉（Al_2O_3），仅次于金刚石，而超过石英（SiO_2）、黄玉 [$Al_2(F,OH)_2SiO_4$]；其折射率为 2.5（遮盖率好），比热容（20℃）为 0.17J/(g·K)。氧化铬绿不溶于水、酸及有机溶剂，稍溶于浓氢氧化钠溶液，溶于热的溴酸钠溶液、热的浓高氯酸溶液或沸腾的硫磷混酸；对光、大气及腐蚀性气体（H_2S、SO_2 等）极稳定，耐候性优良；遇热稳定，熔点 2265℃，沸点 3000℃，是优质的耐火材料。市场中常见的氧化铬绿呈现出亮绿色至深绿色，有金属光泽，具有磁性，遮盖力强，耐高温，耐日晒，不溶于水，难溶于酸，在大气中比较稳定，对一般浓度的酸、碱及二氧化硫气体无影响，具有突出的颜料品质和坚牢度。

陶瓷行业对氧化铬绿的使用量十分惊人，据不完全统计，每年应用于陶瓷相关配套企业的氧化铬绿市场需求量在 20 万～30 万 t，基本上只要是陶瓷企业都直接或间接地使用氧化铬绿。特别是与陶瓷企业相配套的颜料厂家所使用的化工材料中，氧化铬绿占有相当大的比例，而且氧化铬绿的市场价格近两年来也是在逐步上升，从 2008 年的 20000 元/t 左右一直涨到目前的 30000 元/t，并在这个数值上下浮动。除了原材料等加工成本的增加，另外一个很重要的原因就是国家从去年开始，对氧化铬绿企业开始进行环保整顿，特别是之前河南地区发生严重的铬渣污染事件，引发了社会对铬盐生产企业环境保护的进一步关注。

1. 氧化铬绿的生产工艺

目前，氧化铬绿的生产工艺有很多种，但是工业上常用的有：氢氧化铬法、硫酸铵-红矾钠热分解法、铬酐直接热分解法。目前，美、英、德等国生产氧化铬绿的基本方法为硫酸铵-红矾钠热分解法，采用该工艺的国外铬盐厂家制取氧化铬产量最大、质量最好、品种最多。其优点是生产工艺比液相还原法简单，成本低于铬酐分解法，适应性广（可制颜料、研磨剂、耐火材料及冶金级氧化铬），适用于回转窑的大规模生产，生产过程中基本不产生有害气体。因而取代了早期的红矾钠-氯化铵热分解法（氯化铵易挥发损失）。商品氧化铬绿大部分由红矾钠直接或间接制得，其产量大约占红矾钠消费量的 20%。

铬酐（CrO_3）直接热分解法：即在 900℃ 以上高温条件下对铬酐进行热处理。近年来，我国用此法制氧化铬发展极快。铬酐的热分解过程比较复杂，随温度升高，铬酐将分解为 4 种铬氧化物。由于铬酐约 200℃ 熔融并开始分解，析出氧及氧化铬，所以随着温度升高，氧化铬晶体得以在铬酐溶液中逐渐形成和长大，这种方法长成的晶体缺陷较少，能保持氧化铬单晶的许多优异性能，而且产品质量高，所以广为采用。研究表明，当温度升高到 470℃ 时已有 Cr_2O_3 生成，至 550℃ 时已完全转化为 Cr_2O_3。但在试验过程中发现，实际分解的温度高于该温度。

据有关资料报道，在以铬酸钠为原料，用硫酸铵分解法制取 Cr_2O_3 时，添加硼酸可改善产品的色光性能。$(NH_4)_2Cr_2O_7$ 加热至 170℃ 时，分解为松散的绿色 Cr_2O_3、N_2 和 H_2O，同时放热。试验表明，N_2 的产生不能改善产品的分散性能，但在反应过程中会使样品变得更疏松。若将铬酐进行预处理，生产得到的颜料性能会有所提高，在 1200℃ 下烧成 30min，得到的氧化铬比表面积为 $1.48m^2/g$，而只用铬酐热分解法制得的产品比表面积仅为 $0.78m^2/g$，也可用氨水溶液处理铬酐，使比值保持为 $NH_3/CrO_3 \geqslant 0.1$，含 $H_2O > 3\%$。例如将 99.8% 的铬酐 100 份，分别用氨水溶液 136 份、102 份、68 份、34 份和 6.8 份进行处理，使 NH_3/Cr_2O_3 比值分别为 2.0、1.5、1.0、0.5 和 0.1，在 200℃ 下加热 30min，得到的氧化铬比表面积分别为 $2.76m^2/g$、$2.64m^2/g$、$2.54m^2/g$、$1.98m^2/g$ 和 $1.4m^2/g$，而未处理过的铬酐，热分解后的氧化铬比表面积仅 $1.14m^2/g$。铬酐水溶液与乙醇混合，98℃ 处理 8h，冷却、过滤、干燥，将得到黑色氧化铬胶磨至直径 $\leqslant 1\mu m$ 后，在 700℃ 下烧 3h，得到粒状的氧化铬，分散性能好，比表面积 $23.5m^2/g$，密度 $5.21g/cm^3$。铬酐热分解法还用于制备价态大于 4 而小于 6 的氧化铬，如 Cr_2O_5 及 Cr_3O_8。与制备 Cr_2O_3 不同之处在于升温速度很慢，最高温度仅 254℃（制备 Cr_2O_8）或 370℃（制备 Cr_2O_5）。这些黑色粉状物是制造磁性记录材料 CrO_2 的中间体。

2. 氧化铬绿在陶瓷行业的应用

陶瓷墙地砖生产企业一般很少直接使用氧化铬绿，通常都是在所使用的陶瓷颜料中添加氧化铬绿。列入常见的含铬绿的陶瓷色料品种有：孔雀蓝、孔雀绿、海军蓝、海军绿、草绿、黑色、咖啡色、橘黄、米黄、红棕、金黄等，基本上大部分的陶瓷颜料都含有铬绿成分，当然锆系产品例外。

（1）氧化铬绿在黑色颜料中的应用

陶瓷色料中的黑色系列产品可以划分为坯用和釉用两大部分。黑色尖晶石类型色料的结构非常紧密，在釉中的溶解度很小，因而能抵抗高温并且色泽鲜艳。通常认为，在氧化气氛烧成条件下，1000℃ 时形成的 $NiO\text{-}Cr_2O_3$ 发青绿色调、$NiO\text{-}Fe_2O_3$ 发黑色带红调及 $Co\text{-}Fe_2O_3$ 发蓝黑色，通过复合着色而呈现较纯正的黑色。同时，$CuO\text{-}Fe_2O_3$ 在釉中也能呈现出蓝黑色。因此，当配方中含有少量氧化铜时可以起到助色和调节色调的作用。

无论是在哪种母体中使用，黑色颜料中的主要成分都是氧化铁和氧化铬绿，以坯体的黑色为例，当配方中的氧化铁红和氧化铬绿各占一半时，经过高温煅烧后呈现出比较纯色的蓝调黑色。通过以下试验可以看出氧化铬绿在黑色中的助色作用，见表2-63。其中，配方占粉泥的比例为3%（质量分数），色料煅烧温度为1180℃。

表2-63 不同铬绿含量的坯体黑色颜料配方的发色情况

编号	铁红	氧化铬绿	矿化剂	L	a	b
1	50	50	2	21.74	−0.36	−4.04
2	60	40	2	19.99	−0.22	−3.90
3	70	30	2	24.55	+0.36	−1.24
4	80	20	2	29.13	+1.07	−0.23

注：配方中铁红使用的是江门某厂型号120，铬绿为河北某厂型号为B02高温型。

以上试验可以看出，随着配方中氧化铬绿的增加，色料的发色饱和度也在逐渐增强，同时色调往蓝色方向走。

目前市场上的铬绿生产厂家也较多，有的厂家以使用温度来区分型号，也有按照产品的含量来分等级。在釉用黑色颜料的对比试验中，在保证配方一致和铬绿含量相同的前提下，发现各厂家同规格产品的差别不是很大，主要是对产品的色调有些许影响。

需要说明的是，铬绿进厂检测时除了带入生产配方煅烧外，还可以通过直接打坯用板来评判其好坏。一般外观发青色且暗的适用于坯体黑料的生产，而外观发色较青且带有黄调的适用于釉用黑料的生产。表2-64为各厂家同等含量的铬绿对比试验的结果。表2-65为所采用的熔块化学组成。其中，配方占粉泥的比例为3%（质量分数），色料煅烧温度为1180℃。

表2-64 各厂家同等含量的铬绿对比试验

编号	厂家（产地）	DL	a	b
1	河北A	25.8	−0.9	+1.6
2	河南	25.9	−0.9	+1.3
3	河北B	26.1	−1.0	+1.5
4	湖北	25.6	−0.8	+1.4

表2-65 熔块的化学组成（质量分数，%）

组成	SiO_2	Al_2O_3	B_2O_3	CaO	MgO	K_2O	Na_2O	BaO	Li_2O	ZrO_2
熔块	50~60	8~14	8~14	2~7	1.6	2.0	2~9	2.0	1.8	1.6

注：该熔块烧成范围为1050~1100℃。

以上试验表明，在釉用黑色配方中的铬绿含量相同的情况下，对色料的发色影响不是很明显，特别是在低温釉料中没有高温亚光釉差别那么大。

（2）氧化铬绿在草绿颜料中的应用

草绿颜料的应用范围比较广，在墙地砖和瓷片中都能呈现出鲜艳的草绿色调，对釉料和坯体粉料的要求低，而且高温稳定性和化学稳定性都比较好。特别是越南、俄罗斯等国家都比较喜欢色调较深且饱满的颜色。因此，草绿颜料在出口方面比国内市场消费量和接受程度都要好。氧化铬绿在草绿色料中作为主要的发色剂成分，草绿色料的饱和度和色调都跟铬绿的晶型和纯度有很大的关系，见表2-66中的对比试验，其中，色料的煅烧温度为1250℃。所用的亚光釉料成分见表2-67，配方占粉泥的比例为3%

（质量分数）。

表 2-66　氧化铬绿对草绿颜料的发色影响

编号	氧化铝	氧化铬绿	矿化剂	L	a	b
1	20	80	5	34.12	−5.93	+13.82
2	30	70	5	36.13	−6.07	+16.18
3	40	60	5	38.89	−7.89	+18.88
4	50	50	5	40.73	−8.05	+23.81

注：试验中所使用的铬绿为河北某厂 B03 型号，氧化铝为澳大利亚进口超细铝粉。

表 2-67　亚光釉料的化学成分

组成	钾长石	石英粉	方解石	烧滑石	黑泥	锆英粉	氧化铝	烧成温度（℃）
熔块	38	6	15	18	8	10	6	1150～1180

以上对比试验表明，氧化铬在草绿色料中起到关键作用，对于发色和色调的方向都有直接关系。配方中氧化铬绿比例越高，色料的饱和度越好，色调越倾向于青绿调。当配方中的氧化铬绿含量不断降低时，氧化铝比例的上升直接使草绿色料往黄绿色调方向走，并且色料在釉料中的发色饱和度明显降低。

(3) 氧化铬绿在孔雀蓝颜料中的应用

孔雀蓝和孔雀绿等含有氧化钴的蓝绿色料都会添加氧化铬绿作为色调调配剂来使用，氧化钴作为发色剂来说，发色强度非常好，而且色调也强烈偏向于蓝紫色调。孔雀蓝等色料目前来说主要应用在瓷片中，部分琉璃瓦厂家都十分喜欢这种色调的颜料。当然，在坯体中孔雀蓝或者孔雀绿的发色强度还是可以的，高温稳定性和发色都非常稳定。以下试验是氧化铬绿对孔雀蓝色料的发色影响，见表 2-68。其中，配方占粉泥的比例为 3%（质量分数），色料煅烧温度为 1280℃。所采用熔块的化学组成见表 2-69。

表 2-68　不同含量的氧化铬绿对孔雀蓝色料的影响

编号	氧化钴	氧化铬	氧化锌	氧化铝	L	a	b
1	15	15	15	30	22.12	−13.93	+10.82
2	15	25	15	30	25.13	−15.07	+3.18
3	15	35	15	30	23.46	−17.89	−1.11
4	15	45	15	30	21.40	−17.45	+2.53

表 2-69　熔块的化学组成（质量分数，%）

组成	SiO_2	Al_2O_3	B_2O_3	CaO	MgO	K_2O	Na_2O	BaO	Li_2O	ZrO_2
熔块	55	12	6～14	5～7	3～6	2	2～5	5	2	8

注：该熔块烧成范围为 1080～1150℃。

以上试验表明，随着配方中氧化铬绿的增加，色料的发色饱和度没有明显改变，只是在氧化铬绿增加的前提下，孔雀蓝颜料的发色倾向于绿调和色料变得偏暗。氧化铬绿增加到 30% 含量以上时，色料基本上倾向于孔雀绿色料，因此，在实际生产中两种色料的色调转换，只需要调配配方中的氧化铬绿的含量就可以了。

(4) 氧化铬绿在其他行业的应用

氧化铬绿作为一种重要的化工原材料被广泛应用在冶金、陶瓷颜料、皮革的研磨抛光等许多工业生产方面。特别是在陶瓷色料行业，氧化铬作为一种主要的发色和助色添加剂被广泛使用在大部分陶瓷颜料当中。氧化铬绿的市场价格在 2008 年之后一直处于上升阶段，从之前的 20000 元/t 左右涨至目前的 30000 元/t 左右，部分生产厂家还在继续扩大产能。

与此相关的铬盐生产企业的污染排放，以及铬渣的后期处理所引起的环境污染问题也应该值得大家关注。对陶瓷行业的广大技术人员来说，可以考虑从技术角度探索一下铬渣的处理工艺和在陶瓷色料中的二次应用以及在生产中如何减少二次铬污染的发生，这些都十分有必要。图 2-29 显示的是近年来氧化铬相关产品的价格走势。

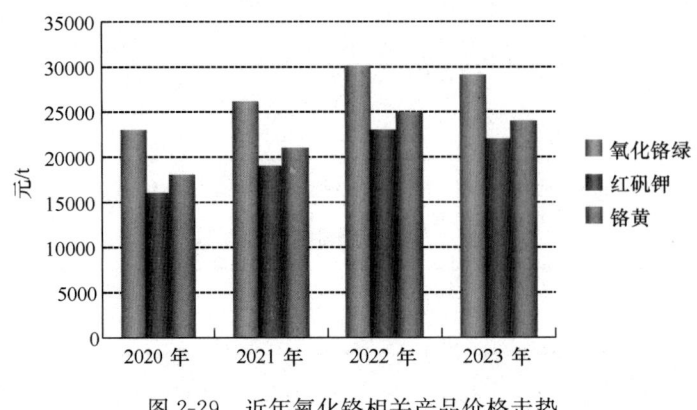

图 2-29 近年氧化铬相关产品价格走势

2.3.4 氧化铁红在陶瓷釉用色料中的应用

氧化铁红的分子式为 Fe_2O_3，分子量 159.69，分天然和人造的两种。天然的称西红，基本上是纯粹的氧化铁，熔点为 1565℃，相对密度为 5.24。在自然界以赤铁矿形式存在，具有两性，在强碱介质中有一定的还原性，可被强氧化剂氧化。三氧化二铁不溶于水，也不与水起反应。灼烧硫酸亚铁、草酸铁、氢氧化铁都可制得，它也可通过在空气中煅烧硫铁矿来制取。

由于生产方法和操作条件不同，它们的晶体结构和物理性状都有很大的差别，色泽在橙光、蓝光至紫光之间变化，遮盖力和着色力都很大。有优越的耐光、耐高温、耐腐蚀和耐候性，在浓酸中只有在加热情况下才逐渐被溶解。

1. 氧化铁红颜料的用途

氧化铁红颜料在各类混凝土中作预制件以及在建筑制品材料中作为颜料或着色剂，可直接调入水泥中应用。可用于各种室内外的彩色混凝土、各种建筑陶瓷和琉璃陶瓷如面砖、地砖、屋瓦等。氧化铁颜料适用于各种涂料着色和物质保护，包括水性内外墙涂料、粉末涂料等，还用于油性漆包括环氧、醇酸、氨基等各种底漆和面漆。

同时，氧化铁红颜料适用于塑料制品的着色，也适用于建筑、橡胶、塑料、涂料等工业，特别是铁红底漆具有防锈功能，可以代替高价的红丹漆，节约有色金属，又是高级精磨材料，使用于精密的五金仪器、光学玻璃等的抛光工序。高纯度的氧化铁红是粉末冶金的主要基料，用来冶炼各种磁性合金和其他高级合金。此外，氧化铁红颜料还可以用于各类化妆品、纸张、皮革等的着色。

2. 氧化铁红在陶瓷行业中的应用

氧化铁红颜料在陶瓷色料配方中主要以着色剂的形式引入，如釉用色料中的棕色系列、黑色系列；锆系色料中的锆铁红色料；坯体色料中的黑色、咖啡色，还有茶色，这些坯体色料都是引入氧化铁红颜料来进行着色，陶瓷琉璃瓦等彩色水泥砖中也大量使用氧化铁红原料。由此可见，氧化铁红颜料在陶瓷色料中的用量十分惊人，保守估计每年用量在 100 万 t 以上。目前，陶瓷色料使用的氧化铁红颜料的生产方法主要分为硫酸法和混酸法（硝酸法），以薄铁板为原材料进行处理加工，即可得到外观鲜红光亮的氧化铁红颜料。通常使用硝酸法工艺生产的氧化铁红产品综合指标优于硫酸法生产的产品。

(1) 氧化铁红在棕色系列产品中的应用

在陶瓷釉用色料中，棕色系列产品占据了很大的市场。特别是在瓷片和仿古砖的生产中，大量使用了金黄和红棕两大系列产品。

棕色系列产品主要是 Fe-Cr-Zn-Al 和 Fe-Cr-Zn 两种晶体结构，氧化铁红颜料主要是以着色剂的形式加入。三价的铁离子保持红色，通过和铬绿复合着色，产生金黄到黑棕的不同色调。下面做了如下试验：采用化学组成如表 2-70 所示的熔块，往熔块中加入 2% 的色料，色料的组成与其发色情况见表 2-71。由表 2-71 可知，随着配方中氧化铁红颜料的增加，色料的发色由金黄色调向红棕色色调转变，色料的暗度值也在增加。

表 2-70 试验采用熔块的化学组成（质量分数，%）

组成	SiO_2	Al_2O_3	B_2O_3	CaO	MgO	K_2O	Na_2O	BaO	Li_2O	ZrO_2
熔块	50~60	8~14	8~14	2~7	1.6	2.0	2~9	2.0	1.8	1.6

注：熔块的烧成范围为 1050~1100℃。

表 2-71 棕色颜料中氧化铁红的含量与色料发色的关系

编号	氧化铁红	氧化锌	氧化铬	RO	矿化剂	L	a	b
1	10	26	24	20	5.0	53.42	+23.80	+36.62
2	15	26	24	15	5.0	52.81	+24.22	+34.36
3	20	26	24	10	5.0	38.98	+19.13	+18.60
4	25	26	24	5	5.0	34.30	+13.13	+6.81

试验同时发现，釉面针孔也相应有所增加。这是由于随着配方中氧化铁红颜料的增加，色料中的不饱和铁离子增多，因此容易从熔块釉料的高温液相中分离出来，针孔增加的同时，发色饱和度却相应降低。从色料的外观上看，由于铁红颜料的增加，色料的烧结程度也加大，说明铁红颜料在棕色系列产品中也有降低烧成温度的作用。

(2) 氧化铁红在坯体黑色和咖啡色料中的应用

① 在坯体黑色料中的应用

在陶瓷墙地砖的生产中主要使用黑、黄、咖啡三种色料，其中陶瓷坯体黑色料占了坯体色料市场的 35% 以上，光佛山陶瓷厂家每年消费的坯体黑色就在 6 万 t 以上。氧化铁红颜料是坯体黑色料配方的主要原料，通常可达 50%~80%。不同厂家生产的氧化铁红产品有较大的色调差异，如同样是行业规格为 130 的氧化铁红产品，产地江门的产品品质相对稳定，而产地为清远的产品在耐温和色调方面则稍差一些。下面做了对比试验：将不同产地的氧化铁红 130 产品，以 3% 的量直接加入坯泥中，打饼后在 1060℃ 下煅烧，测试烧后坯泥的色度值，结果见表 2-72。

表 2-72 不同产地的 130 氧化铁红产品的发色对比

编号	产地	130 氧化铁红加入量（%）	L	a	b	高温稳定性
1	上海	3	39.88	+18.63	+5.80	一般
2	江门	3	38.73	+19.82	+4.72	较好
3	湖南	3	38.79	+19.23	+4.52	较好
4	清远	3	41.42	+15.44	+6.81	较差

试验表明，由于厂家所使用的工艺和原材料等各方面的差异，采用不同产地的氧化铁红颜料，烧成产品的发色和高温稳定性都有差别。通常外观鲜红的铁红烧出的坯体黑产品饱和度较好，外观较暗紫色的铁红烧出的产品蓝度值较高。目前市场上的 120 氧化铁红产品价格在 7000 元/t 左右，价格低于 4000

元/t 的铁红产品，一般高温稳定性不是很好，只适合生产较低档的坯体黑色产品。

② 在坯体咖啡色料中的应用

目前，市场上的坯体咖啡色料基本上都是采用铬铁矿和铁红混合煅烧生产出来的，氧化铁红颜料作为主发色成分对咖啡色调的走向起决定性作用。各种色调的咖啡色料一般是根据不同类型的铁红产品搭配进行生产的，外观呈鲜红黄的铁红产品所生产出的咖啡色料偏红黄调，而外观颜色较暗紫色的铁红产品煅烧出来的咖啡色料相对较黑。

将不同产地的氧化铁红与铬铁矿混合，外加2%矿化剂，配制成坯用咖啡色料，以3%的比例加入坯泥中，打饼后在1080℃下煅烧，测试烧后坯泥的色度值，结果见表2-73。

表 2-73 不同产地的铁红颜料的价格及其在咖啡色料中发色情况

编号	产地	铁红（%）	铬铁矿（%）	矿化剂（%）	铁红单价（元/t）	L	a	b
1	上海	70	30	2	7800	37.52	+8.63	+7.80
2	江门	70	30	2	7400	36.24	+9.84	+6.58
3	湖南	70	30	2	7400	35.89	+10.23	+5.52
4	清远	70	30	2	7300	39.42	+8.44	+8.81

试验表明，坯体咖啡色料在配方和烧成温度一致时，其色调主要由氧化铁红颜料的色调所决定。需要说明的是，不同厂家的铁红产品存在一定的温度差异，有时通过温度控制或者配方调整，也可以达到调整产品色调的目的。

(3) 氧化铁红在釉用黑色料中的应用

釉用黑色产品相对于其他的釉用色料来说成本较高，其中钴黑产品要求色调为纯正的蓝调。艳黑类产品由于不含氧化钴，成本相对钴黑略低。但市场上有些艳黑类产品，其纯黑色调可与钴黑相媲美。氧化铁红颜料在釉用黑色料中主要起到助色的作用，通常认为，在氧化气氛烧成条件下，1000℃下形成的 $NiO\text{-}Cr_2O_3$ 发青绿色调，$NiO\text{-}Fe_2O_3$ 发黑色带红调以及 $Co\text{-}Fe_2O_3$ 发蓝黑色调，通过复合着色可呈现较纯正的黑色。同时，$CuO\text{-}Fe_2O_3$ 在釉中也能呈现出蓝黑色。

目前，市场上所销售的用于陶瓷色料的铁红产品型号主要有110、130、190等。由于所采用的生产工艺不同，同一规格的产品在性能上也有很大的差别。不同型号的产品价格相差也较大，通常在3000～7000元/t之间。铁红的简易评判方法如下：

① 查看外观是否鲜艳；

② 是否耐高温；

③ 用手捏时的粘手程度。一般来说，色泽越鲜红，又非常粘手的铁红较色泽暗紫的产品要好。

由于铁红对产品的烧成温度和色调都有着较大的影响，选择用于陶瓷釉用黑色料生产的铁红时，需要根据产品的设计要求来选择，并通过煅烧生产配方来检测其是否达到要求。

下面做了各厂家的氧化铁红颜料在生料仿古釉中的对比试验，试验采用 Fe∶Cr∶Ni∶Mn＝30∶35∶30∶10 的基础配方，其中 Mn 以氧化锰形式引入。色料以3%的比例加入生料釉中（生料釉的配方组成见表2-74），配制成色料生料并在实验室电炉中烧成4h，从常温匀速升温至1250℃，恒温2h。将烧制好的色料熟料砖样板刮平，并在实验室辊道窑中于烧成温度1180℃下烧成30min，测试烧后试样的色度值，结果见表2-75。

表 2-74 生料釉的配方组成

组成	钾长石	石英粉	方解石	烧滑石	黑泥	锆英粉	氧化铝	烧成温度（℃）
含量（%）	38	6	15	18	8	10	6	1150～1180

表 2-75　不同厂家及型号的氧化铁红在生料釉中的发色情况

编号	厂家及型号	L	a	b
1	上海 130	29.0	+0.6	-0.15
2	江门 190	28.9	+0.9	-0.14
3	江背 130	28.8	+0.7	-0.15
4	江门 130	28.1	+0.6	-0.15

以上试验表明，规格为 130 的氧化铁红颜料更适合于釉用黑色料的生产，其蓝度数值优于 190 铁红。其他的如 110 铁红由于成本较高，没有进行对比试验。通常，釉用黑色产品如在高温釉料中发色较好，在低温瓷片中也有相同的发色趋势。需要特别说明的是，艳黑类产品更适合在瓷片中使用，有时在高温釉料中发色偏红、偏浅，而在低温釉料中则呈现纯正的蓝调。艳黑类的镍黑产品在生产中进行球磨加工时很容易出现"跑调"，具体表现在含镍黑色产品球磨时间越长，发色就越偏向红调，同时发色深度有时会明显降低，特别是配方中含镍越少，这种变化就越明显。钴黑类产品相对来说要稳定些，不会因为球磨时间而影响色调。

（4）氧化铁红在锆铁红产品中的应用

锆铁红色料对原材料要求高，在生产过程中，生料球磨的工艺较为复杂，烧成工艺也十分讲究。

目前，锆铁红产品的生产很少使用化学锆，一般采用普通电熔氧化锆与化学锆搭配使用。氧化铁红以着色剂的形式引入配方，其晶体形状和价态直接影响到锆铁红产品的品质。选择合适的氧化铁红颜料对生产出高性价比的锆铁红产品十分关键。

本研究做了以下对比试验：将不同厂家及型号的氧化铁红颜料以相同的配比配制成高铁红色料，并以 2% 的比例加入表 2-76 所示的熔块釉中，测试烧后试验的色度值，结果见表 2-77 所示。

表 2-76　熔块的化学组成（质量分数，%）

组成	SiO_2	Al_2O_3	B_2O_3	CaO	MgO	K_2O	Na_2O	BaO	Li_2O	ZrO_2
含量	50~60	8~14	8~14	2~7	1.6	2.0	2~9	2.0	1.8	1.6

表 2-77　不同厂家及型号的氧化铁红颜料对锆铁红色料发色的影响

编号	铁红厂家	铁红	氧化锆	石英	矿化剂	L	a	b
1	上海 110	12	55	30	10	49.88	+26.80	+22.62
2	上海 130	12	55	30	10	49.39	+27.22	+19.88
3	江门 130	12	55	30	10	60.98	+17.13	+21.60
4	湖南 130	12	55	30	10	61.48	+16.63	+23.41
5	华源 110	12	55	30	10	49.98	+26.90	+22.79
6	清远 130	12	55	30	10	61.70	+13.13	+22.81

实验室对比试验表明，适合锆铁红生产的氧化铁红颜料有上海产 130 和 110 铁红以及华源公司相同型号的铁红。其他常见的如江门、湖南、清远产的铁红颜料发色饱和度差，具体表现在釉料中没有发色或者发色非常浅。锆铁红产品的色调可以通过铁红颜料型号来进行调整，120 铁红相对较鲜红，110 铁红则呈现鲜黄调。当然，也可以通过调整铁红在配方中的含量和烧成温度以及球磨生料时间来进行控制。目前佛山市场主要就是以上 4 家的产品，特别是色料行业中基本上就是这几家产品，需要说明的是，锆铁红和珊瑚红色料必须使用华源和上海产的铁红才能生产出来。所以以上几家铁红产品基本能代表色料行业中的主流色料，至于其他铁红产品，也有但是不常见。一般而言，如从生产来说，上海的可以代表硝酸法，江门和湖南的是混酸法。更确切地说，高档铁红就是上海一品和华源的，中档的就是江

门和湖南江背用混酸法生产的铁红,其他的就相对杂些。

自 2011 年底以来,受原材料、能源和国家节能减排政策等综合因素的影响,国内氧化铁红颜料出现"量价齐升"的状况,佛山地区的氧化铁红产品整体涨幅在 15% 以上。氧化铁红颜料通常都是以着色剂的形式引入到产品配方中,因此直接影响色料产品的最终品质,选择合适的氧化铁红产品对陶瓷色料的生产十分关键,如在棕色系列产品中应选用外观鲜红黄的铁红产品,而在釉用黑色类产品中则应选择外观鲜艳呈现暗紫色调的铁红类产品,特别是在釉用锆铁红和坯体珊瑚红色料的配方设计中一定要选用硝酸法生产的氧化铁红产品。

2.3.5 铬铁矿在陶瓷坯体色料上的应用

铬元素是法国化学家福克林于 1798 年发现的。铬铁矿石于 1799 年首次发现于俄罗斯的乌拉尔山区,该矿的发现与开发成为 18 世纪世界铬铁矿的主要供应来源,那时铬主要用在化学工业上。1827 年在美国的马里兰州发现铬铁矿之后,在宾夕法尼亚州和弗吉尼亚州也相继发现了铬铁矿,从而使美国成了当时世界铬铁矿有限的供给国之一。1860 年土耳其发现了一个大铬铁矿矿床,供给国际市场。在 1906 年印度和罗得西亚(现津巴布韦)发现铬铁矿之前,土耳其一直是国际上铬铁矿供应的主要来源。到目前为止,世界上已有 40 余个国家和地区发现了铬铁矿,总储量约 5.7 亿 t,年产量超过 4000 万 t。

我国虽然在 1949 年以前在吉林、宁夏、河北等地发现过一些铬铁矿的线索,但并没有做过深入的调查和研究,全国仅知矿点有 2 个,一为吉林开山屯,另一个为宁夏小松山,前者已被日本侵略者掠夺殆尽。中华人民共和国成立以后,由于工业发展的需要,开始了铬铁矿的寻找与勘查工作。20 世纪 50 年代初东北重工业部组队赴开山屯、地质部组队进入宁夏小松山及河北高寺台、大庙一带开展了勘查工作。20 世纪 60 年代在北京密云、甘肃肃北进行了铬铁矿普查工作,最后发现了密云县放马峪铬铁矿和肃北的大道尔吉铬铁矿。但是我国铬铁矿资源的真正突破应该说是在新疆和西藏发现铬铁矿之后。新疆开展铬铁矿工作是在 20 世纪 50 年代后期,1958 年进行放射性测量时发现了萨尔托海铬铁矿,1959—1964 年又用重力、磁力和钻探方法找到了鲸鱼铬铁矿。1970 年鲸鱼矿山建成投产,这是当时唯一正规建井开拓的铬铁矿矿山。西藏铬铁矿是在 20 世纪 50 年代末、60 年代初发现的,经过多年工作,探明了最大的铬铁矿矿床——罗布莎铬铁矿,并使西藏成了铬铁矿的主要产地。

铬铁矿大量应用于陶瓷色料行业也就是最近几年的事情,过去陶瓷坯用黑色料一般都是采用铁红加氧化铬绿来生产。由于陶瓷厂家和市场需求的改变,追求高性价比的色料产品成为市场的共识,通过引进铬铁矿代替氧化铬绿来进行陶瓷坯用黑色料和咖啡色料的生产具有很好的社会效益和经济效益。

1. 铬铁矿特性及其应用

(1) 铬铁矿的特性

铬铁矿是金属铬的主要来源,也可用于高温耐火材料。铬铁矿一般呈块状或粒状的集合体。铬铁矿是铬和铁的氧化物矿物,有高碳铬铁(含碳为 4%~8%)、中碳铬铁(含碳为 0.5%~4%)、低碳铬铁(含碳 0.15%~0.50%)、微碳铬铁(含碳为 0.06%)、超微碳铬铁(含碳小于 0.03%)、金属铬、硅铬合金。铬铁矿相当坚硬,呈黑色半金属光泽。铬铁矿的化学成分为 $FeCr_2O_4$,晶体属等轴晶系的氧化物矿物,成分中的铁常可部分地被镁所置换,当以 Mg 为主时,则被称为镁铬铁矿,具有正常的尖晶石型结构。

铬具有亲氧性和亲铁性,亲氧性较强,只有在还原和硫的逸度较高的情况下才显示亲硫性。在内生作用条件下铬一般呈三价。六价 Cr 与 Al^{3+} 和 Fe^{3+} 的离子半径相接近,故它们之间可以呈广泛的类质同象。此外,可与铬类质同象代替的元素还有 Mn、Mg、Ni、Co、Zn 等,所以在镁铁硅酸盐矿物和副矿物中有铬的广泛分布。在表生带强烈氧化条件下(碱性介质),Cr^{3+} 被氧化成 Cr^{6+} 形式的铬酸根离子,使不活动的铬离子变成易溶的铬阴离子而发生迁移。遇极化性很强的离子(如 Cu、Pb 等),则形成难溶的铬酸性矿物。

(2) 铬铁矿的分类

在自然界中目前已发现的含铬矿物约50种，分别属于氧化物类、铬酸盐类和硅酸盐类。此外还有少数氢氧化物、碘酸盐、氮化物和硫化物。具有工业价值的铬矿物都属于铬尖晶石类矿物，它们的化学通式为$(Mg,Fe^{2+})(Cr,Al,Fe^{3+})_2O_4$或$(Mg,Fe^{2+})O(Cr,Al,Fe^{3+})_2O_3$，其中$Cr_2O_3$含量为18%~62%。有工业价值的铬矿物，其$Cr_2O_3$含量一般都在30%以上，其中常见的是：

① 铬铁矿化学成分为$(Mg,Fe)Cr_2O_4$，介于亚铁铬铁矿（$FeCr_2O_4$，含FeO 32.09%、Cr_2O_3 67.91%）与镁铬铁矿（$MgCr_2O_4$，含MgO 20.96%、Cr_2O_3 79.04%）之间，通常有人将亚铁铬铁矿和镁铬铁矿也称为铬铁矿。

② 富铬类晶石又称铬铁尖晶石或铝铬铁矿。化学成分为$Fe(Cr,Al)_2O_4$，其中含Cr_2O_3 32%~38%，其形态、物理性质、成因、产状及用途与铬铁矿相同。

③ 硬铬尖晶石化学成分为$(Mg,Fe)(Cr,Al)_2O_4$，含Cr_2O_3 32%~50%，其形态、物理性质、成因、产状及用途也与铬铁矿相同。

(3) 铬铁矿的地理分布和开采现状

目前，我国已查明的56个铬铁矿区分布于全国13个省、自治区、直辖市。其中以西藏为最多，保有储量425.1万t，占全国总保有储量的39.4%。其次是内蒙古，保有储量174.4万t，占16.5%；新疆保有储量为165.2万t，占15.3%；甘肃保有储量149.6万t，占13.6%。以上4个省（区）保有储量合计为914.3万t，占全国总保有储量的84.8%。北京、青海、河北、吉林、湖北、陕西、山西、四川、云南等9个省（自治区、直辖市）保有储量合计只有163.6万t，仅占全国总保有储量的15.2%。华东区目前尚未查明有铬铁矿储量。

铬铁矿的储量增长还是很快的，1957年累计探明储量只有18.1万t，到1965年增长到223.3万t，1985年为1190.7万t，至1996年则达到1314.9万t。铬铁矿资源总量为4400万t，资源潜力为3100万t。

(4) 其他行业中的应用

铬是重要的战略物资之一，由于它具有质硬、耐磨、耐高温、抗腐蚀等特性，在冶金工业、耐火材料和化学工业中得到了广泛的应用。在冶金工业中，铬铁矿主要用来生产铬铁合金和金属铬。铬铁合金作为钢的添加料可生产多种高强度、抗腐蚀、耐磨、耐高温、耐氧化的特种钢，如不锈钢、耐酸钢、耐热钢、滚珠轴承钢、弹簧钢、工具钢等。

金属铬主要用于与钴、镍、钨等元素冶炼特种合金。这些特种钢和特种合金是航空、宇航、汽车、造船以及国防工业生产枪炮、导弹、火箭、舰艇等不可缺少的材料。

在耐火材料上，铬铁矿用来制造铬砖、铬镁砖和其他特殊耐火材料。铬铁矿在化学工业上主要用来生产重铬酸钠，进而制取其他铬化合物，用于颜料、纺织、电镀、制革等工业，还可制作催化剂和触媒剂等。

2. 铬铁矿在陶瓷行业的应用及市场供需情况

(1) 铬铁矿在陶瓷黑色颜料中的应用

目前，铬铁矿在陶瓷行业中主要应用于陶瓷坯用黑色颜料的生产。在陶瓷墙地砖的生产中主要使用黑、黄、咖啡三种色调，因此，陶瓷坯用黑色颜料占坯体色料市场在35%以上。据保守估计，佛山本地陶瓷厂家每年消费的坯体黑色在6万t以上。因此，使用铬铁矿代替氧化铬绿进行坯用黑色颜料的生产十分有必要。

目前，市场中含量99%的氧化铬绿价格在38000元/t，含铬45%左右的铬铁矿价格在4000元/t左右，通过优化产品配方和选择合适的矿化剂可以生产出具有高性价比的陶瓷坯体黑色产品，详细见表2-78的试验。其中，色料含量为3%（质量分数）。

表 2-78　氧化铬绿与铬铁矿成本的对比试验

编号	铁红	铬铁矿	小料	DL	Da	Db	成本（元）
1 标准	75	25（铬绿）		24.68	0.72	−1.05	14.0
2	70	30		26.70	1.75	0.99	5.8
3	60	40	1.5	25.82	0.88	0.79	5.2
4	60	40	3.0	24.85	0.78	−0.94	7.0

以上试验数据表明，通过优化配方和选用合适的矿化剂，选用铬铁矿粉代替氧化铬绿同样可以生产出合格的坯体黑色产品。选用铬铁矿时对铬含量要求越高，生产出来的产品高温稳定性越好，同时在进行生料混合前需要严格控制铬铁矿粉的产品细度，要求 325 目筛余小于 1‰左右。

(2) 铬铁矿在陶瓷咖啡色中的应用

目前，市场上的坯体咖啡色料基本上都是采用铬铁矿和铁红混合煅烧生产出来的，较之前几年的配方有很大的改进。在 2004 年之前，大部分的坯体咖啡色产品还是采用钛-铁-铬结构类型，这种结构类型的产品能耐高温，发色中带有黄色调，但是由于铬绿和钛白粉成本较高，研发人员进行了新的配方尝试，于是发展出铁-铝-铬结构类型的咖啡色产品。随着市场对色料性价比的要求越来越高，加之色料企业之间竞争的白热化，近几年大量采用铬铁矿为原料的咖啡色产品被开发出来。这类产品具有十分明显的性价比优势。因此，采用铬铁矿生产的咖啡坯用色料被市场大量采用，开发出一系列的咖啡色地板砖。

铬铁矿应用于咖啡色料，主要分为两种：①直接将铬铁矿粉进行一定的工艺处理，煅烧后磨细就为成品；这类产品质量波动较大，会随着铬铁矿的材料变化而波动，但是价格十分便宜；②根据铬铁矿的成分进行相应的配方调整，加入氧化铁红和其他小料，进行煅烧后需要经过二次调和；这类产品发色稳定，品质可以得到保证，通常高温和化学性能都优于前者。表 2-79 为三代咖啡色料产品的结构及参数比较。

表 2-79　三代咖啡色料产品的结构及参数比较

产品代数	结构类型	色料烧成温度（℃）	优缺点	配方成本（元/kg）
第一代	钛-铁-铬	1100～1150	发色好，成本高	11.0
第二代	铁-铝-铬	1000～1100	色调不易控制	8.5
第三代	铁-铬	850～900	性价比高	5.2

(3) 铬铁矿的市场供需情况

铬铁矿主要用于不锈钢的生产。据中国特钢协会不锈钢分会公布，截至 2023 年，全球不锈钢产量有所增加，达 6000 万 t，主要增长来自中国和印度尼西亚。2023 年全球粗钢产量约 5840 万 t，较前一年增长 4.6%。其中，中国的产量显著增长，达到 3670 万 t。另外，据报道，2023 年中国的不锈钢表观消费量增长了 10.6%，达到 3108 万 t。国内高铬铬铁的主流到货成交价格为 9200～9300 元/t。

铬铁矿在陶瓷行业的应用主要始于 2007 年前后，由于技术研发人员在实验室中成功开发出以铬铁矿为主要成分的坯用黑色和咖啡色色料，并于近年开始大量进行规模化生产。据不完全统计，目前我国陶瓷色料行业每年使用铬铁矿的数量在 1.5 万～2 万 t，其中广东佛山及周边地区、江西高安地区、广西地区的陶瓷色料企业每年铬铁矿的用量超过 1 万 t。

另外，国外进口的铬铁矿产品品质一般优于国内北方矿区所生产的产品，具体表现在含铬较高，杂质相对较少，生产出来的色料产品高温稳定性也较好。国内生产的铬铁矿一般含硫较高，生产时烟雾较大，生产出来的色料产品 pH 值偏向酸性，在陶瓷泥浆中很容易产生絮凝现象，导致浆池结胶，从而影响生产和陶瓷砖坯的热稳定性。表 2-80 为铬铁矿近年在陶瓷行业的使用量和价格。

表 2-80　铬铁矿近年在陶瓷行业中的使用量和价格

年份	2018 年	2019 年	2020 年	2021 年	2022 年	2023 年
价格（元/t）	2600	3000	3200	3400	3500	3700
用量（t/年）	70000	55000	40000	30000	25000	20000

全球铬铁矿产量持续增长，2019 年为 40000 万 t，到 2023 年超过 50000 万 t。然而，当前铬铁矿市场面临着一个重要问题。2023 年，国外铬铁矿需求下降 10% 以上，主要因素是我国不断加强环保政策，铬铁矿进口量显著减少。从数据上看，2016 年我国铬铁矿进口量为 12000 万 t，而到 2020 年，这一数字仅为 1200 万 t，同比下降 90% 以上。随着国外需求下降，国内铬矿市场面临着新的机遇和挑战。在这种情况下铬铁矿企业需要加强创新，提高产品质量和附加值，寻找新的市场增长点，适应市场多元化和国际化的新趋势。

2.3.6　三氧化二锑在陶瓷行业的应用

三氧化二锑为白色立方晶体，熔点为 656℃，相对密度为 5.2；两性，且碱性强于酸性；易溶于酸；在水中的溶解度为 0.002g/100mL 水。三氧化二锑在空气中加热至 300～400℃会变黄，可得锑酸锑（Ⅲ）[Sb（Ⅲ）Sb（Ⅴ）O_4]，其相对密度为 5.82，强热时会释放出氧，成为三氧化二锑。三氧化二锑和强碱熔化，得 M_2Sb（Ⅲ）（Sb（Ⅲ）O_4）型盐（M 为一价金属）。Sb_2O_3 蒸气分子是二聚物 Sb_4O_6，高于 800℃开始离解为 Sb_2O_3，到 1800℃时几乎完全离解。

锑的氧化物有两种形式：Sb_2O_3 和 Sb_2O_5。陶瓷行业中一般应用三氧化二锑比较多一些，通常要求金属单质锑的含量在 60% 以上。低于这个含量标准的氧化锑用于钛系列产品生产时，由于所含杂质铅和砷过高，容易导致产品中间层夹生或者产生黑心。如果使用五氧化二锑时对于环境和工作场所的安全还是有一定好处的，工业级氧化锑含量 80% 以上的五氧化二锑较三氧化二锑更具有黏性，混料过程中可以减少粉尘的产生，但是五氧化二锑会在价格上略高于三氧化二锑，导致产品成本略有上升。

需要说明的是，三氧化二锑具有一定毒性，吸入后会引起上呼吸道刺激、头痛、恶心、呕吐、呼吸困难等症状；对眼睛和皮肤有刺激性。摄入后会引起胃肠道刺激、恶心、呕吐、口腔和咽喉烧伤及出现中枢神经系统抑制的现象。慢性影响还包括可致肝、肾损害。接触三氧化二锑的工人会出现血压变化及心电图异常，同时可致皮肤损害，引起皮肤干燥、皲裂，还会出现皮炎或湿疹。因此，陶瓷厂家在使用含锑产品配方时，一定要提醒和做好混料工人的防护工作。

1. 氧化锑的生产工艺

目前市场上的氧化锑产品主要来源于湖南地区，通过初步的球磨和浮选工艺，能够从铅锌矿或者是铅锑矿中提取出品位达到 60% 左右的硫化锑精矿。将硫化锑精矿进入冶炼厂进行去硫提纯工艺处理后，可以得到金属单质锑。三氧化二锑由金属锑在空气中熔化或燃烧制得。直接燃烧锑单质能得到 Sb_2O_3。Sb_2O_5 则通常由锑单质被硝酸氧化为 H[Sb(OH)$_6$]，再脱水而得。Sb_2O_3 是两性偏碱性的氧化物，难溶于水，而 Sb_2O_5 是两性偏酸性的物质，水合 Sb_2O_5 不溶于硝酸溶液，仅稍溶于水，但溶于 KOH 溶液而生成 K[Sb(OH)$_6$]（锑酸钾），锑酸钾是鉴定 Na^+ 的试剂。五氧化二锑为淡黄色粉末，难溶于水，微溶于碱生成锑酸盐，由金属单质锑或三氧化二锑与浓硝酸反应得到。

2. 氧化锑在陶瓷及其他行业中的应用

（1）氧化锑在钛黄系列色料中的应用

钛系列产品一直占据着坯体色料市场的半壁江山，特别是在稀土锆黄产品价格暴涨后，部分厂家开始逐步使用钛系列中的米黄产品来代替锆黄的使用。钛系列产品主要由钛白粉、氧化锑和铬绿组成，其中钛白粉作为载体，氧化锑为发色体。因此，氧化锑的产品含量直接影响钛黄产品的最终品质。当然，并不是说氧化锑的含量越高生产出来的钛黄就越好。

一般来说，钛黄中氧化锑的含量在3%~14%，根据氧化锑的含量可以适当调整配方，从而达到最佳的发色效果。氧化锑的含量一般要求在65%~90%，含量高的锑在产品配方中可以适当减少用量。如配方中同比例使用锑量的情况下，使用五氧化二锑时产品的发色在黄度值上有比较明显的提升。当然，铬绿也是主要的发色元素之一，但是铬绿的总量超过5%时在配方中没有很大的影响作用。表2-81及表2-82分别为两组橘黄和米黄配方中锑含量和锑用量的对比效果。该试验均将粉料压制成圆形饼进行测试，色料添加量为3%（质量分数）。表2-83为所使用坯料的化学组成。

表2-81 三氧化二锑的含量对橘黄产品的影响

编号	氧化锑含量	配方中锑用量	L	a	b	色料外观
1	60%（锑粉）	12	43.45	+14.27	+24.65	发黑，暗绿
2	70%	12	50.25	+16.36	+38.26	略带红的黄
3	85%	12	56.31	+18.27	+45.96	鲜艳的深黄
4	99.5%	12	58.72	+16.35	+40.38	鲜艳的浅黄

表2-82 三氧化二锑的含量对米黄色料的影响

编号	0级氧化锑	配方中锑用量	L	a	b	色料外观
1	99.5%	3	65.68	+15.43	+54.58	发白的浅黄
2	99.5%	5	59.43	+16.36	+43.72	浅色米黄
3	99.5%	8	60.43	+17.27	+48.09	鲜艳的深黄
4	99.5%	12	54.72	+18.35	+40.38	发红的橘黄色

表2-83 坯料的化学组成（质量分数，%）

组成	SiO_2	Al_2O_3	Fe_2O_3	CaO	MgO	K_2O	Na_2O	TiO_2	IL
坯料	69.83	20.93	0.72	0.15	0.17	2.63	0.23	0.24	5.48

以上试验表明，氧化锑的含量对橘黄色料的影响主要表现在饱和度和黄度值上，氧化锑纯度越高，色料外观越鲜艳，在粉料中的黄度值越高。作为陶瓷米黄色料来说，氧化锑用量的增减可以直接调配出米黄到橘黄色调的系列转变。

(2) 氧化锑在锑锡灰色料中的应用

锑锡灰色料通常应用在仿古砖产品中，由于氧化锑和氧化锡之间可以生成比较稳定的晶型结构，因此高温稳定性非常好，较常规的钛系列和锆系列产品更能经受高温氛围。因此在一些高温日用瓷上面也会使用到锑锡灰。当然，由于锑锡灰的色调比较复古，氧化锡的价格也在逐年上涨，目前许多色料厂家基本上不再生产锑锡灰，通常都是后期通过添加钴蓝等耐高温色料调和而成。表2-84及表2-85分别为氧化锑用量及含量对锑锡灰色料的影响，其中色料添加量为3%（质量分数）。表2-86为所采用熔块的化学组成。

表2-84 氧化锑用量对锑锡灰色料的影响

编号	0级氧化锑	配方中锑用量	L	a	b	色料外观
1	99.5%	3	55.43	−0.08	+1.12	发白的灰色
2	99.5%	6	46.78	−0.12	+1.02	浅灰色
3	99.5%	9	43.22	−0.06	−1.38	略带蓝调的灰色
4	99.5%	12	54.72	+1.02	−3.68	深色蓝灰调

表 2-85　氧化锑含量对锑锡灰色料的影响

编号	氧化锑含量	配方中锑用量	L	a	b	色料外观
1	60%	12	54.69	+0.05	+1.03	带黑的浅灰
2	70%	12	43.66	+0.04	+0.08	浅蓝灰色
3	85%	12	42.66	−0.08	−2.66	较深的蓝灰
4	99.5%	12	41.32	−1.08	−2.88	带蓝调的深灰

表 2-86　熔块的化学组成（质量分数，%）

组成	SiO_2	Al_2O_3	B_2O_3	CaO	MgO	K_2O	Na_2O	BaO	Li_2O	ZrO_2
熔块	50~60	8~14	8~14	2~7	1.6	2.0	2~9	2.0	1.8	1.6

注：该熔块烧成范围为 1050~1100℃。

以上试验表明，氧化锑的纯度对锑锡灰的影响非常明显，纯度越高的氧化锑所烧出的锑锡灰色调蓝度值就越高。增加氧化锑的用量对色料的饱和度有一定影响。但是氧化锑的用量超过 10% 时，增加氧化锑的用量对色料的饱和度影响不大。

（3）氧化锑在釉料中的应用

在陶瓷熔块配方中，部分需要用到乳浊度高的产品，需要适当加入氧化锑来提高产品的乳浊度。锑在釉料中一般为乳浊剂和着色剂的原料。值得注意的是，单独使用氧化锑不能制成有色玻璃。乳浊釉在现代陶瓷工业中包括日用陶瓷、建筑陶瓷、卫生洁具等各个方面都具有广泛的应用。乳浊釉就是在透明釉中加入乳浊剂，在釉中产生细小结晶体、气泡或熔析等现象，对光线产生散射作用，而获得的不透明的乳浊状釉面。

乳浊剂是乳浊釉中最关键的成分。在现代陶瓷工业中常用的乳浊剂主要有：硅酸锆（$ZrSiO_4$）、氧化锆（ZrO_2）、氧化钛（TiO_2）、氧化锡（SnO_2）、氧化铈（CeO_2）、五氧化二锑（Sb_2O_5）、氧化锌（ZnO）、氧化铝（Al_2O_3）、含锂矿物、含磷矿物、氟化物等。五氧化二锑（Sb_2O_5）作为陶瓷釉料乳浊剂，易于溶解，不稳定。熔块为洁白状，而面砖烧成后呈淡黄色。与 TiO_2 一样，烧成条件有较大变化时，才能像搪瓷一样使用 Sb_2O_5。

（4）氧化锑在其他行业的应用及其毒性

三氧化二锑是一种白色颜料，可用于油漆等工业，并可制成各种锑化物；作为阻燃剂可广泛用于聚乙烯、聚丙烯、聚苯乙烯、聚氯乙烯、尼龙、工程塑料（ABS）、橡胶、油漆、涂料、合成树脂、纸张等材料的阻燃；作为消泡剂可用于熔化玻璃清除气泡、在聚酯纤维中作催化剂；用于石油中重油、渣油、催化裂化、催化重整过程中作钝化剂。

三氧化二锑的毒性来源于产品所含的氧化砷（砒霜）。而三氧化二锑本身是不会出现这些问题的。由于作为阻燃剂的三氧化二锑价格近年来一直快速攀升，一些企业为了降低成本，采购一些价格低的三氧化二锑产品，这些产品的价格明显低于正品，但是这些产品并不是严格按照国家规定的标准进行生产的。不仅氧化锑的含量不能达到国家规定标准，同时，由于在生产过程中使用的是一些未经严格选矿处理的锑矿，造成产品中所含氧化砷含量过高，致使出现毒性问题。

需要说明的是，使用有毒性的氧化锑产品不仅会对直接接触的生产人员的健康有很大的危害，同时所生产出来的阻燃产品在使用过程中也会对所使用的环境造成污染，给使用单位工作人员带来健康危害。对于陶瓷色料企业来说，这个问题应给予高度重视，同时密切留意企业的对应操作人员，如果出现中毒症状，请立即采取有针对性的医疗措施，以保证工作人员的健康。

3. 展望行业的应用前景

陶瓷色釉料行业属于对有色金属矿物资源需求量很大的消耗型行业。特别是对部分稀缺的如稀土、氧化锑、氧化锆等战略性金属及其化合物消耗量大。目前国家正在逐步理清矿山资源和进行资源税的开征工作，相信有色类金属矿物价格还会继续上涨。陶瓷色釉料行业中常用的三氧化二锑（含量85%）的价格也从之前的3万/t涨至5万/t左右。

三氧化二锑在陶瓷色料行业的应用主要集中在坯体钛黄系列产品的生产上，以目前我国陶瓷坯体色料市场的钛黄系列年产量80万t计算，每年用于坯体色料市场的氧化锑用量达到6.2万t/年。作为陶瓷行业的技术科研人员来讲，应将今后的研究方向放在降低产品中的氧化锑用量，并寻找其他成本低的材料来代替或者是减少氧化锑的用量。

2.3.7 稀土元素在陶瓷行业的使用

1. 稀土元素的发现及特性

"稀土"一词是历史遗留下来的名称。稀土元素（rare earth element）是从18世纪末叶开始陆续发现，当时人们常把不溶于水的固体氧化物称为土。稀土一般是以氧化物状态分离出来的，又很稀少，因而得名为稀土（rare earth，简称RE或R）。

稀土元素的发现：从1794年芬兰人加多林（J. Gadolin）分离出钇到1947年美国人马林斯基（J. A. Marinsky）等制得钷，历时150多年。其中大部分稀土元素是欧洲的一些矿物学家、化学家、冶金学家等发现制取的。过去认为自然界中不存在钷，直到1965年，芬兰一家磷酸盐工厂在处理磷灰石时发现了痕量的钷。

稀土就是化学元素周期表中的镧系元素——镧（La）、铈（Ce）、镨（Pr）、钕（Nd）、钷（Pm）、钐（Sm）、铕（Eu）、钆（Gd）、铽（Tb）、镝（Dy）、钬（Ho）、铒（Er）、铥（Tm）、镱（Yb）、镥（Lu），以及与镧系的15个元素密切相关的两个元素——钪（Sc）和钇（Y），共17种元素，统称为稀土元素。通常把镧、铈、镨、钕、钷、钐、铕称为轻稀土元素；钆、铽、镝、钬、铒、铥、镱、镥、钇称为重稀土元素；也有的根据稀土元素物理化学性质的相似性和差异性，除钪之外（有的将钪划归稀散元素），划分成三组，即轻稀土组为镧、铈、镨、钕、钷；中稀土组为钐、铕、钆、铽、镝；重稀土组为钬、铒、铥、镱、镥、钇。其中，钷是人造放射性元素。它们都是很活泼的金属，性质极为相似，常见化合价为+3，其水合离子大多有颜色，易形成稳定的配合物。溶剂萃取和离子交换是目前分离稀土元素较好的方法。镧、铈、镨、钕等轻稀土金属，由于熔点较低，在电解过程可呈熔融状态在阴极上析出，故一般均采用电解法制取。可用氯化物和氟化物两种盐系，前者以稀土氯化物为原料加入电解槽，后者则以氧化物的形式加入。

2. 稀土元素的种类和发展方向

（1）轻稀土组元素

① 镧（La）

"镧"这个元素是1839年被命名的，当时有个叫"莫桑德"的瑞典人发现铈土中含有其他元素，他借用希腊语中"隐藏"一词把这种元素取名为"镧"。

镧的应用非常广泛，如应用于压电材料、电热材料、热电材料、磁阻材料、发光材料（兰粉）、贮氢材料、光学玻璃、激光材料、各种合金材料等。镧也被应用到制备有机化工产品的催化剂中。此外，光转换农用薄膜也用到镧，在国外，科学家把镧对作物的作用赋予"超级钙"的美称。

② 铈（Ce）

"铈"这个元素是由德国人克劳普罗斯、瑞典人乌斯伯齐力和希生格尔于1803年发现并命名的，以纪念1801年发现的小行星——谷神星。

铈的应用领域广泛，包括：目前铈正被应用到汽车尾气净化催化剂中，可有效防止大量汽车废气排到空气中,美国在这方面的消费量占稀土总消费量的三分之一;Ce:LiSAF 激光系统是美国研制出来的固体激光器,通过监测色氨酸浓度便可用于探查生物武器,还可用于医学。

③ 镨（Pr）

大约 160 年前,瑞典人莫桑德从镧中发现了一种新的元素,但它不是单一元素,莫桑德发现这种元素的性质与镧非常相似,便将其定名为"镨钕"。镨是用量较大的稀土元素,其用于玻璃、陶瓷和磁性材料中。

a. 镨被广泛应用于建筑陶瓷和日用陶瓷中,既可与陶瓷釉混合制成色釉,也可单独作釉下颜料,所制成的颜料呈淡黄色,色调纯正、淡雅。

b. 用于制造永磁体。选用廉价的镨钕金属代替纯钕金属制造永磁材料,其抗氧性能和机械性能明显提高。镨钕金属可加工成各种形状的磁体,也可广泛应用于各类电子器件和马达上。

c. 用于石油催化裂化。以镨钕富集物的形式加入 Y 型沸石分子筛中制备石油裂化催化剂,可提高催化剂的活性、选择性和稳定性。20 世纪 70 年代开始我国投入工业使用,用量不断扩大。

d. 镨还可用于磨料抛光。另外,镨在光纤领域的用途也越来越广。

④ 钕（Nd）

钕元素凭借其在稀土领域中的独特地位,多年来成为市场关注的热点。金属钕的主要应用是钕铁硼永磁材料。钕铁硼永磁体的问世,为稀土高科技领域注入了新的生机与活力。钕铁硼磁体磁能积高,被称作当代"永磁之王",以其优异的性能广泛用于电子、机械等行业。阿尔法磁谱仪的成功研制,标志着我国钕铁硼磁体的各项磁性能已跨入世界一流水平。

钕还应用于有色金属材料。在镁或铝合金中添加含量为 $1.5\%\sim2.5\%$ 的钕,可提高合金的高温性能、气密性和耐腐蚀性,广泛用作航空航天材料。另外,掺钕的钇铝石榴石可产生的短波激光束,在工业上广泛用于厚度在 10mm 以下的薄型材料的焊接和切削。

⑤ 钷（Pm）

1947 年,马林斯基（J. A. Marinsky）、格伦丹宁（L. E. Glendenin）和科里尔（C. E. Coryell）从原子能反应堆用过的铀燃料中成功地分离出 61 号元素,用希腊神话中的神名普罗米修斯（Prometheus）命名为钷（Promethium）。钷为核反应堆生产的人造放射性元素。

钷的主要用途有:可作热源,为真空探测和人造卫星提供辅助能量;^{147}Pm 放出能量低的 β 射线,用于制造钷电池,作为导弹制导仪器及钟表的电源。此种电池体积小,能连续使用数年之久。此外,钷还用于便携式 X-射线仪、制备荧光粉、度量厚度以及航标灯中。

(2) 中稀土组元素

① 钐（Sm）

钐呈浅黄色,是做钐钴系永磁体的原料,钐钴磁体是最早进行工业应用的稀土磁体。这种永磁体有 $SmCo_5$ 系和 Sm_2Co_{17} 系两类。

20 世纪 70 年代前期发明了 $SmCo_5$ 系,后期发明了 Sm_2Co_{17} 系,目前则以后者的需求为主。钐钴磁体所用的氧化钐的纯度不需太高,从成本方面考虑,主要使用纯度为 95% 左右的产品。另外,氧化钐还用于陶瓷电容器和催化剂方面。除此之外,钐还具有核性质,可用作原子能反应堆的结构材料、屏蔽材料和控制材料,使核裂变产生巨大的能量且可安全利用。

② 铕（Eu）

1901 年,德马凯（Eugene-Antole Demarcay）从"钐"中发现了新元素,取名为铕（Europium）。这大概是根据欧洲（Europe）一词命名的。

氧化铕大部分用于荧光粉。Eu^{3+} 用于红色荧光粉的激活剂,Eu^{2+} 用于蓝色荧光粉。现在的 Y_2O_2S:Eu^{3+} 是发光效率、涂敷稳定性、回收成本等最好的荧光粉,再加上对提高发光效率和对比度等技术的改进,正在被广泛应用。

③ 钆（Gd）

1880年，瑞士的马里格纳克（G. de Marignac）将"钐"分离成两个元素，其中一个由索里特证实为钐元素，另一个由波依斯包德莱研究确认。1886年，马里格纳克为了纪念钇元素的发现者、研究稀土的先驱——荷兰化学家加多林（Gado Linium），将这个新元素命名为钆。钆在现代化科技中将起重要作用，它的主要用途有：

a. 其水溶性顺磁络合物应用在医疗上可提高人体的核磁共振（NMR）成像信号。

b. 其硫氧化物可用作特殊亮度的示波管和X射线荧光屏的基质栅网。

c. 在钆镓石榴石中的钆是磁泡记忆存储器是理想的单基片。

④ 铽（Tb）

1843年，瑞典的莫桑德（Karl G. Mosander）通过对钇土的研究，发现铽元素（Terbium）。铽的应用大多涉及高技术领域，既是技术密集、知识密集型的尖端项目，又是具有显著经济效益的项目，有着诱人的发展前景。其主要应用领域有：

a. 荧光粉。用于三基色荧光粉中的绿粉的激活剂，如铽激活的磷酸盐基质、铽激活的硅酸盐基质、铽激活的铈镁铝酸盐基质，在激发状态下均发出绿色光。

b. 磁光贮存材料。近年来铽系磁光材料已达到大量生产的规模，用Tb-Fe非晶态薄膜研制而出的磁光光盘，作计算机存储元件，存储能力可提高10～15倍。

c. 磁光玻璃。含铽的法拉第旋光玻璃是制造在激光技术中广泛应用的旋转器、隔离器和环形器的关键材料。

⑤ 镝（Dy）

1886年，法国人波依斯包德莱成功地将钬分离成两个元素，一个仍称为钬，而另一个根据从钬中"难以得到"的意思取名为镝（Dysprosium）。镝的最主要用途为：

a. 作为钕铁硼系永磁体的添加剂使用，在这种磁体中添加含量为2%～3%的镝，可提高其矫顽力，过去对镝的需求量不大，但随着钕铁硼磁体需求的增加，镝成为必要的添加元素，品位必须在95%～99.9%，需求也在迅速增加。

b. 镝用作荧光粉激活剂，三价镝是一种有前途的单发光中心三基色发光材料的激活离子，它主要由两个发射带组成，一个是黄光发射，另一个是蓝光发射。掺镝的发光材料可作为三基色荧光粉。

c. 镝是制备大磁致伸缩合金铽镝铁（Terfenol）合金的必要的金属原料，能使一些机械运动的精密活动得以实现。

d. 镝金属可用作磁光存贮材料，具有较高的记录速度和读数敏感度。

（3）重稀土组元素

① 钬（Ho）

1879年，瑞典人克利夫发现了钬元素并以瑞典首都斯德哥尔摩的地名命名为钬（Holmium）。钬的应用领域目前还有待于进一步开发，用量不是很大。包钢稀土研究院采用高温高真空蒸馏提纯技术，研制出稀土杂质含量很低的高纯金属钬 $Ho/\Sigma RE>99.9\%$。目前钬的主要用途有：

a. 用作金属卤素灯添加剂，金属卤素灯是一种气体放电灯，它是在高压汞灯基础上发展起来的，其特点是在灯泡里充有各种不同的稀土卤化物。

b. 钬可以用作钇铁或钇铝石榴石的添加剂。

c. 掺钬的钇铝石榴石（Ho：YAG）可发射 $2\mu m$ 激光，人体组织对 $2\mu m$ 激光吸收率高，几乎比 Hd：YAG 高3个数量级。所以用 Ho：YAG 激光器进行医疗手术时，不但可以提高手术效率和精度，而且可使热损伤区域减至最小。

② 铒（Er）

1843年，瑞典的莫桑德发现了铒元素（Erbium）。铒的光学性质非常突出，一直是人们关注的所在。

a. Er^{3+} 在波长为 1550nm 处的光发射具有特殊意义，因为该波长正好位于光纤通信的光学纤维的最低损失外，铒离子（Er^{3+}）受到波长 980nm、1480nm 的光激发后，从基态 4I15/2 跃迁至高能态 4I13/2，当处于高能态的 Er^{3+} 再跃迁回基态时可发射出 1550nm 波长的光，石英光纤可传送各种不同波长的光，但不同的光其光衰率也不同，1550nm 频带的光在石英光纤中传输时光衰减率最低（0.15dB/km），几乎为下限极限衰减率。

b. 另外掺铒的激光晶体及其输出的 1730nm 激光和 1550nm 激光对人的眼睛安全，大气传输性能较好，对战场的硝烟穿透能力较强，保密性好，不易被敌人探测，照射军事目标的对比度较大，现已制成军事上用的对人眼安全的便携式激光测距仪。

c. Er^{3+} 加入玻璃中可制成稀土玻璃激光材料，是目前输出脉冲能量最大、输出功率最高的固体激光材料。

③ 铥（Tm）

铥元素是 1879 年瑞典的克利夫发现的，并以斯堪迪那维亚（Scandinavia）的旧名 Thule 命名为铥（Thulium）。铥的主要用途有以下几个方面：

a. 铥用作医用轻便 X 光射线源，铥在核反应堆内辐照后产生一种能发射 X 射线的同位素，可用来制造便携式血液辐照仪，这种辐射仪能使铥-169 受到高中子束的作用转变为铥-170，所放射出 X 射线照射血液并使白细胞下降，而正是这些白细胞会引起器官移植时的排斥反应，因此，白细胞下降减少器官的早期排斥反应。

b. 铥元素还可以应用于临床诊断和治疗肿瘤，因为它对肿瘤组织具有较高亲和性，重稀土比轻稀土亲合性更大，尤其以铥元素的亲合力最大。

c. 铥在 X 射线增感屏用荧光粉中用作激活剂 LaOBr：Br（蓝色），可增强光学灵敏度，因此降低了 X 射线对人的照射和危害，与以前钨酸钙增感屏相比，可降低 X 射线剂量 50%，这在医学应用方面具有重要现实的意义。

④ 镱（Yb）

1878 年，查尔斯（Jean Charles）和马利格纳克（G. de Marignac）在"铒"中发现了新的稀土元素，这个元素由伊特必（Ytterby）命名为镱（Ytterbium）。镱的主要用途有：

a. 作热屏蔽涂层材料。

b. 作磁致伸缩材料。这种材料具有超磁致伸缩性，即在磁场中膨胀的特性。

c. 用于测定压力的镱元件，经试验证明，镱元件在标定的压力范围内灵敏度高，同时为镱在压力测定应用方面开辟了一个新途径。

⑤ 镥（Lu）

1907 年，韦尔斯巴赫和尤贝恩（G. Urbain）各自进行研究，用不同的分离方法从"镱"中又发现了一个新元素，韦尔斯巴赫把这个元素取名为 Cp（Cassiopeium），尤贝恩根据巴黎的旧名 Lutece 将其命名为 Lu（Lutetium）。后来发现 Cp 和 Lu 是同一元素，便统一称为镥。

镥的主要用途有：

a. 制造某些特殊合金。例如镥铝合金可用于中子活化分析。

b. 稳定的镥核素在石油裂化、烷基化、氢化和聚合反应中可起催化作用。

c. 用作钇铁或钇铝石榴石的添加元素，改善某些性能。

⑥ 钇（Y）

1788 年，一位化学、矿物学、矿石收集的业余爱好者——瑞典军官卡尔·阿雷尼乌斯（Karl Arrhenius）在斯德哥尔摩湾外的伊特必村（Ytterby），发现了外观像沥青和煤一样的黑色矿物，按当地的地名命名为伊特必矿（Ytterbite）。1797 年，瑞典化学家埃克贝格（Anders Gustaf Ekeberg）确认了这

种"新土",命名为钇土(Yttria,钇的氧化物之意)。钇是一种用途广泛的金属,主要用途有:

a. 钢铁及有色合金的添加剂。FeCr合金通常含0.5%~4%钇,钇能够增强这些不锈钢的抗氧化性和延展性;MB26合金中添加适量的富钇混合稀土后,合金的综合性能得到明显的改善,可以替代部分中强铝合金用于飞机的受力构件上;在Al-Zr合金中加入少量富钇稀土,可提高合金导电率;该合金已为国内大多数电线厂所采用;在铜合金中加入钇,提高了导电性和机械强度。

b. 含钇6%和铝2%的氮化硅陶瓷材料,可用来研制发动机部件。

c. 用功率400 W的钕钇铝石榴石激光束来对大型构件进行钻孔、切削和焊接等机械加工。

3. 稀土元素在陶瓷色料行业的应用

(1) 稀土元素在锆系色料的应用

锆基三原色系列产品锆黄、钒蓝、锆铁红,以其较高的热、化学稳定性,着色能力强,能相互之间混合制成复合色而成为市场上最受欢迎的色料系列之一。在锆黄的生产中,主要会应用到稀土元素氧化镨,氧化镨主要在色料结构中起到发色的作用。同时可以适当加入少量的氧化铈,由于氧化铈在釉中呈现象牙黄的色调,若锆黄色料配方中加入氧化铈会使色调转向红黄调。表2-87为相同配方下加入不同含量氧化铈的对比试验结果,其中色料添加量为3%(质量分数),表2-88为所采用的熔块的化学组成。

表2-87 不同氧化铈含量对坯体发色的影响

编号	氧化锆	石英粉	氧化镨	矿化剂	氧化铈	L	a	b
1	55	30	7	10	0	78.83	−5.75	+60.68
2	55	30	7	10	0.2	78.78	−5.64	+62.12
3	55	30	7	10	0.6	80.35	−5.85	+64.32
4	55	30	7	10	1.0	84.35	−6.76	+55.60

表2-88 熔块的化学组成(质量分数,%)

组成	SiO_2	Al_2O_3	B_2O_3	CaO	MgO	K_2O	Na_2O	BaO	Li_2O	ZrO_2
含量	50~60	8~14	8~14	2~7	1.6	2.0	2~9	2.0	1.8	1.6

注:该熔块烧成范围为1050~1100℃

通过对比试验发现,加入氧化铈后锆黄产品的饱和度明显提高,发色逐步加深且向偏红调发展。

氧化钇在氧化锆的生产中作为稳定添加剂的形式加入,在锆黄色料的生产过程中,加入适量的氧化钇可以提高产品的高温稳定性,同时还可以明显提高锆黄产品的黄度值。特别是在亚光的仿古釉料中,加入适量的氧化钇可明显提高鲜黄度。表2-89为相同配方下加入不同含量氧化钇的对比试验结果,其中色料添加量为3%(质量分数),表2-90为所使用釉料的配方组成。

表2-89 不同氧化钇含量对坯体发色的影响

编号	氧化锆	石英粉	氧化镨	矿化剂	氧化钇	L	a	b
1	55	30	7	10		83.14	−1.28	+84.35
2	55	30	7	10	0.5	80.78	−0.53	+80.15
3	55	30	7	10	1.0	78.20	+0.21	+78.35
4	55	30	7	10	2.0	68.50	+1.32	+65.50

表2-90 釉料的配方组成

组成	SiO_2	Al_2O_3	B_2O_3	CaO	MgO	K_2O	Na_2O	BaO	Li_2O	ZrO_2	烧成温度(℃)
含量	50~60	8~14	8~14	2~7	1.6	2.0	2~9	2.0	1.8	1.6	1050

通过对比试验,在锆黄色料产品配方中,加入适量的氧化钇可以明显提高黄度值,但是当加入量超

过一定量时，反而会明显降低发色深度，因此在调试配方中需要根据材料情况进行相应调整。

(2) 氧化钇在红色坯体色料中的应用

大概在2005年初，市场上出现了一种叫作沙漠红的色料，其发色比硅铁红还要鲜艳，在坯体中的高温稳定性也较好，但是由于配方生产成本相对较高，因此不能得到市场的认可。沙漠红色料其实就是以氧化钇和氧化铝为载体的钇铝石榴石铬红产品。在1960年以前，无色透明的钇铝石榴石曾作为钻石的代用品。不过它的折光率太低，琢磨出的成品远不如钻石美观。

铬钇铝红的着色机理可归因于Cr^{3+}取代了钇铝榴石中的部分Al^{3+}，使晶格发生畸变，导致Cr^{3+}的激发，对可见光谱选择性吸收后在600~700 nm处形成特征反射带，从而产生红色。目前市场上很少有厂家愿意采用钇铝红作为坯体色料使用，如果通过技术手段改良配方，使其能够在熔块和生料釉料中有较强的红色调发色，并且鲜红度优于锆铁红的话，相信还是有市场空间的。

(3) 氧化钕在钴系列色料中的应用

目前氧化钕在色料中的应用还是比较少，主要用于变色蓝色料和钴蓝色料中。在钴系列的蓝色中，添加少量氧化钕可以促进发色和改变产品的色调。在宝石蓝的生产中加入氧化钕还可以部分替代氧化钴。表2-91为熔块的化学组成，其中色料添加量为3%（质量分数）。

表2-91 熔块的化学组成

组成	钾长石（%）	石英粉（%）	方解石（%）	烧滑石（%）	黑泥（%）	锆英粉（%）	氧化铝（%）	烧成温度（℃）
含量	38	6	15	18	8	10	6	1150~1180

通过试验，可以发现随着配方中氧化钕的增加，钴蓝产品的发色深度会有一个明显提升的过程。同时，色调向紫红色方向发展，超过一定量时会降低发色，改变产品的色调。由于氧化钕的价格正逐步上升，因而在钴系列色料中的应用也不会太多。

目前中国稀土总储量占全球的30%左右，但是提供了全球80%~90%的生产和贸易总量。2010年，我国为实现节能环保，在稀土的开采量规模上比2009年减少了25%；在生产冶炼环节，下达的计划量同比减少23%。

作为一种稀缺资源，稀土在军事等高科技行业得到广泛应用。随着国家宏观调控的进行，相信稀土金属价格会逐步与其稀缺性挂钩。对于国内色料企业来说，在应用到稀土氧化镨的锆镨黄和大量应用氧化铈的闪光釉料产品上将迎来一次市场机遇。

2.3.8 煅烧氧化锌在陶瓷釉料中的应用

氧化锌（锌白），化学式为ZnO，是锌的一种氧化物，相对分子质量81.27，白色晶体或粉末受热时变黄色，冷却后恢复白色，密度$5.6g/cm^3$，熔点1975℃，沸点2360℃，难溶于水、乙醇，溶于酸、氢氧化钠水溶液、氯化铵溶液。

氧化锌是一种重要的陶瓷化工熔剂原料，在陶瓷业中氧化锌被广泛用于墙砖釉、熔块、地砖全抛釉、仿古釉、卫浴釉、日用瓷釉及粗陶的半透明釉和工艺餐具的透明釉水里面，还用于生产棕色陶瓷色料。特别在建筑陶瓷墙地砖釉料与低温瓷釉料用量较多。煅烧氧化锌工艺流程如图2-30所示。

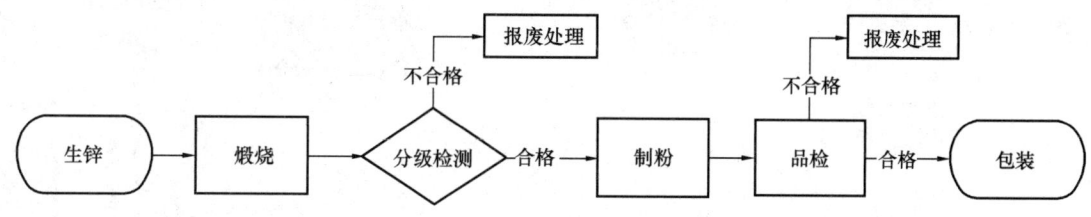

图2-30 煅烧氧化锌工艺流程

1. 氧化锌的生产工艺介绍

（1）直接法（又叫美国法，因最早工艺源于美国）

以锌精矿、氧化矿、其他含锌杂料为原料，经高温氧化焙烧脱除其中的铅、镉、硫等杂质后，加入煤（做还原剂）并压制成团（新工艺不压团了，比如新润丰锌业的环保造粒工艺，可以达到封闭零污染），再在炉内高温还原，使挥发出的锌蒸气与引入空气中的氧气氧化生成氧化锌。直接法氧化锌的产品质量除与所用工艺和锌精矿及原料选用时的杂质搭配技术配方有关外，还与煤的质量有关，因挥发出的锌蒸气直接受到煤燃烧产物的影响。普通直接法工艺生产出的氧化锌含量一般在90%~95%，目前新工艺可以量产稳定达到95%~99%。用直接法工艺生产出来的氧化锌叫作直接法氧化锌，行业别称又叫"生锌"，叫生锌是为了跟文章后面将要提到的"煅烧氧化锌"区分开来。

（2）间接法（又叫法国法，因最早工艺源于法国）

将锌渣（以单质锌为主的锌渣料）或锌锭置于耐高温坩埚内加热至600~700℃熔融后，使其在907℃（通常在1000℃左右）的高温下转换成锌蒸气，再导入热空气对其进行氧化，生产的氧化锌经过冷却、旋风分离后，用布袋将细粒子捕集，这样得到的氧化锌即叫作间接法氧化锌。间接法氧化锌的产品质量与使用的锌渣和锌锭原料重金属含量有关，并直接影响产物的质量（主要是重金属铅镉含量）。间接法工艺生产出的氧化锌含量为99.5%~99.7%。

（3）湿法（分为酸法和氨法）

酸法生产氧化锌是以"次氧化锌"为原料，和硫酸或者盐酸浸出得到硫酸锌或氯化锌溶液等原液，原液经去除杂质后得到净化的纯净的硫酸锌或氯化锌溶液，加入碳酸钠溶液，生成碱式碳酸锌沉淀，经过漂洗、过滤和干燥，将制得的干粉碳酸锌焙烧得到氧化锌。因此工艺可以通过控制中和温度和煅烧温度而制出比表面积较大的氧化锌，被称为活性氧化锌。

氨法生产氧化锌是以次氧化锌为原料，加入氨水和碳酸氢铵在一定比例和温度下浸取反应一段时间，压滤得到"锌氨络合液"，再加入硫化钠和金属锌粉进行置换除杂，然后加高锰酸钾进行氧化除杂，将除渣出的金属及混合盐经过滤全部除掉，得到纯净的"锌氨络合液"溶液，再进蒸氨罐将氨气蒸发掉，得到析晶沉淀下来的碱式碳酸锌后压滤，再漂洗干燥后焙烧得到氧化锌，称为氨法氧化锌，面积较大的也可称其为活性氧化锌。煅烧锌生产流程如图2-31所示。

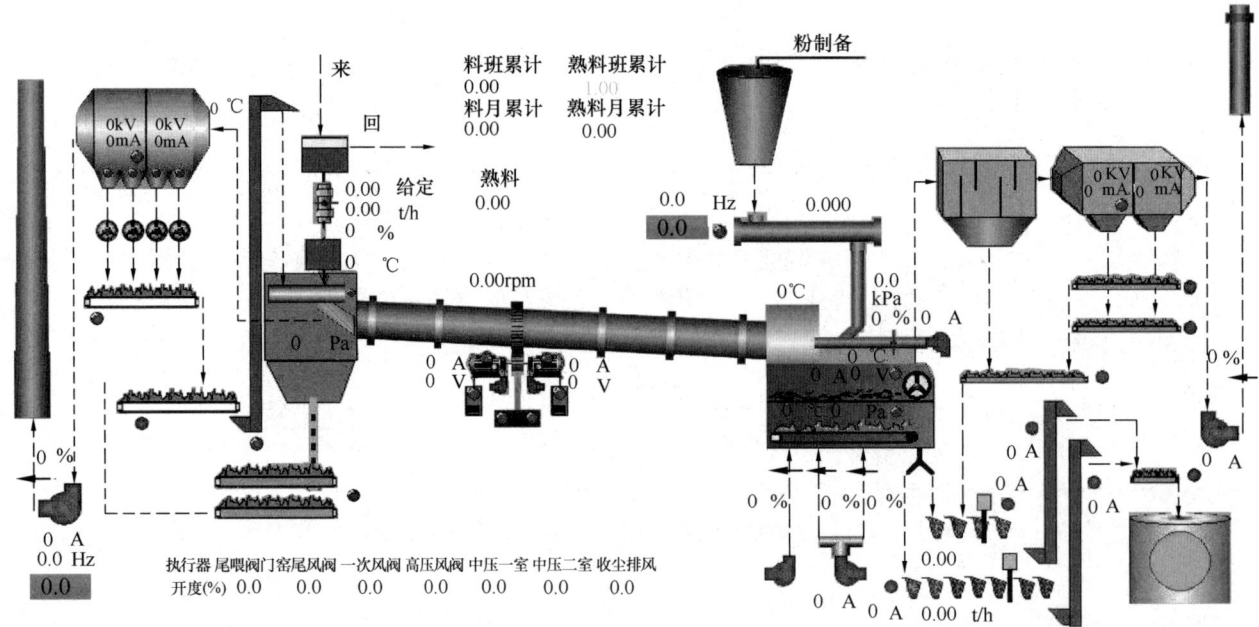

图2-31 煅烧锌生产流程

2. 煅烧氧化锌的定义

将以上直接法、湿法工艺生产出来的生锌（陶瓷行业上将以上生产出来的氧化锌叫生锌），进旋转窑高温1200℃恒温曲线分段煅烧，制得均匀直径≤1cm的煅烧氧化锌颗粒（颗粒过大，里面夹生料；无颗粒成粉，煅烧温度不够或者升温保温曲线不合理），再进行破碎无铁磨粉制得325目筛余≤0.1%以内的细粉（平均粒径80%以上实际达到了1000目以上的细度）。这样得到的氧化锌叫作煅烧氧化锌。

煅烧氧化锌的产品质量与使用的原料杂质含量有关，更与其煅烧设备长度和煅烧温度曲线有关，煅烧不好的产品经常会出现夹生料、滚大球、磨粉跑粗及二次铁污染等工艺质量缺陷，从而直接影响使用煅烧氧化锌产品的釉面性能出现难以发掘的长期质量波动。

釉面砖或卫浴产品常见质量波动为触变、发色差、发色暗、针孔、气泡、凹凸釉、波浪釉、釉面部分析晶、溶洞、痱子等，造成瓷砖成品降级或报废。在许多瓷釉中都会用到氧化锌，但氧化锌的作用随着瓷釉的组成不同而有所差别。

通常，氧化锌在釉中能起到较强的助熔作用，能够降低釉的膨胀系数，防止开裂，提高产品的热稳定性，同时亦能增加釉面的光泽度与白度，但会对弹性产生影响。在扩大熔融范围的同时能够增加釉色的光彩以及挑战薄胎瓷釉的光洁度等。不过在含有铬的黑釉或绿釉中不宜使用。在精陶制品的陶釉中，氧化锌形成不透明的硅酸盐，能降低这种釉的熔点，并会减少釉在烧成期间的沸腾倾向，增大了烧成温度范围，能改善耐开裂性能，往往使釉变得更柔韧。在搪瓷中的具体作用是增大可溶性，改善光泽度，提高乳浊度和白度，减少膨胀和增加延伸率。氧化锌在陶瓷生料釉中使用，须经1200℃左右的高温煅烧去掉低温挥发物杂质，稳定流速，提高纯度，以减少釉在烧成过程中的收缩，减少因收缩而出现的凹凸釉和气泡、针孔等缺陷，这种经高温煅烧后的氧化锌我们叫它煅烧氧化锌，俗称"熟锌"。

3. 煅烧氧化锌在釉料中的主要应用

（1）用作助熔剂：Zn^{2+}最外层的电子数为18，Zn^{2+}极化变形使共价键成分增加，减弱了Si—O键力，故添加氧化锌能够降低釉料高温时的黏度，使得陶瓷制品的釉面烧后平整度较佳。氧化锌在熔块釉系统中使用时，一般用量在5%～10%，在生料釉中的用量一般5%以内，在抛釉系统相对用量多一点，高档金刚釉和厚抛超平釉等用量最高的达12%，添加量越多的高档生料釉，尤其对氧化锌的品质要求比较高。

（2）用作乳浊剂：由于氧化锌有较高的折射指数（2.00～2.03），且因为氧化锌能与Al_2O_3生成锌尖晶石$ZnO·Al_2O_3$晶体。因此在含有Al_2O_3较高的釉料中加入氧化锌，可提高釉面的乳浊性。在含锌乳浊釉配方中加Al_2O_3能够提高釉面的白度和乳浊度，加SiO_2则可以提高釉面的光泽。

（3）用作结晶剂：在艺术釉结晶釉中，氧化锌是不可缺少的结晶剂，在熔釉急冷却时就形成为较大的晶体花纹，非常漂亮。在铅锌结晶釉中，氧化锌的用量高达20%。

（4）用作陶瓷色料：由于具有较强的助熔作用，氧化锌可以作为陶瓷色料的助熔剂、矿化剂及釉料载体。氧化锌在高温中能与R_2O_3型的氧化物形成尖晶石结构，例如棕色系列由Fe_2O_3、Cr_2O_3、ZnO组成，经高温煅烧便形成了$ZnFe_2O_4$、$ZnCr_2O_4$、$FeCr_2O_4$三种尖晶石，经不同配比组合能在含锌釉料中发出较好的黑棕、红棕与黄棕等颜色。另外，氧化锌在高温中能与氧化钴反应生成$ZnO·CoO$，进而增强钴蓝发色。

广东陶瓷企业通过实例发现，RA95釉用活性氧化锌还可以在减少陶瓷墙地砖的吸水率方面有特效。业内人士认为，在陶瓷釉料配方中采用细度1000目左右的氧化锌粉末，由于颗粒尺寸的细微化，比表面增加，使吸水率降低。

4. 煅烧氧化锌在建筑陶瓷中的应用

（1）在低温700～1000℃的三度烧领域，氧化锌与氧化铅因其出色的助熔效果与较宽的烧成范围，是熔块配方中常用的原料,当对铅镉有要求时,锌是铅的较佳替代方案。

(2) 在中温 1000~1150℃ 的墙砖领域,熔块还是釉料应用的主体,其中锆白熔块因含锆黏度较大,所以需要较多的氧化锌来助熔与调整平整度,氧化锌的添加量一般在 7%~12%,锆白熔块里面氧化锌的使用品质一般是 95%~99% 的生锌,或者 95 湿法煅烧锌。相应的透明熔块因高温黏度没锆白熔块高,所以锌的添加量就比较正常,一般在 5%~10%。市场上也存在不少的低锌熔块份额,不过在降低成本的同时,在应用的烧成范围相对窄化很多,同时低品位的 80 锌、90 锌、95 锌等也大量应用在低价的熔块里。

(3) 在高温 1150~1250℃ 的地砖领域,釉料的应用主题主要是以生料釉为主,熔块为辅,因此氧化锌(生锌)的用量相对于墙砖系统以熔块当主要釉料会少很多,但是煅烧氧化锌(熟锌)的比例非常大。近年来地爬壁的概念,使得墙砖市场萎缩很多,而以仿古砖、抛釉砖为主要流行趋势的市场份额大增,所以在地砖领域的煅烧氧化锌(熟锌)总用量递增趋势明显,一般使用 95 煅烧氧化锌、99 煅烧氧化锌、995 煅烧氧化锌、996 煅烧氧化锌,甚至更高端的喷釉领域已经用到高纯低吸油率的 5G 电子级 998 煅烧氧化锌。

5. 煅烧氧化锌在日用陶瓷中的应用

日用陶瓷的产生可以说是因为人们对日常生活的需求而产生的。日常生活中人们接触最多,也是最熟悉的瓷器,如餐具、茶具、咖啡具、酒具、饭具等。日用陶瓷产品涉及人体健康的指标主要是铅、镉、砷等重金属元素的溶出量。

目前高档的日用瓷是骨瓷,一般是经过高温素烧,低温釉烧而成。骨瓷的温润剔透感除本身坯体的材料外,主要由骨瓷熔块来呈现价值,其中氧化锌的品位很关键,因为铅锌两者是伴生矿,所以铅元素能否筛选干净,对铅重金属元素的溶出量会有很大的影响。一般建议此类釉用氧化锌选择相对密度在 2.0 以上的 99.6% 以上含量的煅烧氧化锌为好,因为相对密度 2.0 以上的 99.6% 煅烧氧化锌是经过 1200℃ 高温恒温煅烧过的,里面能够溶出来的铅镉砷基本上都挥发掉了。这个比市面上直接使用低铅间接法 99.7% 生锌还要安全环保。(环保低铅 $30×10^{-6}$ 以内的 99.7% 间接法氧化锌,里面的 $30×10^{-6}$ 铅溶出概率比煅烧氧化锌要高)。

卫生陶瓷是指卫生和清洁盥洗用的陶瓷用具。卫生陶瓷的生产工艺一般是在 1250~1280℃ 温度条件下一次烧成,以高岭土、高塑性黏土、石英和钾长石为制坯主要原料,加入水和少量电解质,经磨细调制成规定性能的泥浆,以长石、石英、石灰石、白云石、滑石、菱镁石、氧化锌、碳酸钡为基础釉原料,以锆英石、氧化锡作白釉的乳浊剂。

氧化锌在卫生陶瓷中主要还是当作助溶剂来使用,由于对白度的要求,配方中加入了较多的硅酸锆或铝系的增白剂,因此高温黏度大,氧化锌的添加可有效降低高温黏度,对烧成与釉面质感有很大的帮助。

目前卫生陶瓷以生料釉为主的釉料使用习惯逐渐有了高温熔块的加入,一方面是降低烧成温度来节能降耗,另一方面可使釉面更有温润感。

6. 釉用活性氧化锌在釉中的特点

陶瓷级高温"釉用活性煅烧氧化锌",出现在 2019 年陶瓷信息报的报道和 2021 年的中国专利网报道,由肇庆新润丰公司锌科所成功研制并申请了发明专利,该材料在部分釉料产品中可以 1∶1 替代常规 99%~99.5% 煅烧氧化锌;釉用活性锌在继承了原常规煅烧氧化锌的特性的同时,优化了其在陶瓷釉浆性能触变的不足,同时升级提升其发色和助熔效果,可降低陶瓷企业 10%~20% 的成本效益。

(1) 节能环保,降本增效,在达到常规 99%~99.5% 煅烧氧化锌功能效果的同时,价格更低,用量更少。

(2) 包含改性活性锌离子，高温时热导率高，活化度强，有效降低釉面表面黏度，扩大烧成范围，有利于拉窑速、提砖产量。

(3) 提高瓷砖切割的性能，RA95 型釉用活性锌能提高釉料的弹性模量，增大釉的伸缩度从而提高釉料的抗热震性，提高瓷砖的切割的性能。

(4) 让釉面有快速助熔和抗菌双功能，通过改变晶体微观结构（独特的六晶体结构）来抑制光生电子与空穴的复合，使它的自由移动电子浓度下降，从而达到既改变釉用活性氧化锌亚纳米晶粒的高温分子运动性能的同时，又让它具备较强的抗菌抑菌功能。

RA95 型釉用活性氧化锌、直接法普通 95 含量煅烧氧化锌和直接法 99 含量煅烧氧化锌的扫描电镜图如图 2-32～图 2-34 所示。

图 2-32　RA95 型釉用活性氧化锌扫描电镜图

图 2-33　直接法普通 95 含量煅烧氧化锌扫描电镜图

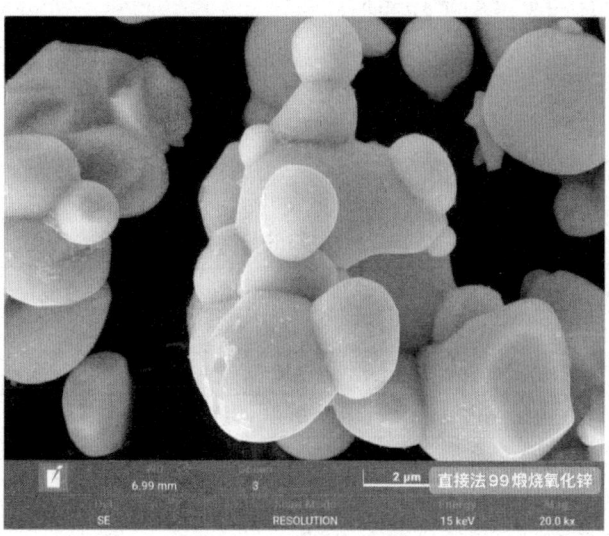

图 2-34　直接法 99 含量煅烧氧化锌扫描电镜图

3 陶瓷釉料及熔块

3.1 釉的作用与分类

3.1.1 釉的作用

釉是施于陶瓷坯体表面上的一层极薄的玻璃体。施釉的目的在于改善坯体表面性能，提高产品的力学性能。通常陶坯的表面粗糙，通过施釉使产品表面变得平滑、光亮、不吸湿、不透气。

一般认为釉为玻璃体，但两者是有区别的。釉层的微观组织结构和化学组成的均匀性都比玻璃差，其中经常夹杂一些熔化不透的残留石英和新生的莫来石、钙长石、尖晶石、辉石等晶体以及数量不一的气泡。

釉料的生产主要分为两大类：一是生料釉料，其中包括大部分高温的亚光釉料和金属釉料以及目前市场上比较流行的全抛釉。生料釉料不需要经过熔块窑炉的高温熔制处理，只需要按照调试好的配方，将各种原材料（如石英粉、长石粉，部分会使用到成品熔块等）按照一定的比例使用球磨机来球磨加细混合均匀，粒径通常要求 400 目标准筛余 0.5% 以内。

生料釉料的生产流程：原材料按比例配制—球磨混匀—检验合格打包（部分印刷粉类细度要求严格使用气流磨加细到 800 目标准筛余 0.5%）

釉料的另外一部分就是熔块，熔块在生产流程中增加了高温煅烧熔制和分级筛选的工艺过程。大部分釉料的原材料都是相同的，其中熔制熔块主要是将低温的溶于水的硼酸、红丹等物质熔制到熔块中，降低熔块的使用温度和提高釉面光泽度等物理指标。

熔块的生产流程是：生料配制—混合均匀—高温煅烧熔制—水淬处理—分级筛选—打包入仓。

3.1.2 釉的分类

一般而言，釉的分类见表3-1。

表 3-1 釉的分类

分类的依据		种类名称
坯体的种类		瓷釉、陶釉
制造工艺	釉料制备方法	生料釉、熔块釉、挥发釉（盐釉）
	烧成温度	低温釉（小于1120℃）、中温釉（1120~1300℃）、高温釉（大于1300℃）、易熔釉、难熔釉
	烧釉速度	快速烧成釉
	烧成方法	一次烧成釉、二次烧成釉
组成	主要溶剂	长石釉、石灰釉（石灰-碱釉、石灰-碱土釉）、锂釉、镁釉、锌釉、铅釉（纯铅釉、铅硼釉、铅碱釉、铅碱土釉）、无铅釉（碱釉、碱土釉、碱硼釉、碱土硼釉）
	主要着色剂	铁红釉、铜红釉、铁青釉
性质	外观特征	透明釉、乳浊釉、虹彩釉、半无光釉、无光釉、水晶釉、单色釉、多色釉、结晶釉、碎纹釉、纹理釉
	物理性质	低膨胀釉、半导体釉、耐磨釉
显微结构		玻璃态釉、析晶釉、多相釉（熔析釉）
用途		装饰釉、黏结釉、商标釉、餐具釉、电瓷釉、化学瓷釉

(1) 按坯体的类型分：瓷釉、硬瓷釉和软瓷釉、陶釉、器釉。

(2) 按烧成温度分：小于1100℃的釉称为易熔釉，1100~1250℃的釉称为中温釉，大于1250℃的釉称为高温釉。

(3) 按釉面特征分：透明釉、乳浊釉、结晶釉、无光釉、无泽釉、碎纹釉、单色釉、花釉等。

(4) 按电性能分：普通釉、半导体釉。

(5) 按釉料的制备方法分：生料釉、熔块釉、熔盐釉、土釉。

(6) 按主要熔剂或碱性组分的种类分：以石灰釉为中心——长石釉、石灰釉、镁釉、锌釉、钡釉等；以铅釉为中心——铅釉、无铅釉。

(7) 按显微结构和釉性状分：透明釉——无定形玻璃体；晶质釉——乳浊釉、析晶釉、沙金釉、无光釉熔析釉；液相分离釉——乳浊釉、铁红釉、兔毫釉等。

3.1.3 釉的物理及化学性能

1. 釉的表面张力

釉的高温流动性同时也受表面张力和坯、釉应力的影响。釉的表面张力低，有利于釉面均化和释放出反应中产生的气体；釉的表面张力大，在冷却时会回收气泡，并导致"缩釉"。迪泽尔（Dietzel）曾经建议加入一些"添加剂"用以改变釉熔体的表面张力。可以采用加和性法则，计算出一定温度下，具有一定化学组成的釉的表面张力。

表面张力计算实例：设某瓷釉的化学组成（质量分数）为 SiO_2 68%、CaO 9%、Na_2O 14%、PbO 9%，试计算该瓷釉在1200℃时的表面张力。

解：该釉在900℃的表面张力为

SiO_2：$68×3.4≈231$（mN/m）

CaO：$9×4.8≈43$（mN/m）

Na_2O：$14×1.5=21$（mN/m）

PbO：$9×1.2≈11$（mN/m）

合计306mN/m。

该釉在1200℃时的表面张力为

$306-[(1200-900)/100]×4=306-12=294$(mN/m)。

所以，该瓷釉在1200℃下对应的表面张力为294mN/m。

根据氧化物对硅酸盐玻璃态熔体表面张力的影响将其分为三类：

(1) 表面非活性氧化物

如 Al_2O_3、V_2O_3、Li_2O、CaO 及一些稀土元素氧化物如 La_2O_3、Nd_2O_3 等，它们会提高釉的表面张力。

(2) 中间态氧化物

如 P_2O_5、B_2O_3、K_2O、Bi_2O_3、PbO、Sb_2O_5 等，若引入较多往往会降低硅酸盐熔体的表面张力。

(3) 表面活性氧化物

如 MoO_3、Cr_2O_3、WO_3、V_2O_5 等，它们即使引入量不多也会降低釉的表面张力，其中最明显的也是在实际中用得最广的是 V_2O_5。

含第(1)(2)类氧化物的熔体不能用加和性公式来计算表面张力。

此外，熔体的表面张力随碱金属及碱土金属离子半径的增大而减少，随过渡金属离子半径的减小而降低。

2. 釉的机械强度

釉面机械强度与坯、釉之间的应力分布有很大关系。釉的抗压强度要比抗拉强度大得多,故使釉面保存一定的压应力是比较好的。釉层还会影响陶瓷制品的强度,这就要看釉面所处的状态是承受压应力还是承受拉应力了。若釉面是处于受压状态,则制品的机械强度就会增大。从釉的化学组成上看,碱金属及CaO对釉面机械强度的影响是比较消极的。作为釉面机械强度的另一个主要指标是硬度,它是一种材料抵抗另一种材料压入、划痕或磨损的能力,表征材料表层的强度。对于以玻璃相为主要成分的釉层来说,网络生成体离子会增加其硬度,而网络外离子则会减少其硬度。对于组成类型相同的釉,其硬度随网络外离子半径的减小、电荷价态的升高及配位数的增加而提高。因为这时釉层中四面体群之间的结合能大,抵抗外力压入、刻划与摩擦的能力也强。

釉面硬度主要取决于釉层化学组成、矿物组成及显微结构。由于组成玻璃网络的 SiO_2、B_2O_3 会显著提高玻璃的硬度,所以高硅釉层及含硼的硅酸盐釉层硬度都大。硼反常和硼铝反常都会影响釉的硬度。如用 B_2O_3 代替釉中的 SiO_2,若 B_2O_3<15%(质量百分比),即 B_2O_3 以 BO_4 作为网络存在,这时随着 B_2O_3 的增加,釉的硬度也随之增加;若 B_2O_3>15%,这时 BO_4 和 BO_3 同时存在,后者不作为网络形成剂而作为网络外剂存在,这时反而引起釉层结构松散。故这时随着 B_2O_3 的增加,釉的硬度反而明显降低。一般情况下,Al_2O_3 虽能增大釉面硬度,但不显著。在含硼的铝硅酸盐釉料中,若 Na_2O/B_2O_3>3(摩尔比),$Al_2O_3/B_2O_3 \leq 1$(摩尔比)时,以 Al_2O_3 取代 SiO_2 会降低釉的硬度,这也和硼离子的配位数的改变有关。

若釉层中析出硬度大的微晶,而且使微晶高度分散在整个釉面上,则釉的硬度(特别是耐磨硬度)会明显增加,尤其微晶是以针状析出时,效果更为明显。研究结果表明,有助于提高釉面硬度的晶体是锆英石、锌铝尖晶石、锌铬尖晶石、镁铝尖晶石、金红石、莫来石、硅锌矿等,特别是锆英石。从这个角度来看,乳浊釉及无光釉的耐磨性要比透明釉高。提高长石釉及锌釉中的 SiO_2 及 Al_2O_3 会提高釉面耐磨性,碱金属氧化物对无铅的硼硅酸盐系统釉料的耐磨性影响不大。以上这些规律对开发耐磨釉配方指出了方向和具体途径。

还需要指出的是,除了化学组成,釉面硬度在相当大程度上还与生产工艺有关。此外,釉面上的任何缺陷(气泡、针孔、微裂、波纹等)都会加快釉层的磨损。

3. 釉的热学性能

线膨胀系数为温度每升高1℃时釉面单位长度上的增量。当测量的温度发生变化时,由这个公式就可以得到相应的线膨胀值。这对坯、釉的适应性具有重要的参考价值。坯、釉的热膨胀性必须能相互适应。若坯、釉的热膨胀系数相同,那么在冷却时,坯、釉的收缩将是一致的、同步的。若坯的热膨胀系数大于釉的热膨胀系数,在冷却时坯的收缩就会比釉层大,在坯、釉之间就会产生一个应力,使釉面受到压应力作用。当这个压应力超过一定限度后,就会导致釉面剥落。

相反,若坯的热膨胀系数小于釉的热膨胀系数时,在冷却过程中,釉层的收缩大于坯体的收缩,釉层受拉应力,一旦其值超过极限拉应力就会导致釉层开裂。坯、釉的热膨胀系数相差越大,相应地,它们之间产生的应力也越大,这样导致釉层破裂的概率也就越大。引起釉层开裂的张力将导致制品机械强度的降低。此外,很重要的一点是,如釉的弹性低,即使坯、釉的热膨胀系数相同,釉层也可能会发生龟裂。反之,增加釉层的弹性,即使坯、釉的热膨胀系数有差别,只要不大,也不会导致釉层开裂。如果釉的热膨胀系数稍小于坯的,那么冷却后制品的釉层将会受到一个压应力,从而提高制品的机械强度。

坯体的热膨胀系数较宽,通常为 $3.5 \times 10^{-6} ℃^{-1} \sim 10 \times 10^{-6} ℃^{-1}$,陶釉的热膨胀系数为 $6.5 \times 10^{-6} ℃^{-1} \sim 8.5 \times 10^{-6} ℃^{-1}$,瓷釉的则在 $4 \times 10^{-6} ℃^{-1}$ 左右。根据釉料的组成,计算热膨胀系数可采用

加和性法则，其计算因子已由温科尔曼（Winkelman）和斯科特（Schort）提供。

4. 釉的抗化学腐蚀性能

釉层的抗化学腐蚀性能主要取决于釉的化学组成。通常，釉层耐酸能力比耐碱能力强。碱和氢氟酸破坏硅的网络结构，形成可溶性成分。碱金属氧化物会降低釉层抗酸腐蚀的能力，K_2O 的作用比 Na_2O 更甚。ZnO、MgO、CaO 和 BaO 可改善釉层抗酸腐蚀的能力；TiO_2、ZrO_2 及 SnO_2 可增加釉的抗酸腐蚀能力，但降低了釉的抗碱腐蚀能力；Al_2O_3 可提高釉层的抗碱腐蚀能力。

5. 釉层的光学性能

釉面的乳浊度、光泽度和光滑程度是通过测定反射光的强度来确定的。反射指标已被标准所规定，通常用钠光灯的黄色光来标定，还可用所提供的釉料化学组成来计算釉层的反射系数。当釉料成熟，所有的成分都完全熔融时，在正常情况下，所形成的釉层就具有对应的光泽度和透明度。乳浊现象是由于釉层内存在固相或气泡，它们和基釉有不同的折射率。

通过测定相应玻璃相和一定颗粒尺寸的分散相的折射率，就可求出釉的乳浊度。通常情况下，乳浊釉中的分散相是由于釉在熔融时形成不溶性的晶体或玻璃分相而造成的。当烧成温度下釉料还没有完全熔融或黏度仍然很大时，会导致釉层表面呈粗糙状态，其光泽度也不会好。又因釉面粗糙和光泽度不好，使釉面呈现不透明状态。

如在釉料中增加 SiO_2、Al_2O_3、CaO 和 ZnO 的含量，将会提高釉的乳浊度。

釉层的光泽度与其折射率有直接关系，折射率越大，釉面的光泽就越强，因为高的折射率使产生光泽感的镜面方向的光分量增大，而折射率又与釉层的密度成正比，因此，在其他条件相同的情况下，由于精陶釉和彩陶釉中含有 Pb、Ba、Sr、Sn 及其他密度大的元素的氧化物，所以它们的折射率就比瓷釉大，光泽也强，TiO_2 能明显提高釉的光泽度。凡能显著降低釉熔体表面张力，增加高温流散性的成分，均有助于形成平滑的镜面，从而提高其光泽；表面活性较大且具有变价阳离子的晶体也能改善釉面的平滑度与光泽度。

实践证明，急冷会使釉面光泽度增大，这并不是由于折射率的影响，因为急冷的玻璃其折射率并没有增加，反倒比慢冷玻璃的折射率小（通常低于 2.2%），造成急冷时釉面光泽度增加的原因在于急冷不易造成釉层失透和析晶。

3.1.4　釉的熔融性能

釉的熔融性能包括釉料的熔融温度、釉熔体的黏度、润湿性和表面张力以及釉的特征。釉和玻璃一样无固定熔点，只在一定温度范围内逐渐熔化，因而熔化温度有下限和上限之分。熔融温度下限是指釉的软化变形点，习惯上称之为釉的始熔温度。熔融温度上限是指釉的成熟温度，即釉料充分熔化并在坯体上铺展成具有要求性能的平滑优质釉面，通常称此温度为釉的熔化温度或烧成温度。目前多用高温显微镜照相法来测定，即用釉料制成 3mm 高的小圆柱体，当其受热至棱角变圆时的温度称为始熔温度，软化至与底盘平面形成半圆球形时的温度作为熔化温度。

釉的熔融温度与釉的化学组成、细度密切相关，也因釉浆的均匀程度和烧成时间的长短而有所改变。组成的影响主要决定于釉中的 Al_2O_3、SiO_2 和碱组分的含量和配比，以及碱性组分的种类和配比。釉熔体的黏度决定釉的铺平程度和均匀性，取决于其化学组成和烧成温度。表面张力过大，高温时对坯体的润湿性不好，易造成缩釉，表面张力过小易造成流釉。釉料在成熟温度时的流动性决定了釉可以在坯体表面铺展，并形成一个均一的釉层，而釉的高温黏度则决定了坯体内产生的气体是否容易排放出来。高温黏度影响着釉层与坯体之间的相互作用。随着温度的升高，黏度降低，但必须在烧成温度时保持稳定。釉熔体的高温黏度决定于釉的化学组成、细度和烧成温度。

3.1.5 常见釉料的种类

1. 铅釉与无铅釉

在建筑陶瓷与卫生陶瓷产品使用的铅釉配方中，铅来源于偏硅酸铅或硼硅酸铅熔块。在实际生产中，典型的偏硅酸铅配方组成为（质量比）氧化铅64%、氧化铝3%、二氧化硅33%，此时可使釉产生最低溶解度。如果增加碱性氧化物和氧化硼的含量，可导致熔块中铅溶解度增加。在荷兰等国家并无铅溶解度的限制规定，他们使用低熔融或高溶解的硅酸铅及硼酸铅熔块釉。铅釉与无铅釉的差别牵涉到产品的质量问题。不过在高于1150℃时，铅明显挥发，而高于此温度界限时，则通常不再使用铅釉。无铅釉指氧化铅含量少于1%的种类。随着环境保护的要求越来越严格，近年来各国建陶工业已经逐步转向使用无铅釉料、无铅熔剂与无铅色料。

锶釉在取代铅釉方面表现出不俗的效果，除了烧成范围宽、烧成温度低和可形成光泽釉表面，还具有良好的耐磨性能。因此，锶釉成为一种很好的无铅釉，当它与釉下色剂一起使用时，几乎看不到对色料的不利影响，但在与铬锡红共用时，釉内必须添加一定的氧化钙，以稳定色调质量。

2. 生料釉与熔块釉

由于陶瓷生料釉组成不使用熔块，所以它们仅限于最高烧成温度大于1150℃时使用。通常可用作生产硬质瓷器、玻化卫生瓷、炻器、电瓷及各种低膨胀坯体的施釉。生料釉内含有矿物熔剂，如长石或霞石正长岩，外加黏土、石英、碳酸钙、白云石、氧化锌和硅酸锆等作为常用原料。低膨胀生料釉还使用透锂长石作为熔剂。生料釉不会有任何形式的玻璃相，在烧成时必须经过足够时间将气体从原料组分内排出，釉熔融后可获得光滑而无气泡的釉面，因此，生料釉烧成时间要比熔块釉长。在烧成温度低于1150℃时，则宜采用熔块釉料。另外，在采用低温快烧工艺时，需要釉内熔块含量相应增加。

3. 一次烧成釉与二次烧成釉

对于陶瓷企业来讲，施釉产品一次烧成比二次烧成节能且更经济，大幅度降低了产品成本，并有利于环境保护。一次烧成非常有利于高附加值的产品，如大件卫生洁具或大型绝缘子。但二次烧成的主要优点是可以拣选并剔除某些有缺陷的半成品，也能生产出高质量、低成本的产品。在一次烧成工艺中，釉与坯体同时成熟，坯与釉的中间层的形成常常能够增加产品的强度，坯体的完全玻化亦很明显。在一次烧成工艺时，釉料内常含有黏结剂，既可控制水分自釉浆蒸发的速度，又控制了水分进入多孔坯的运动。釉料黏结剂起到增加干燥釉面硬度的作用。

4. 颜色釉与无色釉

建筑卫生陶瓷产品一般采用颜色釉进行装饰，从而使其在满足使用时也带有可欣赏的美感，提高了产品的附加值，而无色釉的应用仅限于很小的产品范围（如特殊用途瓷砖产品）。目前欧洲的建陶卫生陶瓷产品，其颜色釉均采用金属氧化物颜料制备，过渡金属的无机化合物，如钒、铬、锰、铁、钴、镍和铜都是常用颜料。颜色釉的效果取决于基釉的化学组成、色料添加量、施釉厚度与均匀性、烧成时窑炉气氛。如氧化铁引入的形态通常是红色三价氧化铁，由坯体融入釉内可产生微妙的装饰效果。铁在氧化焰气氛时在陶瓷釉中能产生淡黄色、蜂蜜色与棕色；在还原焰气氛时可以形成淡蓝灰色、绿色、蓝色或黑色。黑色氧化钴是釉料中最强烈的着色剂，当含量低于1%时，能形成鲜艳的蓝色；钴在玻璃釉基质中容易熔融并加入瓷釉结构中。氧化铬能使某些釉呈现绿色，而在其他成分的釉中可以形成红色、黄色、粉红色或棕色。氧化镍在釉中有很宽的成色范围，可以形成棕色、绿色、深蓝色釉。当釉中含有碳酸钡时，它会形成粉红色、紫红色。二氧化锰在颜色釉中能形成黑色，但也能形成红色、粉红色与棕色。含锰的高碱釉经过高温烧成后会产生淡蓝色。氧化铜配制的色釉,在氧化焰时呈现绿色,但在还原焰时则呈现红色。五氧化二钒可产生棕色或黄色,但在釉中即使用量增加也只是呈现中强度黄色;钒与锆可以制成钒锆黄、钒锆蓝等成色稳定的色釉。此外,硫化镉与硒色料可制成黄、橙黄与红釉。

5. 透明釉与乳浊釉

建筑卫生陶瓷普遍使用乳浊釉料,由于透明釉缺乏遮盖力,难以掩盖不洁的砖面,而环保工作又要求尽量采用低质原料制坯,因此透明釉使用范围变得更加窄了。陶瓷企业使用过的釉料乳浊剂经历了氧化锡、氧化锌、二氧化钛、磷酸盐,直到硅酸锆等过程。但氧化锡作为乳浊剂,由于成本过高,使用量越来越少。20世纪,开始引用锆英石作为釉料乳浊剂,后来又开始使用锆英石取代氧化锡,降低了瓷砖装饰用釉料的产品成本。不过如在常规釉料内加入5%的氧化锡,可产生白里泛青的釉调;氧化锌广泛应用于锆英石釉内,可以提高白度与乳浊度。在高温卫生洁具产品釉中,氧化锌具有强溶剂作用,能显著降低釉的黏度,因此目前仍有部分使用,以后也难以完全排除;将氧化钛加入釉中时,可以制成高档的白乳浊釉,已被证实是可行的配方方式。磷化合物在釉中的作用有:一,用作乳浊剂,使釉不透明;二,增加釉对光的折射率,增加釉料的光泽。磷酸钙、骨灰、磷灰石均可适量配入釉料内,使釉形成良好的乳浊与光亮效果。此外,锂灰石、透辉石等锂化物也是很好的乳浊釉原料。

6. 光泽釉、半无光釉、无光釉与碎纹釉

各种釉料由于对光线的吸收和反射不同而区分为光泽釉、半无光釉、无光釉及碎纹釉品种。上述釉料均呈色丰富,釉色种类很多。瓷砖釉料的发展趋势将逐渐转向半无光、无光釉系列。无光釉用成色元素不多,但釉色很丰富,已经形成高岭质无光釉、碱性无光釉、二氧化硅质无光釉种类。其中又以钡无光釉、锌无光釉、镁无光釉为其主要代表。此外还有结晶型无光釉、锂辉石析晶型无光釉、难溶型无光釉等类型。

碎纹釉是釉面生成网状龟裂纹,适于瓷砖装饰,最早起源于我国的碎瓷产品,后来西方国家将其用于瓷砖装饰,收到格外美的效果。由于坯釉的膨胀系数不同而发生龟裂现象,碎纹釉的配制方法有五种:如采用两种具有不同收缩率的釉,将有高收缩率的釉料施于普通釉上,烧成后上层釉龟裂可以透见下层釉;增加釉的可溶性,使釉的收缩率增加,如增加长石与硼酸的量;增加釉的收缩率,减少坯的收缩率;应用急冷工艺也可生成碎纹釉;有的釉在经年放置后也能形成碎纹釉,如法国采用在普通釉料中增加二氧化硅、矾土或碱类的方法,制成碎纹釉品种。有的采用多次烧成方法以形成不同的碎纹与颜色效果。

7. 结晶釉

结晶釉是指釉内出现明显粗大结晶的釉。它是一种装饰性很强的艺术釉,源于我国古代的颜色釉。结晶釉区别于普通釉的根本特征在于釉中含有一定数量的可见结晶体(即我们所能看到的釉面上或釉中的晶花)。

结晶釉的晶花可大可小,可多可少,大的肉眼能见,小的需用显微镜分辨。还可通过人为的方法来合理控制晶花的分布。形状有星形、针状或花叶形等。作为一种高级陶瓷艺术釉,结晶釉美丽、新颖的自然晶花及其外观的多种多样、色彩的陶瓷结晶釉是一种独特的釉料,它在陶瓷制作领域中展现出令人惊叹的技术魅力。结晶釉赋予陶瓷作品丰富的纹理和独特的艺术效果,使其成为陶艺家们追逐的梦幻材料。本小节将概述结晶釉的技术原理以及其生产过程,包括所需的主要原料等。

(1)结晶釉的技术原理

结晶釉是一种在高温条件下形成晶体结构的釉料,它使得陶瓷作品表面呈现出独特的结晶纹理。其技术原理主要涉及陶瓷釉料的成分和晶体的形成过程。结晶釉的基本成分包括石英、长石、高岭土等。这些原料提供了釉料所需的氧化硅、铝氧化物等元素,是结晶发生的基础。

(2) 晶体的形成

在陶瓷制作过程中,陶瓷制品经过初次烧制后涂上结晶釉。随后,再次放入高温窑炉中烧制。在这个过程中,釉料中的各种元素开始相互反应,形成具有晶体结构的化合物。晶体的形成是由原料中的各种氧化物在高温下重新排列而实现的。

(3) 冷却过程

在高温烧制后,陶瓷产品被取出并经历冷却阶段。这个阶段是结晶釉发挥其独特效果的关键。釉面上的晶体会在冷却的过程中逐渐形成,产生美丽而独特的纹理。

3.1.6 坯釉的适应性

坯釉适应性是指熔融性能良好的釉熔体,冷却后与坯体紧密结合成完美的整体,釉面不开裂和不剥脱、坯体不变形的特性。影响坯釉适应性的因素是复杂的,主要有四方面:坯釉两者膨胀系数差、坯釉中间层、坯釉的弹性和抗张强度以及釉层厚度。

1. 膨胀系数对坯釉适应性的影响

(1) 当 $\alpha_{釉} > \alpha_{坯}$ 时,在坯釉冷却过程中,釉层的收缩大于坯体的收缩,坯体受到釉层的压缩应力,而釉却受到拉伸应力(张应力),当张应力超过了釉层的抗张强度时,就出现导致釉层断裂的网状裂纹(一般称为发裂、龟裂)。膨胀系数相差越大,龟裂程度就越大。

(2) 当 $\alpha_{釉} < \alpha_{坯}$ 时,在冷却过程中,釉的收缩小于坯体收缩,则釉受到坯体的压缩作用,在釉层中产生可能引起釉层剥落的压应力,这样处于压应力的釉可以抵消一部分由于热应力或机械应力而加于制品上的张应力,从而可提高制品的机械强度和热稳定性。

一般釉的耐压强度较抗张强度大得多,要在相当大的压应力下才出现剥脱现象。

(3) 坯釉的膨胀系数相等或非常接近($\alpha_{釉} = \alpha_{坯}$),有以下情况:

当 $\alpha_{釉} = \alpha_{坯}$ 时,在冷却过程中,釉中既不会出现张应力也不会出现压应力,釉层和坯体结合完美,但这只是最理想的状态,实际上,坯和釉的膨胀系数不可能完全一致。因此,在实际配制釉的时候,应配制出釉的膨胀系数略小于坯的膨胀系数的釉料,使釉中产生不大的压应力,可以在提高釉的热稳性及力学强度的情况下而不出现裂纹。提高烧成温度,延长保温时间,使釉中组分 Na_2O、B_2O_3、PbO 挥发,坯料中 Al_2O_3 通过中间层向釉中迁移,从而降低釉的膨胀系数,使釉层造成压应力,提高坯釉结合强度,也可通过快速冷却方法在釉的表面形成压应力,以避免产生发裂。

2. 中间层对坯釉适应性的影响

在釉烧时,釉中一些组分迁移到坯体的表层,而坯体中有些组分也会扩散到釉中,在釉中熔解,通过这种相互的扩散、熔解和渗透,使坯釉接合部位的化学组成及物理性质均介于坯与釉之间,结果形成了中间层。

中间层对提高坯釉结合有利。当坯釉组成相似、膨胀系数相差不大时,这时中间层的影响就很小,而当坯釉膨胀系数相差较大时,中间层就起着非常重要的作用。影响中间层发育的主要因素为:

(1) 坯釉组成对中间层发育的影响。若坯釉化学组成相差越大,则反应越激烈,中间层形成速度快而且厚,发育较好。

(2) 烧成制度对中间层发育的影响。烧成温度越高,烧成时间越长,则釉的熔解作用越大,釉中组分的扩散作用越强,则坯釉反应越充分,中间层发育良好,则坯釉结合性变好。

(3) 釉料的细度和厚度。釉料越细则越适于坯釉反应,扩散作用加强,中间层发育良好。釉层薄,熔化后釉组分变化大,中间层相对厚度增加,发育较好。

3. 釉的弹性、抗张强度对坯釉适应性的影响

一般来说，具有较低弹性模量的釉，其弹性形变能力大，弹性好，抵抗坯釉应力或外界机械张力及热应力的能力强，对坯釉适应有利。釉的抗张强度也是影响釉面开裂和釉产品强度的重要因素。釉的抗张强度大，也可抵消部分坯釉应力，对坯釉结合也非常有利。

实践证明，如果釉的弹性模量低，抗张强度高，即使坯和釉的膨胀系数相差较大，釉层也不一定开裂。当釉的抗张强度小而弹性模量又较高时，稍受应力就可能使釉层开裂。

4. 釉层厚度对坯釉适应性的影响

一般薄的釉层对坯釉适应有利，原因有以下两方面：

（1）薄釉层在煅烧时组分的改变比厚釉层相对变动大，釉的膨胀系数变化也大，使坯釉膨胀系数相接近，同时中间层相对厚度增加，故有利于提高釉的压应力，使坯釉结合良好。

（2）釉层厚度越小，釉内压应力越大，而坯体中张应力越小，这样有利于坯釉结合。釉层厚度对于釉面外观质量有直接影响。釉层过厚加重中间层的负担，易造成釉面开裂及其他缺陷，而釉层过薄则易发生干釉现象。因此，釉层的厚度应根据工艺需要适当控制，一般小于 0.3mm。

3.2 生料釉的混料设备及流程

3.2.1 常见生料釉混料设备

常见生料釉主要以全抛釉为主，混料的目的基于将不同原料按照配方的配比进行混合匀化处理。从前期来看，以全抛釉产品为例，由于单品釉料的价格和利润尚可，因此，釉料企业通常是以小包装 25kg 或者 40kg 的包装袋为主，混料设备通常以球磨机或者是犁刀式混料机为主，单批次的吨数为 2～5t 的较为常见。以 6m³ 的犁刀式混料机来看，每球投料 5t 搅拌 40min 计算，全天 24h 的混料产量可达 100t。犁刀混合机是一种新型、高效粉体混合设备，根据材质可分为不锈钢犁刀混合机和碳钢犁刀混合机，根据结构类型可分为卧式犁刀混合机和多功能犁刀混合机等。（图 3-1、图 3-2）

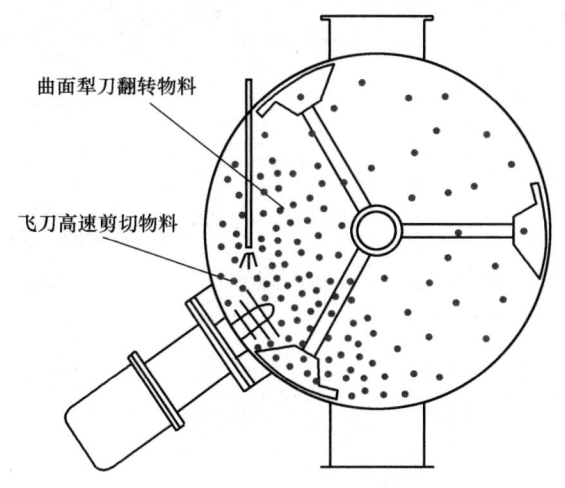

图 3-1 犁刀式混料机工作原理

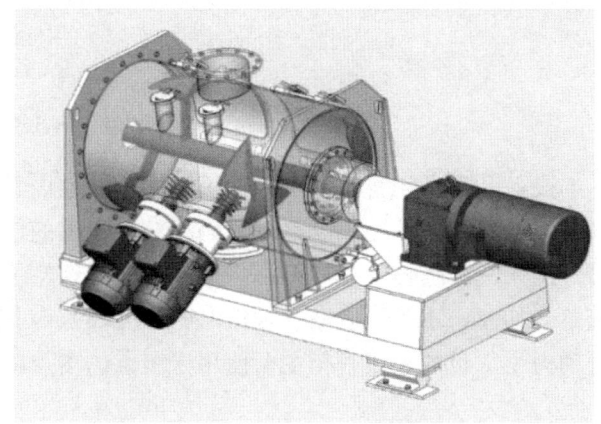

图 3-2 犁刀式混料机结构

犁刀混合机从总体来看，筒状卧式，水平轴传动，筒内有局部混合浆。影响物料运动的大致有三部分：一是设备外形，卧式筒状。二是犁刀，形状似犁，由支架固定在水平传动轴上，沿器壁旋转，使物料既作扩散运动，又相互作摩擦剪切作用。物料混合之初，犁刀旋转，不断更新料面，同时增大了粒子的活性，属典型的扩散混合，与此同时，粒子间相互剧烈摩擦，又具有剪切混合的作用。犁刀在水平传动轴上呈辐射状分布，犁刀间有一定的夹角，运动起来不是同时插入粉体，大大降低了在粉体中的阻力，犁刀式混合机突出的特点之一是混合能耗低。三是飞刀，有由三个简单叶片组成的、类似电风扇的轮叶，有多层的，呈宝塔状，置于混合器壁的侧下方，转速 1450～1900r/min，飞刀的作用是使物料沿轴向发生剧烈的对流运动，飞刀的个数依据其作用范围而定。

3.2.2 连续式全抛釉混料系统

随着陶瓷抛釉类釉料公司专业化与大型化的发展需要，部分区域内的大型抛釉类釉料公司月产能可达 1 万～2 万 t，提高了产品品质稳定性和供货及时等。目前行业中的不少釉料公司开始使用连续式混料配料系统，包含垂直提升上料、正压密相输送上料、粉料混合、自动配料系统、吨袋包装（图 3-3、图 3-4）。连续式均化生产线的四大特点：

（1）高效均化——连续式均化库采用可靠的混料技术，能够快速而均匀地将原材料进行混合，提高生产效率。

（2）精确控制——料位控制系统能够实时监测和控制原材料的料位，保证均化的准确度。

（3）节省空间——连续式均化库的储存仓采用立体结构，能够节省占地面积，提高场地利用率。

（4）自动化程度高——连续式均化库采用可靠的控制技术，可以实现自动化操作，减少人力投入。

图 3-3 釉料连续式配料系统

本设备利用高压将空气加入输送槽内，搅动内部粉体使其流动化，并增加压力至可以克服管线输送压降时，再将粉粒体输送至终点，因粉粒体于槽内已均匀流动化，故开始输送时，本身就具备动能，加上出口的空气断料器形成气刀，将输送粉粒体切割成柱状即在管线中呈一段粉粒柱一段空气柱的交替输送现象，如此，不仅可以增加输送时的浓度而且因其输送速度较慢以致其管线压降很小，故此系统所需要的动力小。目前正压密相主要使用于单点向多点输送和大产量的生产工况。

3.3 常见釉料原材料与性质

3.3.1 碱性材料

用于釉料的碱金属类主要为氧化钾、氧化钠及锂的化合物，大部分的矿物原料都是不溶性物质。碱金

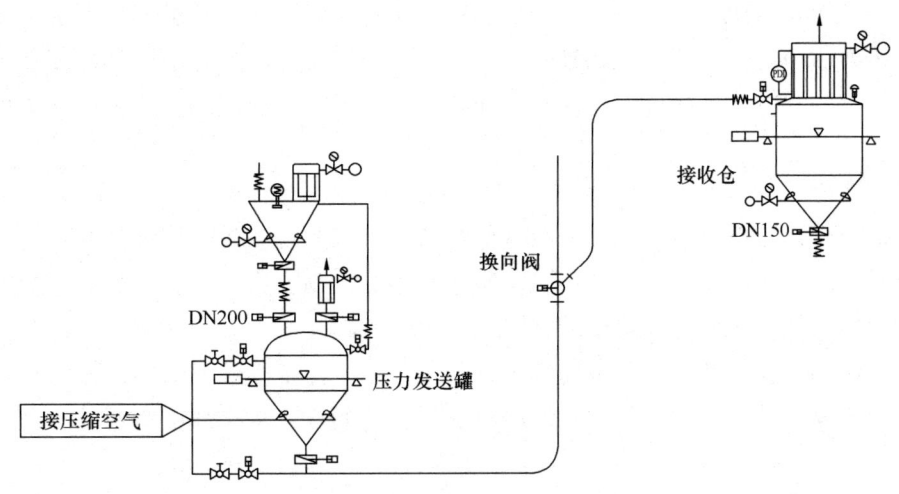

图 3-4　正压密相输送系统

属类的钾长石和钠长石等熔点都非常低,可以提高釉料的流动性,加强色料在釉料中的发色,特别是能够增大溶液的折射度而提高釉面的光亮度,碱性金属元素在釉料中的含量影响到釉面的防污耐磨性和抗风化性能。一般实践中,釉料中的碱性成分的含量与引入碱性氧化物的材料与釉面的龟裂有直接关系。

1. 钠盐

在碱金属中钠的膨胀系数最大,与常用的碱金属相比,有降低抗折强度和弹性模数的作用。钠与钾的化学性质虽然类似,但是用钾置换钠的量不能太多。在釉料中常用的引入钠的原材料主要有：氯化钠、碳酸钠、钠长石、硝酸钠、硼砂、玻璃粉、冰晶石等。

2. 钾盐

钾的化学性能与钠十分相似,但是两者的熔融状态和釉面的化学机械性质不大相同。因此如果配方中需要用钾来代替钠的成分时,安全用量在 30% 以内,超过这个用量会导致釉料的釉面出现问题,特别是对色料的发色有明显的影响。常用的引入钾元素的原材料有：钾长石、碳酸钾、硝酸钾、氯化钾、硫酸钾、氟化钾等。

3. 锂化物

含锂的氧化物市场价格一般较贵,但是其在釉料配方中的特殊优点使得部分釉料又必须使用。锂为强碱性原料,原子量仅为 6.84,而钾的原子量为 39,钠的原子量为 23。从理论上来讲,在配方中碱的总容积比例不变的情况下,1g 锂即可以置换相应的 3～5g 的钾或钠,进而减少了碱的含量,因此增大了玻璃或者釉面的耐磨性,并且降低了其膨胀系数。用锂置换钠则相对密度降低,热膨胀率降低,流动性增大,熔融温度、软化温度和固化温度均降低,从而缩短烧成时间。

锂虽然属于碱性金属材料,但其碳酸盐和氟化物以及其磷酸盐等均具有不溶于水的特性。含有锂成分的熔块或者生料釉与不含锂成分的钾钠长石釉相比能够熔入更多的石英,所以其热膨胀率降低。含有锂的釉面光泽度更高,尤其是可以增大抗酸性,因此用于建筑制品的釉料中可以改善抗风化性能。生产中常用的含锂原材料有：碳酸锂、锂云母、锂辉石、透锂长石、偏铝酸锂、氟化锂、硅酸锂、钛酸锂、锆酸锂等。

4. 钙化物

氧化钙是熔块和生料釉配方中的常用原材料,钙可以增加釉面硬度,提高釉面的耐磨度,并可以增强釉面的抗风化和抗水性，增大抗拉强度，降低热膨胀系数，防止釉面开裂，特别是在瓷器釉等高温釉料中，氧化钙是主要成分之一。另外，就是氧化钙矿产资源丰富，而且容易得到比较高纯度的产品。常用的含有钙成分的原材料有：碳酸钙、石灰石、泥灰岩、白云石、硅酸钙、氟化钙、氯化钙等。

5. 镁化物

由于釉料中需要使用长石、石英、白云石等作原材料，因此也会带入部分含有氧化镁的成分。氧化镁在低温时虽有提高耐火度的作用，但在高温时则起到强助溶剂的效果，明显提高了釉面的流动性，相对于其他的碱性材料可以更多地降低釉面的膨胀系数。氧化镁能够增大釉面的张力，在一定的条件下能够增大釉面的不透明性，但其乳浊效果不如硅酸锆和氧化锡，但是其乳浊效果特殊，只有在锌釉和硼硅酸铅釉中才能看得出来。常用的引入氧化镁的原材料有：碳酸镁、氧化镁、白云石、滑石等。

6. 锶化物

目前来说，锶化物中只有碳酸锶用作釉的原材料。碳酸锶难溶于水，因而在制釉过程中可以不用制备成熔块，碳酸锶可以改善熔融状态，在1100℃以上高温时，通过增加用量来达到助熔作用。在含锆的釉料中加入氧化锶可以增大流动性，减少釉面针孔，对于红色等颜料有促进发色的作用。

7. 锌化物

氧化锌在釉料中主要起到助熔和部分乳浊的作用，特别是在仿古砖釉料中，锌的含量对釉面效果有直接的影响。氧化锌能够增大釉料的弹性，降低热膨胀系数，除了氧化钙，锌为增强釉面强度的最有效成分之一。常用的氧化锌其纯度含量集中在 90%～99.5%。

8. 氟化物

氟化物作为助溶剂来使用，其效果与硼酸非常相似。常见釉料中添加的氟化物为萤石。

9. 铝化物

氧化铝是釉料的主要成分之一，其含量的高低直接影响到釉面的光泽度。特别是结晶釉料中氧化铝的含量不能太高，铝含量高会增加釉料的黏度。一般生产中通过调节釉料中铝的含量来调整釉料的流动性，并使之与坯体达到很好的融合效果。常用的引入氧化铝的原料有：氧化铝、氢氧化铝、高岭土、长石类等。

3.3.2 酸性材料

硅为所有釉料中最重要的成分，其氧化物二氧化硅能与其他很多氧化物直接熔合，尤其是能与盐类较为容易地化合，形成复杂的硅酸盐。按照一般釉料配方，如增加配方中硅的含量，釉料的熔融温度会明显增高，耐火度也随之提高，同时减小熔融物的流动性，增大黏度。常见的引入硅的材料主要为石英，一般熔块釉料中对于石英的细度要求在 100 目以内都可以，而在成品或者生料釉料中通常要求石英粉的细度在 600 目以上。其次，目前市场上流行的不透水底釉中的氧化钛成分也是属于酸性原料。

3.3.3 乳浊剂

当釉料中需要有白色或者乳浊效果时，通常需要加入乳浊剂才能达到乳化的效果。常见的乳浊剂有：硅酸锆、氧化锆、氧化钛、氧化锡、氧化铈、五氧化二锑、氧化锌、氧化铝、含锂矿物、含磷矿物、氧化物等。

1. 硅酸锆（$ZrSiO_4$）

在日用陶瓷和建筑陶瓷中最为常用的乳浊剂是硅酸锆。硅酸锆，分子式为 $ZrSiO_4$，是以锆英砂（锆英石）为原料，经过除铁、钛、独居石等杂质，超细粉磨合表面改性等工艺加工而成的。锆英砂（锆英石）是一种深层岩浆矿物，为正硅酸锆，其理论组成为 ZrO_2 67.2%、SiO_2 32.8%，并含有氧化铁、氧化钛等少量杂质。

硅酸锆的乳浊作用非常稳定，而且不受烧成气氛的影响。研究表明，硅酸锆配入熔块中比以生料形式加入釉中的乳浊效果好，这是因为从熔体中析出的硅酸锆晶粒比残留的硅酸锆颗粒小，更接近可见光的波长，从而乳浊度高。对硅酸锆乳浊作用影响最大的因素是其颗粒的细度，颗粒越细，乳浊效果越好。

硅酸锆在陶瓷釉面中不仅可起到乳浊增白的作用，而且能增进坯釉结合，增加釉面的抗水性、耐磨性和硬度，是制造高档易洁陶瓷所必需的原料。

硅酸锆作为乳浊剂还具有原料来源丰富、加工工艺成熟、性价比高、绿色环保等特点，能够满足陶瓷工业对各种级别硅酸锆的需求。

目前，在国内专业生产陶瓷釉用硅酸锆的企业还不是很多。截至2024年，我国产量最大的硅酸锆生产企业是广东东方锆业科技股份有限公司。该公司是中国乃至全球主要的锆产品加工企业之一，提供从锆矿开采到高端锆产品制造的全产业链服务，其产品广泛应用于电子、陶瓷、玻璃等多个行业。

2. 氧化锆（ZrO_2）

ZrO_2 虽然比硅酸锆的乳浊作用好，但由于价格昂贵，一般不使用。

3. 氧化钛（TiO_2）

在低温釉料，如白色搪瓷釉中，二氧化钛（TiO_2）是一种有效的乳浊剂。在无硼釉或含 Al_2O_3 高的釉中，TiO_2 不是一种稳定的乳浊剂。它的适用温度不超过1150℃。在墙地砖生产中，目前已有用硅酸锆和氧化钛共同作为乳浊剂的锆-钛乳浊釉。钛乳浊釉不能用于还原气氛烧成。

4. 氧化锡（SnO_2）

二氧化锡（SnO_2）是卫生瓷釉中常用的乳浊剂。SnO_2 在釉中的溶解度很小，未溶解的晶粒悬浮在釉中，从而使釉产生乳浊效果。因为是未溶解颗粒产生乳浊，所以要求 SnO_2 要磨得很细，才有利于提高乳浊度。加入4%~6%的 SnO_2，釉在氧化条件下烧成，乳浊均匀，釉润滑，金属光泽强，但价格昂贵。

5. 氧化铈（CeO_2）

氧化铈（CeO_2）的乳浊效果很强，2.5%的氧化铈乳浊效果与8%的氧化锡相当，但价格昂贵，所以不常用。

6. 五氧化二锑（Sb_2O_5）

五氧化二锑（Sb_2O_5）作为陶瓷釉料乳浊剂，易于溶解，不稳定。熔块洁白，而面砖烧成后呈淡黄色。与 TiO_2 一样，烧成条件有较大变化时才能像搪瓷一样使用 Sb_2O_5。

7. 氧化锌（ZnO）

氧化锌（ZnO）是陶瓷釉料中常用的成分，但一般是作溶剂用的。锌釉具有强烈的析晶倾向，即使在透明釉中也可以看到大颗粒结晶。

8. 氧化铝（Al_2O_3）

氧化铝（Al_2O_3）在低熔锆釉中处于网络形成体，能提高釉的精度，是积极的乳浊成分。它也可以降低锆英石釉的溶解度，使析晶的晶粒不再溶解。Al_2O_3以残留固相的形式参与固相乳浊行为，在快速烧成中应予以重视。

9. 含锂矿物

这一类的代表矿物为锂辉石、锂云母等，一般含锂矿物有很低甚至是负的热膨胀性能，能改善釉面性能，如急冷急热、硬度、光泽度以及化学稳定性，使一些碱性颜料颜色更鲜艳，是一种良好的矿化剂和絮凝剂，常用来对硅酸锆进行表面改性，改善锆釉性能。

10. 含磷矿物

这一类的代表矿物是磷灰石，主要用于骨瓷和生物陶瓷，它在釉中能形成乳浊，并能促进锆英石釉中的乳浊效果。

11. 氟化物

这一类的代表矿物是冰晶石，主要用于微晶材料中作助晶剂和形成剂。其析晶倾向强，在乳浊相中作辅助乳浊剂，有利于最初的晶核形成。

3.3.4 用于釉的添加剂

1. 悬浮剂

在釉中加入少量悬浮剂，可以防止密度大的组分过快地沉淀下来。瓷土、膨润土、苏打粉、硅酸钠、醋酸、藻朊酸钠等都可用作悬浮剂。

2. 黏结剂

加入釉中的黏结剂能提高釉的附着能力，而且干燥后它可在坯体表面形成一层坚固的附着层，它不易粉化。黏结剂有天然橡胶、黄蓍胶、阿拉伯树胶、淀粉、糊精等，它们在加入量较少时就能起到黏结作用。人工合成的纤维树脂黏结剂，如CMC、聚乙烯乳胶和聚乙烯醇等都可用来加强釉的附着力和釉层强度。

3. 分散剂和解凝剂

在生产中，为适应各种施釉工艺，要求釉浆有较高的密度和较低的黏度，要求分散剂和解凝剂的解凝范围尽量宽些，达到同样的要求加入量要小些。与传统的分散剂和解凝剂相比，新型的有机高分子型分散剂和解凝剂有宽得多的解凝范围。它在实际生产中更易于控制，效果也更好。

4. 流变添加剂

为使釉浆达到某一特定性质，能很好地控制流变性及屈服值，可添加少量新型流变剂，它适用在施釉线上调整釉浆的黏度和流动性，适用于卫生陶瓷机械手施釉以及要求具有强烈触变作用的釉浆。添加剂型号的选择要根据釉浆的工艺要求来确定。按照它们在釉浆中的不同效果，可分成两种类型：

① 不具有延长的保水性，具有触变作用和悬浮稳定作用；
② 除具有触变作用和悬浮稳定作用外，还具有一定的分散效果和黏结效果。

加入这些流变添加剂后，釉浆在高剪切应力作用下，达到最低黏度，在低剪切应力作用下，达到最高黏度。通过使用这些新型添加剂，很多过去在施釉过程中解决不了的问题都能迎刃而解。应用后可得到平整的釉面。它们使釉浆的流变性能适合不同压力下的喷釉，从而使喷枪的效率发挥到最佳水平；使釉浆施在垂直或倾斜表面上时，不会出现滴状和波纹，并使釉浆的干燥时间较短；使其可以与机器人喷釉系统相适应，使釉浆具有长期稳定的黏度及其他性能。

5. 防腐剂

早期使用的黏结剂如淀粉、天然橡胶等，对微生物和有机纤维素的分解很敏感。当要求釉浆必须储存很长时间时，就必须使用防腐剂。防腐剂可阻止由于细菌和真菌引起的分解反应，而过去则是使用有毒的药剂，如苯酚和甲醛等。值得指出的是，在长期使用某种防腐剂后，很多细菌和真菌会产生抗药性，从而使防腐剂失效，所以合理的做法是在使用某种防腐剂一段时间后，就应该更换另一种。

6. 消泡剂

某些黏结剂如甲基纤维素、晶基纤维素等，由于搅拌机械和泵等剪切应力的影响，会导致大量泡沫产生，这时就需要消泡剂除去泡沫。

7. 施釉平滑剂

这类添加剂有表面活性作用，可降低釉浆的表面张力，使釉面平整，它还会提高釉浆的附着力，减少诸如气泡、缩釉和橘釉等缺陷。

3.3.5 选择釉用原料的原则

大量的釉用原料使选择釉的配方变得困难。每一个釉式都可以通过不同的途径或采用不同的原料来满足，就像每一种氧化物都可以从不同的化合物中得到一样。有些釉，其组成中含有相同种类和数量的氧化物，但是若采用不同的原料来引入这些氧化物，釉的熔融温度和性质都会有所不同。因此，如何正确选择釉用原料十分关键。

在制备釉时，可按照下述原则来选择原料：
（1）使用可溶性原料时，一定要将它们预先制成熔块。
（2）使用含有釉所需要的两种或多种氧化物的天然原料，以代替直接加入含单一氧化物的天然原料，如以白云石来代替白垩和菱镁矿来引入 CaO 和 MgO 这样效果会更好些。
（3）Al_2O_3 必须大部分从长石或瓷土中引入，生瓷土的用量不得超过配方总量的 15%（摩尔百分含量），否则必须将部分瓷土预烧，以降低釉的收缩。

配方中的 SiO_2 需要在加入长石和瓷土等含有 SiO_2 成分的各种原料后，余量才以石英来满足。

3.4 陶瓷熔块

3.4.1 陶瓷熔块的用途及生产窑炉

随着陶瓷行业的发展以及专业分工的不断细化，陶瓷厂家从原先自己配置釉料逐步转变到从市场中采购产品釉料和熔块产品。在陶瓷釉料制备过程中，如氧化锑、铅丹、硼酸等许多矿化剂类的原材料都是有毒和可溶性的原材料，为了保证配料的准确和减少有毒物质的污染，将釉料中的可溶性和有毒性的原材料与釉料中的大料一同配置后，经过熔块窑炉熔化制成成品熔块。另外，就是陶瓷厂家的大规模生产对于釉料的稳定性和供货能力要求高，这也是色釉料厂家制备熔块的需求之一。

熔块的制造过程是将各种粉料按照一定的配比配制完成后，将粉体投入熔块窑炉中进行熔合，熔制过程中因制造方式不同而有粒状及片状的外观。因熔块釉具有不可溶性，所以安全性高，可单独使用，也可添加到一般生料釉中当作熔剂使用。目前，行业内的陶瓷厂家一般都是直接将熔块按照一定的比例添加6%～14%的高岭土，在进行球磨后制作成浆料来使用。部分地区在生产水晶砖产品时，将色料与熔块一起进行球磨后制备成色浆来使用。佛山地区目前基本上都是将色料与熔块分开进行球磨，然后再按照色料与釉浆的比例进行搅拌制备成色釉来使用。

陶瓷熔块生产采用的窑炉，除了一些特殊品种，通常主要是池窑，熔化面积一般在8～40m²。燃料可以是天然气、重油、煤焦油、煤制气等。熔块窑炉与玻璃液接触的部位所用材料为耐火材料，例如池壁、池底、加料口、流液洞等最好选择电熔锆刚玉砖，小炉、胸墙和窑顶等部位，有条件的也可以采用电熔锆刚玉砖，但为了降低建窑成本，并考虑与窑炉寿命周期基本同步，也可以选择采用硅砖；窑体外侧通常采用高铝砖、纤维棉、黏土砖等材料进行保温。蓄热室的格子体可以用条形砖或者十字砖码砌，但现在更多采用的是筒形砖。格子砖材质通常下部用低气孔黏土砖，中上部用高铝砖或镁砖，也有在上部用烧结或电熔十字AZS砖。

除了一些低温熔制的熔块，通常陶瓷熔块的熔化温度在1520～1560℃；特殊要求的高温熔块可以采用超高温熔制技术，熔化温度可以达到1650℃左右。陶瓷熔块炉的产量与所生产的熔块类型有直接关系，易熔熔块的熔化率可达2.5，例如高含量碱金属元素的大膨胀熔块和瓷片用不透水钛熔块等；难熔熔块的熔化率甚至会小于1，例如高温熔块和通常的锆白熔块。

陶瓷熔块厂生产工艺流程如图3-5所示。

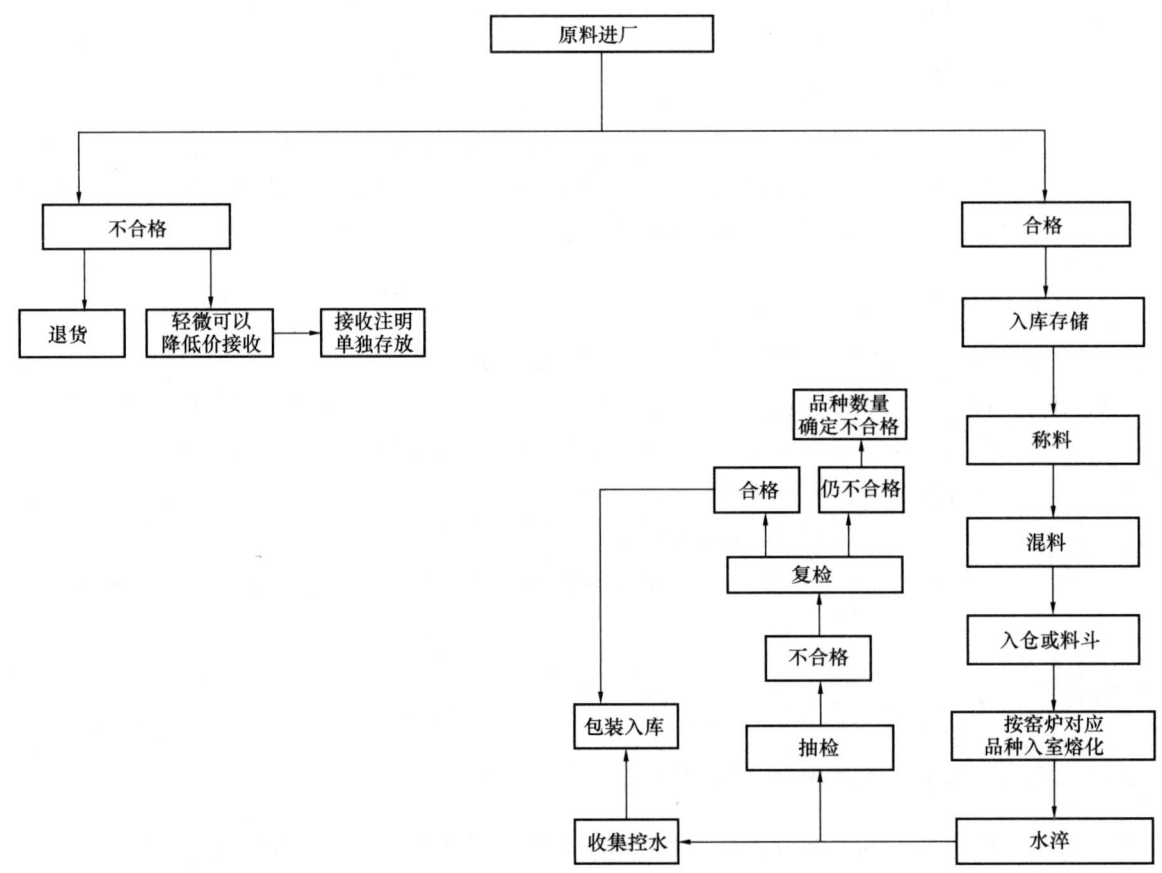

图3-5　陶瓷熔块厂生产工艺流程

陶瓷熔块生产工艺控制点：

（1）原料进厂抽检必须按原料质量标准要求进行，与标准要求差异大的一定要拒收，以保证后面熔块的质量；

（2）原料仓储一定要堆码整齐，严禁各种原料混堆，以杜绝后续配料可能发生配错料的事故；

（3）配料称料前一定要校验称量设备，以避免配料产生大的误差；

（4）一定要严格遵守混料时间，混好后，放出混合料必须要放完且关闭出料口后，才能投下一份料，严禁一边放一边入料；

（5）窑炉出料处要时常观察流料情况，并接料饼观察玻液熔化情况，要求料饼均匀，无大的异物；

（6）水淬时要保证水质无杂物，水淬质量的好坏通常取决于水温差及充沛的水流量；

（7）窑炉更换性质差异大的熔块品种时，需要将窑池内的熔液全部放出后才能加入下一个品种的粉料，放料过程中要随时检查流料小车与窑炉壁的接触情况，必须使小车与窑壁形成紧密接触，避免漏液情况出现。

3.4.2 陶瓷熔块生产过程中常见质量缺陷

1. 从熔化池流出的玻液接料观察，有未熔化的夹生料

产生这个质量缺陷可能原因有：①熔炉流料小车提的高度不够，或者流液洞挡料砖由于冲刷侵蚀，导致挡料砖未能起到有效挡料作用所致；②窑炉加料过快，配合料熔化不及时，浮动料堆漂移到流料口附近而引起；③所用原料特别是难熔原料（如石英）颗粒偏粗，尚未反应完全就被玻液带出。

2. 水淬熔块颗粒偏粗，裂纹少

这与熔块的水淬效果直接相关，可能的原因有：①水淬水量偏小，使水与熔块接触时的温差不够明显；②循环水冷却不佳，导致水温较高，熔块水淬时的热交换不迅速；③熔块从流料口流出时玻液温度偏低，引起急冷不明显。

3. 熔块外观颜色发生变化

比如由正常的淡蓝色变成浅黄色，查找原因：原料并没有变化，配料无误且都是同一批次，取样堆烧或者熔块磨浆刮板烧也看不出有问题，釉面平整光滑，色泽一致。分析原因可能是窑炉出现了局部的不完全燃烧，燃料中有少量碳析出，造成了熔液变色，水淬后形成熔块变色。解决这一问题的方法是：降低烧嘴的嘴前压力，使其能充分燃烧，同时适当降低加料量，使窑炉的熔制温度保持稳定。

4. 熔块品管时釉面有很多小黑点

其原因可能是冷却用水不干净，含有有色颗粒或铁杂质；也可能是玻液落下时与流料槽摩擦使接触处磨损的铁杂质吸附于熔块表面或者裂纹里。解决这一问题的办法是：检查水质，必要时增加过滤和除铁设备；另外就是在玻液液柱与溜槽接触处垫一块高温耐火砖，最好是电熔 AZS 砖，以防止玻液与流槽直接接触。

陶瓷熔块窑炉属于连续性生产熔制炉，其熔制烧成温度通常在 1500℃ 上下浮动，熔块经过水淬处理后变成不规则的颗粒状，部分厂家还需要按照粒径来进行分级筛选，也有厂家是直接沥干水分打包。目前陶瓷熔块窑炉主要以砖结构的为主，以 $24m^2$ 的熔块窑炉来计算，一天 24h 的产量在 45t 左右（图 3-6、图 3-7）。

图 3-6　陶瓷熔块窑炉

图 3-7　陶瓷熔块水淬

3.4.3　熔块的种类划分及主要原料

1. 熔块的种类划分

内墙瓷片熔块有水晶光泽熔块、锆乳浊高白高光及亚光熔块、含锆半白喷墨熔块、非锆乳浊的半白熔块、透明及半透明亚光熔块、底釉用锆白熔块、不透水用钛白熔块等。

(1) 水晶光泽熔块：一般对色料发色好，用于丝网、辊筒印花的瓷片面釉熔块，它可以加入陶瓷色料来生产纯色砖。特点是高光、平整度好，通透性强。现在随着喷墨机的普及，由于普通水晶光泽熔块对墨水有发散现象，使用量逐渐变小。

(2) 锆乳浊高白高光及亚光熔块：一般用于生产纯白的高光、亚光砖，可进行丝网、辊筒印花装饰。随着喷墨印花机的普及，由于锆熔块对喷墨墨水在釉面上有稳定作用，可以使墨水线条不扩散，保持原有线条清晰度，喷墨图案的立体感更强，所以锆乳浊高光高白熔块得到了广泛使用。

(3) 含锆半白喷墨熔块：这一类熔块是顺应喷墨印花而出现的，初期喷墨印花的高档瓷片面釉都是采用锆含量较高的锆白熔块，不足之处是成本高。为了降低成本，又能保持喷墨图案的一致稳定性，就出现了含锆半白喷墨熔块。这类熔块的特点是含锆在 2.5% 左右，由于锆含量不高，所以熔块生产时的熔液黏度不高，可以减少起助熔作用的硼酸及氧化锌等化工原料的用量，提高了熔制效率，也保证了釉面的光泽度和平整度等质量指标，所以基本上取代了高锆含量锆白熔块。

(4) 非锆乳浊的半白熔块：这类熔块是利用二次加热时熔块内部发生分相的原理，形成折射率不同的两相，从而形成乳浊的效果。它的特点是白度没有锆白熔块好，所以叫半白。这类熔块组成中因为没有锆，喷墨效果较含锆喷墨熔块的效果差，图案的立体效果不及喷墨熔块，还有轻微墨水扩散的缺陷。优点是熔块成本要低很多。这类熔块因为是分相乳浊的原因，所以对熔块的组成有严格的要求，例如网络连接剂 Al_2O_3 的加入量不能多，比例高了分相就会趋于消失，白度大大下降；也由于网络稳定剂 Al_2O_3 的量偏少，其釉面的质量稳定性也比喷墨熔块的釉面差，所以这类熔块主要用在质量要求不高的瓷片上。

(5) 透明及半透明亚光熔块：这类熔块形成的亚光釉面细腻、平滑，手感很舒服，其釉面较用生料为主形成的亚光釉面好很多。以生料为主的亚光釉面，釉面结晶较粗，质感细腻不够，因此，釉面细腻，指摸润滑的高档釉面通常含有较大的熔块比例。

根据陶瓷熔块所适用坯体的不同，可以分为一次烧熔块、二次烧熔块和三度烧熔块。

（1）一次烧熔块因为用在没有烧过的生料坯上，所以其特点是始熔点较高，这样才能在烧成时方便生坯的气体排出。

（2）二次烧熔块由于是用在已素烧过一次的坯体上，坯体中的有机物、化合物的分解都已经基本完成，因此可以在较低的温度范围内烧成，其特点是熔点较一次烧熔块要低一些，熔块的成分要求也没有一次烧那么严格。

（3）三度烧熔块主要是用来做干粒，用于腰线、艺术砖等三度烧产品上，烧成温度一般在1000℃左右。近年来随着镀金设备及喷墨印花机的普及，三度烧干粒也被用来作K金砖、釉下彩微晶砖等产品，它利用三度烧干粒的高通透性，可以达到良好仿真石材的效果。

高温熔块可以分成两类：一类是不用考虑熔块的釉面效果，主要用在抛釉、仿古砖釉上，通过添加10%～30%这类熔块来降低釉的烧成温度，提高釉的稳定性，其特点是熔块中氧化铝含量一般比较高，在18%～25%；另一类是可以直接用作面釉的熔块，主要用来制备干粒，包括止滑干粒、仿古干粒、柔光干粒用熔块，透明亚光干粒用熔块，半亚透明干粒用熔块等，这类熔块组成变化很大，有的氧化铝高，有的氧化钡高，有的锌钡都高，总之根据具体使用要求设计组成。

特殊功能熔块：例如大膨胀熔块，其特点是膨胀系数大、透明度高、流动性好，可以用在外墙、日用瓷的裂纹釉上，也可以用于调节釉料的膨胀系数。

底釉熔块：目前普遍采用的是锆乳浊熔块和钛乳浊熔块。

2. 熔块主要原料

熔块的本质是玻璃，所以与玻璃类同，形成稳定的硅酸盐熔体结构同样需要有网络形成体、网络外体及中间体。常用的原料品种如下：

（1）石英粉：是熔块中引入最重要的网络形成体成分 SiO_2 的主要来源。

（2）氧化铝：引入的 Al_2O_3 在熔块中起到网络连接剂和稳定剂的作用，它是提高熔块使用温度的主要成分。

（3）钾长石、钠长石：为熔块提供 SiO_2 和 Al_2O_3 成分之外，也提供了网络外体成分 K_2O 以及 Na_2O。

（4）方解石：引入的 CaO 成分在熔块中起断网作用，具有良好的高温助熔作用，同时也可与 SiO_2 及 Al_2O_3 等形成硅灰石和钙长石微晶。

（5）白云石：为熔块提供 MgO、CaO 组分，高温时有良好的熔剂作用，增加熔体的流动性。此外，还能提高熔块的表面张力，也是熔块中微晶体的主要贡献者。

（6）硼酸：引入的 B_2O_3 可以为熔块提供非常重要的助熔剂成分，在通常的加入量范围内，还能起到明显降低膨胀系数的作用。引入 B_2O_3 组成的原料还有硼钙石、硼镁矿和硼砂等。

（7）氧化锌：为熔块提供 ZnO 组分，其作用一是可以提高熔块的表面张力，赋予熔块釉面良好的平整性；二是提高熔块的折射率，使熔块釉面晶莹透亮；三是起到析晶促进剂的作用。

（8）碳酸钡，它为熔块提供 BaO 组分，其作用一是可以提高熔块的折射率；二是提高熔块的透光度；三是晶体晶核发展的促进剂。

3.4.4 不透水底釉熔块及配方设计

1. 不透水底釉

随着消费者对于瓷砖的要求不断提高，特别是对于瓷片类产品的花色和釉面等物理指标的要求的提高，促使陶瓷厂家在瓷片类产品的吸水率的指标上提出了更高的要求。不透水底釉熔块就是为了解决瓷片的吸水率导致釉面变色而研制的。由于瓷片类产品的煅烧温度相对于玻化砖来说低很多，素烧坯体的吸水率还是非常高，特别是只上一层化妆土的情况下，只能起到遮盖坯体颜色的作用，而不透水底釉具有釉的部分性能，能够在坯体与上层釉面之间起到一个玻化隔离的作用，因此不会出现釉面砖因吸水而出现色差的问题。不透水底釉中加入氧化钛可起到乳化增加白度的作用。因此，市场中常见的不透水底釉熔块的外观颜色都是浅棕黄色。

2. 不透水底釉熔块的配方设计

不透水的概念是利用完全瓷化的底釉进行阻隔，保证面上的水分不会渗透过去。此外，不透水底釉还要求无水印，这就要求底釉除了完全瓷化外，还要有高乳浊白度和遮盖力。

在所有乳浊剂中 TiO_2 的乳浊度和遮盖力是最高的，但 TiO_2 有一缺陷，即使用温度不能高于 850℃，超过该温度就会发生晶型转变，逐渐变黄。

熔块产生乳浊的原因是，在熔块中有晶体相析出，晶相和非晶相之间的折射率差别越大，其乳浊就越好，遮盖力也就越强。

虽然单质 TiO_2 的折射率很高，但其高温泛黄的特点限制了在高温条件下的应用，因此不能采用单质 TiO_2 作为高温釉料的乳浊剂，而通过熔块形成钛的稳定化合物钛榍石（$CaTiSiO_5$）就可以实现这个目的。钛榍石的折射率在 1.9~2.05，熔块非晶相的折射率在 1.52 左右，而且关键是钛榍石还具有双晶结构，其双折射率差高达 0.134，所以具有钛榍石结晶的钛白熔块其乳浊度和遮盖力都很好，而且明显好于锆白熔块的乳浊遮盖力。

钛白熔块就是依据上述理论设计的。由于钛榍石对熔块中的 Al_2O_3 很敏感，因此其含量要有一个限度，超过会引起钛榍石结构的消溶，一般 TiO_2 含量控制在 3%~7.5% 为宜。

配方中的 Al_2O_3 和 SiO_2 由钾钠长石引入，SiO_2 不足部分添加石英，CaO 由方解石或白云石带入，TiO_2 由锐钛型钛白粉带入。

根据钛白熔块的使用要求确定熔块的组成。内墙瓷片的使用温度在 1100℃ 左右，在这个温度附近，钛榍石在釉中的再溶解度比较小，所以钛白粉的加入量控制在 6%~9%，CaO 的含量可以用到 20% 以上。因为使用温度相对较低，可以多用钾钠长石，通过钾钠长石引入 K_2O 和 Na_2O 降低钛白熔块的温度，钾钠长石的用量一般在 30%~70%，也可在配方中添加少量磷化合物原料，可以起到促进析晶的作用。不透水底釉钛白熔块的特点就是高乳白度和高遮盖力。例如一钛白熔块配料为：钾钠长石 46%、石英 26%、方解石 36%、钛白粉 8.1%。上述钛白熔块可以用于瓷片不透水底釉。质量要求较高的话，熔块用量在 70% 左右，生料部分高岭土 10% 左右，石英 10%~15%，烧滑石 6%~10%，钾钠长石根据烧成实际情况灵活应用，其烧后白度可达 71 以上，获得比较满意的效果。

3.5　陶瓷干粒

3.5.1　陶瓷干粒的定义

陶瓷干粒简单来说就是破碎至一定目数的熔块，而熔块是将原料按比例混合，在熔块炉里高温熔制、澄清，并经水淬急冷后获得的碎粒状或片状的陶瓷材料。陶瓷干粒与一般成釉的差别在于，由于干粒本身在熔制过程中已发生高温化学反应，使某些有毒的原料变为无毒，同时使可溶的原料变为不可溶的玻璃体，增加了陶瓷材料的使用范围和使用功能。再者，大大减少了烧成过程中的反应温度和反应时间，可实现较厚的釉层效果，有利于提高产品表面质量，实现低温快烧工艺。成品干粒的生产成本虽比釉料高，但由于其各项物理和化学性能非常稳定，由此获得的瓷砖产品的镜面度、透感和质感的差异也更加明显，图案更有立体感和层次感，装饰效果更好，所以在陶瓷生产中被广泛使用。早在十几年前，干粒工艺已经应用在了微晶石、抛晶砖产品之中。

3.5.2 陶瓷干粒的种类

目前，市面上常用的陶瓷干粒按品类分，主要有普通干粒、有色干粒、特殊干粒和功能性干粒等。每类干粒，除了有高中低温差别外，还可能富含或不含某种特定组分，以适应不同坯体、不同烧成温度、不同装饰效果的需要。正因如此，陶瓷干粒产品可多达数百种。

普通干粒（图3-8）包括糖果干粒、亚光干粒、抛晶干粒、柔光干粒、锆白干粒、瓷片干粒等，可适应普通产品的装饰效果需求。其中，近几年由于陶瓷大板的集中爆发，促进了抛晶干粒的大量使用。

有色干粒（图3-9）包括各种颜色干粒，如蓝色、黑色、绿色、咖啡色、紫色和红色干粒等。颜色干粒主要特点是在熔块配方中加入色料，常用的着色元素有铁、钴、铬、镍、锰、铜等。

特殊干粒包括闪光干粒、珠光干粒、结晶干粒等具有特殊装饰效果的陶瓷干粒。近几年，道氏技术首推了钻石干粒、冰晶干粒、巨晶干粒、金属干粒、金砂干粒、裂纹干粒等原创性的特殊效果干粒，极大地促进了干粒新产品的升级，提升了陶企新产品的附加值，比如近几年展会上超火的以晶钻、星钻、星耀等命名的瓷砖产品。

图3-8 普通陶瓷干粒

图3-9 有色干粒

功能性干粒包括耐磨干粒、防滑干粒等提高陶瓷特殊性能的干粒。

根据生产工艺的不同，陶瓷干粒外观形态也有不同。常见的干粒形态有颗粒状、片状、条状和圆珠状等，可应用于不同的产品装饰砖面效果。

3.5.3 陶瓷干粒的生产

在制备陶瓷干粒前，需要先制备熔块，熔块的制备工艺大致可分为原材料处理、混合配料、水淬、干燥、破碎、筛分、包装等几个步骤。其中，熔制及水淬如图3-10所示。

熔制熔块前，需注意配方的合理性，熔块的成分对其结构和性能起决定性的作用，需经理论支撑和前期的试探性试验来摸索确认效果，最后再根据生产的实际条件进行调整。熔块配方的不合理会导致熔制、放料、对板等工作的困难。一般而言，配方中含铅、硼及碱金属较高，熔块相对低温、黏度小，放料易流出，但该类成

图3-10 熔块熔制及水淬展示

分过多易对炉壁产生侵蚀，需酌量使用；对于硅、铝、锆等高温材料含量高的配方，熔块相对高温、黏度大，需加入一定的助熔剂助熔，否则配方夹生甚至不熔或流动性差无法放出。在助熔剂的选择上常用碳酸盐，比较环保；硫酸盐会进入结构形成网络，一般在熔块流速快时使用用来降低流速；使用硝酸盐可使其受热分解提供氧气气氛，帮助成分氧化。

由于配方的差异，对应的熔制制度也不相同。生产前，须做小试试验确认熔制温度，以避免生产出不合格产品。窑炉的熔制温度过高或熔制时间过长，一些元素会因高温而挥发，导致熔体的化学组成产生变化；窑炉的熔制温度过低或熔制时间过短，原材料在炉内熔化不透，熔块中夹有生料和气泡，则易导致釉面缺陷的产生。合理的熔制制度才能制得合格的熔块，以保证熔块质量和生产经济的合理性。

熔块制备好后，将其破碎至成品干粒。干粒的品检必不可少，检测项目主要包括外观、粒径、水分、杂质及单料试烧试验。其中，单料试烧最有效的检测方法是将干粒混合添加剂（一般为胶水或悬浮剂）喷或刮在施釉且有喷墨图案的砖坯上，经窑炉烧成后，观测干粒的光泽度、透明度、手感、发色和杂质缺陷。

干粒品检常见的杂质缺陷有黑点、蓝点和白色絮状物等。黑点和蓝点可能是生产过程中设备的一些金属杂质混到熔块中造成的，一般会通过加强除铁的方式尽量去除；白色絮状物可能是熔制过程中对熔块窑炉侵蚀混入的白色碎屑，或材料未完全熔融形成的结石，形成结石则需要考虑调整配方或熔制条件。

经过严格品检合格的干粒成品方可使用到陶瓷生产中，从而进一步提高优等率，提升客户的产品附加值。

3.5.4 陶瓷干粒的应用

陶瓷干粒最常用的生产工艺有干法和湿法两种，目前这两种工艺基本能满足绝大部分干粒装饰效果的需求。

1. 干法工艺的流程

坯体→干燥→喷水→面釉→喷墨打印→喷保护釉（固定剂）→布料机布干粒→喷保护釉（固定剂）→干燥→烧成，喷固定剂的目的是防止干粒在窑炉中因为负压吸力被抽走。干法工艺可布施更厚的釉层效果，对固定剂的要求比较高，此工艺可延伸做胶水定位干粒产品。

2. 湿法工艺的流程

坯体→干燥→喷水→面釉→喷墨打印→喷保护釉→淋干粒/喷干粒→干燥→烧成，湿法工艺是将干粒和悬浮剂按合适比例混合，通过钟罩淋釉或喷釉柜设备均匀地布施在砖表面的过程。淋干粒工艺对悬浮剂的要求比较高，须满足悬浮分散性优异、流动性和黏结性好、耐高温、不起泡、不开叉、不影响发色等条件。喷干粒工艺对干粒的细度及喷釉柜喷的均匀度有要求，避免出现雨点问题。

下面针对几种不同干粒在陶瓷装饰应用中体现的不同效果作简单展示。

(1) 糖果干粒（图 3-11）

适用于一次烧地砖，烧成后在瓷砖表面形成如砂糖般细微且晶莹剔透的颗粒，在灯光下产生炫光效果。糖果干粒被广泛运用于仿古砖、仿木纹砖和全抛釉等系列产品上，瓷砖表面层次感强、立体光亮、强耐酸碱，抗污能力强，吸水率低，用手触摸，可以感受到明显的干粒感。

(2) 珠光干粒（图 3-12）

在陶瓷砖面上的应用犹如把珍珠镶嵌在瓷砖上。在生产流程中，将珠光干粒均匀布施于砖坯表面，经高温烧成后便会形成排列紧密、散发微光的圆珠颗粒，光照的区域会呈现出星星点点的立体珠光，且

图 3-11　糖果干粒在陶瓷砖面上的效果展示

图 3-12　珠光干粒在陶瓷砖面上的效果展示

会随视觉变化转移。触摸时能清晰感受到颗粒状表面，有天然珍珠般的细腻圆润手感。用干粒材料来演绎珠光效果，无论是在视觉光泽上还是触感体验上，都极大程度上实现了对天然珍珠美感的模拟，如同"把珍珠镶嵌在瓷砖上"。

(3) 冰晶干粒（图 3-13）

该产品本质上是在陶瓷材料及工艺层面对釉面工艺的一种革新，改变了釉层晶体形成的方式，通过创新在釉层中添加具有一定颗粒度的冰晶干粒，利用其物理特性，使得烧成的瓷砖具有细碎的钻石光泽、晶体的闪光效果，而非依赖釉面熔融状态下析晶得到晶体效果的传统工艺。在生产应用上，冰晶干粒产品已可成熟地运用于干粒抛（干、湿法通用）、全抛釉工艺，起到了锦上添花的作用。平整光亮的表面与晶莹闪耀的效果相融相成，迎合了主流消费者的使用和审美需求，打造出更高级的装饰效果，创造更大的产品附加值。

(4) 结晶干粒-巨晶效果（图 3-14）

通过对材料配方的创新和优化，结晶干粒-巨晶效果实现了 1150℃ 以上，50min 低温快速烧成，在保证呈现效果的同时，极大地降低了烧成温度和时间的需求条件，节约了生产时的资源消耗，符合国家节能环保生产的要求。适用于坯体布料渗花、干粒抛、全抛釉等多种工艺，能以全板面或定位装饰的形式呈现。大结晶晶花形状结构完整，排列紧凑，整体的装饰性和艺术性强。不同的工艺搭配演绎不一样的独特美感，"晶"彩纷呈，美轮美奂。

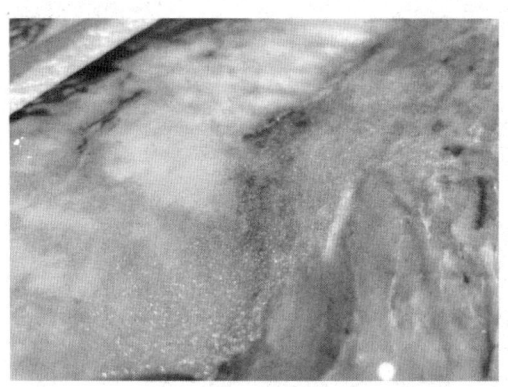
图 3-13 冰晶干粒在陶瓷砖面上的效果展示

图 3-14 结晶干粒（巨晶）在陶瓷砖面上的效果展示

3.6 金属釉

3.6.1 金属釉的定义

金属釉是陶瓷产业釉料中的一种特殊艺术釉，主要施于仿古砖瓷砖上，也有施于日用陈设瓷的瓶罐上、花瓶或艺术瓷上。施加金属釉的瓷砖表面呈现出金属质感的光泽，并能呈现出各种颜色，红、黄、银、蓝、黑等。金属釉之所以呈色丰富并发出金属光泽，是因为其釉料配方中加入了重金属元素，如氧化铁红、磷酸铝等。

金属釉因金属釉仿古砖而得名。金属釉仿古砖于 2005 年正式出现，而且在许多正式场合都被人认可，获得一个叫"金属釉仿古砖"的称谓。中国市场的金属釉产品最早从意大利引进，第一代金属釉产品还是完全的生料釉，即由各种长石和石英等化工原材料再加上金属着色和析晶剂成分，成分混合均匀后即为金属釉半成品。陶瓷生产厂家将金属釉购进后，还需要进行湿法球磨制浆，金属釉对于釉浆的细度也有一定要求，一般要求 325 目左右，釉浆过细或者过粗都会导致金属光泽效果差和出现严重的色差。

由于第一代金属釉的配方中氧化铁红等部分原材料的不稳定性，在后期的球磨工艺中容易出现色差，特别是部分厂家的原材料混合不均匀导致生产过程中经常出现色差，并且使金属光泽感降低。第二代金属釉的改进主要是在原材料上面，特别是纯度更高的工业级磷酸铁和磷酸铝的使用，提高了金属釉的稳定性，使釉面金属光泽度更加漂亮和细腻。

目前，市场的流行热点从金属釉转移到了喷墨和全抛釉以及现在的微晶玻璃等功能性釉料，因此金属釉产品也就慢慢淡出了市场。金属釉产品主要集中在 2 个系列，其中大致可分为：白金和黄金。所谓白金就是釉面呈现出的是银白色的效果，作为金属釉配方来说，白金的难度也是高过黄金（或者说红金）。黄金的效果其实根据不同厂家的产品来说，黄度值也是不一样的，黄金中发黄或者说偏向于红黄调的着色剂其实就是铁离子。除了色调，金属釉的另外一个发展趋势就是向低温发展。由于金属釉属于生料长石釉的范畴，因此金属釉仿古砖的煅烧温度一般在 1170～1230℃。因此，金属釉的使用主要是在高温仿古砖上面，目前不少厂家都在尝试着降低金属釉的烧成温度，促使金属釉瓷片的生产，生料釉成本低的一个方面就是不需要经过熔块窑熔制这一环节，但是要降低生料金属釉的温度也是一个需要技术攻关的细活。特别是在不适用不溶于水的低温溶剂方面还有很多工作需要去试验。

3.6.2 金属釉分相原理

金属釉分相是釉熔体产生液相分离使某些组分的液相形成连续相，而另外组分的液相以球状小液滴状态分散在连续相中的现象。严重时使釉熔体分为两层。但这却是研发仿古砖金属釉的基础。分相后不一定能形成连续的金属釉面，那么，如何得到连续的金属釉面？

许多试验证明：着色元素都集中于富网络修饰离子的液相中。若连续相中含有的网络修饰阳离子高，则易分布、形成均匀的金属釉面。

能否形成均匀的金属釉面，还与金属液滴的相对密度、表面张力有关，一般要求金属液滴相对密度小、表面张力也小。相对密度小，金属液滴才能浮到釉熔体的表面；表面张力小，避免使金属熔体形成完整的水滴状，这样才能形成完整连续的金属釉面。

另外，金属液滴必须达到过饱和状态，才能析出连续的结晶。

3.6.3 金属釉配方研制

1. 金属釉配方

（1）大规格平面砖高温金属釉

金属釉化学组成见表3-2。

表3-2　金属釉化学组成（质量分数，%）

序号	SiO_2	Al_2O_3	Fe_2O_3	TiO_2	CaO	MgO	ZnO	K_2O	Na_2O	P_2O_5	IL	PbO	SO_3
1号	37.85	11.59	14.95	0.18	4.33	0.41	1.02	0.39	2.70	17.65	6.21	—	2.62

配方如下：长石30，烧滑石3，重钙8，石英7，煅烧高岭土10，高岭土5，$FePO_4 \cdot 2H_2O$ 36，ZnO 1。此配方金属光泽较好，适合1160～1200℃烧成，金属釉颜色有点偏红。

（2）小规格模具砖高温金属釉

金属釉化学组成见表3-3。

表3-3　金属釉化学组成（质量分数，%）

序号	SiO_2	Al_2O_3	Fe_2O_3	TiO_2	CaO	MgO	ZnO	K_2O	Na_2O	P_2O_5	IL	PbO	SO_3
1号	39.00	13.43	13.91	0.18	4.49	0.35	1.20	0.41	4.00	14.85	3.65	—	4.24
2号	43.32	12.41	10.24	0.07	2.63	0.06	0.27	0.14	8.57	17.85	3.65	—	—

配方为长石50，石英4，煅烧高岭土6，$Ca_3(PO_4)_2$ 5，$FePO_4 \cdot 2H_2O$ 22，磷酸铝3，氧化铁13，ZnO 1。此配方最好把氧化铁与 $Ca_3(PO_4)_2$ 或 $FePO_4 \cdot 2H_2O$ 等原料一起煅烧后使用。

而有些厂家用金属釉生产高吸水率300规格的小地砖，其烧成温度要低一些，一般在1150℃左右。在这么高的温度下，要想得到好的金属光泽，则需要把 $FePO_4 \cdot 2H_2O$ 进行煅烧，或者把整个配方进行煅烧。配方需要做一些调整，加入一些熔剂降低一点温度，如表3-3中2号化学成分。金属釉半成品烧前和烧后如图3-15和图3-16所示。

图3-15　金属釉烧前半成品　　　　图3-16　金属釉烧后半成品

(3) 金属釉面效果

金属釉面光泽性很强，金属连续性能好，呈红金色、黄金色、银白色。单烧金属釉效果如图 3-17 所示。

图 3-17　金属釉效果

(4) 金属釉配套印花釉配方

印花后，花釉有较大部分被面釉熔掉的现象。如何印好花釉，需要从两个方面入手，一是提高花釉温度，二是提高花釉的遮盖力。由于金属釉的原理是分相，含磷很高，釉面温度较低，要求所使用印刷粉温度比一般印刷粉高很多，甚至高 100℃ 都不奇怪。提高花釉的遮盖力，可以增加色料的用量，调整印刷粉的配方，增加锆、铈等乳浊剂用量，用锆白釉或闪光釉及其增白原理，调高印刷粉的温度进行使用。

2. 金属釉料制备

1) 喷金属面釉工艺配方

① 面釉：金属釉 100g，水 100g，甲基 0.1g，三聚磷酸钠 0.2g。球磨够细度后放球，再加 30g 的水洗球放入池中待用。

② 花釉：印刷釉 100g，印膏 100g，色料若干。出球后外加少量水和防粘网剂。

2) 球磨工艺参数

① 面釉：球磨时间 3h（根据球磨机大小和球磨效率而定），球磨细度 0.6g/(150g 釉 250 目筛)，出球后过 150 目筛，相对密度 1.40 左右。

② 花釉：快速研磨机磨 2h，球磨细度 0.2g/(150g 釉 250 目筛)，出球后过 150 目筛，密度 1.40～1.50g/mL。

3) 印金属面釉工艺

(1) 配方

① 面釉：金属釉 100g，印膏 50g，乙二醇 20g，水 20g。球磨够细度后放球，再加 10g 的水洗球放入釉桶中搅拌均匀待用。

② 花釉：印刷釉 100g，印膏 100g，色料若干。出球后外加少量水，可以不加防粘网剂。

(2) 球磨工艺参数

① 面釉：快速研磨机磨 3h（用球磨机磨根据具体情况而定，达到细度为止），球磨细度 0.1g/(150g 釉 250 目筛)，出球后过 150 目筛，密度 1.60～1.70g/mL。

② 花釉：快速研磨机磨 2h，球磨细度 0.2g/(150g 釉 250 目筛)，出球后过 150 目筛，密度 1.40～1.50g/mL。

3. 施釉

1) 喷金属釉

(1) 喷水

喷金属釉前是否喷水要看坯体的温度是否偏高以及釉面喷得是否够平。喷水的作用除了可以降低坯温，还可以润湿坯体表面，使之形成一层水膜，喷面釉能喷得更平。通常情况下，生产普通仿古砖，一般都要喷水，而生产金属釉产品时，则根据情况，只要能喷平，就可以不喷水。

(2) 喷金属釉

① 工艺参数

密度 $1.30±0.05$ g/mL，施釉量 160g（600mm×600mm 规格），釉线过振动筛 150 目左右。

② 喷釉加稀释剂

金属釉由于触变性很大，喷釉时首先看是否能喷满整块砖，而且是否能喷平。通常情况下很难喷平，所以一般要加一定的液体解胶剂，其加入量多少，以面釉喷平为止，如果可以喷平，则不加。由于金属釉配方内加入甲基的量很少，而施釉时为了解决触变性的问题加稀释剂，导致釉浆黏结性能极差。喷到砖面上后，薄薄的釉层之间没有黏结作用，"起粉"问题严重。如果采用胶辊印花，是无法生产的。即使是采用丝网印花，也要在印花前喷一层固定剂（胶水），也可以在金属釉里加入几点甲基水。

加稀释剂的另外有一个好处是采用物理反应方式促进分相，增加金属釉的金属效果。

(3) 喷固定剂

生产金属釉时，很容易出现"粘网"问题，通常情况下要在印花前喷固定剂，一般固定剂喷用量达 15～20g（450mm×450mm 盘）。如果是模具砖则只需要喷一层金属釉，不需要喷固定剂。300 规格模具小地砖则需要把平面部分磨掉，再喷水胶水印白色盖釉，最后喷印花釉。

2) 印金属釉

(1) 喷甲基水

与喷金属面釉生产工艺不同，印金属面釉前需喷一道甲基水。印金属面釉前要求甲基水刚好干，它能在坯体表面形成一层很平的胶膜，其主要作用是润湿、润滑。我们曾喷水试过，同样的喷用量，但是干得太快，保水性太差，而使用胶水（固定剂）效果也不理想，当初以为用固定剂，黏性好，不易粘网，后采用笔者公司胶水，印后"小针孔"很多，与坯体温度偏高时的情况一模一样。由于胶水黏性太好，金属面釉一印下去就被固定剂固定在坯体表面了，没有流动，下凹的地方有孔。

采用甲基水，其施用量为 20～25g（450mm×450mm 盘）。生产时喷 20g（450mm×450mm 盘），效果较好，具体喷用量根据喷枪到印花距离而定。另外，甲基水的配方也很重要，它直接决定了甲基水的黏度。黏度太小达不到保水要求；太稠太黏，固定能力太强，金属面釉无法流动。甲基水配比如下：甲基 1g，乙二醇 3g，水 100g。先用乙二醇把甲基溶解，后加水搅拌均匀。

(2) 印金属面釉

① 工艺参数

相对密度 $1.60±0.05$，施釉量 60～70g（600mm×600mm 盘），釉线过振动筛 150 目左右，如果釉料车间已经过了振动筛则不过也行，但需保证无杂质掉入。

② 印金属釉对网版和坯体表面的要求

采用通网印金属釉一般采用 80 目加厚两次的通网，网版做好后还应试印，称其透釉量。通网的透釉量是一个很重要的参数，其对生产后金属效果，生产是否有缺陷产生直接影响。

坯体的清洁度直接对印金属釉造成影响，因此坯体表面是不能有坯粉、水坯等。如有应及时捡下来，否则印不到花釉。印花时，应调好花机高度，注意前后印金厚度是否一致。

（3）喷固定剂

采用印金属面釉的生产工艺，施面釉后一般不用喷固定剂，而且生产上也不允许，因为花机后面再安装喷头喷固定，其花机除间距不够之外，喷后花釉不易干，反而会产生"粘网"问题。

4. 印花釉制备

一般普通陶瓷产品花釉不容易粘网，而做金属釉产品粘网则是经常出现的问题。一般普通印刷粉在金属釉上面很难发色，特别是透明印刷粉，不管加多少色料，加什么色料，印在金属面釉上都是黑色。而一般生产都用浊白印刷粉（其配方与普通浊白印刷粉有很大不同，有一些厂家在闪光釉配方基础上提高温度制成金属釉印刷粉）。即便如此，采用浊白印刷粉调成花釉，其配比也和普通花釉配比不同。其中印刷粉加入量很大，色料加入量大，增加印花厚度，减少花釉和金属面釉反应程度。这样一来，花釉相对密度很高，很稠，很黏。特别是采用生料做印刷粉时，粘得会更厉害，生产时必须加防粘网剂。

印花后，花釉有较大部分被面釉熔掉的现象。调整花釉配方，减少印刷釉粉的用量，增加色料用量，提高花釉的烧成温度，减少花釉印后的厚度，使花釉浮在金属釉表面，形成另外一种金属砖效果。

现在绝大部分陶瓷厂家生产这种小地砖都会磨掉上面一层金属釉，保留凹槽里的金属釉，然后再印上白色盖釉和花釉。

5. 烧成

不管采用哪个工艺生产，其烧成曲线相差不大，相对来说，用通网印金属面釉适应范围要宽很多，比较容易出效果。金属釉对窑炉烧成曲线很敏感，不同的窑炉烧出来的效果是不同的。有一些厂家窑炉烧出的金属效果很好，有些厂家则不理想。一般情况下，烧成越慢，反应进行得越彻底，结晶更好，最好是能适当保温，但又不能保温太久，在最高温度后到急冷要果断。佛山某厂窑炉烧成曲线如图3-18所示。

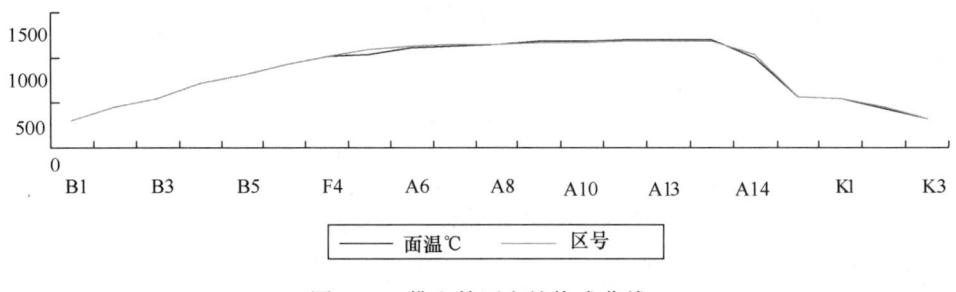

图 3-18　佛山某厂窑炉烧成曲线

3.7 全抛釉

3.7.1 全抛釉定义及全抛釉瓷砖

全抛釉是一种可以在釉面进行抛光工序的一种特殊配方釉，它是施于仿古砖的最后一道釉料，目前一般为透明面釉或透明凸状花釉，施于釉面砖集抛光砖与仿古砖优点于一体的，釉面如抛光砖般光滑亮洁，同时其釉面花色如仿古砖般图案丰富，色彩厚重或绚丽。其釉料特点是透明不遮盖底下的面釉和各道花釉，抛釉时只抛掉透明釉的薄薄一层，而透明凸状花釉做全釉时的杰出之作，其凸釉通过丝网印花于砖面成间断的凸粒状釉，烧成再抛釉，效果更是别具一格。

全抛釉砖又称"全抛釉中彩"。就今天行业的全抛釉产品技术定义而言，它应该是传统抛光砖在表层施釉然后抛光的产物。对于原来生产抛光砖的企业而言，转型生产全抛釉产品并不复杂，与抛光砖相比，全抛釉产品在花色上更为丰富。经高温烧成瓷砖后，花纹着色肌理是透析色彩，不是普通瓷砖表面上的粗犷花纹，而是看得见、摸不着的特殊着色肌纹，色彩鲜艳，花色品种多样，纹理自然。全抛釉烧成的瓷砖使用寿命长。一般抛光砖用久了，容易亚光；仿古砖用久了，由于表面的釉层比较薄，容易磨损，而全抛釉烧成的瓷砖透明釉面比较厚，不容易磨损，因此其使用寿命是一般微粉砖的3倍。其化学成分主要由钾钠长石、方解石、石英、硅灰石、高岭土、氧化铝等组成。

全抛釉的出现，将瓷砖重新拉回到了"亮光时代"，与釉面砖水晶般的光泽相比，原来的抛光砖、仿古砖统统变成了"灰姑娘"，从而将瓷砖装饰的光洁亮丽、富丽堂皇效果提升到了一个全新的高度。然而，作为一种全新的生产工艺，釉面砖无论在材料、装备还是技术层面，都还不是那么完美无缺，如磨损、吸污、露底等，但新技术就是在不断发展与试验中完善的。从2010年陶瓷喷墨技术开始向行业内渗透，并经过颠覆式技术革新后，釉面砖的技术得到完美升级，全抛釉釉面砖二代产生，采用喷墨印刷镜面全抛工艺，解决了全抛釉一代的大部分问题。运用多层特殊制造工艺，将全透析釉料下彩技术结合先进印刷工艺，令花纹俯在下层，低碳节能、清洁生产，表面晶莹剔透，独有釉料精抛工序，与抛光砖比较可以减少90%的材料损耗，更加节能减排，绿色环保，并且取代了稀缺昂贵的高档石材，降低了建筑装饰成本，保护了自然资源。

3.7.2 全抛釉瓷砖特点及需要解决的问题

1. 全抛釉瓷砖的特点

全抛釉生产的陶瓷砖产品华贵大气，格调高雅，呈现出水晶般的璀璨绚丽，源于石材，更胜过石材。用手触摸，表面光亮柔和、平滑不凸出，显得晶莹透亮，釉下石纹纹理清晰自然，与上层透明釉料融合后，犹如一层透明水晶釉膜覆盖，使得整体层次更加立体分明。全抛釉釉面砖不同于普通抛光砖，其表面的釉料为专用水晶耐磨釉，高温烧结后分子完全密闭，几乎没有间隙，能长时间耐久保持高亮不黯淡，坚硬耐磨。莫氏硬度6度以上，吸水率低于0.5%，比天然石材质地均匀、致密、稳定、安全。用硬币边缘使劲划磨瓷砖表面，其表面没有划痕或者掉渣现象，耐磨性十分优越。目前市场中有厂家宣称其全抛釉产品耐磨系数可以达到7000r。

全抛釉釉面砖是釉下彩，其坯体工艺类似于一般的釉面地砖，主要不同是它在施完底釉后就印花，再施一层透明的面釉，烧制后把整个面釉抛去一部分，保留一部分面釉层、印花层、底釉，全抛釉瓷砖的主要目标是代替抛光砖。坯体不用优质原料，表层只要有0.5~1mm的釉层就可以了。而多次布料的抛光砖也要2~3mm的精料，抛釉砖图案仿真度很容易做好，成本也低。由于釉层烧制速度较快，能耗较低，抛釉比抛光的能耗低而产量也高。过去抛釉砖的工艺设备不是很成熟，在国内大批生产的还较少。这种产品在国际上已出现了多年，特别是在西班牙、意大利等，但还没有大量应用，主要是由于技术障碍及之前没有太大的对比优势。特别是在国内，生产抛光砖的好材料还不错，能源成本也不算高。但现在这种情况已发生了变化。

釉面太厚则容易在烧制时产生大量气泡，使产品抛后防污能力差，失光，而釉层太薄，则釉面砖总有变形，抛光时易产生漏抛或局部露底现象。因此，大批量生产时，产品品质难以保证，优等品难以稳定。要解决这个问题，釉面工艺与抛釉设备都要有所突破。即要表层釉在烧制时不易产生气泡，烧制温度范围宽，膨胀系数与坯体接近，使之不易在烧制时或抛后产生变形。

2. 全抛釉需要解决的问题

（1）要对坯体的变形有一定的适应能力，以减少局部漏抛或露底的现象，同时也要有一定的切削能力，来修复因施釉不平导致釉面出现波浪而影响外观。

（2）要适合抛磨量少、产量大、能耗低的要求。

对于以上全抛产品的技术瓶颈，从前几年开始，国内众多企业一直在投入研发力量去攻关。

目前，市场中全抛釉以利德嘉、犀牛博士、陶艺制釉、高安蓝海制釉、三晶石、远大制釉、拓普制釉、江西巴洛克等几家釉料公司生产的为主打产品。它具有硬度高、透明度高、亮度高、烧成温度适应性广、气泡少、产品变形小的特点。由于全抛釉属于新事物，特别是去年出现的某厂家生产的全抛釉产品的釉面砖出现表面剥层脱落的严重质量问题，因此全抛釉产品还需要进一步改进配方和完善工艺。在机械设计方面，国内陶瓷设备生产厂家经过近3年对意大利产品的研究以及近几年对半抛、软釉面砖的生产经验的总结，目前，国内新景泰、美嘉、希望等多家陶机公司精抛机的结构已比较适合于做釉面砖工艺，机械稳定性也比较好。一般釉层厚度在1mm左右就可以抛出光滑的表面，还可以适应一定的砖坯变形。

3.7.3 全抛釉瓷砖生产工艺流程

1. 通网印全抛釉生产工艺（大理石）

砖坯喷水→淋面釉（或喷面釉）→丝网印花→140目通网印全抛釉→80目印抛釉效果网→干燥烧成。

2. 淋全抛釉生产工艺

砖坯喷水→淋面釉→印花（或喷墨）→通网印保护釉→烘干喷水→淋全抛釉→干燥烧成。

据说国内最早生产全抛釉砖的是简一陶瓷，刚开始生产的全抛釉都是通网印的，连花釉都是丝网印的，丝网印抛釉透明度好，硬度也好控制，这种工艺比较经典，刚开始行业内都是采用这种工艺生产全抛釉，特别是简一陶瓷到现在还是这种工艺。简一陶瓷定位在大理石瓷砖，模仿取代天然大理石，用丝网印花釉纹理自然分明，颜色深沉突出。

现在大多数厂家采用淋釉生产全抛釉，相对于通网印全抛釉，其通透性比较好，耐磨度也迅速得到解决。现在很多厂不再局限于仿天然大理石，把全抛釉应用到普通砖上，各种纹理都有，更有想用开创的厚抛砖来取代微晶砖。

最近又有很多工厂回转头改用淋釉方式，用通网印全抛釉生产大理石效果的瓷砖产品。瓷砖取代天然大理石，可以占领一部分天然大理石的市场，还可以增加强度，并且能够降低成本，降低开采天然大理石对大自然的影响，是一种节能环保的瓷砖品类。

3. 面釉、抛釉制备

由于全抛釉砖要求坯体中氧化铝的含量比普通仿古砖要高，一般控制在30%左右，由此就决定了其坯体温度比普通仿古砖坯体要高，排气时间滞后。就必须要求面釉和抛釉的始熔点要偏高。面釉一般温度很高，始熔点也高，而有些厂全抛釉产品为控制吸污等问题把温度调得比较低，这就存在一些矛盾。无论是面釉还是抛釉最好把原材料种类和成分尽可能地减少，在同样的烧成温度下提高始熔点。

（1）面釉的制备

① 面釉配方

全抛釉产品面釉是通用的。不过每个陶瓷厂配方有所不同，发色也有不同。喷墨面釉对发色要求要高一些，喷墨能用的面釉，丝网和胶辊印花都能用。全抛釉面釉比普通仿古砖底釉温度要低，比其面釉温度要高。表3-4是某陶瓷厂喷墨面釉配方。

表3-4　全抛釉砖面釉配方

名称	钾长石	钠长石	烧滑石	煅烧高岭土	高岭土	煅烧铝粉	石英	氧化锌	硅酸锆
1号面釉配方	20	38	—	25	5	4	13	2	10
2号面釉配方	18	30	5	18	6	11	10	3	11

② 球磨

面釉配好料后，投入球磨机加水研磨。面釉的球磨参数是 1.5t 球磨机，磨 4~5h。釉浆参数：细度 0.6~0.8（325 目筛，200g 浆），密度 1.85~1.90g/mL，流速 50~70s。

③ 过筛除铁

磨好的釉浆，过 160 目双层筛，过除铁槽后，抽到浆池陈腐、备用。

(2) 抛釉的制备

① 全抛釉配方

大理石全抛釉和淋釉全抛釉要求有所不同，配方也不同。淋釉的釉层比较厚，只要透明度达到了要求就可以，有时是不需要加熔块就能调出很好的效果。若是加抛釉熔块效果更好，烧成范围变宽很多。大理石全抛釉，因为是丝网印刷上砖面的，其施釉厚度比淋釉薄了很多，其厚度受到网版的限制。现在很多厂家生产此类产品是先印 140 止通网，然后印一道 80~120 目加厚效果网。印刷抛釉太薄，烧后抛光容易漏抛。如果要求同样的印刷条件能达到一定的印刷厚度，那么就要提高釉料的比重，减少印油和熔块等的用量。印刷烧后，抛釉必须能凸起来。大理石抛釉和淋釉抛釉配方对比见表 3-5。

表 3-5　大理石抛釉和淋釉抛釉配方对比

名称	高温熔块900	低温透明熔块901	钠长石	钾长石	霞长石	烧滑石	白云石	方解石	硅灰石	碳酸钡	碳酸锶	氧化锌	石英	煅烧铝	煅烧高岭土	高岭土
大理石抛釉	28	7	10	20	—	—	6	3	5	5	—	3	—	—	10	6
淋釉抛釉	—	—	5	15	1	5.5	18	—	3	5	4	5.5	11	0.5	16	12
厚抛全抛釉	30	25	—	5	—	5	—	10	—	—	5	—	6	—	—	4

大理石抛釉和厚抛采用佛山市玉矶材料科技有限公司生产的 Y-900 高温透明熔块（1230℃）和 Y-902 低温抛釉熔块（1180℃）来调整抛釉，烧成范围宽，可根据温度调整两种熔块比例。两种熔块按比例直接可以配成抛釉，只是成本偏高，一般配一些生料以降低成本，同时按每个厂自己的要求改变其特殊性能。

厚抛全抛釉调整配方时主要不同在于，增加透明度，不加或者少加碳酸钡，其烧后出窑的釉面一般都是光亮的。

② 球磨

淋釉全抛釉球磨参数与面釉相同。大理石抛釉是印刷的，把抛釉制成印刷粉加丝网印油研磨成适合丝网印刷的釉料。其参数是细度 0.1~0.5（325 目筛，200g 浆），密度 1.60~1.70g/mL。其比普通丝网印花釉细度要大一点，相对密度要高很多。

③ 过筛除铁

淋釉全抛釉过筛除铁参数与面釉相同，而大理石抛釉除不了铁，过筛最多能过 100 目。

4. 施釉

(1) 淋釉全抛釉

① 淋釉工序

干燥生坯→喷水→淋喷墨面釉→喷墨（或印花）→印保护釉→烘干（45~50℃）→喷水→淋全抛釉→进窑。

② 淋釉参数

淋釉工艺已经很成熟,淋釉参数见表3-6。

表3-6 喷墨、全抛釉淋釉参数

名称	密度(g/mL)	流速(s)	施釉量(330mm×600mm 盘)(g)	过筛(目)	除铁
面釉	1.82±0.02	30~35	110±3	80~100	淋釉缸和中转釉缸各放除铁棒
全抛釉	1.82±0.02	30~35	100±3	80~100	

(2) 大理石抛釉

大理石瓷砖产品,其面釉与淋抛釉产品面釉施釉工艺一样。大理石瓷砖抛釉是印刷的,其印刷工艺就是普通丝网印刷。只不过产品规格稍大一点,印花机大一些,印刷釉相对密度高一些而已。

5. 烧成

大理石瓷砖和淋釉全抛釉瓷砖的烧成曲线大同小异。以图3-19、图3-20为例,3号窑用来烧淋釉全抛釉产品,6号窑生产大理石瓷砖产品。由图可以看出:3号窑烧成周期长,烧成温度要高10℃左右。烧成周期长,排气好,不容易产生针孔。

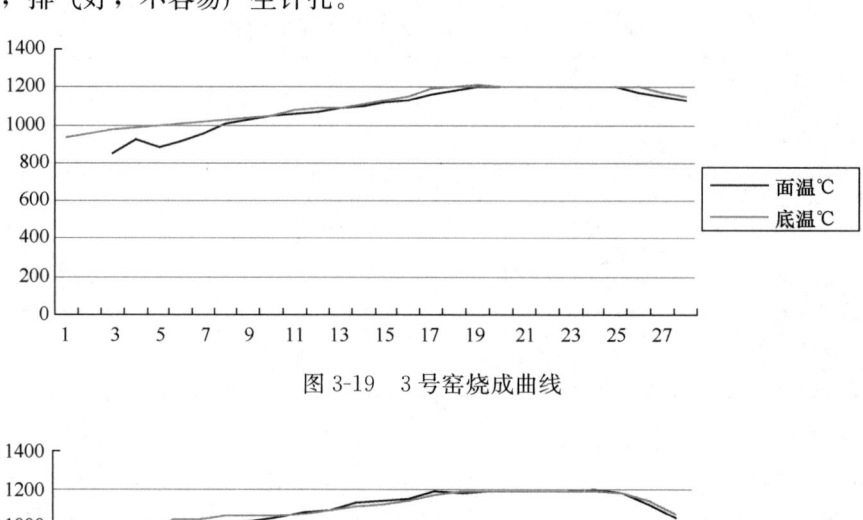

图3-19 3号窑烧成曲线

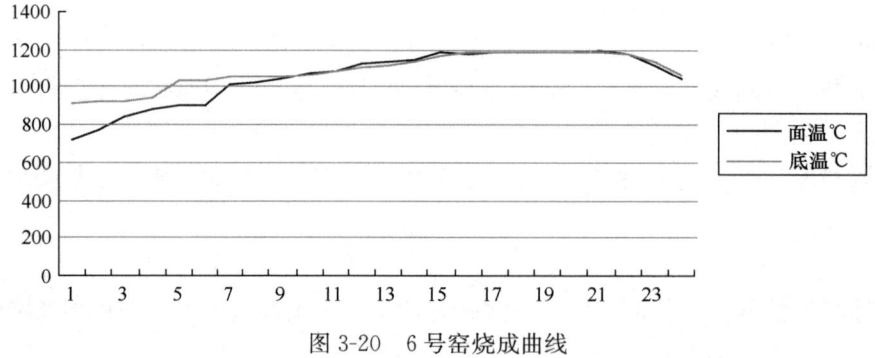

图3-20 6号窑烧成曲线

6. 抛光、打蜡

全抛釉抛光主要是更换磨头,与抛光砖不同。另外就是根据不同颜色选择不同颜色的蜡。一般常用的有黑蜡、红蜡、透明蜡等。

3.8 陶瓷功能性釉料

陶瓷色釉料一直以辅助用料的角色出现,并且随着我国建筑卫生陶瓷的发展,不断推出新产品。从早期的结晶釉、渗花釉、闪光釉,到金属釉、虹彩釉,再到当下市场热销的全抛釉、微晶玻璃熔块,每一种色釉产品的推出都伴随着一种配套系列的瓷砖产品面世。陶瓷色料及熔块产品是色釉料行业的基础用料，主要对瓷砖、卫浴、日用陶瓷、艺术陶瓷起到装饰的作用，最早采用色釉装饰的毫无疑问是艺术陶瓷及日用陶瓷。随着建筑卫生陶瓷行业的发展，并且有艺术及日用陶瓷对于色釉料成功运用的经验，稍加改良后大量应用于瓷砖、卫浴的批量生产，大获成功。功能性瓷砖实际上已有十多年的发展历史，其开端是以渗水砖的研发作为标志。目前功能性瓷砖的市场容量有限，但随着金意陶、欧神诺、东鹏等一批有实力的瓷砖企业陆续进入，预计会对市场起到一定的拉动作用。

消费者个性化需求催生功能性瓷砖。对于瓷砖企业来说，一款增加了功能性作用的瓷砖，必然会增加适当的产品附加值。市面上，目前可看到的主流的功能性瓷砖有山东统一的防静电瓷砖，协进、特地的负离子瓷砖，还有一些标榜有吸声、自洁、防潮作用的瓷砖。2023年广州陶瓷工业展上，中国制釉集团（大鸿制釉）重点展出了防滑釉、超细亚光釉等系列产品。其中，5G防滑釉系列产品不仅防滑、易洁、耐磨、耐酸碱，而且表面触感细致，涩而不粗，细而不滑。中扬新材重点展出星点效果、胶水定位干粒、3G珠光效果等最新产品及工艺。国瓷康立泰展出了优品墨水系列、数码模具系列，此外还展出了亚光精雕、亮光精雕等精雕系列，以及亮光干粒、亚光干粒等效果干粒系列。

3.8.1　发光釉料

发光釉料是指将基础釉料与发光物质按一定比例混合后施于坯体表面，烧成后具有发光功能的一种釉料，可用于陶瓷制品和搪瓷制品的生产。其发光制品具有吸收可见光，并在夜间或暗处发出强光线的功能，可用于会客室、卧室、卫生间等许多地方。在楼梯、地铁站、地下广场、火车站等人员较集中的地方装饰发光陶瓷或搪瓷指标牌，可以在突然失去照明条件的紧急情况下，方便人们的出行。近年来，发光釉料的研究从无到有，无论是制备工艺方面，还是性能特点方面都取得了很大的发展。目前，工艺较完善、应用较广泛的发光釉料主要有发光搪瓷釉料、低温发光陶瓷釉料和中温发光陶瓷釉料。本节就它们的制备、性能和特点做一综述。

1. 发光搪瓷釉料

在旅游景点、危险区、保护区、森林等地方设置夜间标示或警示，若采用灯光照明系统，由于地域大或其他原因而无法实现。如果采用蓄能发光搪瓷标牌做指示标，将会给人们带来许多方便。较早研究的发光搪瓷釉料都是以重金属（主要是铜）激活的硫化锌或碱土金属硫化物为发光材料，这类发光材料的缺点在于发光余辉时间短，而且其中一些因含有放射性物质而不利于生产和应用。张玉军等利用铂激活的铝酸锶（$SrO_n \cdot Al_2O_3 : Eu^{2+}, Dy^{3+}$）发光晶体，研制了一种余辉时间长、发光起始亮度高、无放射性危害的发光搪瓷釉料，其烧成温度为780～820℃，激发后，经过12h在暗室里肉眼仍能观察到。

研究发现，釉中碱金属含量增加会降低发光效果，而Al_2O_3、SrO含量的增加有利于釉的发光，不仅如此，B_2O_3的加入还有利于发光釉料起始亮度的提高和余辉时间的延长。将所研究的发光搪瓷釉层涂搪于白色的经过烧成的石釉上而形成发光图案。发光釉层的厚度与一般搪瓷彩色釉的相同。涂搪后的标牌坯体经烘干后，进入箱式电阻炉烧成，即可制得发光搪瓷标牌。

2. 低温陶瓷发光釉料

陶瓷发光釉的出现始于20世纪80年代，国外最早应用在日本、苏联、法国等国。主要以硫化物为发光材料，与低温釉料混合制成。由于发光体为ZnS固溶体，而一般情况下，ZnS从550℃开始就明显氧化成硫酸锌，当温度超过800℃，就已经严重氧化成ZnO，所以在制备发光陶瓷釉料时要采取适当的防氧化措施，在ZnS表面形成保护膜，以减轻氧化。这样，可使此类发光釉料的烧成温度在800℃左右。

传统发光釉的制造工艺大体上有三种：

（1）把合成好的荧光基质、激活剂和釉料混合均匀，一起施釉烧成；

（2）把已含有激活剂的荧光粉和基础釉料混合均匀，一起施釉烧成；

（3）把所有原料一起制成釉，在烧成的过程中自动形成发光物质。

第一种方法的缺点在于工艺控制比较严格；第二种方法的缺点是工艺复杂，不易实现。第二种方法的优点在于荧光物质被激活，可以用专业厂生产的荧光物质，其初始亮度高，发光持续时间（余辉时间）长，便于专业化。孙运亮等就是运用上述第二种方法研制成了ZnS基发光陶瓷釉，并对它的制备工艺和发光机理进行了探讨。他们在考虑了基础釉对发光粉的光猝灭作用以及釉面透光性的前提下，选择低温碱硼熔块釉为基础釉，制成了烧成温度在800℃以上、余辉时间可达4.5h的陶瓷发光釉料。卢显儒等根据陶瓷发光釉的特点，进行了基础釉的试验，在充分考虑了基础釉的始熔温度、线胀系数以及所含杂质对发光粉的发光性能的影响后，决定基础釉的系统为R_2O-RO-R_2O_3-SiO_2，并依此制定基础釉的配方，使之在烧成时对发光粉包裹良好，防止了发光粉与空气中的氧气接触而发生氧化。结果使此类发光釉的发光余辉时间达到了20~40min。张宏泉等运用分层施釉的方法，对发绿光的ZnO：Zn光致发光陶瓷釉的制备工艺过程进行了研究，从而达到了ZnO：Zn荧光粉在高温下不发生荧光猝灭的目的。张希艳等将（$SrO_n·Al_2O_3$：Eu^{2+}，Dy^{3+}）发光粉体与基础釉料按比例混合后，利用丝网印刷的工艺，制备了陶瓷发光釉制品。

通过晶相显微镜观察发现，荧光粉晶体处在玻璃的包围之中，且是正常发光状态，目前这被大多数人认为是陶瓷发光釉的发光机理。此类低温陶瓷发光釉可广泛应用在日用瓷、工艺瓷的釉上彩部分，不仅不影响白天的视觉效果，而且多种多样的发光颜色更赋予了普通陶瓷制品在夜间发光的效果。大连路明发光科技股份有限公司在这方面已投入生产，它们生产的唐三彩瓷板画，在继承唐三彩色彩丰富多样、流光溢彩、大方美观的基础上，又赋予其夜间发光的性能。

3. 中温陶瓷发光釉料

1996年以后，随着新型稀土离子激活的碱土铝酸盐蓄光型发光材料的发明和性能的提高，出现了将这种新型的发光材料用于陶瓷行业的趋势。近年来，关于这方面的研究也越来越多，从而使得发光釉料的制备工艺也越来越成熟，烧成温度也提高到1000℃以上。新型稀土离子激活的硅酸盐蓄光型发光材料的发明，使发光陶瓷的性能进一步提高。

张玉军等采用铝酸基超长余辉发光粉作为发光材料，系统研究了适于发光的陶瓷釉料，成功地制备了中温发光陶瓷釉制品，并讨论了釉组成和烧成条件对釉料发光效果的影响。研究发现，陶瓷釉料的发光来自铕激活的铝酸锶发光晶体，烧成过程中发光材料的晶体结构并没有被破坏，发光釉的起始亮度相对于发光材料本身有所降低，这是由于在烧成过程中，部分颗粒较细的发光晶体熔入到釉熔体中所致；釉中Na_2O含量的增加会降低发光釉的起始亮度，相反，SO和B_2O_3含量的增加却能相对提高发光釉的起始亮度。该方法制得的陶瓷发光釉烧成温度可达1080℃，且发光起始亮度高，余辉时间长，并无放射性毒害。此类发光陶瓷釉的使用方法有很多种，可以喷淋，可以丝网印刷，还可以手绘。既可做底釉，又可与堆釉颗粒做三度烧产品。

目前，它主要应用于建筑陶瓷上，例如可以制成室内使用的夜间指示、防火、安全标志陶瓷产品。该类产品具有阻燃、耐老化性好等优点，此外还可制成二度烧的腰线砖，用以装点居室、美化家庭。

3.8.2 自洁及负离子釉料

由于传统陶瓷生产工艺所致，建筑卫生陶瓷釉面尽管已比较光洁，但仍存在微小凹凸不平的缺陷，如在显微镜下，可见大量微小针孔。正是这些微小针孔，使产品在使用过程中会挂脏，需经常清洗。另外，这些挂脏会给霉菌繁殖提供营养，使产品表面黑斑点点，甚至传染病菌。自洁陶瓷是利用纳米材料，将陶瓷釉面制成无针孔缺陷的超平滑表面，使釉面不易挂脏，即使有污垢，也能被轻松冲洗掉的一种新型陶瓷制品，可用作卫生陶瓷和室内釉面砖。

经过添加了纳米银的釉料产品处理过的陶瓷制品，具有对硫化合物、氮氧化物自然分解功能，从而起到抗菌、防腐和分解有害气体的功能。此外，处理后的瓷砖表面的超强疏水功能，可以使应用在外墙表面的陶瓷制品具有极强的自洁功能，普通污染物经雨水冲刷就可自行清除，使建筑外观持久洁净亮丽，并极大地减少了清洗费用。与此同时，与市场上的同类产品相比，还具有以下明显的优势：

（1）耐污防渗性能增强。防渗性能是同类进口产品的 2～3 倍，以墨水为例，可以保持最低 24h 无渗入现象。

（2）透明度高。处理后的表面完全透明，对原有色泽无任何不良影响，并能有效地提高陶瓷表面的光泽度。

（3）独特增加光催化功能。使处理后的表面除了具有被动防污功能，还具有长久地主动分解有机污染物的功能，并起到抗菌、防腐、防霉和自清洁作用。

（4）不含有毒有害化学原料。无毒、无腐蚀、不易燃，完全绿色环保。

（5）可生产负离子远红外抗菌等。

3.8.3 玻璃釉料

玻璃釉料是由基础釉和颜料两部分组成，按烧成效果可分为透明、亮光、亚光和其他特殊效果（例如：仿金釉、夜光釉）。釉料烧烤后，颜色鲜艳，硬度大，其软化温度、膨胀系数等性质都适应玻璃酒瓶的表面装饰。玻璃釉料为新型的涂装材料，因其具有独特的装饰性能所以成为独立的涂装材料类。玻璃釉料与普通有机涂料相比有着许多优点，如其强度、硬度、耐酒精腐蚀性能、耐候性都远远高于普通涂料的性能。玻璃釉料色釉的遮盖力强，光泽度高，外观高雅，可以满足各种装饰要求，甚至已经达到陶瓷的装饰效果，但能源消耗引起的成本却低得多，因此此工艺过程也被称为玻璃表面陶瓷化。

玻璃釉料是由着色剂和助熔剂混合后，再与刮板油（连结料）搅拌成糊状而制成的。因为玻璃釉料是粉末状的，所以要混入刮板油使其成为糊状彩釉才可印刷。为使印刷容易进行，同时为了印刷后不出现线条紊乱的现象，必须尽量少使用刮板油。刮板油在印刷到玻璃制品入炉烧制之前要挥发掉一部分，在达到烧制的温度之前应完全挥发掉。玻璃包装制品的低温印刷装饰工艺是以低温玻璃油墨（冷印色釉）为装饰材料的，一般固化温度为 100～180℃，固化时间为 10～15min。

（1）刮板油配方举例

低温玻璃油墨的刮板油通常选用松节油、松油醇、松香、乳香、乙基纤维素等作原料。

（2）低温玻璃油墨的制备方法

按比例准确称量松节油、松香醇、松香、乙基纤维素放入容器内，然后加热至全部溶解，冷却和过滤后即可与色釉粉末直接调和成低温玻璃油墨。釉料粉末与刮板油的配比，依各种颜色及条件不同而有所不同，一般来说刮板油与色釉粉末的比例为 1：4。按比例将刮板油及色釉粉末装在搅拌器内搅拌，待均匀后取出，即为冷印色釉。

（3）低温玻璃油墨的工艺特点

低温玻璃油墨印出的花纹图案色泽光亮且无丝网网纹，丝网印板的寿命长，制板及印刷设备简单，但多色印刷需中间干燥，方可套印，因此生产周期长，而且不能对承印物进行圆周印花，花型设计受到一定的限制。

3.8.4 负离子材料及机理

1. 电气石释放负离子的机理

电气石能够永久地释放负离子，并不是指电气石会不断从自身释放负离子给外界，这样的永久性不

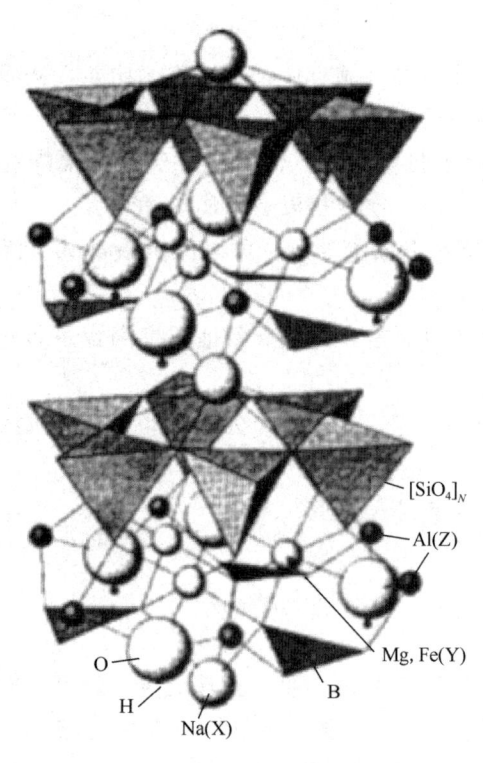

图 3-21　电气石晶体结构模型

符合能量守恒定律。电气石能够持续释放负离子的关键在于，它是通过电离空气、水体等介质中游离的中性分子，促使其分解为正、负离子。其中正离子，如氢离子，相互聚合成气体逸散、挥发，而负离子与其他分子聚合成负离子团，可以为人所用。

电气石能够促使空气、水体中的中性分子电解的内在原因，在于电气石的结构具有电极化效应。这种效应使晶体结构表面产生了一个微型电场，在电气石表面出现了相对应的正、负电荷富集。这种结构相当于一个电解池系统，会使周围介质中的中性分子发生电解。如图 3-21 为电气石晶体结构模型。

电气石的结构使电气石拥有电极化效应的原因，目前还没有一个明确的定论。多数科研工作者公认的电气石发生电极化产生负离子的机理有两种解释：

（1）电气石的自发极化效应。电气石的结构在图 3-21 中已经给出。由图中可知，电气石晶体结构中六个硅氧四面体环角顶定向，共同指向一个阳离子 X，如钠离子、钙离子。这种结构使其中的钠离子非常容易跃迁成为游离的正离子，电气石结构中出现一个阳离子空位，带负电。这样电气石的晶体表面就会自发形成微弱的电场，即自发极化效应 221，电气石的这种自发极化效应，宏观上表现为电气石表面存在静电场，且这种静电场永久性存在，不受外界能量干扰。有研究者对一种电气石矿的自发极化值进行了检测。发现室温下，它的自发极化值能达到 $P_s = 0.011 MC/cm^2$。也就是说，在电气石表面 $10 \mu m$ 的空间内，能自主产生 $10^4 \sim 10^7 V/m$ 的静电场。

电气石自发极化效应产生的电场能使周围的空气、水体中的中性分子发生微弱的电解作用。以水分子为例，电场作用下会分解为氢氧根离子和氢离子。其中的氢离子得到电气石电场中的电子形成氢气；氢氧根离子自身不能长久地单独存在，很容易与水分子或其他中性分子结合形成负离子团，逸散到周围空气、水体等介质中心。具体反应机理如下所示，

$$H_2O \xrightarrow{电解} OH^- + H^+ \tag{3-1}$$

$$2H^+ + 2e \longrightarrow H_2 \uparrow \tag{3-2}$$

$$OH^- + nH_2O \longrightarrow OH^-(H_2O)_n \tag{3-3}$$

（2）电气石的压电和热释电效应。将电气石处于温度不断变化的环境中或者沿单向极轴方向施压或者降压，都能使电气石产生电极化，在表面形成又一个电场。只是外加条件的不同会产生不同方向的电场。温差大小和压力大小也决定了产生电场的大小。由于外界温差与压力变化人为可控，这种方式可以产生较强的电场效应。

电气石的压电和热释电效应，使得电气石在外加条件下能够获得更强的电场。当电气石所处环境温度、压力变化时，晶体单向极轴两端会产生大量的等量异种电荷，在电气石表面形成电场。该电场也能促使周围空气、水体中性分子发生电离。伴随产生的负离子会附着于周围的其他分子，如水分子、氧气分子、二氧化碳分子、氮气分子等，从而形成 $O_2(HO)$、$OH(HO)$、$CO_4(H_2O)$ 等负离子团。

电气石释放负离子的能力取决于电气石的晶体结构对周围介质中分子的激发效率。然而，电气石释放负离子的强度除了取决于自身结构外，还受到多方面因素的影响。比如，同条件下，温差越大，电气石释放负离子越多；电气石粉体粒度越细，电气石释放负离子越多。对于影响电气石释放负离子强度的因素的研究，目前相关报道还很少。

2. 负离子材料的作用及机理

随着陶瓷功能技术的发展，一种新的负离子功能陶瓷材料逐渐被人们所认识，并以此材料制备出各种环保健康的陶瓷新产品。负离子功能陶瓷材料的显著特征是永久释放出负离子，有电子极化性能，极化能量主要来自于温度的变化。在光源条件下产生的负离子，可吸附水中的金属离子，调节水的pH值，有活化水分子的作用。因此，负离子陶瓷材料的开发应用，对保护生态环境，保障人体健康具有重要的意义。

在自然界中，以下几种情况可产生负离子：大气受紫外线、宇宙射线、放射物质、雷雨、风暴、土壤和空气放射线等因素的影响而发生电离被释放出的电子经过地球吸收后再释放出来，很快又和空气中的中性分子结合而成为负离子；瀑布冲击、细浪推卷、暴雨倾泻等自然过程中，水在重力作用下，高速流动，水分子裂解而产生负离子；森林的树木、叶枝尖端放电及绿色植物光合作用形成的光电效应，使空气电离而产生负离子；部分地壳岩石能够释放出一定的负离子。

在适当的条件下，产生热电效应和压电效应。热电效应是指某种晶体在温度发生变化时，一部分带正电，一部分带负电的现象，而压电效应是指某种晶体在压力作用下产生极性而在两端表面间出现电势差的特性。由于这两种效应的作用，当温度和压力发生变化时，负离子陶瓷材料能在其周围形成极高的电压，这个电压和能量足以使空气发生电离，生成的电子附着于邻近的分子并使之转化为空气负离子。空气负离子能还原来自大气的污染物质、氮氧化物、香烟等产生的活性氧（氧自由基）、减少过多活性氧对人体的危害；中和带正电的空气飘尘，空气飘尘无电荷后沉降，使空气得到净化。负离子不仅能促进人体合成和储存维生素，而且还能强化和激活人体的生理活动，因此它又被称为"空气维生素"，认为它像食物的维生素一样，对人体及其他生物的生命活动有着十分重要的影响。如雷雨过后，空气的负离子增多，人们感到心情舒畅。

在空调房间，因空气中负离子经过一系列空调净化处理和漫长通风管道后几乎全部消失，人们在其中长期停留会感到胸闷、头晕、乏力、工作效率和健康状况下降，被称为"空调综合征"。

在医学界，负离子被确认是具有杀灭病菌及净化空气的作用。其机理主要在于负离子与细菌结合后，使细菌的结构发生改变或能量的转移，导致细菌死亡，最终沉降于地面。医学研究表明：空气中带负电的微粒使血中含氧量增加，有利于血氧输送、吸收和利用，具有促进人体新陈代谢，提高人体免疫能力，增强人体机能，调节机体功能平衡的作用。据考证，负离子对人体的7个系统，近30多种疾病具有抑制、缓解和辅助治疗作用，尤其对人体的保健作用更为明显。

其主要的作用表现在以下几个方面：

（1）对神经系统的影响

可使大脑皮层功能及脑力活动加强，精神振奋，工作效率提高，能使睡眠质量得到改善。负离子还可使脑组织的氧化过程力度加强，使脑组织获得更多的氧。

（2）对心血管系统的影响

负离子有明显扩张血管的作用，可解除动脉血管痉挛，达到降低血压的目的，负离子对于改善心脏功能和改善心肌营养也大有好处，有利于高血压和心脑血管疾病患者的病情恢复。

（3）对血液系统的影响

研究证实，负离子有使血液凝聚流速变慢、延长凝血时间的作用，能使血中含氧量增加，有利于血氧输送、吸收和利用。

（4）对呼吸系统的影响

由于负离子是通过呼吸道进入人体的，它可以提高人的肺活量。有人曾经试验，在玻璃面罩中吸入空气负离子30min，可使肺部吸收氧气量增加20%，而排出二氧化碳量可增加14.5%，故负离子有改善和增加肺功能的作用。

（5）空气负离子还有镇静、催眠的作用

如果我们每天吸入适量的负离子，持之以恒，对健康大有裨益，会使人精力旺盛，消除疲劳和倦怠，提高工作效率；改善睡眠，消除神经衰弱；降低疾病发病率，预防感冒和呼吸道疾病，以及改善心、脑血管疾病的症状。在负离子作用下，骨骼的兴奋性增加，有助于运动员提高成绩，特别是对一些需迅速反应的项目，如短跑、游泳等。

3.8.5 防滑釉

1. 防滑釉定义及工艺

现代人们的生活离不开各种功能建筑物，城市建设非常注重装饰的整体性及美观性，往往大量应用瓷砖装饰户外空间，包括机场、高铁站、汽车站、公园、商业广场、景观园林、步行街等高人流量地区都对瓷砖的需求不断攀升，而公共空间特别是户外公共场所地面防滑的要求，就成了瓷砖防滑的要求了。虽然大部分公共场所、城市道路以及建筑物大厅、通道、厨房、餐厅、洗手间、浴场、浴室等各类场所都会采取适当的防滑措施或者相关明显的警示牌，但是因为地滑引起的纠纷问题仍然存在。

瓷砖防滑一直是行业内不断攻克的课题，也是当前陶瓷行业必须解决的重要问题之一。过去，陶瓷产品防滑是通过生产时叠加模具工艺使产品表面凹凸或干粒工艺使产品表面粗糙以增加摩擦系数达到防滑的效果，市场上也有在瓷砖后期添加具渗透力的防滑溶剂，这些方法达到了一定的防滑效果，但同时也产生了新的问题：

（1）模具工艺：遇水、遇油防滑性能下降严重，表面凹凸不平致花纹难以表现，产品花色受限。

（2）干粒工艺：表面粗糙难以清洁打理，易损抹布、拖把，有挂毛现象，应用空间受限。

（3）防滑溶剂：损伤瓷砖表面层，有可能导致防污性能下降、耐磨度下降。

2. 防滑釉的主要技术创新点

防滑釉未出现前，只能在高温仿古地砖上撒刚玉质物料形成表面粗糙坚硬面或通过凹凸模具使砖面凹凸不平才起防滑作用的效果，但这种工艺的面过于粗糙不平，不仅触摸感觉不舒服，而且不易清洁。防滑釉项目的特色是通过应用防滑釉来提高陶瓷砖在不同烧成温度下釉面的防滑性能。防滑釉是依据烧成温度调配相应的防滑基础釉料，再加入刚玉结构的氧化铝材料来调整烧成釉面的黏度，使平整的砖面冷却后形成耐磨耐污防滑、均匀细小的点状凹凸釉面，使砖面既起防滑作用又不卡污而易清洁，且不影响其原有的装饰效果。

釉面砖防滑性能的评价很大程度上依赖于人的感觉。而人的感觉又会受到个体差异和环境的影响，所以感觉的评价是主观的。为了能较好地研究和制备防滑釉，通过引入釉面摩擦系数来间接评价釉面砖的防滑性能。釉面摩擦系数越大，釉面砖的防滑性能就越强。在制备和研究防滑釉的过程中，通过测定釉面的摩擦系数，就可以研究试验中各种因素对釉面砖防滑性能的影响。

通过对防滑釉组成配方、生产工艺、析晶过程及防滑机理的研究，得到了以下结论：

（1）碱金属氧化物 R_2O 会减小釉熔体的黏度，并降低烧成温度，提高釉中玻璃相的含量，不利于粗糙峰的形成。因此，碱金属氧化物 R_2O 的含量要适中。

（2）ZnO 在釉中有助熔的作用，降低釉的烧成温度，同时 ZnO 易析出硅酸锌晶体，对釉面摩擦系数有着直接的影响。但因 ZnO 的价格较高，考虑到成本因素，虽然试验数据很好，但在本次试验最优配方的选择中没有被选用。

（3）CaO/MgO 值与晶相种类以及析晶含量紧密相关，对釉面摩擦系数有着直接影响。CaO/MgO 含量较大时，釉中主要以钙长石晶相为主，长柱状的钠长石晶相较少，同时有着较大含量的玻璃相。随着 CaO/MgO 含量的减少，玻璃相的含量明显变少，长柱状的钠长石晶体也变多，同时析出的 α-SiO_2，更大更多，晶体集聚得更加紧密，有利于形成更大更多粗糙峰、釉面摩擦系数也因此变大。通过试验和分析，当CaO/MgO值为3.9时，釉面摩擦系数最佳。

（4）SiO_2/Al_2O_3的变化直接影响晶体结构，对釉面摩擦系数有着显著的影响。SiO_2/Al_2O_3较大时，钠长石晶体较多，玻璃相含量较大，形成的粗糙峰较小且相对平缓。随着SiO_2/Al_2O_3含量的降低，钙长石对应峰的峰强变强，其含量变大，玻璃相减少，能形成更多更大的粗糙峰，摩擦系数增大。当SiO_2/Al_2O_3的含量减少到一定程度时，有透辉石晶相析出。通过试验和分析，当SiO_2/Al_2O_3值在3.0～3.2时，釉面摩擦系数较佳。

3. 生产工艺过程

（1）通网印防滑釉生产工艺

砖坯喷水→淋面釉（或喷面釉）→印花图案（或喷墨）→80目印防滑釉效果网→干燥烧成。

（2）喷涂防滑釉生产工艺

砖坯喷水→淋面釉（或喷面釉）→印花图案（或喷墨）→喷涂防滑釉→干燥烧成。

（3）喷洒防滑干粒生产工艺

砖坯喷水→淋面釉（或喷面釉）→印花图案（或喷墨）→喷涂保护釉→喷洒防滑干粒→干燥烧成。

（4）添加化学药剂生产工艺

砖坯喷水→淋面釉（或喷面釉）→印花图案（或喷墨）→喷涂保护釉→干燥烧成→喷涂化学药剂形成吸盘效应（或添加在抛光液中抛磨而成）。

每年因砖面不防滑而导致摔倒受伤的事件层出不穷，尤其是老人、孕妇等摔不起的群体更是需要关注砖面防滑的重要性。在欧美等国家，各种场所需要铺贴哪种等级的防滑砖，早已规定得清清楚楚，而国内最近几年才逐渐认识到防滑的重要性，在2017年颁布实施了《防滑陶瓷砖》（GB/T 35153—2017）推荐性国标，2019年颁布实施了《陶瓷砖防滑性等级评价》（GB/T 37798—2019）推荐性国标。相应的检测方法如静摩擦法、动摩擦法、摆锤法和斜坡平台法等也逐渐被陶瓷业界熟悉，而不同原理的检测仪器所检测的防滑值不能对等看待也要有所认知。

早期防滑砖主要利用模具压制凹凸不平的表面，或是在施完面釉后在表面添加刚玉粗颗粒，经过高温烧成在砖表面形成凸起的状态来达到人行走防止滑倒的目的，这类型的砖虽然防滑效果可以，但若是不小心摔倒时容易造成擦伤等二次伤害。后续防滑砖持续改良，借由不同的生产工艺和原理，逐渐出现了细致防滑砖或是在砖烧制好再添加化学药剂处理的抛光防滑砖等。

目前大多数厂家采用淋釉（喷涂）防滑釉，相对于其他工艺较为简单，成本也比较低。需要注意的是对装饰效果的影响，毕竟防滑釉主要还是以火度较高的材料配制的，对花色有一定的影响，不过其耐磨耗性能也较佳，不易因长期行走而降低防滑性能。

4. 防滑釉制备

由于每家陶瓷厂的生产温度、生产时间与胚釉膨胀系数不同，再加上客户要求的防滑程度的差异，因此可以说防滑釉是定制化的产品。其中包含基础釉料与防滑粒子，两种组成以不同比例搭配才能得到上述的效果，另外还要考虑到烧成后的耐磨与耐污（易洁）性能，所以防滑釉的好坏差别就在这些细节中。

防滑干粒主要以刚玉粒子或是高温熔块造粒而成，化学药剂主要是氢氟酸等为主，在这不另行说明。

（1）基础釉料的制备

① 基础釉料配方

基础釉料主要考虑到不同陶瓷厂的面釉膨胀系数的差异进行调整，所以不同陶瓷厂配方有所不同，发色也有不同，重点在于其烧后的透度要好，才不会影响到装饰效果。表3-7是基础釉料的配方。

表 3-7 基础釉料配方

名称	钾长石	碳酸钡	烧滑石	氧化锌	石英粉	煅烧铝粉	高温熔块
1号面釉配方	60	25	10	5	—	—	—
2号面釉配方	40	10	5	5	10	10	20

② 球磨

基础釉料配好料后，投入球磨机加水研磨。面釉的球磨参数是 1.5t 球磨机，磨 4～5h。釉浆参数细度 0.6～0.8（325 目筛，200g 浆），相对密度 1.85～1.90，流速 50～70s。

③ 过筛除铁

球好的釉浆，过 160 目双层筛，过除铁槽后，抽到浆池压滤后烘干打粉。

(2) 防滑粒子的制备

① 防滑粒子

防滑粒子主要是耐高温、高硬度的材料经研磨成不同的颗粒级配，其主要功能就是经过高温烧成后在陶瓷砖表面形成尖状的凸起物，进而达到人在行走时产生摩擦力来降低滑倒的风险。搭配基础釉料是方便防滑粒子与陶瓷砖表面经高温烧成后的结合性好、不易于剥落，使得防滑效果能够不会因为行走磨损而大幅降低。

② 造粒

精选耐高温、高硬度、经1200℃不烧熔的材料来进行造粒，粒度主要以 100～200 目、200～300 目、300～400 目以及 400 目以下四个级配为主。具体的级配分布与客户要求的防滑等级有关，一般在防滑低风险的要求下会以粒度大的级配为主；反之，在防滑中高风险的需求中，则偏向于以粒度细的级配为主。

(3) 防滑釉的制备

依据客户的防滑需求，测试客户线上面釉的膨胀系数，了解烧成温度与时间来进行基础釉料与防滑粒子之间的搭配比例，反复确认后经客户认可的效果所得到的比例，经混合均匀后将成为该客户专用的防滑釉。

5. 施釉及烧成

(1) 通网印防滑釉

砖坯喷水→淋面釉（或喷面釉）→印花图案（或喷墨）→100 目印防滑釉效果网。

(2) 喷涂防滑釉

砖坯喷水→淋面釉（或喷面釉）→印花图案（或喷墨）→喷涂防滑釉。

表 3-8 为防滑釉施釉参数。

表 3-8 防滑釉施釉参数

施釉方法	相对密度	施釉量（300mm×600mm 钢盘）(g)	过筛（目）
印刷	1.40±0.10	—	100～130
喷涂	1.35±0.05	25～40	60～80

(3) 烧成

防滑釉是定制化产品，在试验阶段已经在客户的窑炉上确认过，所以其烧成曲线不需要另外进行调整，正常烧制成砖即可。需要注意的是窑炉温度与时间波动时要对配方进行相应的火度调整。

3.9 陶瓷数码釉

陶瓷数码釉按实际应用功能效果可分为数码面釉和数码保护釉，通过将釉料做成纳米级的墨水，使得施釉工艺精细可控，釉层打印更薄、更均匀，可取代部分模具效果和传统的面釉施釉，更符合柔性化生产的需求。国内陶瓷行业一般将数码釉应用在大板和通体砖产品上，实现附加值最大化。

数码釉装饰可采用全数码或半数码形式，这两种形式可与现有的生产工艺组合，生产多种细滑面、细亚面、微模具和全数码模具等相关的产品。全数码施釉是指将整个生产流程、工作软件和色彩管理精密配合，多系统联动来达成施釉线的数码化，精准性高，转产便捷，优等品率和生产稳定性高。

未来，数码化生产的创新趋势将继续朝向数码釉＋颜色墨水＋功能性墨水＋传统施釉＋干粒叠加组合方向发展。目前行业最多见的生产配套模式是多机串联生产线模式（N＋N＋N），使得多通道打印精度更高，且可以做到随即打印，随机套印。通过多通道精准定位打印，可以在同一片砖上实现亮与亚结合，让瓷砖不同区域的光泽度呈现出层次感和渐变效果，可以高度还原天然石材、木材在不同部位、不同纹理的变化效果。图 3-22 展示了数码釉在陶瓷砖面上的效果。

图 3-22　数码釉在陶瓷砖面上的效果展示

从 2024 年广州陶瓷工业展和佛山潭洲陶瓷展来看，陶瓷数码釉的新趋势主要体现在功能性瓷砖的研发、数码装饰技术的应用和环保友好型材料的推广。

功能性瓷砖的研发：陶瓷企业在装饰性层面的创新已达到一定高度，因此开始从实用性层面寻求突破，例如负离子瓷砖和石墨烯发热瓷砖的研发。近年来，超耐磨、超防滑、超防污等功能性创新产品开始受到关注。例如，通过专利釉料和多重复刻工艺，实现了防滑、耐磨和超防污的功能。维罗生态砖与华南理工大学科研团队合作，推出的"生态自然石 3.0"系列新品，采用亚光抗菌时光釉工艺、抗菌材料与瓷砖釉面一体化的技术，实现了抗菌持久性。

数码装饰技术的应用：在数字化生产的趋势下，数码装饰技术在实现装饰效果的差异化、提升产品附加值方面发挥了关键作用。数码装饰技术的应用，如数码雕刻、胶水＋干粒、数码水性釉等，为空间带来独特的视觉体验感。这些技术的进步更好地适应了柔性化、模块化生产的需求，赋能陶瓷企业的产品研发和生产制造。

环保友好型材料的推广：环保友好型材料的发展也是一个重要趋势。例如，高温钛白底釉相比传统底釉，具有白度好、遮盖力强、成本低等优势，并在实现节能增效、低碳环保方面具有重大意义。这些环保友好型材料的应用，不仅有助于减少环境影响，还提高了产品的市场竞争力。

4 陶瓷色釉料墨水及辅料生产疑难问题与应用

4.1 全抛釉瓷砖生产过程中常见的技术问题及解决方法分析

全抛釉类型瓷砖凭借着自身所独有的仿石材良好效果及优良的物理性能等，现阶段被广泛应用于家装领域。那么，为更加有效地保证全抛釉类型瓷砖总体生产质量，有必要对全抛釉类型瓷砖整个生产过程当中常见的技术问题及其解决方法开展综合分析。

常见技术问题及其合理解决方法如下：

(1) 在针孔及溶洞缺陷层面

全抛釉类型瓷砖的整个生产过程中，在针孔及溶洞缺陷层面常见的技术问题、详细问题分析及其解决方法如下：一是，在粉料成型层面。倘若选材或配料缺乏合理性，烧失量增加，始熔点过低或过高情况下致使无法匹配釉料的始熔点。对此，技术员需注重选材及配料的科学合理性，以免增加烧失量，产生过低或是过高的始熔点情况，确保能够有效匹配釉料的始熔点，防止溶洞缺陷产生；球磨加工倘若精细度不够，缺乏彻底的过筛除铁处理，则会使针孔内部有杂质存在，对全抛釉类型瓷砖高效生产作业较为不利。对此，技术员需加强实施过筛除铁处理操作，避免此类技术问题出现。压机压制作业后，砖坯表面部位若残留着纤维状、假颗粒或粉团等各种杂质，则需对粉料颗粒的级配予以合理调整，如有需要，对压机的进料口位置，可增设筛网。同时，也可对砖坯表面部位纤维杂质借助干燥窑内所设喷火枪予以全部烧掉。二是，在釉料层面。面釉内部铝呈较低含量，配方缺乏合理性，致使面釉总体耐火度及始熔点无法匹配烧成基础条件情况下，则务必要求面釉内部铝含量大于30%，避免此类问题出现。相比较于面釉，抛釉配方往往不会极大程度地影响到针孔，通常要求该抛釉的硅铝总量大于55%，确保配方能够更具稳定性。三是，在淋釉层面。砖坯扫灰及除尘操作倘若不够彻底，则可对扫盘及风机予以合理调整，防止影响到砖坯表面部位光洁度，致使有针孔产生；过低坯温情况下，淋面釉极易有针孔产生，故可将干燥温度适当提高，淋面釉前的坯温应当把控于80~90℃范围，此外，面釉抛釉的釉浆气泡倘若相对较多，则在增加陈腐过程当中，将釉浆黏度降低，且将淋釉设备实际运行速度减缓，也可添加一定量的解散剂或解胶剂，予以有效解决。

(2) 在凹釉层面

全抛釉所产生的凹釉，以淋釉过程及经烧成过后所产生的凹釉为主。淋釉所产生的凹釉，处于全抛釉整个生产过程当中，大部分陶瓷厂家在实施喷墨印花作业后会选用辊筒或丝网等实施保护釉加印作业，还有部分企业并不会印相应的保护釉。这种保护釉所起到的作用集中表现为防剥釉及凹釉层面，淋釉釉面相对平整，且可提高发色，对釉面针孔状况起到一定的改善作用。针对喷墨产品，因陶瓷墨水呈油性，尤其是深色板面生产时，倘若不加印相应保护釉，后期淋釉作业过程当中极易有凹釉现象产生。对此，可采取的解决办法或措施详细如下：对釉线设备实施优化改造，砖坯实施喷墨打印处理之后应当增设釉线后期烘干处理，确保打印墨水经淋抛釉前期墨水能够被全部烘干，谨防剥釉凹釉现象出现。此外，若是产生淋抛釉釉浆层面问题，则釉浆受严重污染，釉浆内部原料呈较大黏度性，存在着易产生气泡的相应原料。那么，针对这种情况，需对釉浆性能予以合理调整，达到有效处理目的。如可选用活性炭、吸油棉的过滤水，将水中油性物质去除掉，便可解决问题。

(3) 在砖形层面

全抛釉料实际热膨胀系数往往低于面釉及坯体。那么，为确保全抛釉类型瓷砖烧成之后，其砖形达到良好的稳定性，则技术员务必对面釉及全抛釉实际的热膨胀系数予以严格把控。全抛釉总体砖形控制，侧重于对面釉实施合理调整，通常需调整窑炉，且辅助实施釉料配方优化调整。针对窑炉调整层面，主要是对急冷风管的开度实施调整，并对窑炉底部温面的温差实施调整，促使进砖走位改变。釉料方面，侧重于对面釉及抛釉实际膨胀系数实施合理调整，实现对砖形有效控制。

（4）在辊棒印层面

辊棒印属于全抛釉类型瓷砖整个生产过程中较难处理的一个问题，详细解决办法为：一是对坯体配方总体结构予以合理优化或调整，提高总体的铝含量，将钙镁的强助熔剂实际含量降低。二是在窑炉层面上，窑炉前端应当干燥至坯体的膨胀段拉密，便于将辊棒印相关问题妥善解决。对辊上下的急冷风管实际开度予以合理调整，确保它能够趋于平衡状态；也可将开启风管的数量适当增加，避免风量集中现象的出现；还可把直径为 65mm 辊棒更改成 50mm 的辊棒，改小棒距，达到有效改善砖面整个波浪纹的目的；也可更换成优质辊棒或是碳化硅棒，确保辊棒变形概率减少。对挡火板实际高度予以合理调整，促使抽至急冷段的热风得以减少。对急冷风口实际垂直度予以科学矫正，避免发生直吹情况。调整氧化，将高火保温整个区域缩小，达到有效改善棒印的目的。三是抛釉克数可减少约 59（300mm×400mm），促使辊棒印得到良好改善。

（5）在耐磨性层面

针对全抛釉而言，釉面实际耐磨性从属一项关键指标。关于测定耐磨性方法，即釉面部位放好特定的颗粒级配研磨钢球及介质、定量蒸馏水或去离子水，依照所要求试验方法，实施旋转研磨作业，观察对比已磨损和未磨损的两个试样了解磨损痕迹，对釉砖总体耐磨性实施评价。在一定程度上，釉实际耐磨性与釉料韧性、硬度关联性极大，釉具备韧性及硬度性越好，则耐磨性就越佳。但多数情况之下，釉料均呈较高硬度性，韧性则相对较低。故应当确保釉料维持适宜硬度性及韧性，才可确保釉料具备优良的耐磨性。而若想获取具备优良硬度及耐磨性的釉面，生成釉层矿物构成及其显微结构往往起着决定性作用。釉料内部应当引入更多网络的形成体，如 SiO_2、Al_2O_3 等氧化物成分，对釉自身硬度性增强较为有利。釉当中，适当增加 Al_2O_3、MgO、CaO 等各种成分，可促使釉更具韧性。对釉内部玻璃相实际膨胀系数及其弹性模量实施合理调整，确保釉面有压应力产生，对釉自身耐磨性同样可起到增强作用。釉料当中，增加 8%~10% 刚玉晶体，釉料自身耐磨性能增强明显。

4.2 抛釉砖凹釉缺陷产生的原因及解决方法

4.2.1 凹釉缺陷的特征

淋釉后，砖表面出现大小不一的凹陷釉坑，该凹陷的釉坑抛后无光，颜色暗哑。根据其产生原因可分为 A 和 B 两种类型的凹釉，如图 4-1 所示。

A 类凹釉：指施釉之后，在釉线上肉眼不能看见，待烧成后才能看见的凹釉。

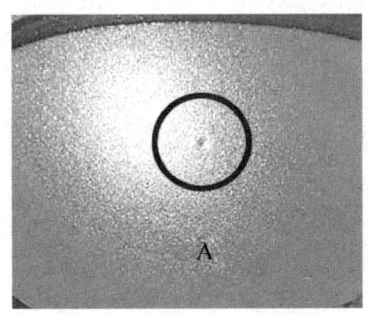 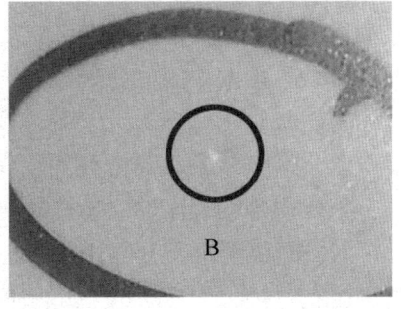

图 4-1　A 类凹釉和 B 类凹釉

B类凹釉：指施釉之后，在釉线上肉眼或用强光照射就可见到的凹釉，有时甚至露出底坯。

4.2.2 原因分析及解决方法

1. 釉浆中气泡过多产生的凹釉缺陷

（1）釉浆气泡产生的原因

① 原材料原因：釉料中的长石、石英、黏土的用量或黏度过高。

② 釉料配方问题：配方中黏土使用量过多或黏度过高。一般控制在5%～8%为宜，釉用的水洗土黏度不宜太高，可单磨水洗土看黏度或代入配方对比测黏度。

③ 添加剂问题：外加过量的甲基、三聚，在球磨过程中会产生很多气泡。甲基的加入量需根据釉料黏度和出球流速、相对密度调整。中黏甲基一般在0.1%～0.15%。

④ 釉浆放浆、转浆等过程中混入空气，也会产生气泡。

（2）预防措施

① 釉浆出球后，一般情况下要放置2～3d的陈腐时间，待釉料中的气泡基本消除才能上线使用。

② 选用优质的低黏甲基和三聚磷酸钠，同时应严格控制甲基和三聚磷酸钠的使用量。如果使用量过多时，釉浆也会产生过多气泡，甚至还会出现缺釉缺陷。

③ 淋釉时，钟罩和釉缸等有釉浆流动的地方，必须安装筛网以便消除釉浆中的气泡。

④ 釉缸的搅拌机速度不能太快，釉浆面必须高出釉泵的进气孔，避免吸入空气而产生气泡。

⑤ 回釉必须经过筛网缓冲才能流入釉缸，避免产生气泡和釉渣。

⑥ 如果釉浆中有过多气泡时，在钟罩上能见到气泡顺着釉幕流下，釉幕裂开也较多，适当提高釉浆流速和增加施釉量，对解决凹釉会有较大帮助。

⑦ 夏季高温超过35℃时，在陈腐过程中，釉浆中的甲基和碱性物质容易发酵分解形成气泡，所以釉缸必须安装冷却装置，以便降低外界高温对釉浆的不利影响。

2. 釉线工艺及员工操作不当引起的凹釉缺陷

预防措施：

① 淋釉设备安装好后，必须用清洗液清洗干净所有设备，确保没有油渍。

② 检查釉斗出口到钟罩面的高度是否合理，如果该距离过高，下釉时冲击大，会造成过多气泡而形成凹釉。

③ 检查釉斗出口阀门的开度，不能开启过大，否则下釉时冲击大会造成过多气泡而形成凹釉。

④ 上釉缸需安装30～40目的过滤网对釉浆进行过滤，以减少气泡和釉渣。

⑤ 钟罩支架上加装小型风扇，吹散水汽，防止水汽凝结在钟罩底部形成水珠，滴在砖面上形成凹釉。

⑥ 釉线必须配备3个以上搅拌缸，以便釉浆加水调流速后有足够的时间来搅拌均匀，避免釉浆加水产生的气泡淋到砖面而形成凹釉。

⑦ 定期清洗钟罩，减少釉渣造成的长条形凹釉或釉渣掉落在砖面上。

⑧ 清洗钟罩下皮带时，水量不应开太大，避免皮带把水甩到砖面上而产生凹釉。

⑨ 员工在上岗操作以及调整与釉浆有接触的工作前，应确保手上无油污。

⑩ 清洗钟罩后，一定要将钟罩表面的水珠抹干之后才能上釉浆。

⑪ 釉浆外加生水后不能立刻使用，必须经过一定时间的陈腐、搅拌后才能上线使用。

⑫ 淋釉工艺参数的控制：钟罩淋釉相对密度为1.85～1.9，流速28～32s；直线淋釉相对密度为1.7～1.8，流速16～20s。

⑬ 淋釉搅拌缸搅拌速度过快或主釉缸釉浆太少易产生气泡造成凹釉，必须合理控制。

3. 外界环境污染引起的凹釉缺陷

（1）釉浆被油污染而产生的凹釉缺陷

因为油与水的不相溶性，釉浆被油污染后，一滴油就能被分散成无数个油分子。当受油污染轻微时，釉浆淋到砖面就会形成小凹釉。当污染严重时，釉浆在钟罩上形成的釉幕不断裂开，形成圆形或椭圆形的缺釉。凹釉则随机分布于砖面，深浅不一。如果釉浆被严重污染时，凹釉和缺釉就越多，甚至无法形成釉幕。

预防措施：

① 一般检测釉浆是否被油污染，取待检测的釉浆，用刮釉器在素坯上刮釉。然后用强光灯检查刮出来的釉面是否有凹釉。如果釉浆被油污染了，一般刮出来的釉面就会有凹釉。污染严重的，凹釉多且大，污染少的，凹釉少且小。有时需要多刮几次才能看到凹釉。采用这个方法，不仅可以确定哪些釉浆受污染，同时也可以确定釉浆在哪个环节受污染，可以快速查找问题的根源。

② 人为原因带入：如果施釉操作工人在工作场地吃带油性的食物或机修工维修设备后，手上有油就去接触釉浆会产生凹釉。因此，严禁操作工人在淋釉房吃东西，并要求所有接触釉浆的工人必须清洗干净手上的油污后才能进行上岗作业。

③ 设备原因带入：新钟罩、新釉缸、浆管等所有与釉浆接触的东西都必须用洗洁精彻底清洗干净，确保该设备没有油污残留才能上线使用。使用金属球阀前需要把它的零部件拆开浸泡清洗之后才能使用。有些金属浆管生产时也会有油污残留，建议购买质量好、透明的塑胶管。

④ 如果是污染程度很小的釉浆，加入一点点"威猛先生"之类的强效去污剂，适当提高釉浆流速，并加大施釉量能稍微减少凹釉缺陷。釉浆受油污染严重时，必须更换成不受污染的新釉浆，且在更换新釉浆前，必须把所有的淋釉设备清洗干净，否则很难彻底解决凹釉问题。

（2）灰尘的污染

灰尘造成的凹釉有两类：一类是灰尘落在未干的釉面中；另一类是灰尘落在砖坯上。在施釉时，空气中的灰尘进入未干的釉面上，因为灰尘与釉浆在干湿性结合方面存在较大差异，灰尘与釉浆结合不充分，在淋釉时造成釉面局部破裂产生凹釉；当灰尘落在砖坯上，在淋釉时，因为灰尘与釉浆不结合，釉浆不能正常覆盖在灰尘表面上而形成凹釉。

预防措施：

① 在淋釉前安装磨坯机及除尘器，确保砖表面清扫干净。

② 在釉线清理卫生时必须将釉缸盖好，同时终止淋釉操作，待卫生清理完毕后才能恢复淋釉生产。

③ 施釉[淋釉、甩釉（打点）]后的产品，在釉面未干之前要设防护罩，防止污染釉面而形成凹釉缺陷。在制作高亮釉的车间内所有的喷釉、喷胶水装置都必须装吸尘装置，防止外溢。

（3）浓烈气味的污染

① 员工在工作现场使用香水，吃带浓烈气味的食物（如方便面）。

② 员工在淋（球）釉工作现场进行喷油漆作业。

③ 制（淋）釉工作现场靠近焦油、酚水池或挥发性强的物质。

预防措施：

① 对员工进行岗前培训，不能在淋（球）釉工作现场使用香水或吃有浓烈气味的食物。

② 对淋（制）釉工作现场进行密封遮盖处理。

③ 对污染源进行迁移处理。

4. 其他因素的影响

(1) 素坯表面不平对凹釉的影响

坯体在成型时，如果表面有凹坑、黏模或者在干燥过程中出现油渍、落脏污染，都会使得坯体在淋面釉时出现凹釉缺陷。

预防措施：

① 定期检查砖坯表面是否出现凹坑、黏模缺陷并及时解决。

② 检查干燥窑出口坯体表面是否有滴水或落脏并调节干燥窑的温度曲线。

③ 检查生产过程产生油渍污染源并改善，还要及时调整干燥窑出口的扫坯刷子，保证砖坯表面清洁。

(2) 墨水对凹釉的影响

一般的墨水都含有机溶剂、高分子分散剂、表面活性剂等物质，所以，在生产过程中，要尽量保证砖面的墨水能风（烘）干后，才进行下一道上釉工序，否则容易形成缩釉或凹釉缺陷，特别是生产深色砖时，釉面相对难风干就更容易出现凹釉缺陷。

预防措施：

① 一般情况下，在淋第二道釉前，加多一道隔离釉，可以使淋釉前砖面更平整，也相当于多加一道过渡层。

② 在喷墨后会加多一段小干燥窑，使砖面墨水尽快烘干而不至于影响下一道上釉工序。

(3) 坯料颗粒级配不均对凹釉的影响

粉料中假颗粒过多及喷雾塔落下的干粉，压机成型后引起坯体局部收缩不匀。

预防措施：

① 调整喷枪角度或更换喷片，使之减少粉料中的假颗粒。

② 加强粉料的过筛，除去干粉团和粉料中较粗大的假颗粒。

③ 粉料一定要陈腐 24h 以上，让电解质晶体分解，假颗粒分散开，干粉粒吸入一定水分，使粉料水分均匀。

(4) 喷水不良引起的凹釉

喷水不均匀或有水滴在坯体表面，引起局部吸收化妆土或面釉出现凹坑现象。

预防措施：

① 检查喷水嘴的雾化情况，建议用刀形雾化喷嘴代替圆锥形喷嘴。

② 检查喷水后是否有大点水滴滴在坯面上并改善。

③ 检查釉线或水柜的水管是否有小孔，导致小水珠喷射到釉面上。

(5) 窑炉原因引起凹釉（又称凹坑）

特征：该凹釉缺陷在淋釉后无法看见，但是烧成之后却很明显，且通常以相对固定某一行砖坯较多的形式出现。凹釉较浅，当空窑前温较高时，凹釉较少，待过一段时间，窑炉温度降低后，该凹釉缺陷又增多。

产生原因：窑炉预热带氧化阶段的辊上温度过低或者面釉温度高，高温黏度大，化妆土的烧结温度过低，烧成时气体排出之后无法熔平釉面所致。

预防措施：

① 适当提高预热氧化带的辊上温度，增加窑炉前段辊上及对应辊下的温度。

② 适当提高预热带处的辊上挡火板的高度，以便提高预热区的温度。

③ 适当提高窑炉排烟风机的频率或减小抽热风机频率。

④ 降低面釉的温度和化妆土的烧结温度，使气体排出后，釉面能及时熔平。

4.3 浅析大规格岩板或瓷砖出现阴阳色的原因及预防措施

问：我厂有一条长度为 280m、内宽为 2.5m 的拱顶辊道窑，以天然气为燃料，近期在生产 900mm×1800mm×10.5mm 规格的白色坯体岩板，采用单片横向方式进窑煅烧，经检查该岩板表面及底部的前、后边缘存在色差现象，我们做了以下试验：

（1）未入窑之前，将坯体前/后方向调换进窑煅烧，检查出窑的坯体仍然是坯体的前/后边存在阴阳色差现象，如图 4-2 所示。

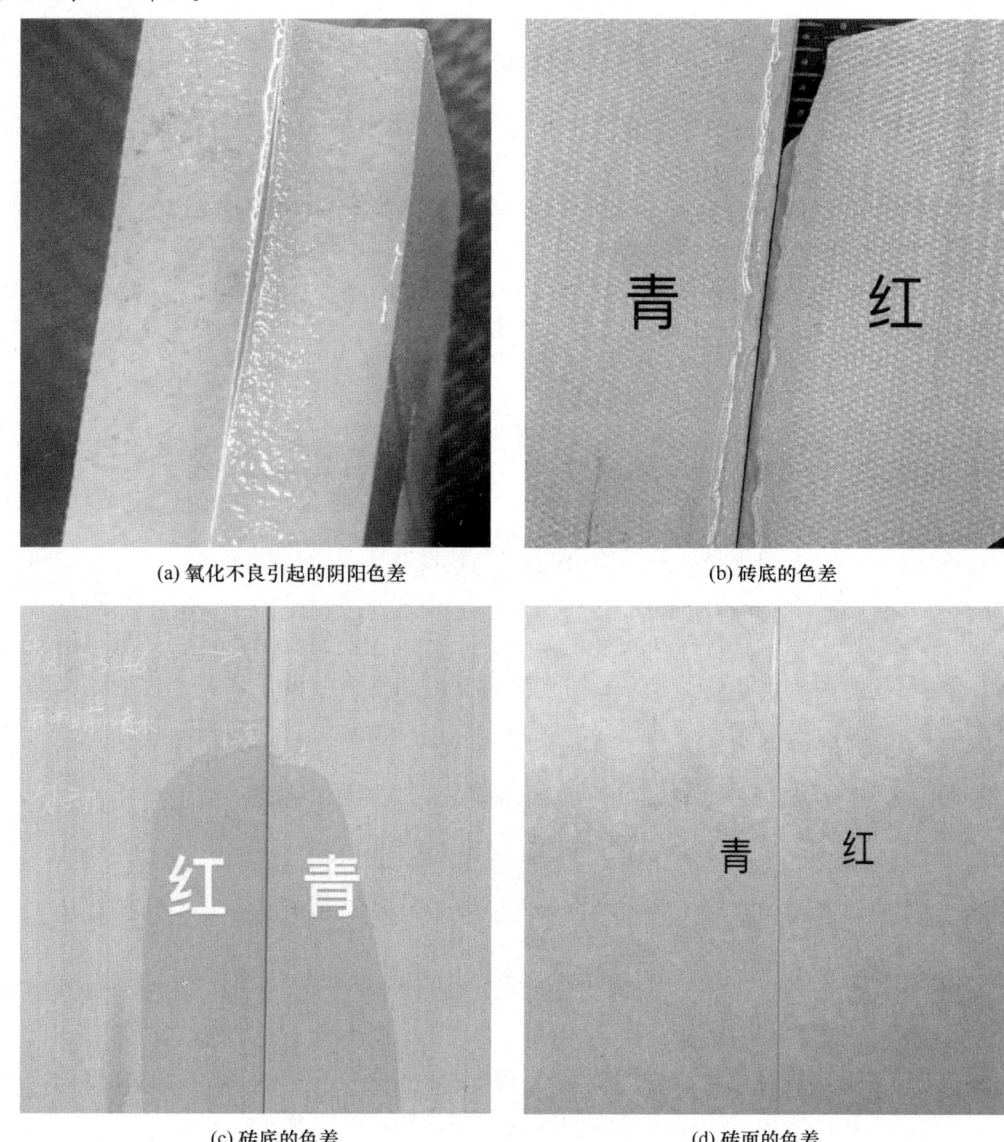

(a) 氧化不良引起的阴阳色差　　(b) 砖底的色差

(c) 砖底的色差　　(d) 砖面的色差

图 4-2　坯体存在的阴阳色差现象

（2）在同等烧成曲线及相同釉料的条件下，将白坯体换成混入色料坯体的岩板，经检查则无阴阳色差缺陷，请问老师如何解决上述问题？

答：根据近几年各陶瓷企业在生产大规格岩板或瓷砖表面出现阴阳色差的表现，大致有以下几种情况：

1. 粉料原因造成岩板表面前、后边的色差缺陷

产生原因：粉料颗粒级配不合理，特别是粗细颗粒不匹配，细粉过多，导致压机布料时，坯体前、后边的密度相差过大。

预防措施：调整粉料的颗粒级配，减少细粉比例，确保坯体前、后边的密度均匀。

2. 压机工序造成岩板表面前、后边的色差缺陷

产生原因：压机布料不均匀而导致的坯体前、后边的密度相差过大。

预防措施：可以通过粉料的颗粒级配，减少细粉比例及调节压机布料均匀性来解决此缺陷。

3. 喷墨机工序造成岩板表面前、后边的色差缺陷

产生原因：喷墨量不均衡，抽墨泵的压力不稳定，喷墨机喷头24V电压不稳定。

预防措施：

（1）喷墨机工序造成岩板表面前、后边的色差缺陷，只在釉面反应出色差，砖坯底部不会出现色差。

（2）可以检查并调节喷墨量的均衡性，检查喷墨机抽墨泵的压力是否稳定，检查喷墨机喷头24V的电压是否稳定等，并根据排查到的原因逐个解决。

4. 淋釉工序造成岩板表面前、后边的色差缺陷

产生原因：

（1）淋釉器两边所淋釉质量差异过大而引起。

（2）淋釉质量不足，达不到遮盖坯体底色的工艺要求而出现透底色现象。

预防措施：

（1）检查坯体两边的淋釉量是否存在差异过大现象，并调节使淋釉量一致，如果将淋釉量调到一致后产品釉面仍然存在色差现象，则有可能需要对坯体的某一边多淋些釉量，使之达到釉面发色一致。

（2）增加总的施釉量，使之完全遮盖坯体的底色，以保证釉面发色一致性。

5. 辊道窑烧成过程中燃气燃烧不良而产生的坯体前、后边的色差缺陷

产生原因：如果辊道窑负压区域氧化段辊上/下的燃烧器出现过多熄火或大火直接喷在砖表面/砖底燃烧的现象，极易造成产品的表面或砖底出现前、后边色差现象，如图4-2（c）所示。

预防措施：

（1）检查出现熄火或者喷大火到窑道内燃烧的燃烧器的空燃比是否合理，并根据该燃烧器的实际燃烧情况合理调节助燃风及燃气（油）量，使之燃烧完全，火焰达到浅蓝色且刚劲有力。

（2）检查前段燃气压力是否过高，从而导致燃气燃烧不完全，可以通过降低燃气压力，采取多开燃烧器，小火均匀分布的方式供热，确保该区域的温度能满足生产工艺要求。

（3）检查辊道窑负压区域燃烧器的功率是否能满足快速升温而又不易出现熄火工艺要求，如果燃烧器的功率不足同时又存在易熄火、冒大火等不良现象的，可以更换一些大功率且不容易出现熄火或喷大火的新型节能燃烧器。

6. 辊道窑预热及氧化段温度、压力不合理而引起产品表面前、后边的色差缺陷

产生原因A：当辊道窑预热氧化区的负压过大，温度偏低，同时坯体和釉料的温度又偏高时（如熔点高时），容易造成出窑产品表面出现前、后边的阴阳色差缺陷，如图4-2（a）和（c）所示。

预防措施：

(1) 调节排烟风机，适当降低其抽力，减少窑内负压。

(2) 调节氧化段的挡火板/墙的高度，以便减少窑内负压。

(3) 增加辊道窑氧化区域辊上/下燃烧器，以便提高该区域的温度，在确保升温之后坯体不会出现裂纹的前提下将坯体快速提升至进入氧化阶段的温度点，然后再适当降缓升温速度，使坯体有充足的氧化时间。

产生原因 B：当辊道窑预热氧化区的温度偏高，同时所生产的坯体或釉料偏低温时，导致坯体表面过早出现液相而影响氧化，也会引起出窑产品表面出现前、后边阴阳色差缺陷。

预防措施：

(1) 适当降低窑炉排烟风机频率，以便降低预热及氧化区的温度和压力。

(2) 适当降低氧化区与预热区之间的辊上挡火板。

(3) 适当降低辊道窑前段1~10组燃烧器的温度，避免釉面过早出现液相而不利于坯体氧化，导致釉面出现色差缺陷。

4.4　关于原材料进厂检测需要注意的问题

问：我厂生产的色料产品品种较多，会用到各种化工原材料，基本上每天都有原材料入仓需要检测。最近发现氧化镍产品波动较大，每批次的外观都不一样，试烧出来后有时偏红或者偏蓝，但是投入生产又都合格。请问原材料进厂时需要做哪些检测，需要注意些什么？

答：原材料进厂检测是各陶瓷色料生产厂家系统质量控制的重要环节，入厂原材料的合格与否直接影响到后期的生产工艺的稳定和最终产品的品质。色料的生产是一个高温固相反应过程，后期加工工艺对产品的影响相对较少，原材料的品质对产品最终的质量起决定性的作用。因而，做好原材料的进厂检测十分重要，实际生产中需要做好以下检测工作：

(1) 分散取样，根据货物批次、数量决定取样点数，见表4-1。

表4-1　进厂货物数量与取样点数

	货物性质	进场数量	取样点数
贵重类货物	氧化锆	0.1~1t, 2~4t, 5~10t	2, 3, 5
	氧化钴	0.5~1t, 2~4t, 5~10t	2, 3, 5
	氧化镍	0.5~1t, 2~4t, 5~10t	2, 3, 5
普通类货物	钛白粉	1~10t, 10~20t, 20~40t	2, 4, 6
	铁红	1~5t, 5~10t, 10~20t	2, 3, 5
	氧化铬绿	0.5~1t, 1~5t, 5~10t	2, 3, 5
	氧化锌	1~5t, 5~10t, 10~20t	2, 3, 5
	石英粉	1~10t, 10~20t, 20~40t	2, 3, 4

(2) 货物外观颜色的对比。将所取的样品与上一批次的样品对比，样品之间也要进行对比。对于铁红产品，外观鲜艳、较细且轻的一般好于外观暗红较重的。前者多半是采用混酸法生产，较耐温，发色好；后者多半是用硫酸法生产，相对密度大，外观呈暗红紫色，发色和耐温性能要稍差。

(3) 样品细度的检测。首先取样时用手挤压查看样品中是否有颗粒物；其次将样品用勺平压于白纸上，查看是否有杂色。目前市场上常见掺入的杂物主要有氧化亚镍、氧化锆等价格较高的化工材料。样品细度一般用水筛进行检测，用清水进行冲洗过筛，注意冲洗过程中不可用手按压过筛。

(4) 生产配方带入检测。首先，将检测样品套入生产配方中进行试烧，这个环节最容易发现问题，但是做出合理的评判也不容易。例如：氧化锑样品中锑的含量越高的话，发色反而呈浅鲜黄色，含量低时反而呈偏红色调。其次，氧化亚镍分为高温和低温两种，在同一条件下进行试烧时，低温样呈现蓝灰调，高温样较红。但通过配方调试和生产工艺的调整，低温样也可达到合格条件参数。

（5）小料的检测。一般色料厂家将生产中的矿化剂盐类划为小料来管理。小料多为各种盐类和碱类的工业纯产品，相对变化较少，但需要注意的是，不同批次的产品其煅烧温度有时会有波动，需要带入配方进行试烧。

4.5 橘黄产品出现黑心的解决方法

问： 佛山某色料厂，主要生产坯用钛黄系列产品。最近橘红产品生产时出现黑心问题，特别是遇到中午暴雨时黑心情况会加重。该厂家使用的是隧道窑，以重油为燃料，请问该如何解决？

答： 陶瓷坯体色料中，钛系列产品中的橘黄、橘红、纯黄为三大主色，市场占有率非常高。钛黄系列产品主要由钛白粉、氧化锑、铬绿等小料组成，其中氧化锑和钛白粉直接影响到产品的品质。

相对于橘黄、纯黄两种产品，橘红产品更容易出现黑心质量问题，这主要是因为橘红产品配方中的氧化锑和铬绿的含量较高。当生产中氧化锑含硫或者含铅过高时，很容易导致黑心现象的发生；其次，配方中钾的存在也会促进某些材料发生反应，导致黑心的发生。

对于上面提到的问题，可从以下几方面进行分析，逐个进行排查：

（1）对目前仓库使用的氧化锑进行重新检查。对比前后批次货物之间的外观差别，通常容易粘袋且发白的产品，其质量相对比较差。按照生产配方进行配料试烧，另外不加小料配制2杯，压实后在电炉中快速升温煅烧。注意烧成时间要缩短至平时煅烧时间的一半。如果电炉试烧有黑心现象出现，则可以断定是氧化锑的质量问题所导致的。

（2）车间检查装窑工序，看是否装料过多或者压得过实。在容易产生黑心的产品中做对比试验：分别按照平装、中间开孔、压实的方式各装一排进行试烧，查看试烧情况。通常来说，纯黄类产品含铬锑最少，装料的时候可以按压装窑；橘黄类产品平装时烧制效果最好，否则易出现上面偏红、下面烧不熟的情况；橘红产品最好是在中间开孔，这样有利于产品的发色，也可以避免和减少黑心现象的发生。

（3）查看窑炉的气氛

根据上面所反映的下雨天黑心会加重的现象，一般是因为下雨天气压较低，烟囱的抽力不够，导致窑内空气的流通速度减慢，窑内燃烧不充分而导致还原气氛过重，容易将锑还原成黑色的硫化锑。因此，遇到下雨或者刮大风天气时，需要及时调整各环节的风机风力，让窑内空气流通正常，保持气氛稳定。发现窑头或者窑尾冒黑烟或者窑内火苗模糊时就需要调整气氛了。当窑内还原气氛过重时，窑车会被熏黑，匣钵之间硫化会加重。因此，在烧制钛黄系列产品时，保持窑内的氧化气氛是十分必要和关键的。

4.6 浅析400mm×800mm×8mm规格釉面砖色差的原因

问： 一条辊道窑长约330m，内宽2.65m，生产400mm×800mm×8mm规格，产品吸水率为1%～3%，烧成周期为21～25min。采取同排五片砖坯竖进窑方式入窑炉。生产一段时间以来，出窑产品一直存在同排色差或黄边等不良现象。请问如何解决上述问题？

答： 目前市场上最畅销的400mm×800mm×8mm釉面产品，是近年来新兴的一款热门产品。它是基于瓷片产品的基础上，通过生产工艺和材料的创新而开发出来的一款新产品——瓷质釉面砖。由于该产品生产时间较短，在生产过程中出现的异常缺陷及预防解决措施的总结也相对较少，一些比较少见的问题还有待在生产过程中不断进行总结。

通过对生产窑炉状况及产品存在问题进行了解、分析，其大致情况如下：

(1) 辊道窑长330m，内宽2.65m，预热低箱段占全窑长16%。

(2) 高温烧成区为14区，高温烧成时间为6min。

(3) 窑炉采用天然气作为燃料。

(4) 窑炉辊上/下的第1~15区域的燃烧器全部使用短碳化硅套（长度为500mm），从第16区至最后一组燃烧器，都配备了不同长度相结合的碳化硅套，其长度分别为500mm、700mm、900mm、1100mm。

(5) 窑炉助燃风压力在600~700Pa，同时窑内正压也偏大。

(6) 同排五片砖的底与面都存在色差现象，同时五片砖的颜色都不一致，靠墙边和中间的砖坯发色偏红，其他的发色偏青，如图4-3所示。

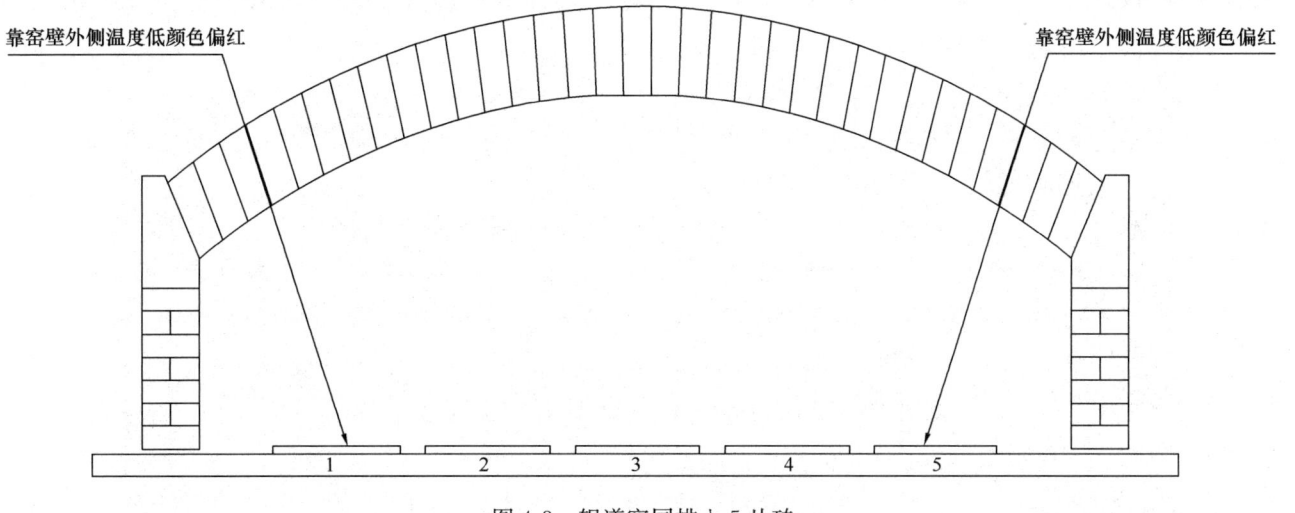

图4-3　辊道窑同排入5片砖

1. 中板釉面砖在辊道窑控制过程中产生色差的原因及预防措施

在陶瓷生产过程中，瓷砖出现色差的原因是多种因素造成的，在此仅从窑炉和釉料方面探讨高吸水率中板瓷砖，出现同排砖的釉面色差的原因及预防措施。

(1) 如果燃烧器的助燃风过大，容易造成辊道窑内靠墙边的温度低于窑道中间的温度，从而导致靠窑墙侧的坯体颜色发红及釉面光泽度偏低的缺陷。

预防措施：可以适当降低各支燃烧器的助燃风压力或调整长、短碳化硅套的布局，适当减少长碳化硅用量，同时相应增加短碳化硅套的用量，以提高窑内靠墙边温度，使坯体釉面的颜色或光泽度接近。

(2) 如果燃烧器的助燃风过小，火焰燃烧不良、火焰长度较短，容易造成辊道窑内靠墙边的温度高于窑道中间的温度，从而导致靠窑墙侧的坯体颜色发青及釉面光泽度偏高的缺陷。

预防措施：可以适当加大各支燃烧器的助燃风压力，使各燃烧器的火焰燃烧良好、增加火焰长度或调整短碳化硅套的布局，以便降低窑内靠墙边温度，使坯体釉面的颜色或光泽度接近。

(3) 如果辊道窑负压过大时，也容易造成窑道内中间温度低于两边的温度，从而造成同排进窑产品，中间位置的坯体颜色偏红，两边的坯体颜色偏青缺陷，尤其是吊顶辊道窑炉会更敏感。同时，如果辊道窑内负压过大时，也极易导致产品出现时段性色差的不稳定现象。

预防措施：

① 可以通过调节辊道窑排烟、抽热风机的抽力，增加窑内正压或者调整长短碳化硅套的布局，以便提高窑炉中间温度可以解决该问题。

② 可以通过调节辊道窑烧成区域辊上挡火板和辊下挡火墙的高度，以便合理控制窑内辊上、下的

压力差，避免窑内负压过大而产生的时段色差或截面色差缺陷。

（4）如果辊道窑正压过大时，也容易造成窑道内中间温度高于两边的温度，从而造成同排进窑产品，中间位置的坯体颜色偏青，两边的坯体颜色偏红缺陷，尤其是拱顶辊道窑炉会更敏感。

预防措施：

① 检查并调节辊道窑排烟、抽热风机的抽力是否过小，并给予合理调整。

② 检查助燃风、急冷风的压力是否过高、鼓入风量是否过量，并给予合理调整。

③ 调整长短碳化硅套的布局，以便提高窑炉墙两边的温度可以解决该问题。

④ 检查辊道窑内的挡火板/墙是否设置过多、挡火板过低、挡火墙过高等原因造成窑内正压过大，并给予合理调整。

（5）长短碳化硅套布局不合理造成的色差。如果长的碳化硅套装配过多或出口向下倾斜时会造成火焰过于喷射到某一行的砖坯上，从而容易造成这片砖坯或坯体某一边的颜色发青，其他砖坯或坯体某一边的颜色发红的现象。辊道窑碳化硅套布局如图4-4所示。

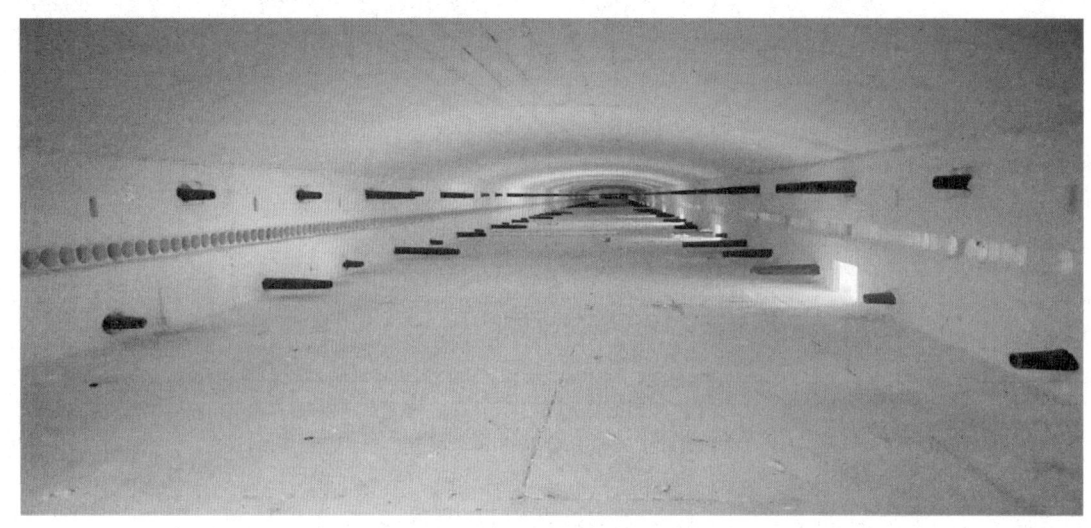

图 4-4　辊道窑碳化硅套布局

预防措施：

① 调整合理长度及数量的碳化硅套的布局，避免相同长度的火焰过于集中喷射到坯体的同一位置上，从而产生色差或光度差。

② 检查辊上各个碳化硅套口是否存在向下倾斜现象并给予校正，避免火焰过于集中喷射到坯体的同一位置上，从而产生色差或光度差。

（6）过多使用烧边温的短碳化硅套或鸭嘴式（侧孔式）碳化硅套，火焰过多或直接喷射到靠窑墙边坯体表面上，从而产生色差或光度差。

预防措施：

① 尽量少用或不用鸭嘴式或侧孔式碳化硅套。

② 辊上的鸭嘴式或侧孔式碳化硅套出火口不宜垂直朝向坯体表面。

（7）在采用快速烧成工艺的生产状况下，辊道窑炉前、中段的温度不足，氧化带的辊上温度偏低时更容易出现产品色差现象，如黄边、阴阳色、釉面光泽度不均等。

预防措施：

① 选用大功率且不易熄火的燃烧器，确保不出现脱火或熄火现象。

② 建议尽量选用大口径的碳化硅套，有效避免脱火现象。

③ 在确保坯体不出现裂纹和炸砖的前提下，建议采用多开燃烧器，以小火焰方式控制温度，启用

窑炉氧化带前端和辊上/下的燃烧器，可以满足快烧升温及减缓该区域温度大幅度波动。

④ 建议采用双驼峰的温度曲线进行控制，有利于坯体氧化或釉面发色的鲜艳和稳定。

⑤ 如果生产深灰色或黑色釉面产品时，窑炉前、中段的温度偏低，特别是辊上温度变低，更容易黄边或色差现象。

（8）窑炉空疏窑，不连续性生产，导致窑炉的压力、温度、气氛制度的不稳定而产生的产品色差缺陷。

预防措施：

① 加强设备维护管理工作，避免经常性出现设备故障的空疏窑状况。

② 做好储坯及有计划地停机清洗淋釉器或检修喷墨机，避免出现空窑。

2. 其他原因影响釉面砖产生色差的原因，在此只作简单概述而不作深入展开讨论

（1）如果是多层干燥窑，出干燥的坯温相差过大，导致坯体的收水速度不一致，也会导致同一花色的产品出现色差。

（2）在淋釉工序中，如果左右两边的淋釉重量相差过大，也会导致产品出现色差缺陷。该色差表现为坯体的固定位，在淋釉器前将坯体调转90°方向淋釉，该色差不随坯体淋釉方向的改变而改变。

（3）喷墨工序，如果喷墨机的进砖速度过快，喷墨量跟不上会出现间断性的色差；如果喷墨机喷不同通道电压不稳定、负压气管流动不稳定、喷头状态不好等都会造成喷墨色差。

（4）抛光工序控制不合理造成的产品色差，磨头排序不合理，釉面削磨不一致，坯体的釉面一边磨得深、一边磨得浅，釉面打蜡量不均匀，一边多一边少。坯体出现局部厚薄不匀或变形现象，容易造成凸起部位被削磨多而出现黄边的色差现象。

总结：在陶瓷墙地砖生产过程中，釉面砖色差的产生往往不是单方面原因造成而是多方面、综合性的，所以要解决陶瓷墙地砖釉面色差缺陷，首先必须对整个生产过程，从产品的图案设计、压机、釉线、喷墨、坯体干燥、窑炉烧成、抛光等环节逐一排查分析，然后确定问题点，才能有针对性地快速解决。其次还要尽量减少窑炉温度、压力、气氛的波动，确保生产过程的稳定性，可有效避免陶瓷墙地砖釉面色差的产生。

4.7　关于隧道窑倒窑、窑车轴承坏死等问题的答疑

问：佛山某陶瓷色料厂，生产窑炉为隧道窑，窑长28m，使用重油为燃料，近期生产棕色产品，烧成温度1150℃，50min推窑车一次。最近经常出现倒窑和窑车轴承坏死导致堵窑事故。请问日常预防倒窑事故需要做好哪些工作？窑车轴承坏死除了轴承自身质量问题外，还有哪些影响因素？

答：目前，大多数陶瓷色料厂都建有隧道窑。与操作灵活的梭式窑相比，隧道窑有产量大、产品烧成稳定、单位燃料成本低等优点，因而近年来许多色料厂都建起了隧道窑，逐步淘汰梭式窑，进行产品的大规模量化生产。由于隧道窑是连续性生产，窑炉内部温度长期在高低温之间进行转换，对窑炉的耐火材料和窑车的用料及构造有较严格的要求。为防止倒窑事故的发生，日常生产中需要做好以下几项工作：

（1）窑炉温度控制及升温过程的合理安排

一般按照产品要求设定好温度后，要经常检查各个喷枪是否正常，观察窑内是否有暗点或者亮点的出现，观察喷枪火苗是否燃烧均匀，火苗是否清晰。根据产品的烧成温度要求，合理安排窑炉的升温或者降温工序，不要进行不必要的急降温或者升温操作。

（2）装窑工序的检查和匣钵要求

根据煅烧产品的生料相对密度，合理制定装窑时的质量，如棕色和橘黄类产品，相对密度相对较轻，装钵时可以按压，每钵可以控制在 3kg 以内；对于黑色和钒锆黄类相对密度较大的产品，装钵时不应太满，窑车上半部分装半分满即可。同时，要将车间内的高温和低温匣钵进行分开摆放和使用，不同色系的匣钵尽量不要混合使用。

（3）窑炉排气系统的控制和推进器的管理

目前许多工厂为了利用窑炉预热而关停正常的排烟通道或者直接更改排烟系统为烘干系统供热。不同产品在煅烧时的烟气流量会有所不同，当煅烧产品烟气流量过大而排烟系统不能及时排出时，就会导致窑炉内气氛的不稳定和燃料的燃烧不充分，如果不及时进行调整，就会导致窑内温度偏高（与实际表温偏高很多）和燃料的浪费。目前，部分厂家还是使用人工控制的推进器，需要人工核对时间进行推进，使用自动编程控制的推进系统可以进行自动化控制，这两种推进系统在推进时都需要有工作人员进行跟踪，当发现有异常时要及时处理，如发现推不动时，强行推入会导致倒窑或因窑车与窑内的摩擦从而损坏窑炉。

预防窑车损坏和轴承坏死，在日常生产中需要做好窑车的检修工作，当窑车上出现裂缝和耐火砖出现破裂情况时，需要及时进行更换和检修。窑车轴承的坏死主要是窑车之间的密封棉损坏或窑炉还原气氛过强而导致。当窑炉还原气氛较重时，燃料燃烧不充分，窑内气流不顺畅导致窑炉底部温度偏高；当窑车之间的密封棉损坏或者边角耐火砖出现裂缝时，高温气流循环到窑车底部会造成窑车轴承温度过高而烧干轴承润滑油，当推进器强行推动窑车时，就会导致窑车轴承的坏死或窑内轨道变形而导致倒窑事故发生。因而，平时要做好窑车的检修和密封棉的修补工作，同时，严格控制好窑炉煅烧时的气氛。

4.8 利用铬铁矿生产陶瓷色料时需要注意的问题

通过合理配方，选用合适的矿化剂，利用铬铁矿可以生产出性价比非常高的坯用咖啡和黑色料。在以上两种坯用色料的生产中主要是利用铬铁矿中的氧化铬，铬的含量越高，生产的坯体黑色料质量越好，化学稳定性和耐高温性能会有明显提升。坯用咖啡色料，其配方中的氧化铁含量可以高达 70% 以上，因此高温稳定性不是很好，要想提高其耐高温性，就需要额外添加氧化铬或者是选择铬含量高的铬铁矿，当然，选择高质量的氧化铁红也是关乎品质的一个重要因素。

在利用铬铁矿生产陶瓷色料时，需要注意以下几个方面：

（1）铬铁矿的进厂检验

由于铬铁矿一般都是将原矿进行粉碎磨细的半成品，受矿脉和自然因素影响其品质波动会较大，通常根据外观颜色很难判断其中的铬含量。生产中发现，随着原料中铬含量的增加，其原矿的相对密度会有所改变，一般铬含量高的密度相对高些，外观颜色也倾向于墨绿色。而越是外观颜色像铁红的，其原矿中的铬含量就越低，相对利用价值不高，价格也越便宜（通常每吨几百至上千元）。

除了进厂时进行相对密度和外观颜色对比外，原矿细度也是十分重要的技术指标之一。由于陶瓷色料的发色是在固相反应中进行，因此原料的细度关乎到产品反应的接触面的大小，原矿细度越小，反应就越充分，而且烧成时的温度也越低。

（2）咖啡色料的配方调整和控制

坯用咖啡色料烧成时对温度十分敏感。当烧成温度偏高时，产品发色就会偏向于紫红调或者是黑色；温度过低时，产品发色偏向于红黄调，在坯体中的饱和度不好，而且还容易在坯体中分解，导致坯体中间起泡或者发黑，不耐温。

因此，在生产中需要掌握两个关键点：第一，控制烧成温度，根据烧成温度来控制产品的发色，而对产品配方不做任何调整。第二，如果不想调整窑炉温度和推进速度，就需要调整配方中的铬铁矿的含量。减少铬铁矿在配方中的含量,此时色调会朝红黄调发展,同时产品的耐高温性会有所降低;增加配方中的铬铁矿的含量,产品的发色饱和度会有明显提高,色调朝向紫红调,但是耐高温性会明显提高。

(3)坯用黑色料的配方调整和控制

坯用黑色料对窑炉的气氛有一定的要求,通常在弱还原气氛中烧成的产品发色饱和度最好。坯体黑色料中要尽量减少矿化剂的使用,因矿化剂会明显降低铬铁矿类型黑色料产品的高温稳定性。配方中铬铁矿的含量不是越高越好,但是选用铁红色料对成品的品质会有明显的影响。

4.9 煅烧锌使用和生产中常见的质量缺陷

1. 问:在实际生产中,为什么陶瓷釉面会出现落渣、气泡、针孔、釉色发暗、崩裂等产品质量问题与现象?常见瓷砖上落脏时有发生,外观是晶体状,低温能熔,采用吹窑头,刚开始可以,但过二三天又有。

答:我们拿到"落脏"物质来分析一下,把样品送去做化学全分析,其化学成分一目了然,主要成分是氧化锌,然后是硫化物。

我们在釉料配方中引入煅烧氧化锌时都是笼统地检测一下氧化锌(ZnO)含量,没有检测这个氧化锌里面单质锌(Zn)的含量。单质锌(Zn)的熔点及挥发点是和氧化锌(ZnO)不一样的,单质锌的熔点是419℃,沸点是907℃,而氧化锌的熔点是1975℃,沸点是2360℃,很多时候大家并没有去注意,在成釉中直接加入了含有单质锌的煅烧氧化锌。这时,随着窑炉温度升高,在419℃左右的时候,这一部分的单质锌(Zn)就开始出现熔化状态,同时也会在釉上留下一个熔洞,等到907℃左右的时候,它就开始慢慢沸腾挥发了,使釉面出现针孔/气泡。由于陶瓷厂窑炉为了余热的充分利用,它的烟气是从高温区往窑头方向走的,"锌蒸气"也就随着窑炉烟气行走方向从高温区往窑头方向走,到了窑顶某些地方,温度降低了,锌和氧及硫的混合物开始结晶,它们从气态又变回了固态,在窑顶"安营扎寨"了,时间一长,结晶物太多,风吹一下,就落下来了,造成了釉面落渣、气泡、针孔、釉色发暗、崩裂等各种质量问题。

2. 问:釉料应用时怎样避免这个问题?

答:在应用端采购煅烧氧化锌时应注意以下三点:

(1)一定要检测里面单质锌的含量,正规湿法工艺的煅烧釉用活性氧化锌的原料是碳酸锌或氢氧化锌,由于原料和工艺的原因,这个里面是不存在单质金属锌成分的。普通直接法或者间接法是由锌蒸气氧化形成氧化锌,里面很容易存在单质锌金属,在二次升温煅烧时,由于单质锌外面包裹着氧化锌粉体,它也是很难被氧化成氧化锌的。

(2)要带入配方打饼400~500℃,看饼面是否有闪亮金属点。

(3)滴盐酸看是否有冒泡的情况发生和出现刺鼻的气味。

3. 问:直接法、间接法生锌或者其他含单质锌高的原料进行煅烧时怎样尽量减少和优化单质锌缺陷呢?

答:广东肇庆市高要某氧化锌厂给出的建议是,可以先进转窑800℃中温速烧一遍,经磨粉325目后再进行最后的1150℃高温煅烧,即可有效挥发掉和减少煅烧氧化锌里面的有害单质锌成分。

4.10 白砖出现质量问题的原因及解决措施

问:四川陶瓷产区某瓷片厂,主要生产水晶砖和内墙纯白瓷片。燃料为水煤气,窑长168m,产品规格为 300mm×400mm 和 300mm×450mm，日产量在 10000~15000m²。最近生产不稳定，白砖出现四周发黄现象，且波动较大，时好时坏。请问该现象是否为窑炉烧成所致？该如何解决？

答： 超白砖边沿发黄的问题，笔者在之前也接到过河南产区一厂家的咨询电话，对方也反映白砖出现周边泛黄现象，且十分不稳定，时有时无。但在佛山产区很少出现该问题，一是佛山产区以仿古和抛光砖等中高档次的地砖为主；二是其技术积累和生产工艺技术等方面的硬性指标均优于外地的陶瓷产区，特别是部分企业在原材料标准化方面做得很好。

以辩证的方法来分析，如果在同一条件下，在各项技术参数都没有改变的前提下，陶瓷产品生产中出现的质量问题，多半是由于原材料不合格导致的。因为生产设备大多已经实现了半自动化，但原料在不断变化。陶瓷砖的生产是一个复杂的系统工程，每个环节都会对产品的最终品质产生影响，从原料的粉碎入球磨机球磨到成形，再到后期的淋釉煅烧，每一个环节只要有一个条件发生改变，都有可能导致质量问题的发生。

基于以上分析，白砖周边泛黄的问题可从以下几方面着手解决：

（1）窑炉。陶瓷行业有句谚语："生在窑炉，死在原料"。煅烧是一个复杂的物理化学变化过程，需要严格把关。窑炉气氛对陶瓷砖的影响主要表现为局部的釉料未成熟，或者色料色调不纯正；窑炉温度不正常，容易导致釉面缺陷，如烧不透、针孔、不发色等；当砖坯氧化不充分时，也会出现釉面气泡、针孔，甚至砖面变形等严重问题。

白砖周边泛黄与窑炉的气氛没有直接关系。首先，很多陶瓷厂家都已经改用水煤气为燃料，水煤气较重油清洁，而且燃料来源也非常稳定，有利于窑炉温度和气氛的控制。其次，白砖没用使用色料，通常是使用高白度的釉料或者添加增白剂来提高白度。

（2）釉料。釉料是质量事故最常见的源头之一，生产中经常出现由于化工原料不合格导致的质量问题，如减水剂不合格导致浆池结胶，色料不合格导致瓷砖黑心，印刷粉不合格导致粘网板等。在没有改变工艺的前提下，白砖出现不同时段的周边泛黄现象，很可能是釉浆的问题。釉料由于含有铁和钛，经煅烧后会产生黄色调。因此，需要将底釉和面釉分开进行对比试验，找出两种釉料存在的质量问题。其次，釉料的细度对淋釉环节会产生影响，需要查找釉料球磨环节是否存在质量隐患。

值得注意的是，若釉料存在质量问题，通常会表现为整个砖面泛黄或者是中间部分表现不明显而在四周出现加重的趋势，而且整个批次的产品都会出现同样的现象。

（3）生产工艺。由于工艺环节一般都是固定的，因此在生产中往往容易被人忽视。曾经在某陶瓷厂家出现过由于网板的顺序放错而导致的质量问题。白砖釉面四周泛黄，还有一种情况是由于砖坯边沿的釉料偏厚所导致的。釉料的相对密度和流速直接影响到砖坯釉面的覆盖效果，当底釉和面釉之间的工艺不匹配时，很容易出现面釉或底釉向砖坯边沿累积的情况，导致白砖边沿较中心位置相比偏黄的现象。此时，建议调大釉浆相对密度和流速，加快砖坯的干燥过程，生产中一般是通过添加黏土来进行调节。

4.11 钴系列宝石蓝产品加工过程中的注意事项

宝石蓝产品由于配方成本高，市场需求量不大。因此，许多陶瓷色料厂家都不愿意投入生产。宝石蓝产品对工艺要求较高，任何一个环节出现差错都会导致生产出来的产品发色饱和度不佳，从而造成企业较大损失。因此，宝石蓝产品在生产过程中需要注意生产环节以及后期加工过程中产品品质的保证。

氧化钴是陶瓷色料行业中常用的成本较高的化工原材料之一。在经历了 2007 年、2008 年的价格高峰期后（2008 年最高峰时单价为 54 万元/t），目前价格基本维持在 13 万元/t 左右。钴系列的陶瓷色料主要有钴蓝和海碧蓝两个大系列，配方中含有氧化锌的产品一般称为海碧蓝产品。其次，如孔雀蓝、孔雀绿、海军蓝等产品相应的市场份额较少。宝石蓝也称为变色蓝，因为该色料的外观颜色在没加入釉料前呈紫色，煅烧后呈深钴蓝调。宝石蓝色料的晶体结构不同于钴蓝（Co-Al）或海碧蓝（Co-Al-Zn）结构类型。

由于宝石蓝产品中的氧化钴含量通常在30%～50%，因此配方成本价格较高，对于生产环节中的工艺和加工参数需要结合企业自身的生产设备条件进行合理安排。宝石蓝色料类似锆铁红色料的工艺，配方中物料的表面接触面积越大，表面活性越好，生产出来的产品饱和度越好。根据笔者多年的实践生产经验，宝石蓝产品在生产过程中需要严格控制好以下几个方面：

（1）做好原材料的选择工作

陶瓷行业原材料的选择，并不是纯度越高的材料就越好。要通过对比试验找出最佳的产品细度范围和混料时的工艺问题。宝石蓝产品属于完全依靠固相反应来进行高温合成的结构单一的色料产品，因此，原材料的细度对色料的反应温度和产品的最终发色饱和度都有很明显的影响。氧化钴通常工业级的含量在70%～76%，品质相对有保障。石英粉作为陶瓷行业中常用的一种材料，由于单价相对较低，生产厂家一般都只是进行原矿加细处理和同批次的均化处理。因此，不同生产商之间的品质还是有很大区别的。进行宝石蓝色料生产时，应选择有自己矿山的石英粉供应商，严格要求产品细度在1250～2000目。同时，尽量选择二氧化硅含量高，白度好的产品。

（2）根据企业自身的设备条件，合理制定生产工艺

色料生产要求精细度，每个环节都必须严格监控，通常生产中比较重视混料和煅烧环节。每个厂家都将产品分为大料和小料，一般将矿化剂类原料放在小料部分，一般色料生产配方是严格保密的，因此将配方中少见或关键性原材料放入小料部分。宝石蓝配方中的氧化钴和石英粉两种材料的细度可以通过进仓时的操作进行控制，混料需要根据各自厂家的设备来进行生料的混合，如使用打粉机进行混料需要进行二次打粉。使用F1系列搅拌磨每球质量应控制在80～100kg，搅拌时间10～15min；使用研磨机配料，单球质量控制在80kg左右，时间以25～30min为宜；使用球磨机配料，效果则更好，只是出料时比较难处理；选择干法球磨时容易粘住球壁导致不易出料；湿法球磨后期需要进行烘干处理，成本升高。

（3）进行试烧，确定合适温度

不同混料工艺处理的宝石蓝生料的烧成温度不同，通常在混料环节过程中有加细作用的混料工艺比打粉类工艺的烧成温度低。由于气氛和加热方式不一样，电炉进行小样试烧温度也存在差距。因此，每种混料工艺出来的生料都需要在窑炉中进行中试，或者是随窑炉实时温度进行试烧。根据配方中矿化剂类小料的不同，宝石蓝产品温度范围相对较广，通常在1150～1280℃。需要说明的是，温度过高或温度偏低都会造成产品饱和度下降，发色浅。

（4）后期加工过程中细度的控制

通常釉用产品都需要进行水磨加工，有时还需要向球磨料中加入盐酸等降低釉面针孔。宝石蓝产品的细度一般要求全部通过325目筛。需要注意的是，通常大生产出来的产品经过加工后的发色会比实验室小试生产出来的样品发色浅，大概发色效果浅10%。因此，在设计产品配方时需要留有一定的可调节幅度。如果电炉小试样品刚好对板的情况下进行大生产，出来的产品通常达不到设计要求。

4.12 化学锆和电熔氧化锆在生产锆铁红产品时的差异

问：目前市场上不少厂家推出了更具性价比优势的锆铁红产品，相比前两年来说，在当今原材料普遍涨价的同时，市场中的锆铁红产品价格并没有像镨黄等锆系列产品那样昂贵。请问化学锆和电解锆在生产锆铁红产品时主要有哪些差异？使用电解法氧化锆生产锆铁红产品时需要注意哪些问题？

答：目前市场上的陶瓷色料红色调系的产品并不多，特别是釉用红色系列，它主要有锆铁红、包裹

红、玛瑙红及锰桃红等。由于锰桃红产品有釉面针孔缺陷,通常只能应用于亚光釉料中,包裹红产品价格相对较贵,玛瑙红则偏向于紫红色调。因此,锆铁红的市场用量非常大,配合其他锆系列中的锆黄和钒锆蓝产品可以调配出较多的色调。自从原材料大涨以来,电解氧化锆基本维持在4万元/t左右,化学法氧化锆的单价在6万元/t左右。前几年,电解法氧化锆与化学法氧化锆的价格比为1:2,由于技术方面的原因,在2006年之前市场中常见的锆铁红产品基本上为采用化学法氧化锆来进行生产的。目前,选用化学法生产的氧化锆若应用于锆铁红的生产上基本上有两种规格,一种是颗粒状,另一种是经过加工处理的粉末状。由于锆铁红产品需要较长的生料配料、球磨时间,通常为10~20h。因此,大部分的厂家都选择化学法生产的氧化锆产品。

化学法生产的氧化锆活性比电解法氧化锆明显要高。采用固相反应生产陶瓷色料,活性越大反应越完全,产品的物理指标和化学性能都会更好,特别是当原材料的纯度较高时,色料的发色也会更加鲜艳,在高低温釉料中发色更稳定、更饱满。对于前期配方来说,完全使用电解氧化锆根本生产不出合格的锆铁红产品,即使能够合成有效的发色体结构,但其在釉料中的发色也会很差,色调也比较浑浊。后期锆铁红配方主要通过技术配方的改良和工艺上的配合,搭配使用电解锆和化学法氧化锆的混合体,能生产出较好的锆铁红产品。

采用化学氧化锆生产的锆铁红产品发色鲜艳、色度饱和、高温发色稳定,对生产工艺和烧成气氛的要求不高。采用电解氧化锆用于生产锆铁红时,对于氧化锆的要求通常高于常规的工业级电解锆,除了在产品细度上要求更细之外,对杂质中的某些微量成分的含量也有一定的要求。另外,需要严格控制球磨时间。为了方便烧成和控制色调,通常情况下都会在配方中引入一定量的化学锆。

使用电解锆进行锆铁红产品生产时,首先,要对进厂的氧化锆套用生产配方进行检测,并不是主要成分达标就可以判定为合格。由于电解锆中的杂质有部分元素可促进反应,当该元素达不到要求时,后期做任何调整都无法生产出合格的锆铁红产品。其次,电解氧化锆由于活性较低,因此,原材料的细度越细,越有利于后期的生产。再次,球磨时间也是关键之一,必须坚持每隔2~3h进行取样试烧,虽然配方或原材料都一样,但还是要求进行每批次磨球生料的抽检,只有这样才能保证产品的品质稳定以及减少质量事故的发生。

4.13 关于釉面砖出现质量缺陷的答疑

问: 西南某陶瓷釉面地砖生产企业,主要生产400mm×400mm、600mm×600mm规格的水晶砖产品,以煤转气为燃料。但最近发现产品出现缩釉和釉面针孔质量事故,请问是什么原因?怎样解决?

答: 釉面针孔和缩釉质量缺陷一直都是釉面砖产品的常见质量问题之一,特别是釉面针孔的产生受多种因素的影响,如釉料的细度、窑炉的温度和气氛以及丝网印刷等生产工艺环节影响。目前,大部分的陶瓷企业都以煤转气为燃料生产瓷砖。但煤转气技术也只是一种过渡技术,使用煤转气技术,煤渣含煤量较高,这就意味着能量的转化率较低。使用煤转气和以重油为燃料的窑炉,在气氛的控制上还存在一定的差别。

如果产品出现釉面针孔问题时,要检测釉料是否存在问题,或陶瓷色料的细度是否符合要求以及是否水洗干净,亦或熔块球磨细度过粗或过细等,以上都会导致釉面针孔问题的产生。因此,在出现釉面针孔的情况下,可先用325目的标准筛检测釉浆的细度。对于一次烧成的生坯来说,预热带也是关键控制点之一。由于生坯中的水分等挥发物在100℃左右开始挥发,部分盐类在800℃左右开始挥发,如果预热带的时间不够长,或是温度调节得不适当都会导致水汽在预热带的累积和坯体中杂质排放不彻底,熔釉过程中产生气泡,进而导致砖坯釉面大量针孔的产生。

一般来说,缩釉通常是温度过高而导致的。当然,也有其他原因,但发生大面积的整片砖的缩釉通常是温度问题导致的。特别是使用煤转气的陶瓷生产线，需要经常观察并调节窑内的气氛，当发现火枪喷出带黄色的火苗时，多半是由于燃烧不充分。窑内的温度是否均匀，也可以通过窑内的颜色进行辨别，要注意查看窑内的燃烧火苗颜色和整体是否有亮点或者暗点。

经调查，该企业产品出现的质量问题是由于输送煤气的部分管道发生堵塞，进而导致一部分喷枪火力过大超温，另一部分喷枪火力不够，燃烧不充分，窑内氧化气氛不够。其次，由于西南地区多雨多雾，很容易腐蚀铁质的各种输送管道，特别是窑炉前的预热带，由于出风管道部分不够通畅，导致大量的水蒸气在此区域阻滞，严重影响了砖坯烧成过程中挥发物质的排放，加重了后期针孔的出现。燃烧带由于部分喷枪的输送管堵塞导致温度升不上去，而窑炉工为了保持表温，通常加大助燃，从而导致窑内还原气氛加重和部分区域严重超温，进而导致大面积的釉面缩釉的发生。因此，后期通过停产检修和清理输送煤气和助燃风管道，以及预热带的排气管道，使得生产恢复正常。

4.14 利用金红石矿生产钛系列色料的工艺问题

问：为降低生产成本，有些厂家利用金红石原矿粉生产坯橘黄系列色料产品，但产品质量有时控制不好，请问在利用金红石原矿粉生产色料产品时，需注意哪些方面的问题？

答：坯体色料市场的主要品种有咖啡、黑色、橘黄三大系列，其中铁系列品种根据产品的发色红黄度划分为橘黄、米黄、橘红三大类。由于氧化锑和钛白粉的价格涨幅较大，因此利用金红石原矿粉代替工业级别的钛白粉进行钛系列色料的生产具有很好的经济和社会效益。

目前，福建和广东佛山等地都有陶瓷色料生产厂家在利用金红石原矿粉生产坯体橘黄系列产品，其中福建某厂家生产的坯体铁系列产品具有产品发色稳定、饱和度好、外观颜色鲜艳等特点，性价比高。因此，只要选择好原材料，优化产品配方并控制好生产工艺，利用金红石原矿粉生产坯体铁系列色料是可行的。

陶瓷色料厂家利用金红石原矿粉生产陶瓷坯体色料，需要从以下几个方面进行控制：

（1）金红石原矿粉的加工处理

目前不少厂家都是采购金红石原矿粉，其大多是国内进口商从印度尼西亚或者澳大利亚大批量采购，部分小型加工厂从进口商买回后通过湿球或者使用干法磨细后就直接卖给陶瓷色料厂家。通过控制金红石原矿磨细的工艺可以明显地提高产品品质。一般湿球工艺会好于干法，部分可溶性盐类可以通过在湿法球磨过程中添加药剂进行纯化处理。合理控制原矿粉的加工细度也很关键，加工细度过细没有必要，浪费劳力和电力资源。加工细度太粗又达不到生产工艺要求。正常情况下，要求干粉细度在325目筛余0.5%左右。

（2）色料配方的合理搭配

完全使用金红石原矿粉进行橘黄色料的生产是可行的。只是生产出来的橘黄产品黄度值很难提高。部分色料厂家单独利用金红石原矿粉生产低档的橘黄产品，或者与工业合格钛白粉对半使用生产出次等橘黄产品。通过笔者对比试验发现，使用金红石原矿粉生产橘黄产品时，在配方中添加5%~10%的合格钛白粉可以明显地提高其鲜黄度。

（3）后期烧成工艺环节的控制

橘黄产品对气氛相当敏感，氧化锑很容易被还原成黑色的硫化锑，因此烧成时要保持氧化气氛，升温过程不宜过快，特别是在前段的500~1000℃范围时要适当缓慢升温。同时装钵时禁止进行压实，必要情况下还要进行中间开窑处理。配方设计时，引用红矾钾代替部分氧化铬绿也可以减少中间黑心情况的发生，但是红矾钾加入时最好是用热水化开后分散加入，或者是使用研磨机二次成形后再添加。烧成时的保温温度不宜太高，要通过合理使用配方中的矿化剂来降低产品的反应温度，烧成后的粉料以用手能捏散为宜。

实际生产过程中，只要严格控制金红石原矿粉的磨细工艺和配方优化，控制好后期的烧成环节，相信可以生产出较高性价比的坯体钛系列产品。

4.15 抛釉和肌肤釉/柔光釉常见的问题及解决方案

目前国内市场主流的两种地砖釉面类型是全抛釉和肌肤釉（柔光釉），其中全抛釉约占地砖70%的比例，肌肤釉（柔光釉）等亚光类型比例约30%，就目前市场两种主流釉面效果，在生产中常见的一些问题，做一些经验分享及探讨。

1. 问：全抛釉在生产中主要关注哪些方面的性能？

答：（1）防污性能

防污性能跟釉层中气泡的数量、大小以及分布情况关系较大，此外抛光工艺对其也有一定的影响。

① 抛釉釉层中气泡越少且越小防污性能越好，可以通过引入钙、氧化锌、熔块等降低釉料高温黏度来实现。

② 抛釉釉层中气泡分布有两种思路，一是尽量将釉层气泡压在底釉釉层上，可以通过将底釉温度调低来实现，底釉光泽度控制在6~8GU，同时保证底釉吸墨测试微微吸墨；二是让气泡尽量排到釉层上面，通过抛光把含气泡的上层釉面抛掉来提高防污性能，这种方式一般需要用到高温黏度低的熔块，且熔块使用量在60%以上，成本较高。

③ 抛光工艺的影响，需要根据瓷砖的平整度以及釉层中气泡分布情况来制定抛光工艺，平整度好且气泡靠釉层下面需要浅抛，瓷砖平整度不佳且釉层气泡靠上则需要抛深。

（2）透感

透感主要跟釉层中气泡数量有关，釉层气泡越少且越小，透感越好，可以通过引入熔块、氧化锌、碳酸锶等来提升透感。

（3）耐酸碱

耐酸碱最主要跟抛釉成分中硅、铝含量直接相关，在保证透感的条件下，尽量提高硅和铝的含量，通常硅含量大于50%，铝含量大于14%，耐酸碱都能通过。

（4）硬度和耐磨度

硬度和耐磨度是两个不同的概念，同时也有一定的关联性，硬度高耐磨性通常会好，但不成正比。可以通过提高抛釉的铝、镁含量来提高硬度及耐磨度。此外，也可以适量引入刚玉及氧化锆来提高硬度和耐磨度。

2. 问：肌肤釉（柔光釉）目前的痛点有哪些？怎样解决？

答：肌肤釉（柔光釉）目前的痛点主要是痱子泡、防污差、耐酸碱、透感及发色差等。

传统亚光釉主要以生料釉为主，消光主要是通过釉层析晶来实现，导致釉面不平整、不光滑，同时透感差、表面析晶防污性能差、易产生痱子泡。

最佳解决方案是釉料配方中引入比例较高的高温高透亚光熔块35%以上，解决以上问题的同时能保证釉面达到细腻光滑如肌肤般的质感。

这种类型的熔块通常要求：①始熔点高、熔融范围宽来解决痱子泡问题；②硅大于50%、铝大于15%，保证耐酸碱性能；③锌、钡、锶等含量分别大于5%，提升釉面质感、透感、发色以及防污性能。

4.16 关于煤气炉等各种热交换器的日常保养除垢问题的说明

目前,大部分陶瓷厂家都开始使用水煤气,并且工厂都安装了冷却水循环系统,对于这些有水循环的系统中由于时间的原因和水中含有各种盐碱类物质,随着时间的推移会导致水循环系统内部管道存在结垢,造成堵塞的问题。特别是热交换器和锅炉类的设备内部结垢后会降低设备的效率,并且存在安全隐患。

在陶瓷企业的设备日常检修过程中常见的腐蚀类危险情况有间隙腐蚀、电偶腐蚀、点蚀、晶间腐蚀四大类。其中在铜管与钢板焊接处,由于设备制造过程中本身存在尺寸间隙,极易造成间隙腐蚀情况的发生;在铜管凸出部分,一般结垢情况会比较厚,严重时造成垢下腐蚀(由于浓差电池作用),当加入大量的含氯离子除垢剂后,由于氯本身具有较突出的加速腐蚀作用,有可能使设备内部局部点蚀穿孔。而在设备内部的焊接处,由于机械设备本身是异种金属(钢,铜)接触,存在电位差(钢电位高于铜),在循环溶液电导率增加后,将加速电偶腐蚀。另外,常用的含氯除垢剂具有明显的加速晶间腐蚀的作用。

传统的设备水垢清洗技术一般为酸洗,易对设备造成腐蚀。因为加入的酸类物质本身能与设备的主要材料(如钢、铜)发生化学反应,容易使铜、铁等以离子形式溶于水中,对金属类造成腐蚀,即使加入一些缓蚀剂也不能完全阻止反应的发生,从而对锅炉等热交换设备造成危害。如果清洗时间延长,产生大量氧化性较强的铁离子,对设备将会造成更大的腐蚀。另外,当使用酸性的清洗剂后,酸性物质本身能在水中电离。所产生大量的阴、阳离子会增大水溶液的导电率,加速微电化学反应的内部循环,导致腐蚀情况的加重。表 4-2 为常见各种水垢类别的鉴别方法。

表 4-2 常见各种水垢类别的鉴别方法

水垢主要成分	颜色	鉴别方法
碳酸垢	白色	加 5% 左右的盐酸产生大量气泡和易松沉淀物
硫酸垢	白色,黄色	在盐酸中产生少量气泡,投入氯化钡产生白色沉淀物
硅酸垢	灰白色	盐酸难溶解,加氢氟酸可有效溶解
油垢	黑色	加入乙醚后溶液呈现黄绿色
铁垢	棕褐色	加盐酸可缓慢溶解,加硝酸溶解加快,溶液呈黄色

陶瓷企业在日常生产管理过程中需要加强对此类设备的检修和查看,特别是涉及煤气发生炉等安全隐患设备的日常维护一定要做到细心,严格按照设备生产厂家的技术参数要求进行操作和保养,对于水循环设备的内部结垢情况要及时发现和处理,特别是针对不同的设备和结垢类型需要进行甄别处理,对于陶瓷企业自身不清楚的情况,一定要请专业的除垢技术人员来处理,切不可以乱投放不清楚的除垢剂到设备里面。

4.17 关于几种常见色料在透明熔块和锆白熔块中出现色差的控制

常见的几种陶瓷颜料主要有锆系列的锆黄、尖晶石系列的无钴黑和铁铬锌系列的棕色等。一般来说,在高温条件下,亚光釉料中色料的发色趋势与在透明熔块中的发色基本上是一样的。特别是在调色过程中可以发现,大部分的陶瓷色料如果在高温的生料釉中有较好的发色和稳定性,那么它在低温的透明等熔块中的发色会更好。之前国内陶瓷市场不景气,在部分产区出现停窑的情况下,大中型陶瓷色釉料企业都开始把重心放在出口市场上，而国外客户通常都会要求使用两种以上的釉料进行产品检测，特别是国内的色釉料企业一般出厂检测都只使用一种或者两种釉料，造成货物到达对方工厂后出现色差等质量问题。因此，国内陶瓷色釉料企业在出口货物的调色过程中不光是使用对方的釉料进行检测，还应在高温亚光和锆白熔块中进行2次检测，以保证产品在各种釉料中发色稳定。

由于陶瓷颜料都是由多种化工原材料进行煅烧合成的，因此，所使用的釉料中的某些成分会对色料产生一些影响。例如，在锆白熔块中含锆的锆黄等系列产品的发色饱和度比在低温的透明熔块中要好。在高温的亚光生料釉中，如果配方中含有氧化锆成分也会促进锆系列陶瓷颜料的发色。另外，陶瓷色料配方中的原材料以及一些关键的化学元素也会对色料在釉料中的发色产生较为明显的影响，特别是在锆黄的调色过程中，锆黄产品在低温的透明熔块中有较好的呈色力，但是在锆白熔块和高温亚光的釉料中发色饱和度和色调有较大的改变，其饱和度会明显降低。

棕色系列也是容易出现色差的陶瓷色料系列之一。例如，红棕色料在低温的透明熔块中可以有较好的发色，但是在锆白熔块中，各家色料企业生产的产品发色有较大的差异性，特别是在色调和发色饱和度方面，红棕产品在低温透明和锆白熔块中的发色趋势有一定的差异性，部分厂家生产的红棕产品在锆白熔块中没有发色或者发色非常浅。这些主要和红棕产品的配方原材料有直接的关系，与后期的调配没有根本性的关系。红棕系列产品中的氧化铬对产品在高温亚光釉料和锆白熔块中的发色起到关键的影响作用。

无钴黑系列产品和含钴产品的发色差异主要体现在高温的亚光釉料中。以目前的色料生产工艺技术来说，在低温的透明熔块中，无钴黑产品的发色饱和度和色调等主要指标都可以和含钴黑产品相媲美。但是在高温亚光釉料中，含钴产品的蓝色调和饱和度方面会优于无钴黑产品，特别是无钴黑产品中的锰的含量达到一定界限时，高温耐温性能会明显降低，直接导致釉面起泡等缺陷。另外，在锆白熔块中，黑色系列由于配方材料的差异性也会出现一些与低温透明熔块发色趋势不一样的情况，特别是部分厂家的黑色系列产品在锆白熔块中会出现不发色或者发色呈现棕色等浅色情况。

4.18 关于陶瓷釉用黑色在使用过程中需要注意的几个问题

陶瓷釉用黑色从色料的结构上来划分的话应该属于尖晶石系列。由于含有不同的元素，不同的尖晶石可以有不同的颜色，如镁尖晶石在红、蓝、绿、褐或无色之间，锌尖晶石则为暗绿色，铁尖晶石为黑色等。陶瓷黑色色料应属于复合尖晶石组合发色。尖晶石结构呈坚硬的玻璃状八面体或颗粒和块体。自然界中的天然尖晶石出现在火成岩、花岗伟晶岩和变质石灰岩中。有些透明且颜色漂亮的尖晶石可作为宝石，有些作为含铁的磁性材料。用人工的方法已经造出200多个尖晶石品种。

作为尖晶石结构的陶瓷色料来说，高温稳定性和化学稳定性是非常突出和明显的，我们常用的棕色和草绿等都属于这类结构。但是由于在不同的基础釉料中陶瓷色料配方的成分溶解率是有一定的差异性的，例如在含有氧化锆成分的基础釉料，还有锆成分的锆黄、锆铁红等产品的发色中会明显优于其他不含锆的色料产品。同样，在含有高锌的基础釉料中，铁系列发色的金黄和深棕产品的发色也会相对好一些，而作为陶瓷黑色的艳黑和钴黑系列产品来说，基础釉料中的常见成分氧化锌和氧化锆都是不利于黑色发色的。氧化锌和氧化锆的一个特性就是具有乳浊剂的效果，另外还有促进结晶的作用。因此，在生产中如果釉料的烧成温度高或者是含锆成分较高时，釉用黑色产品都有可能出现釉面析晶或者发色明显降低的情况，生产中常出现的现象就是在锆白釉料中出现钴黑产品釉面析晶，且出现钴蓝的色彩点，特别是钴黑产品使用过程中氧化钴和釉料中氧化锆含量越高，釉面析晶出现钴蓝颜色点状的情况就会增加。另外，就是在含氧化锌或者氧化锆较高的高温釉料中，艳黑产品容易出现棕色化趋势，特别是随着釉料烧成温度的增加，出现红棕色调的趋势会更加明显。

另外，据福建陶瓷企业的技术人员反馈，佛山陶瓷色釉料企业生产的釉用黑色产品在福建出现不耐高温的情况，特别是在日用瓷中煅烧温度超过1250℃之后容易出现釉面析晶的情况。通常来说，艳黑类产品出现这种情况是比较多见的，从艳黑产品的配方中也可以看到氧化锰的降温效果是非常明显的，色料配方中氧化锰含量的多少直接关系到黑色在釉料中的高温稳定性。因此，笔者想套用商场中的一句老话"一分钱，一分货"。色料产品中的主要原材料的性能指标都是直接关系到产品的最终品质，或许使用低劣原材料可以在某些条件下达到正常的性能指标，但是在更严格的检测条件下，不合格的原材料和优质原料还是能够区别开来的，特别是做品牌的企业，一定要保证产品原材料的品质。

4.19　窑炉的选择与转窑的调试要点

目前陶瓷色料企业的主要生产窑炉有转窑、推板窑、梭式窑、回转窑等，陶瓷色料厂家窑炉的使用情况也是随着陶瓷色料市场的改变进而在不断改进和完善。从时间上来看，在2002年前后大部分的色釉料企业都建有梭式窑炉，规格从 $1m^3$ 到 $6m^3$ 不等，梭式窑具有的生产灵活、操作易于控制以及建造成本低等优势，特别是在煅烧陶瓷釉用系列比较贵重的产品如紫丁香、宝石蓝之类的产品，质量还是有保障，但是梭式窑用于生产坯体色料时，在成本优势上不明显，特别是进行大规模生产时，由于温度控制等人工操作工艺上的差异，很容易导致每批次产品出现色差等质量事故。

2005年前后，市场中出现了由福建技术人员建造的低成本推板窑，窑炉通常长20m，可以使用的燃料种类也是比较多的，比如直接燃烧煤炭、重油、液化气，甚至木材都可以用来进行加热煅烧产品。推板窑的产量较梭式窑釉料明显提高，但更重要的是，可以进行连续性生产，温度控制和推进速度可以根据机械来设定，降低了操作的复杂性，提高了产品的稳定性，特别是在进行单一色料产品大规模生产上有较明显的价格优势。

2008年随着陶瓷市场的不断扩张而导致的色料市场的大规模采购需求，市场出现了产量更高的窑炉，同时，随着原材料价格的不断上涨，陶瓷厂家也在不断压低色料出厂价格，各方压力促使色料企业进行技术创新，可以说是间接地促进了色料企业的窑炉升级与技术创新。在这一段时间，宽体隧道窑和转窑正在逐步取代小作坊式的梭式窑等热能利用落后的其他窑炉，长40m左右的辊道、隧道窑和直径2m的转窑，单日产量可以达到惊人的8～10t。特别是转窑在进行坯体色料生产上由于具有不需要使用匣钵、热利用率高等优点，正被大部分生产坯体色料的厂家采用。而在釉用色料的生产上，由于深受气氛等因素的影响，很难在转窑上生产出性能优异的产品，因此还是需要在隧道窑上进行人工装匣钵煅烧工艺。因此，釉用色料的煅烧成本相对于使用转窑煅烧的坯体产品明显偏高。

转窑的出现对于坯体色料来说是一次技术上的革命。大部分坯体色料本身煅烧温度在1000℃以下，对于燃料的要求不高，特别是对气氛的影响相对较小，而不需要装匣钵煅烧的本身既提高了热能的利用率，同时直接降低了人工装钵程序，在工艺成本上具有明显的优势。在调试转窑时，进料口和进料速度是一个关键控制点，其次是煅烧温度和自转周速。通常来说，需要首先确定转窑的轴转速来控制出料时间，其次是根据出料时间来设定温度。例如转速30r/min时温度1000℃，转速50r/min时则应提高温度至1020℃左右。其次是进料口螺旋提升机进出料口需要不定时查看，进料速度和进料量必须选择一个固定参数。单位时间进料多或者少都会对出来的产品发色有影响。

最后需要说明的是，由于转窑是明火焰加热，烟气充满整个窑炉内部，对于还原气氛敏感的材料很容易发生反应，如钛系列产品中的原材料氧化锑很容易被烟气中的二氧化硫还原成黑色的硫化锑而导致橘黄产品变黑，而对于咖啡和坯体黑色类产品来说，弱还原气氛对于黑色铁的形成有促进作用，因而煅烧黑色和偏向黑紫色调的咖啡类产品非常好。当然，色料配方中的矿化剂和各种材料的最佳搭配也是至关重要的，好的色料配方对于窑炉的选择性较宽，即使在还原气氛重的窑炉中，只要配方结构合理和矿化剂类选择好，一样可以烧出非常优质的色料产品。

4.20　日用瓷釉料对陶瓷色料的要求

建筑卫生陶瓷行业非常注重采用先进的釉料技术，国内已经出现一大批专业性很强的陶瓷釉料和陶瓷熔块、色料公司。仅在佛山地区就有大鸿、万兴、康立泰、禾合、道氏、远大制釉、三晶石釉料等从事陶瓷色釉料设计与生产的大综合型企业。建筑卫生陶瓷产品中所用的釉料越来越丰富多样，目前多数陶企使用的釉料产品类别与用途可以大致分类如下：①铅釉和无铅釉；②生料釉与熔块釉；③一次烧成或二次烧成用釉；④瓷砖、餐具、卫生陶瓷与电瓷用釉；⑤按施釉方法划分的浸釉、喷釉、浇釉；⑥高温釉和低温釉；⑦高膨胀釉和低膨胀釉；⑧烧成气氛氧化焰、中性焰和还原焰；⑨颜色釉与无色釉；⑩透明釉与乳浊釉；⑪光泽釉、无光釉、半无光釉或花纹釉等。

从时间上来划分的话，在2003年前后流行水晶砖也就是采用熔块釉。水晶砖相对于玻化砖来说，烧成温度低、吸水率较高，釉面随着时间的推移会出现裂纹等情况。但是水晶砖的成本相对较低，因此，在内地中低端市场比较受欢迎。到2005年前后仿古砖的流行而催生了仿古釉，主要产品就是仿木纹系列，另外就是作为外墙砖来使用。再到2007年初国外引进的金属釉也在国内流行了一段时间，金属釉主要用来生产仿古砖，由于金属质感等现代装饰效果较强，对于家装市场的吸引力不是很大，主要是个性化的酒店娱乐场所应用得多一些。至2010年国产陶瓷墨水逐步量产之后，全抛釉类产品以其花色丰富、釉面细腻、耐磨系数高、各项物理指标优异等逐步成为陶瓷地砖市场主流产品。截至2023年12月，全国陶瓷抛釉砖生产线高达180多条。

由于陶瓷日用瓷生料釉组成中不使用熔块，所以它们仅限于最高烧成温度大于1150℃时使用。生料釉内含有矿物溶剂，如长石或霞石正长岩，外加黏土、石英、碳酸钙、白云石、氧化锌和硅酸锆作为其常用原料。低膨胀生料釉还使用透锂长石作为熔剂。生料釉不会有任何形式的玻璃相，在烧成时必须经过足够时间将气体从原料组分内排出，釉熔融后即可获得光滑而无气泡的釉面，因此，日用瓷器生料釉烧成时间要比熔块釉长。在烧成温度低于1150℃时，宜采用熔块釉料。另外，在采用低温快烧工艺时，需要相应增加釉内熔块含量。

因此，日用瓷生料釉在陶瓷色料的使用上需要注意以下几点问题：

(1) 高温稳定性

建造日用瓷的煅烧温度通常在1200～1270℃，因此对于陶瓷色料的高温稳定性有严格的要求，特别是生料釉料中的某些化学成分对于色料的溶解非常强，对于部分低温烧成或者使用了较多的矿化剂的陶瓷色料，在用于日用瓷器釉料中会出现不发色或者发色明显减弱的现象。例如红棕类的产品，当配方的总含铬量偏低而造成含铁偏高的情况下，很容易造成在日用瓷器釉料中不发色或发色减弱的情况。

(2) 分散乳浊性

日用瓷器釉料中本身就含有部分具有乳浊效果的化学成分，比如配方中的氧化锌具有双性作用，降低釉料煅烧温度和增加釉面乳浊，促进釉面析晶。当然硅酸锆在乳浊效果和增加白度方面也有明显的作用，既降低釉料煅烧温度，也增加釉面乳浊，促进釉面析晶。但是在使用锑锡灰类产品时会出现釉面分散不好、遮盖力不强的情况，导致出现严重的色差。目前市场中价格为50元以下的基本上是调和色锑锡灰类产品，而真正的锑锡灰产品是使用氧化锑和氧化锡煅烧的，本身锑锡灰就具有乳浊效果。因此，在日用瓷器釉料中很难用调和色锑锡灰来代替正品锑锡灰。

(3) 釉面针孔

釉面针孔问题在所有釉料中都有出现的可能性，特别是当陶瓷色料中的某些活性较高的化学成分更是容易与釉料中的成分发生化学反应而导致针孔的发生。日常生产中常见的容易出现釉面针孔发生的陶瓷色料有釉用黑色、锰铝红、釉用棕色等。日用瓷器釉料中红色调主要取自锡桃红或者铬铝红，当使用含有氧化锰和氧化铁的陶瓷色料时，较容易出现釉面针孔。

4.21 隧道窑的配置与调试中需要注意的几个关键点

目前，传统的陶瓷色釉料行业正在经历着一场新的市场洗牌，陶瓷色釉料企业之间的分工更加精细化和专业化，宏观市场的调整对于陶瓷行业来说影响比较明显。政策的波动性以及整个社会对于环保意识的增强，都对传统的色釉料提出了更高的要求，特别是陶瓷墨水的出现对于釉用色料市场来说更加像是一场噩梦，高端企业在逐步转型投向新的市场热点项目，比如生料釉料和墨水以及不少厂家在重新审阅和评估坯体色料市场。陶瓷色料生产的窑炉是色料产品附加值转变的一个关键点，因此"生在窑炉，死在原料"是前一辈人对于陶瓷行业的一个总结。

隧道窑的优势还是非常明显的，前提是必须利用好和配备必要的技术操作人员，任何窑炉都是存在差异性的，只有在生产中不断发现问题，再去结合企业的实际情况提出改善的措施。以下几个环节是隧道窑生产中需要注意的几个关键点：

（1）油与枪的组合

作为陶瓷色料来说，大部分的色料产品对于窑炉内部的烧成气氛是有要求的，特别是像钛黄、锆黄之类的产品对于气氛非常敏感，钛黄系列产品需要保持足够的氧化气氛，窑炉内部预热带可以见到明火之外，高温区正常来说是不应该出现明火，更加不允许出现烟气。还原气氛时窑炉内部的实际温度会明显高于仪表上所显示的温度，因此，一旦出现窑车表面发黑和匣钵粘连严重的情况，肯定是窑炉内部还原气氛过重而导致。因此，要控制窑炉的气氛跟窑炉所使用的油质和枪的类型也有很大的关系。

一般来说，好油用小枪细油嘴，油品稍差的则相反。使用小枪的窑炉可以较大枪多出2组喷枪，温度控制也相对于大枪来说更加均匀。但是如果小枪配合使用稍差的重油则非常容易出现堵塞枪眼的情况，并且温度上升缓慢。因此，在建造隧道窑炉时，一定要根据所使用的油质来决定安装枪的类型。

（2）雾化与助燃风的关联

雾化是否合适直接关系到油料是否燃烧充分和温度调节的灵敏度。雾化风过小，油料燃烧不充分，内部气氛还原性加重，温度出现下降或者是升温困难，油耗会明显地增加。雾化风过大直接吹灭火苗，也会导致油料燃烧不充分，升温困难。因此，隧道窑雾化风的调节也是很关键的，油料在没有预热装置的容器中，早晚温差也会出现黏度不一样而导致油压不稳定，进而需要跟进调节雾化风。另外就是在煅烧低温时，如温度在1000℃以下时，雾化风机通常调节变频在28～30Hz。由于目前的窑炉都是使用自动控制阀门来调节供油，因此，升温时需要同时跟进调节油门的手动开关。

通常来说，隧道窑煅烧温度在1100℃以下时，可以不打开助燃风。打开助燃风机后一方面是电费的增加，油耗也会跟着增加，在煅烧高温产品时就必须打开助燃风机才能将温度升上去。

（3）窑炉长度与冷却带的比例以及推进间隔时间

隧道窑中的产品需要装在匣钵里面煅烧，目前市场中低温的匣钵价格为13～15元/个，而高温的匣钵则需要20～35元/个，因而，隧道窑产品的其中一个很重要的成本就是匣钵费用，因为窑炉在煅烧中需要至少用40%的热量加热钵。一般转窑生产钛黄系列产品，煅烧温度1020℃时，日产量7t的耗油量在900kg左右，而使用隧道窑煅烧1000℃左右时，同样的日产量7t所需要的油料在1.6t左右。

隧道窑的冷却带过短会导致匣钵破裂几率的增加，特别是在加快推进间隔时间时，会明显出现匣体急冷而导致使用周期变短。正常来说，以40m的色料用隧道窑的冷却带需要在14m以上为佳。推进周期通常是40min或者50min推进一次较好。如果是煅烧锆黄之类的产品时，推进时间需要相应延长一些为好。另外，根据不同的产品有时候需要选择不同的匣钵堆码方式。匣钵堆放有直通型和错开堆放型，对于橘红类对气氛非常敏感的产品最好是进行错开堆放。

4.22 陶瓷坯体钛黄色料配方试制中的几个关键点

2013年陶瓷色釉料行业还是保持着一定的增长，特别是在陶瓷喷墨墨水研发以及在全抛釉相关配套的机械设备的国产化方面进步很大，全抛釉面砖的盛行对于传统的抛光砖市场打击面很大。对于坯体色料的影响也是显而易见的，喷墨技术对于釉用色料的挤压也是在逐步扩大。坯体色料主要以钛黄、咖啡、黑色为三大主打颜色，但是从2012年开始，坯体黑色的市场萎缩非常明显。以笔者之前所在的某大型色料企业为例，使用转窑来生产坯体黑色，每天生产6t左右，高峰时可以提高转速达到7t的产量，整月算下来的产量在180t上下浮动，单是氧化铁红的使用量都在100t以上，其次是铬铁矿的用量在60t左右，因此随着坯体黑色的市场萎缩进而导致了氧化铁红和铬铁矿的销量也在逐步减少。咖啡色的市场占有量还是比较稳定，但是坯体咖啡的主要原材料铬铁矿的不稳定性以及杂质太多、酸性物质过多而导致的在坯体中不耐高温及煅烧过程中排放高含硫尾气也增加了生产企业的环保设备投入。

浅黄色的布拉提抛光砖的流行加大了对坯体钛黄色料的市场需求，特别是钛黄系列中的正黄、纯黄产品销量大增。特别是从2012年年底开始，行业中几家大厂都开始投入坯体黄色料的生产中，转窑生产的钛黄产品成本低，性价比高，但是色调偏向于青黄调，鲜艳度不是很高。隧道窑生产的钛黄产品产量大，品质稳定，产品发色鲜艳，红度值可以明显提高，大批量生产时才有价格优势。佛山地区专业生产钛黄系列产品的厂家经过多年的技术沉淀和不断摸索，目前钛黄产品的性价比基本上已经达到了技术配方上的极限。

钛黄系列产品在配方调试与设计中，需要注意以下几个方面：

(1) 钛白粉的选定

钛黄产品的主要原材料就是钛白粉，目前陶瓷色料行业所使用的钛白粉属于搪瓷级98.5%含量的产品。佛山地区的色料厂家基本上都是使用广西生产的钛白粉。其中广西钛白粉主要的生产企业有：雅照、广丰、宏宇、佳源、金茂，另外还有韶关钛白粉。国内的钛白粉厂家基本上都是采用硫酸法工艺生产钛白粉，而且生产钛白粉的原材料金红石矿主要来自印度尼西亚、越南、澳大利亚、中国云南和广西本地矿。其中作为矿源来说，越南矿和印度尼西亚矿钛含量相对较高一些，但是伴生的铁含量也高。因此生产时与酸反应剧烈，容易产生安全事故，国内金红石矿含量相对较低，伴生的铁含量相应也较低。因此，大部分的钛白粉厂家为了降低生产成本等原因都是采用混合矿，即将国内矿和进口矿搭配使用。另外，由于钛白粉前驱物偏钛酸也是使用转窑来煅烧，后期使用球磨机来球磨，因此，不同厂家由于使用的球磨机吨数不一样，造成每一个批号的产量不相同，特别是由于煅烧温度和矿源波动而导致钛白粉的品质也是不稳定的。

总体来说，广丰、韶关、宏宇这三家的钛白粉在钛黄颜料中偏向于黄色调，而佳源、金茂的钛白粉偏向于红色调，饱和度较好。因此，调试配方时，笔者倾向于橘黄或者橘红使用后两家的钛白粉，如生产纯黄或者正黄的时候倾向于使用韶关或者宏宇的钛白粉。

(2) 氧化锑的选定

目前陶瓷色料行业所使用的氧化锑的金属单质锑含量在70%左右，含量低于68%时，生产中容易出现黑色现象。一般含氧化砷或者含铅较高时，氧化锑在钛黄产品中发色偏向于红色调，随着温度的增加而变暗。纯度越高的氧化锑产品在钛黄中发色倾向于鲜艳的黄色调，但是饱和度不降低。因此，在生产中会出现使用高含量的氧化锑生产的橘黄产品发色浅于含量低的氧化锑产品，但是黄度值高的还是含量高的氧化锑产品。所以在调试橘红类产品配方时，可以使用低含量且杂质多的氧化锑产品，生产正黄或者是偏向黄色调的橘黄类产品时还是倾向于金属单质锑含量在72%左右的产品。

另外，就是市场中的低于 99.5% 含量的金属单质氧化锑大部分是氧化锑厂家生产 0 级锑的尾料，因此存在一定的波动性，特别是不同的色料厂家需要不同含量的氧化锑产品时，氧化锑厂家都是用尾料添加 0 级锑好料来掺和调制的，所以会出现每批次的氧化锑产品无论是外观颜色还是在钛黄颜料中的发色都会有波动。

（3）煅烧温度和所使用的窑炉

目前，大部分坯体颜料厂家都是使用转窑来生产钛黄类产品。转窑产量一般维持在 6t 以上，需要工人 3～5 人即可，而使用隧道窑来生产钛黄产品时，产量可以提高到 7～9t，需要工人 6～9 人。另外就是隧道窑还需要使用匣钵来装料，增加人工和耗材。在温度保持在 1000℃ 时，转窑一天的用油量在 800～850L，而隧道窑用油量在 1500～1700L。煅烧温度对于产品的发色和耐温性能有影响，以 40m 长的隧道窑炉为例，煅烧温度 1200℃ 时，一天油耗 2400L 左右；煅烧温度 1100℃ 时，油耗在 1900L 左右；煅烧温度在 980℃ 时，油耗在 1600L 左右。

通过煅烧温度来调整钛黄产品色调的原则是，偏向于红色调的产品通过降低 20～30℃ 的温度通常能够转变为黄色调，前提是红色调的产品有较好的饱和度。如黄色调的产品向红色调转变，在增加 30℃ 的温度后，如果产品外观开始变成干硬状应立即停止增加温度。坯体钛黄产品以用手能抓紧成团为佳，如果烧出的半成品有变硬块状或者沙状，发色饱和度差，而且红黄度都浅。

4.23　陶瓷色料生产中匣钵的选择

陶瓷色料的生产工艺流程是：物料混合→装匣钵→煅烧→粉碎→调色→混合→包装进仓。其中煅烧环节是陶瓷色料产生价值的主要环节，煅烧的好坏直接影响到色料的发色情况，进而影响到最终的产品性价比。在当前陶瓷色料配方大同小异的前提下，更加需要控制好原材料的品质，煅烧出品质更好的产品，进而降低产品生产成本。目前，用于陶瓷色料生产的窑炉主要有梭式窑、推板窑、隧道窑、转窑。上述窑炉中除了转窑是不需要使用匣钵外，其他类型的窑炉都需要使用匣钵来装上色料生料来进行煅烧加工。在使用匣钵的窑炉中生产陶瓷色料对于生产成本来说每吨会增加 0.5 元。特别是部分高温产品在煅烧过程中匣钵的损耗率非常高，如使用硼酸之类的矿化剂会造成匣钵直接粘连，或者是物料与匣钵之间的粘连严重导致出料困难，强行出料卸钵时导致匣钵破损。当然，对于不同的产品所使用匣钵的要求是不同的，特别是不同色系之间的匣钵是要区分开的。按照匣钵的使用温度大致可以划分为以下三大类：

（1）低温匣钵

陶瓷色料用低温匣钵的使用温度范围在 800～1100℃，低温煅烧的陶瓷色料品种主要有坯体料中的锰红，煅烧温度在 700～900℃；坯体黑色煅烧温度范围在 1000～1100℃；坯体咖啡色煅烧温度在 900～1000℃；坯体钛黄系列产品煅烧温度在 950～1100℃；低温匣钵使用过程中由于煅烧温度非常低，一般因煅烧原因或者是过快冷却而导致的破损概率较小，一般市场中的低温匣钵目前单个价格在 13～15 元，煅烧循环次数在 40～60 次。低温烧成的产品相对来说，烧结情况比较蓬松，卸窑的时候也非常方便。部分使用了较多矿化剂的色料产品对于匣钵的腐蚀表现得很明显，特别是部分矿化剂的腐蚀较厉害，直接降低了匣钵的使用寿命。另外，就是煅烧锆系列产品时，需要选择加厚和加边的匣钵，虽然锆系列产品的煅烧温度一般在 800～1050℃，但是使用的匣钵还是以中温档次的匣钵较好。

（2）中温匣钵

陶瓷色料中的釉用色料大部分都是使用的中温匣钵，比如我们常见的尖晶石类型的棕色、黑色系列的色料的煅烧温度集中在 1150～1200℃。由于釉用色料相对成本较高，特别是煅烧过程中一定要预防倒窑情况的发生。因此，大部分的色釉料厂家都是采用机压成型的大口径匣钵。匣钵的口径主要有

25cm、28cm、30cm等几种类型。另外就是有区分加厚边缘和是否开口。棕色产品使用的矿化剂对于匣钵的矿化腐蚀较为严重,特别是黑色产品中加入铅丹矿化剂后很容易导致匣钵硫化和相互粘连,进而导致匣钵出窑时出料缓慢和破损率升高。另外,就是经过中高温煅烧的匣钵在出窑时尽可能地延长冷却时间,避免冷热交替而导致的匣钵破损增加。目前,市场中的中温匣钵的价格在18~19元/个。

(3) 高温匣钵

高温匣钵在陶瓷色料生产中的使用很少,特别是温度超过1250℃的产品需要厂家特殊定制的耐高温匣钵。如部分色料厂家为了保证钴蓝产品的发色鲜艳度,减少或者不添加矿化剂到色料配方中,导致色料的煅烧温度超过1280℃,这个时候必须使用特制的耐高温匣钵,否则容易发生倒窑。另外,就是部分陶瓷色料产品需要经过高温煅烧才能达到发色效果和耐温性能,比如钒黄和锑锡灰等釉用色料品种,由于配方中矿化剂的降温效果不明显,或者是加入矿化剂影响到产品的发色,因而不可以加入降温类型的矿化剂,因此煅烧温度超过1300℃。在使用高温匣钵时,为了减少匣钵的破损率,需要做好以下三点:

① 比重较大的产品如钒锆黄、锑锡灰之类的色料装料的时候只能装8分满,装料太多容易导致匣钵底部塌陷。

② 匣钵堆放时采用直筒状,马脚砖最好使用接触面较大的那种,预留好每排和每纵匣钵之间的火道,匣钵的码放高度尽量不要超过11层。

③ 每次新匣钵回厂后先要进行必要接口处和内部的处理,采用氧化铝粉或者氢氧化铝的混合物用水调和成浆液,在匣钵接口处和内部进行浸泡涂刷处理。特殊要求制备的耐高温匣钵的价格根据耐火材料的种类和含量的不同为20~35元/个。

4.24 墨水使用过程中的常见故障及解决方案

喷墨机墨水在使用过程中的常见问题有拉线、滴墨、阴阳色、色差等,影响因素也比较多。下面介绍部分故障原因与解决方案。

(1) 拉线、滴墨是喷墨打印机生产中常见影响质量和连续生产的问题,主要由喷头堵塞引起的。因为喷孔和墨点都是微米级的,即使是细小的杂质和灰尘、水汽都足以将喷孔堵塞或将喷出来的墨点挡住。一般来说,堵塞又分为喷头内堵和喷头外堵,造成喷头内堵的一般是墨路污染、墨水沉淀两大原因。同时,选择合适的过滤器也十分关键,太粗易引起喷头堵塞,太细又会引起过滤器本身堵塞。在该类问题产生时,一般可通过以下几个方法解决:

① 清洗喷头

清洗方式分自动清洗和手动清洗。用自动清洗系统清洗喷头,如果自动清洗无效果,可以用清洗布沿着一个方向擦拭喷头;如果自动清洗喷头及人工擦拭喷头仍无效果,可以把喷头上的进出管道进行调换使墨水反向流动,提高电压并用百分之百灰度图片连续打印。

② 更换过滤器

在整个喷墨系统内部造成污染后,任何的调控都无法解决不定期出现的拉线和墨问题,此时应该更换过滤器。

③ 调整真空度及抽风机频率

喷头的真空度一般与墨水在核定温度下的黏度相匹配。墨水在黏度恒定的情况下,若真空度过高,会抑制墨水的正常喷射而产生拉线、缺墨;若真空度过低,喷头部负压不足,难以有效地吸附在喷头内部的墨水而造成滴墨现象。抽风机的作用是对砖坯产生的水汽进行脱离,在不影响墨滴的正常喷射下,适当加大抽风机的频率可有效地防止水汽及漂浮墨水凝结在喷头表面而造成滴墨现象。

④ 调整消泡泵参数

在管路混入空气后产生细小的气泡，气泡随着供墨系统的循环运行至喷头而产生拉线，此时可适当增强消泡泵功率，排除气泡。

⑤ 调整喷头接口及更换喷头

一般情况下，喷头的接口位在装机时已得到处理，后期无须进行调整，随着喷头的长时间使用，某些喷嘴出现彻底堵死的情况下必须更换新的喷头。

（2）产品在烧成后出现明显的阴阳色问题，主要原因有喷头本身各分区电压不合理、喷墨文件本身存在阴阳色、砖坯表面水分散失不均衡、砖坯表面釉量不均衡等。产生该类问题一般可通过以下几个方法解决：

① 通过打印灰度条可发现，各喷头间或者单喷头上存在明显的阴阳色，可能是喷头各分区电压不合理，可通过调整喷头整体电压及分区电压来解决。

② 由于喷墨设计文件的变化较大，有可能出现局部位置颜色差异较大的问题，可通过修改设计本身来解决。

③ 砖坯表面水分散失不均衡的情况主要针对瓷片类产品，由于大量熔块釉的使用，釉料的保水性比较差，水分散发较快。尤其在"产量越大，成本越低"的陶瓷生产理念下，窑炉越建越长，相应的釉线也越来越长，砖坯在施釉后历经釉线的过程中由于边部水分散发较快造成砖坯表面对墨水的渗透能力不一致引起阴阳色，可通过控制淋釉房与喷墨房的距离及加装鸭嘴式风机来保持砖坯表面的一致性来降低此类问题产生的可能性。

④ 陶瓷厂大都使用钟罩式淋釉器，该设备在进行淋釉时易产生边部釉量与中间釉量不一致的情况，砖坯表面釉量不均，可通过设定定期检测等生产制度来控制。

（3）砖坯在喷墨后整体图案层次表现不清晰，产生该类问题的主要原因有设计文件本身像素不高、清晰度不足、喷墨打印灰度等级不合理以及砖坯表面含水率过高。产生该类问题一般可通过以下几个方法解决：

① 更换清晰度更高的文件。

② 调整整体喷头位置。

③ 合理选择灰度。

④ 降低砖坯含水率。

（4）造成产品色号不稳定的原因有墨水温度不稳定、砖坯温度变化较大、墨水的均匀性不够、墨水批次间存在色差。产生该类问题一般可通过以下几个方法解决：

① 调整墨水性能

墨水温度不稳定会直接对其黏度产生影响，造成喷墨量的变化。一般要求墨水温度不能波动超过4℃，否则颜色变动会很明显。

② 固定稳定砖坯温度

砖坯的温度高低影响淋釉后的釉层水分蒸发，生坯温差较大导致砖坯表面釉层含水率差异引起墨水渗透程度不同而造成颜色的变化。一般要求生坯温度稳定在60℃左右比较合适。

③ 加墨水前充分摇匀墨水

国产墨水的悬浮性能相对较差，加墨水前要充分摇匀，一般控制在20~30min，并检查搅拌器是否正常工作。

④ 调整墨水配方，多试验调整色差

由于制作墨水原材料的变化以及生产控制不当的影响，各批次间墨水性能和发色能力会出现一定的变化，需经过多方调整。

4.25　喷墨机出现各种拉线缺陷的解决方案

拉线是喷墨打印中最常见的影响产品质量和连续生产的问题，大致可分为以下几类情况：

（1）堵点性质的拉线

一般表现为某颜色通道固定位置的一条或多条白线，造成堵点的原因是多方面的，如墨水质量不佳有沉淀物、杂质或大颗粒，加墨过程带入粉尘、毛絮等杂质污染机器内墨水或墨路，擦拭清理喷头不规范，环境粉尘黏附到喷头上，喷头清洗保养的吸头或海绵有干结墨水或釉粉等杂质。喷墨机长期运行或保养清洗墨水管路不彻底，管路中黏附在管壁或墨盒上的个别墨水沉淀颗粒脱落。过滤器使用质量不佳，供墨泵、循环泵使用年限久，磨损带来的细微杂质。部分喷墨机供墨方式、循环系统设置的差别易造成墨量沉淀和喷头回墨端墨水沉淀堵点。

堵点性质的拉线通常处理方法依次采用挤压墨，清洗，用泡过清洗液的无尘布或棉棒擦拭喷头，对调供墨、回墨管进行反向冲洗。适当加大喷头打印电压连续打印高灰度图。拆下喷头单独进行专门的清洗等手段排除。如有补点功能可暂时进行补点后正常生产，待有空闲时间再处理，免得导致空窑。

（2）气泡性质的拉线

一般表现为不固定或固定位置，在挤墨清洗后有好转或变换位置的拉线。导致不固定气泡拉线的原因主要有新加墨水排气不完全、墨水出厂黏度过低、使用温度设置过高、墨路有漏气点、供墨不足导致墨路中有气泡残留、消泡泵或脱气膜组件力度不足或损坏、喷头负压偏大导致喷头吸气、喷头喷孔磨损变大或有穿孔导致吸气漏气、喷头和墨路内有气泡未排出等。处理此类问题需查找产生气泡的具体原因，排除相应故障正常生产。

个别极端情况下会出现个别喷头固定喷孔的气泡状拉线，一般此种情况是由喷头内部某个喷嘴压电体或墨路供墨不畅堵塞引起，此种情况需清洗喷头内部墨路解决。

（3）缺墨性质的拉线

一般表现为单个喷头或整组通道喷头连续多个喷孔间出现缺墨的拉线，具体为清洗后打印正常，随着生产时间的延长，拉线位置越来越多，严重时可导致整个砖面布满密密麻麻的拉线。缺墨性质拉线产生的主要原因为设计图墨量过大或供墨泵循环泵供墨不足、负压不稳、负压设置过大、砖面水汽大导致喷头挂墨等。

在实际生产中多数为喷头电路板卡、供墨泵、循环泵、负压泵故障、水汽灰尘吸附在喷嘴表面所致。可通过更换相应配件或调整喷墨机打印参数，加大或减小供墨泵、循环泵、负压泵频率，定期更换过滤器、脱气膜组件，减少砖面水汽等方式解决问题。

4.26　喷墨机出现滴墨的解决方案

滴墨大致可分为喷头表面滴墨、底板表面滴墨、吸风槽滴墨。一般为喷头负压偏低波动大，墨水温度设置过高，波形文件不匹配，打印时细小墨滴凝聚在喷头表面下形成挂墨引起；个别情况为喷头喷孔磨损严重或有穿孔漏气导致渗墨，外部毛絮、灰尘黏附在喷头、底板和吸风口导致凝聚挂墨而产生滴墨。

处理滴墨的情况一般是依次考虑调高喷头负压，检查排除墨水管路漏气、供墨泵、循环泵是否工作异常和过滤器堵塞导致负压波动，根据情况适当调整供墨和循环泵频率，加大或减小抽风频率抽走飞墨。

通过适当调低或调高喷头工作电压、墨水温度以减少飞墨；还可通过增加喷头清洗保养次数、更换合适的波形文件、清理喷组表面毛絮灰尘类物质等方式改善。

值得注意的是，当砖坯水汽过大时由于水蒸气会导致墨滴喷射阻力增大，增加飞墨在喷头和底板下的聚积，需要同步改善砖面水汽的问题才能减少滴墨。

4.27 喷墨出现色痕、阴阳色缺陷的解决方案

色差主要分为喷头色差和砖面图案色差、阴阳色。

喷头色差分为单喷头和喷组组内色差（也叫色痕）。

单个喷头内出现的局部深浅色差，主要是由墨水在喷头局部的少量沉淀、喷孔周围有杂质黏附或喷孔压电陶瓷磨损、区间喷孔磨损和电压设置不当造成。属于沉淀或杂质黏附类的，通过清理、清洗喷头进行解决；属于喷头区间电压偏差问题，可以通过重新设置相应的区间电压来解决；如喷头使用年限时间过久而损坏，需进行更换新喷头。

同一通道不同喷头之间的喷组内色差，通过调整相应喷头的电压即可解决。但如果反复出现或不能调整到颜色深浅一致，则可能是喷头质量或喷头控制板卡质量不好造成，此时应考虑更换新喷头保证正常生产。

在特殊情况下因喷头或喷头控制板卡质量和老化的问题，不同打印灰度情况下会出现不同的色差，此时需要按照设计图的灰度进行适时调整，严重时建议更换新喷头。

另外，摇墨不匀、墨水加热故障、循环系统故障、墨盒和喷头沉淀等情况均会造成打印基准墨量变化，从而导致出现喷头色差。

砖面色差、阴阳色为同批或同时间段生产的同花色产品存在颜色深浅不一致，可分单片不一致和整体不一致。单色色差多数为喷墨机问题造成，需要调整机器即可解决。整体色差多为非喷墨机因素造成。通常非喷墨机因素的工艺变动是造成色差的主要原因。大致可分为受淋釉、喷釉偏差、砖坯、釉料水分、坯体温度、坯体致密度、通体坯体布料、烧成制度等非喷墨因素波动造成（2次烧内墙瓷片较为敏感），喷墨打印墨水的发色因色料颗粒细度、粒径分布和添加剂不同，较丝网印刷或辊筒印刷对整体工艺要发色敏感，尤其是釉料、坯体和烧成制度的波动对墨水的发色影响最大。解决方法是需要跟踪压机到窑炉烧成后的各工序段进行观察试验。

4.28 喷墨出现图案模糊、釉裂、起皮、炸釉等情况的解决方案

在生产深色产品打印大墨量的砖时（特别是内墙和小地砖），由于有的陶瓷厂釉线短、线速快或釉料保水性过好，导致釉面水分过大。特别是瓷片和小地砖坯体散热快温度低，淋过面釉的砖坯经过喷墨后墨水在还没完全干透或未达到入窑水分标准就进入窑炉烧成。当生产深色产品时，如果线速或窑速过快，轻微时砖面墨水扩散会导致图案模糊，严重时会引起釉面层在窑炉内裂开甚至釉面炸裂。如果出现此类情况，可从以下几方面解决：

（1）需要在釉线上喷墨房前后加装30～50m的烘干窑或烘干设备，把釉面烘干后再进行打印或进窑烧成。

（2）调整烧成窑炉窑头干燥温度及加大抽湿。

（3）减少施釉量，降低喷水量，提高釉料相对密度，降低喷墨前釉面的含水量。

（4）更换低黏度甲基或黏土，降低釉面保水性更利于釉面排除多余水分。

(5) 更换更低油性的墨水，使墨水在打印后更好地吸附渗透到釉面。

(6) 更换发色更深的墨水，生产深色产品可减少用墨量，使墨水层打印后干燥速度更快。

4.29 喷墨产品出现凹釉、排墨的解决方案

凹釉、排墨多发生在抛釉砖和仿古砖工艺上，可分为淋抛釉或喷保护釉排墨/剥釉和全抛釉烧成后凹釉。全抛釉产生凹釉、排墨的种类分为淋釉时产生的凹釉、排墨和烧成后产生的凹釉。

(1) 由于现有陶瓷墨水基本为油性溶剂类墨水，釉料为水性，两种物质天生会产生排斥性。在生产深色全抛釉产品时经常会出现淋釉时产生凹釉、排墨，在发现排墨后可以在喷墨打印之后使用丝网或者辊筒加印一道保护釉。保护釉的作用一方面可以防止凹釉、排墨，也会使后面的淋抛釉工序釉面的平整更好。不但可以提高墨水发色，也可以改善釉面的针孔的状况。排墨特别严重的情况下需要添加3‰~5‰比例的排墨剂（防剥釉剂）。

(2) 抛釉的釉浆有问题。釉浆受到污染或者釉浆中的原料有黏度偏大或者容易产生气泡的成分，这种情况需要通过调整釉浆性能来改善。

(3) 可以通过改造釉线设备。砖坯经过喷墨打印后增加釉线后续的烘干，保证打印的墨水在淋抛釉之前完全干透，防止剥釉凹釉的产生。

(4) 可在淋抛釉前增加两把明火枪来烘烤砖面墨水层。在高温火焰下减少墨水层的油性，釉面多余杂质也会在高温下溶解。

抛釉烧成后产生的凹釉，主要受抛釉的烧成温度和釉料高温流动性的影响，若抛釉烧成温度过高，釉料高温流动性差，在深色位置墨水较多会导致表面张力大，则容易导致釉料流动融合不畅出现烧成后的小凹釉，这种情况需要调整釉料高温流动性或提高窑炉烧成温度来解决。

4.30 堵点拉线生产问题的解决方案

问：广东肇庆某陶瓷厂主要生产仿古砖和抛釉砖，釉料为自己采购原料调试生产。某一时间段频繁出现拉线问题，表现为生产中浅灰度产品突然出现不稳定颜色，单个或多个喷头个别喷孔白色拉线，清洗后间隔时间大概半小时会再次出现。转产深灰度产品后，同样生产条件拉线情况会延长到1h出现白色拉线。同时清洗后会出现拉线变多的情况。

答：生产中出现喷头拉线是喷墨机使用生产过程中最常见的问题，出现砖面设计图案白色拉线会导致产品不合格，直接影响产品优等率，给公司造成经济损失。要控制好出现拉线的频率，除了选择品质优良的墨水外，还需要保持喷墨房内环境整洁，控制好喷墨房、釉面、砖坯水汽和粉尘飞扬等问题。

当出现此类拉线问题时，不可盲目判断为墨水或机器喷头质量问题，根据此陶瓷厂出现的问题主要从以下几个方面去判断分析找到问题解决点：

(1) 产生原因

生产中突然出现，清洗后拉线消失，或清洗后拉线位置变动减少或增多，由此情况可以判断大概率为外部因素影响，即主要为粉尘和水汽。

(2) 根据以上判断，主要查找喷墨房内环境卫生

首先排查发现机器表面整洁，地面无明显积灰，查看喷墨房卫生打扫记录每班均有打扫。但空气中肉眼依然可见明显灰尘颗粒，检查喷墨房正压状态，使用打火机和纸条在砖坯入口处测试，火苗和纸条均往喷墨房内飘动。此时喷墨房应处于负压状态，导致喷墨房内脏空气无法及时排出，而外部脏空气持

续进入。检查正压风机发现正压风机过滤器网格布满灰尘，应是清理间隔时间过久导致。

（3）在检查喷墨房正压状态时同时发现，砖坯和釉面会带入过多粉尘进入喷墨房，导致喷墨房粉尘超标严重。

通过排查现场条件，可对问题点进行以下针对性处理。

（1）清理正压风机过滤器网格灰尘，使正压风机风力增大后，再次测试火苗和纸条均往喷墨房外飘动，为避免再次出现正压风机过滤器网格堵塞情况，应安排定时清理。（建议有条件的工厂可把正压风机安装在干净整洁的场所，因釉线周边粉尘较大应尽量避免正压风机安装在喷墨房周边区域。）

（2）在喷墨房入口处增加一个鸭嘴涡流风机，在打印前尽量先吹掉釉面多余粉尘。在釉线底部左右边各增加一根气管，使用气管喷出的增压空气对准砖坯底部吹掉多余粉尘。

经过以上针对性处理后，持续观察、跟踪生产情况，在生产过程和清洗后出现不固定拉线情况坚持到或超过喷墨机设定的清洗间隔时间。

4.31 气泡拉线问题的解决方案

问：广东西樵某陶瓷厂主要生产仿古砖和抛釉，使用一台 6 通道进口某姆喷墨机，在某天转产一种常规产品时某通道出现气泡拉线，最近排产生产此类产品时未出现气泡问题，上个产品生产也未出现气泡问题。喷墨主管排查墨水批次发现墨水批次有更换，怀疑此批次墨水存在质量问题。遂联系墨水公司售后人员进行现场处理。

答：生产中出现气泡拉线时主要由墨水质量问题、机器打印参数设置不合理、机器墨路上个别零部件出现问题引起。具体原因需通过仔细观察生产过程，排查气泡产生原因解决。

墨水售后技术员在到达现场后，首先要求公司复检对比墨水性能，在公司反馈墨水性能同上批次相同，无其他质量问题的情况下进行了以下几点处理：

（1）降低墨水使用温度，使墨水使用黏度提高，避免由于墨水使用温度高黏度过低而导致在墨路流动过程中产生气泡。

（2）降低墨路供墨和循环频率，使墨水流动速度降低，避免流动过快而产生气泡。

（3）更换新过滤器，避免过滤器使用过久，过滤效率不佳而产生气泡。

（4）更换新的脱气膜组件，避免脱气膜组件使用过久，脱气效率过低而产生的气泡。

（5）排查确定管路没有漏气，调整负压真空值排查确定喷头工作正常。

（6）检查供墨泵和循环泵工作均正常。

在进行以上处理后，生产过程中依然会时不时出现气泡拉线。此时售后技术员在已无应对方案的情况下要求公司派遣售后主管到现场进行处理。售后主管到达现场后对以上几点重新排查确定无问题后，通过仔细观察对比拉线位置后，发现气泡拉线出现位置均在 3 个喷头固定喷孔位置，判断是由于某喷孔压电陶瓷或墨路流动不畅引起断墨产生气泡状拉线。

根据这一发现，售后主管建议先更换备用喷头进行生产，更换 3 个备用喷头后气泡拉线逐一消失，基本验证判断正确。拆卸下来的喷头带回墨水公司喷头维修部，测试打印气泡依然存在固定的位置，在进行专业清洗后重新测试打印气泡消失，送回陶瓷厂进行装机生产多时喷头状态一直正常。

4.32 缺墨拉线问题的解决方案

问：广东肇庆某陶瓷厂，主要生产 800mm×2600mm 岩板，使用某望 8 通道星光 1024 喷头，墨水使用国产某陶墨水品牌。由单釉线走砖，单日产量15000m²。出现问题表现为生产普通产品时每个通道打印都正常，在转产黑金花产品时出现大规模整个通道密集状拉线问题，时间越久拉线越多，甚至于整个喷头完全空白。但在试板打样时均未出现拉线问题，正式生产时频繁出现，清洗后又正常。陶瓷厂根据此情况联系墨水和喷墨机设备公司进行协商处理。

答：正式生产过程中出现拉线是喷墨机印花比较常见的问题，特别是生产深色产品时比较容易出现此类缺陷。如出现此类大面积拉线，导致生产的产品直接作为废品处理，会带来严重的经济损失。要处理好此类拉线问题，需从以下几点进行排查解决。

（1）检查设计图，此黑金花设计图灰度总共160，其中黑色单通道达到85%。

（2）检查喷墨机打印速度，打印速度为39m/min。

（3）检查加墨时间，根据加墨记录黑色墨水添加时间为5~8min一桶。

（4）检查供墨泵，循环泵工作均正常。

（5）检查过滤器和脱气肺（安装在循环过滤器出口位置）更换时间均为最新。

（6）查看釉线走砖砖距，发现每片砖首尾距离为1.5m，且烧成窑窑头储坯架满坯时间快，釉线停线放坯维护时间较多。

根据以上几点排查，经过墨水公司和喷墨机设备公司联合商讨，墨水公司给出以下几点改善方案。

（1）重新调整设计图灰度配比，墨水公司派遣设计人员进行调整测试对板直至客户认可颜色。

（2）由于大板砖坯长度达到3m，协商是否可以降低喷墨机打印速度，使供墨速度跟上喷头打印使用墨水的速度。

（3）考虑到喷墨机有多余通道，可在底釉里面加色，再使用多余通道安装白色墨水打印白色区域。

（4）在多余通道再安装一个黑色墨水，使用双通道黑色色差黑金花，降低单个通道生产的喷头压力。

（5）拉开釉线走砖距离，使喷头在打印完每片砖后有更多的供墨缓冲时间。

（6）在循环过滤器入口位置多安装一个脱气阀，使墨水内循环速度更快，且脱气效果更好。

（7）采购大墨桶预先加热墨水，减少加墨次数，避免由于加新墨水速度过快而引起的墨水温度低黏度不达标，黏度高时喷头喷墨量减少产生砖面色差和缺墨拉线。

墨水公司提供以上几点建议后，陶瓷厂根据自身条件，衡量各种利弊后作出了以下几点决定。

（1）否定了降低打印速度，此方案会影响整体生产产量。

（2）否定了底釉加色，此方案会增加生产成本，且生产质量不稳定，控制色差较难及板面白色部分会比较难看。

（3）否定了在循环过滤器入口位置多安装一个脱气阀，此配件因购买价格较高会增加使用成本。

（4）重新调整釉线砖坯走砖距离，使每片砖首位间距达到3m以上。降低储坯速度，减少釉线停线放砖坯时间。

（5）在多余通道再安装一个黑色墨水，使用双通道黑色生产。

（6）采购多个100kg大墨桶使用，减少加墨次数，使墨水使用时的稳定性更佳。

（7）由墨水公司派遣设计人员进行重新调图，最终确定蓝色40%、棕色20%、黑色35%、黑色55%的设计图方案。

根据以上几点改善调整后，生产前进行半小时中试生产，未出现改善前的拉线情况。中试完正式生产直到结束均未出现任何拉线的情况。此类情况出现在多个陶瓷厂均有，主要出现在生产深色大墨量的产品时。由于现在各大陶瓷厂都在追求产量的情况下，釉料成本降低，窑速增快烧成温度增高，导致发色不好，相同墨水要达到同样发色时，相较以前墨水使用量增大，更加容易产生此类问题。建议陶瓷厂在生产大墨量前，先进行小中试排查各类问题，如出现相同问题可根据上面的建议进行改善调整。

5 陶瓷辅料添加剂及硅酸锆

5.1 陶瓷添加剂分类及应用

5.1.1 陶瓷添加剂性能及厂家

陶瓷添加剂是指在陶瓷工艺生产过程中为了满足工艺和性能要求所添加的化学试剂的通称。随着陶瓷工业的快速发展，陶瓷添加剂技术越来越引起陶瓷行业技术人员的重视。特别是在建筑陶瓷的粉料制备、浆料调配、可塑坯体制备、坯体成形、坯体干燥、坯体烧成等各道工序中都有使用到对应的陶瓷添加剂产品。陶瓷添加剂的用量虽小（0.1%～1.0%），但是它们对工艺参数的改善、陶瓷制品质量的提高具有非常重要的作用。因此，陶瓷添加剂也被称为陶瓷工业的"魔术师"。

我国陶瓷工业使用传统添加剂的历史较长，从20世纪50年代就开始使用陶瓷添加剂。第一代添加剂主要是无机化合物和少量天然或半合成高分子化合物，如硅酸盐、磷酸盐、碳酸钠、烧碱等。到20世纪60～80年代开始使用第二代添加剂，主要是天然或半合成高分子化合物，也使用一些无机化合物与有机化合物的复合物，特别是2004年后我国陶瓷行业进入高速发展期，各地陶瓷工业园纷纷建起，大规模工业化集中生产对于陶瓷添加剂的需求更加旺盛，并对陶瓷添加剂的技术要求和产品价格有了进一步的要求，大致在2007年后陶瓷市场使用天然水溶性高分子和合成高分子化合物的种类和品种不断扩大，并出现一些液体状添加剂，同时有机化合物也在陶瓷生产中大量使用。

总体来看，近年来我国陶瓷添加剂的技术研发与产品升级换代速度非常快，产品种类更新的周期进一步缩短，其应用范围也越来越广，基本上遍及传统和新型陶瓷产业的各个领域。但是与发达国家相比，我国陶瓷添加剂的总体研究水平还不高，主要表现在新产品种类少、产品不稳定，应用和生产规模不大，专一性和功能性不能满足需要。

1. 陶瓷添加剂的分类与作用机理

（1）陶瓷添加剂的种类

陶瓷添加剂的种类有很多，分类方法也多种多样，其分类方法目前尚未有统一的规定，根据其化合物组成、作用、状态以及应用领域可以分为以下几类：

① 根据化学组成可以分为有机、无机、高分子和复合添加剂。
② 根据作用可以分为解胶剂、增塑剂、增强剂、助磨剂、消泡剂、絮凝剂、防腐剂等。
③ 根据状态可以分为固体添加剂和液体添加剂。
④ 根据应用领域可以分为普通陶瓷添加剂和新型陶瓷添加剂。

（2）陶瓷添加剂的作用及要求

陶瓷添加剂主要有两个方面的作用：一是作为过程性添加剂，改善工艺性能，优化工艺流程，提高生产效率；二是作为功能性添加剂，改善陶瓷制品的性能，提高产品质量，满足对其使用性能的需要。陶瓷添加剂一般以外加的形式引入，使用时应遵循如下几个原则：

① 需熟悉各种陶瓷原料的物理化学性能及其在生产各工序中的作用和存在的形式，了解各原料组分与陶瓷添加剂的相互作用。
② 了解各种陶瓷添加剂的特性和共性以及它们之间的相互作用及相容性，清楚陶瓷添加剂的作用机理。
③ 陶瓷添加剂的加入量有一定范围，用量太小，起不到应有的作用，用量太高又可能产生副作用；

另一方面，陶瓷添加剂本身的质量要稳定可靠，在使用和贮存过程中不易变质。

④ 陶瓷添加剂在陶瓷烧结时，其挥发组分和残余组分不应影响陶瓷产品的性能，有机及高分子添加剂在烧结过程中的挥发和分解不应使陶瓷制品形成气孔，含金属元素的添加剂则应避免在烧结过程中形成着色金属氧化物，使陶瓷制品出现斑点等缺陷。

(3) 陶瓷添加剂的作用机理

① 分散作用。固体颗粒在液体介质中分散后形成的体系应属于胶体范畴，该体系在热力学上不稳定，颗粒有团聚的趋势。此时添加陶瓷添加剂通过与陶瓷颗粒表面发生作用而阻止其相互团聚，可以起到防止粒子团聚的作用，使原料各组分均匀分散在液体介质中。陶瓷添加的分散机理大致分为四种：静电斥力稳定作用、空间位阻稳定作用、静电位阻作用、稳定作用。

② 悬浮稳定作用。一些不溶于水或者微溶于水的固体颗粒可以借助某些陶瓷添加剂，比较均匀地分散在液体介质中，形成一种细小的高悬浮、能流动的稳定液固态体系，起到改善料浆悬浮稳定性的作用。悬浮稳定作用机理其实和分散作用类似，实际上各种悬浮稳定剂也可以用作陶瓷料浆的分散剂，只不过分散剂主要用在料浆中，而悬浮稳定剂主要用在釉浆中，对釉浆具有稠化作用，是防止釉浆沉淀的添加剂。

③ 减水作用。陶瓷添加剂的减水作用是为了改善料浆性能，使料浆在低水分的情况下具有适当的黏度、良好的流动性和高固相含量，以便于操作，达到节能降耗的目的。关于高效减水剂的作用机理，至今为止没有一个完美的理论来解释，但有几个理论被大家所普遍认识：静电斥力理论、空间位阻学说、湿润作用、润滑作用。

④ 增强作用。在陶瓷生产过程中，对于一些质地较差的高岭土等，往往需要加入某些陶瓷添加剂来弥补其塑性差或改善初制品的强度。陶瓷增强剂的作用原理是其可在陶瓷颗粒之间架桥，产生交联作用，形成不规则的网状结构，同时颗粒表面被包裹还会使颗粒之间产生氢键而大大增强制品的强度。

⑤ 助磨作用。陶瓷添加剂的助磨作用主要是从原料磨细的微观机制方面来提高陶瓷粉体研磨效率，加快固体颗粒的破碎速度。具有助磨作用的陶瓷添加剂叫助磨剂。关于助磨剂的原理尽管国内外的学者进行了大量的研究工作，然而，目前尚不够深入，观点也不尽相同。其中有两种学说比较有代表性，它们是由列宾捷尔、维斯特沃德提出的吸附降低硬度学说和由克兰帕尔等人提出的矿浆流变学调节学说。

2. 陶瓷添加剂生产厂家及常见产品性能

目前国外主要生产陶瓷添加剂的厂家有德国的司马化工。这是一家生产各类化工产品的国际著名公司，下设有陶瓷部，专门生产各类陶瓷生产用化工助剂，该公司在陶瓷添加剂生产中是品种较齐全、质量优等的一家国际品牌公司，但由于其产品价格普遍比较偏高，大部分企业，特别是建筑陶瓷企业使用该公司产品的不多，所以该公司的产品有知名度，但在国内的市场占有率不高。

近年国内陶瓷添加剂市场也出现了一批专业性的产品及知名陶瓷化工企业。如广东江门赫克力士甲基纤维素主要占据中高端市场，而三聚磷酸钠主要是重庆川东化学的"川东"牌和宜宾天原集团的"思凯"牌得到陶瓷行业内较多厂家的认可。而在佛山地区，也出现了如欧陶科技，最早将不起眼的减水剂产品定位为"小产品大市场"进行宣传培育，并称其为陶瓷解胶剂或陶瓷稀释剂。

减水剂产品技术门槛低，仅在佛山地区就有几十家专门的减水剂厂家，但大多工艺落后，质量有待提高。目前，国内在陶瓷添加剂品种上比较齐全，涵盖各种功能性添加剂产品的公司诸如富威顺化工、杨森化工、佛山远大、嘉博、国方纤维等公司。他们生产的陶瓷添加剂类产品如减水剂、增强剂、解胶剂等在出口市场上也获得了一定的知名度，并且出口量一直占据前列。

3. 常见陶瓷添加剂产品

(1) 陶瓷解胶剂

陶瓷解胶剂又称陶瓷减水剂、稀释剂、解凝剂，其作用主要是用来提高建筑卫生陶瓷坯、釉料浆的流动性,使其浆料水分最少,流动性能更好,不絮凝沉淀,便于操作。同时,合理选用解胶剂也可为陶企节约能耗,降低生产成本。对于喷雾干燥料而言,由于含水量降低,可使干燥能耗降低,同时增加粉料的产出量。对于釉浆而言,则可防止絮凝,在保证生产工艺要求下,使水分减少,这对要求釉浆相对密度大、固含量高的某些产品显得尤为重要。常见陶瓷解胶剂种类见表5-1。

表5-1 常见陶瓷解胶剂种类

类别	名称	使用特点(加入量)	备注
无机	水玻璃	0.1%~0.7%	九水、七水、五水偏硅酸钠等均属硅酸钠类
	碳酸钠	0.1%~0.3%	一般和水玻璃等合用
	磷酸钠盐类	0.05%~0.2%	一般和其他解胶剂合用
	氢氧化钠	0.05%~0.1%	
	草酸钠	0.05%~0.3%	
	EDTA	0.05%~0.3%	
有机	酒石酸钠	0.05%~0.3%	一般和水玻璃等合用
	草酸铵	0.05%~0.3%	
	腐植酸钠	0.1%~0.2%	
新型	柠檬酸钠	0.2%~0.5%	一般和水玻璃等合用
	PJ67	0.05%~0.2%	
	YPC-66	0.01%~0.3%	
	高分子化合物	0.05%~0.2%	

(2) 陶瓷增强剂

从广义讲,凡是能够提高陶瓷坯体强度的物质,都可以称为坯体增强剂,而瓷砖坯体增强剂特指用于陶瓷砖坯体增强的一类添加剂。坯体增强剂具有不影响泥浆性能,又能大大增强干坯强度、粉料流动性,提高粉体的结合性能。坯体在冲压成形后,在输送线上的振动、干燥、施釉、印花、储坯和烧成过程中因坯体强度不够均会造成破损,增强剂有良好的改善作用。对烧成无不良影响,对解决坯体裂纹、边角易损等缺陷有明显效果。瓷砖坯体增强剂的分类见表5-2。

表5-2 瓷砖坯体增强剂的分类

名称	按组份分类	典型代表
瓷砖坯体增强剂	有机型增强剂	PVA、CMC、聚丙烯酸钠、改性多糖、聚丙烯酸酯、木质素
	无机型增强剂	水玻璃、磷酸盐、膨润土
	复合型增强剂(有机+无机)	—

5.1.2 陶瓷解胶剂与增强剂的品种及应用

陶瓷解胶剂,依据不同的分类方式叫法也就不同。陶瓷解胶剂分类见表5-3。

表5-3 陶瓷解胶剂分类

分类方式	类别	
应用	坯用解胶剂	釉用解胶剂
形态	固体(粉体)解胶剂	液体(水剂)解胶剂
成分	单一解胶剂	复合解胶剂

我国陶瓷经过50多年,尤其是从2000年后20多年的快速发展,优质黏土原料越来越短缺,部分陶瓷生坯强度已不能满足工艺要求,导致生坯破损率增加;另外,由于陶瓷企业的污水(脱硫脱硝、抛光、油污及其他)引入原料球磨工序,导致解胶剂添加量也由2010年前的0.4%~0.5%增加到现在的1.0%甚至更高;再则,从2010年来,由于薄板、大板、岩板的异军突起,坯体配方体系的变更,要求陶瓷生坯强度更高,达到普通陶瓷的两倍甚至更高,致使坯料越来越难解胶。另外,为了生坯强度达到工艺要求,需要大量添加坯体增强剂。

传统增强剂,对浆料黏度(流速)影响较大,一般添加量较小,否则浆料水分较高,增加喷雾干燥能耗,降低粉料性能,压机压制后的坯体破损率增高。因此,现在大板和岩板生成中多采用新型增强剂和解胶型增强剂。

一般陶瓷坯料中增强剂的添加量见表5-4。

表5-4 陶瓷坯料中增强剂的添加量

类别	添加量(%,质量分数)	对浆料影响程度	优点	缺点
羧甲基纤维素钠	0.05~0.08	黏度影响大	常规产品,使用熟悉	添加量有限,增强有限,易腐败
木质素	0.1~0.3	黏度影响大	常规产品,使用熟悉	添加量有限,增强有限
碱木素	0.1~0.2	黏度影响大,浆料触变较大	价格低廉	增强有限,浆料触变大
淀粉类	0.1~0.5	视具体型号类别,有的影响较大	常规产品	易腐败
新型增强剂	0.2~1.0	对浆料黏度影响较小	对黏度影响较小,添加量可以增大,增强效果好	价格高
解胶型增强剂	0.2~1.0	对浆料黏度影响小,少量添加具有一定解胶性能	对黏度影响较小,添加量可以增大	价格偏高

5.1.3 陶瓷岩板大板解胶与增强的解决方案

1. 陶瓷岩板大板的解胶及应用

陶瓷大板和岩板因为配方体系、工艺参数的不同等因素,导致解胶与增强都比普通陶瓷的要求高,比如解胶剂的类型、添加量。同理,由于增强剂添加量普遍较大,这时最好选择对浆料流速(黏度)影响较小的新型增强剂或者解胶型增强剂,这样浆料的参数,如水分、相对密度、流速(黏度)、细度等才能满足生产工艺,降低水分,降低喷雾干燥能耗,提高粉料颗粒级配及性能,降低后期生坯破损率。

(1) 配方体系的确定

依据化学成分选择合适的原材料及配方比例,原料中包含某些难解胶的原料,比如:

① 原矿高岭土、黑泥,原矿膨润土(蒙脱石),部分难解胶的原矿钠长石、石粉。

② 对于酸洗的原料,水洗高岭土、水洗球土、泥膏、砂膏、尾砂等因含有对解胶不利的阴离子而难解胶。

③ 抛光泥、污泥等通常因自身或者外加不利于解胶的阴离子而难解胶。

对于比较难解胶的原料,在设计配方方案时配比尽量不要太大,建议比较难解胶的不超过5%,相对难解胶的控制在10%以内,不超过15%。

(2) 解胶方案的确定

由于陶瓷浆料/釉料解胶主要受矿物组成、水质、水分、细度、其他添加剂的因素影响较大,所以在坯料/釉料配方确定后,依据生产参数及条件进行试验以确定最佳(合适)的解胶剂及其添加量。

部分原料因为触变较大,即初始流速(黏度)可以,但静置1~3d后浆料流速增大很多,也即生产上浆池和中转缸浆料流速较大，影响喷雾干燥粉料颗粒级配及性能。在生产中通常将解胶剂的添加量先增加0.1%~0.2%，看触变能否改善，如果不能改善，需要重新调整解胶剂型号，如果触变比较严重，需要调整配方。

（3）两种解胶方案的对比

① 传统解胶方案

a. 水玻璃和偏硅酸钠型：对大板的解胶效果很差，不能单独使用。

b. 磷酸盐：解胶效果可以，但成本高。

c. 硅酸盐和磷酸盐配合：能解决大多数解胶问题，但成本依然偏高；对某些特殊板材，如超白超薄料，解胶效果仍然不理想。

② 新型解胶方案

无机（硅酸盐）＋有机（羧酸，有机磷）复合型：优点是解胶效果好，范围宽，不容易触变，成本低，比传统解胶方案成本节约30%~50%。

2. 陶瓷生产中解胶问题的解决

多数陶瓷企业在实际生产中会出现一种现象：浆料的流速（黏度）越来越差或者时好时差，严重的甚至出球都困难，严重影响生产。出现这种现象，科学正确地排除问题点，才能快速解决问题，避免问题反复发生，减少不必要的损失。

（1）原料

原材料在入厂检测时一般会被发现，球磨制浆时直观表现为黏度变大，严重的不能成浆。

① 原矿泥

高岭土、膨润土（不是很纯）、黑泥、花白泥、页岩、红泥等，这类原料越是原矿越难解胶，但是随着风化陈腐时间的延长，会逐渐变得易解胶，因此这类原料仓储量适当增大，多翻动均化，适当延长风化陈腐时间。

② 原矿砂和石粉

砂和石粉相对原矿泥解胶要容易得多。

③ 水洗泥、水磨料

这类原料主要在前期加工时引入了其他化学添加剂，这些添加剂多数阴离子对解胶不利，在设计配方时需慎重，影响较大的水洗泥建议配比控制在5%以内，影响小的建议不超15%。

④ 污泥

污泥多数有三种：抛光污泥、脱硫脱硝污泥和其他榨泥。这些污泥多含有对解胶不利的离子，比如氯离子、硝酸根离子、硫酸根离子、钙离子、镁离子等；除此之外，还可能含有污水处理添加剂、絮凝剂等，这些添加剂对解胶非常不利，部分物质甚至目前来讲根本不能解胶。所以污泥需根据实际情况，确定适当的配比，建议越少越好。

（2）水质

水中杂质越多对解胶越不利，比如钙离子、镁离子、硫酸根离子、硝酸根离子以及其他阴离子。陶瓷企业生产水，除了水自身的杂质外，还有来自于人为添加的其他杂质离子，多数是对解胶不利的，比如：

① 污水处理添加剂、聚合氯化铝、氯化亚铁、聚丙烯酸钠等。

② 脱硫脱硝反应产生的钙离子、镁离子、硫酸根离子、硝酸根离子。

这些都是导致解胶困难的主要因素，这类水需控制引入比例，解胶剂类型同正常水的解胶剂会有一定的差异，解胶成本会增加。

（3）其他添加剂

其他添加剂主要就是色料和增强剂。添加色料的料浆解胶，在调板时把色料看成配方组成即作为一个整体，试验确定最佳（最合适）的解胶剂型号及添加量。同理，增强剂也是试验时添加，所有试验条件同生产条件一致。增强剂尽量选用对流速（黏度）影响小的增强剂类型。

3. 陶瓷岩板大板增强剂原理及应用

(1) 增强剂的增强机理

① 有机高分子链增强

可用作坯体增强的有机物都是高分子的。一般都是由有机小分子物通过一定条件下聚合而成，具有链状结构。具有足够链长的高分子聚合物可在陶瓷颗粒之间桥接，产生交联作用而形成不规则网状结构，并形成凝聚，将陶瓷颗粒紧紧包裹。在坯体断裂前，附加于坯体上的一部分载荷由增强剂分子长链承担。同时分子链中具有许多可以内旋转的单键，这种内旋转的单键使得高分子具有较强的柔性和弹性，因而坯体的强度增加较大。

② 氢键增强

在不加增强剂的情况下，陶瓷颗粒仅仅依靠范德华力（分子间作用力）结合。增强剂的加入使颗粒表面被高分子材料包裹（包裹程度视增强剂加入量不同而异），同时增强剂上支链上的极性基团会产生比范德华力大得多的氢键力，使陶瓷颗粒间吸引力更大，结构更紧密，从而砖坯的应力相应变大。

③ 黏合强度

分子的热运动增加，使包裹在一个颗粒表面的高分子与包裹在另一个颗粒外表面的高分子缠绕或者链合，把两个颗粒更加紧密地黏合在一起，从而在生坯成形时，既有外部对泥料的施加压力，形成颗粒间的机械结合，又有泥料内部的高分子黏合效应，形成三维网状体型结构，最终使经过处理的生坯强度提高。

④ 静电力

黏土颗粒往往形成片状结构，板面带负电，四棱边常带正电，由于片状很薄，粒度的磨细往往使板面面积减少，棱边变化不大，颗粒呈多棱角状，负电荷作用减弱，相对的正电荷作用增强。在成形过程中，颗粒以边-棱连接为主导，而边-边、棱-棱连接很少，因而带负电荷的边与带正电荷由于静电引力作用而相互凝聚起来，随着成形压力增加，颗粒间空隙减小，颗粒间距离进一步缩小，颗粒接触数目增多，静电引力再度增加，从而使坯体具有一定的强度。

(2) 增强剂类型

增强剂有CMC、淀粉类、PVA、PASS、木质素类。

(3) 不同类型增强剂的效果测试

由于大板和岩板配方体系与普通陶瓷配方不同，比如铝高硅低，需要提高黏土比例，甚至同时为了提高生坯强度，多数会引入一定比例的膨润土，导致解胶困难。同时，虽然生坯的强度有所提高，但还是不能满足工艺要求，这时就要添加增强剂来提高生坯强度。陶瓷大板、岩板在选用增强剂时需要的注意事项有：

① 添加后对浆料流速（黏度）影响要小，依据生产的实际添加量，浆料水分在32%以下，增强剂添加至0.8%~1.0%，浆料应当要有流速，否则对球磨及喷雾干燥均有较大影响，导致后期工艺缺陷率上升。

② 在小添加量时，能具有一定解胶性的增强剂最好，当坯料、水质波动时，具有解胶性的增强剂能够适当平衡浆料流速（黏度）的波动。

③ 增强剂要有一定稳定性，不易腐败。由于增强剂多数为有机物或者有机复合物，在浆料中微生物作用下易发生腐败变质，导致增强效果减弱或者失效。

④ 安全性。无有毒有害物质及气味，确保应用环境安全及人员身体健康。

⑤ 仓储应注意防潮防火、通风。

5.1.4 陶瓷减水剂的生产及工艺

陶瓷泥浆解胶剂也称减水剂、解凝剂、助磨剂等，是一种可改善泥浆或釉浆流变性能的添加剂，其主要功能是显著降低泥浆水分，提高流动性、悬浮性和抗触变性，提高喷雾塔的产量，减少喷雾造粒对能源的消耗，有助于陶瓷生产实现"绿色低碳、节能减排"和可持续发展。

随着现代陶瓷科技的发展，各类添加剂在建筑陶瓷生产中的应用越来越广泛，作用也越来越重要，而被称为陶瓷生产"味精"的解胶剂，属陶瓷泥浆的分散性添加剂，虽然加入量少，却常常在节能降耗、新产品开发、新工艺的创造方面起到非常突出的作用。

1. 陶瓷泥浆解胶的机理

关于陶瓷泥浆的解胶机理众说纷纭，各有各的见解，目前尚未看到有价值的基础研究方面的资料和数据，由于没有理论支持，大部分的应用研究都是针对陶瓷企业现有的生产配方、原料制备出现的泥浆、釉浆流动性、悬浮性、触变性差的现状来研制解胶剂产品，而且都是采用尝试、摸索的方法进行，没有系统的、规范的研究开发模型或理论作借鉴，产品研究成功也属于偶然，失败了也不清楚原因，陶瓷泥浆解胶机理的基础理论研究目前尚处于空白。

通常认为陶瓷泥浆解胶剂的作用在于提高分散系统粒子的 ξ 电位，使浆料颗粒在分散介质中保持相对稳定的距离，防止出现团聚和沉积，从而保持了分散系统料浆的稳定性，业界普遍认可的有以下三种理论。

（1）阳离子置换

阳离子置换解胶机理是通过阳离子置换的方式改变胶粒的双电层厚度，使双电层厚度增加，ξ 电位上升。如黏土的阳离子交换过程如下：

Ca-黏土 $+2Na^+ \longrightarrow$ 2Na-黏土 $+Ca^{2+}\downarrow$　（沉淀钙盐）

Mg-黏土 $+2Na^+ \longrightarrow$ 2Na-黏土 $+Mg^{2+}\downarrow$　（沉淀镁盐）

黏土的阳离子交换容量大小的情况如下：

$H^+>Al^{3+}>Ba^{2+}>Sr^{2+}>Ca^{2+}>Mg^{2+}>NH_4^+>K^+>Na^+>Li^+$

即左边的离子能置换右边的离子，自右至左交换容量逐渐增大。

黏土吸附阴离子的能力较小，其顺序如下：

$OH^->CO_3^{2-}>P_2O_7^{4-}>PO_4^{3-}>CNS^->I^->Br^->Cl^->NO_3^->F^->SO_4^{2-}$。

（2）螯合效应

螯合效应即通过复合物的引入，使阳离子产生键合，形成络合物，降低离子间的引力，补充空间位阻效应。

螯合物是配合物的一种，在螯合物的结构中，一定有一个或多个多齿配体提供多对电子与中心体形成配位键。螯合物通常比一般配合物要稳定，其结构中经常具有的五元或六元环结构更增强了稳定性。所以螯合物的稳定常数都非常高，在陶瓷泥浆或者釉浆的解胶中，同陶瓷浆料中的阳离子，尤其是多价离子形成更为稳定的螯合物，降低了离子间的引力，从而降低了浆料的黏度，起到解胶的作用。另外，螯合物还可以掩蔽金属离子，提高了浆料的稳定性。

（3）空间位阻效应

空间位阻效应又称立体效应。空间位阻效应主要指分子中某些原子或基团彼此接近而引起的空间阻碍作用。

2. 减水剂的主要品类

解胶剂的品类，按形状分为固态和液态两种；按物料性质可分为有机和无机两类。具体包括：

(1) 硅酸盐

水玻璃分子式为：$Na_2O \cdot nSiO_2$；

九水偏硅酸钠分子式：$Na_2SiO_3 \cdot 9H_2O$；

五水偏硅酸钠分子式为：$H_{10}Na_2O_8Si$；

零水偏硅酸钠分子式为：Na_2SiO_3（$Na_2O \cdot SiO_2$）；

氯化钠是地球上储量比较丰富的资源，大量存在于海水、盐湖和地下盐矿中，工业上一般采用电解饱和氯化钠溶液的方法来生产氢气、氯气和烧碱（氢氧化钠），烧碱和石英砂反应生成水玻璃（液体硅酸钠），水玻璃和烧碱反应生成偏硅酸钠，从而获得一种性价比高的陶瓷泥浆解胶剂产品，它是阳离子置换效应中低价阳离子的主要来源。

(2) 磷酸盐

磷酸三钠分子式为：Na_3O_4P，又称三钠；

焦磷酸钠分子式为：$Na_4P_2O_7$，俗称四钠；

三聚磷酸钠分子式为：$Na_5P_3O_{10}$，也称为五钠，英文缩写为 STPP；

六偏磷酸钠分子式为：$(NaPO_3)_6$，业内叫六钠，英文缩写为 SHMP；

粗品焦磷酸钠分子式为：$Na_4P_2O_7$，也称粗品、粗焦。

比较常用的是 STPP、SHMP 和粗品焦磷酸钠。

(3) 碳酸盐

碳酸钠，也称纯碱，分子式为 Na_2CO_3；

碳酸氢钠，又称小苏打，分子式为 $NaHCO_3$。

碳酸盐是一种电解质，常用于注浆成形的陶瓷泥浆解胶，国内除山东、四川、江苏、福建部分墙地砖、卫生陶瓷产地使用以外，其他产区比较少见。

(4) 腐植酸盐

主要是风化煤、腐植酸钠等。

腐植酸是古代植物在漫长的煤的形成过程中生成的一大类高分子有机物质，呈弱酸性，广泛存在于泥炭和风化煤中，工业上常用氢氧化钠来抽取风化煤中的腐植酸制成腐植酸钠，腐植酸（HA）具有高分子聚电介质性质，研究和生产应用表明，腐植酸钠（HA-Na）具有胶体的各种性质，易溶于水，呈碱性，作为陶瓷泥浆解胶剂具有优良的性能。

(5) 萘系高效减水剂

萘系高效减水剂是经化工合成的非引气型高效减水剂，化学名称为萘磺酸盐甲醛缩合物，它对陶瓷泥浆有很强的分散作用，并且具有较强的抗泥浆触变性能。

(6) 有机高分子分散剂

借鉴了涂料、颜料行业对物料的分散原理，引入了一些有机分散剂，大部分用于生产液体陶瓷泥浆的解胶剂，也是当前连续球磨工艺原料制备使用最多的解胶剂品类。

目前使用量最大的是聚丙烯酸钠，它是以二醇二甲醚作为反应溶剂，以丙烯酸为单体，和过量的氢氧化钠共同反应生成聚丙烯酸钠，陶瓷行业多采用分子量 5000 左右的产品。

上述解胶剂产品可单独使用，也可以根据不同产地、不同种类的陶瓷制品坯体配方的不同，个性化复配使用。

3. 常见减水剂的制造工艺介绍

(1) 水玻璃两种生产工艺的优缺点

水玻璃又称泡花碱，它是陶瓷解胶剂最基础的产品和原料，当前流行的解胶剂产品几乎都是以水玻璃为原材料或载体经深加工而成的。

水玻璃生产有固相法和液相法两种工艺。固相法亦称干法，包括碳酸钠法、元明粉（硫酸钠）法、氯化钠法。

液相法又称湿法，是以烧碱（氢氧化钠）和石英砂为原料，加温、加压反应后得到液体硅酸钠产品。

干法生产周期长，需要先制得固体硅酸钠，然后加水或烧碱经过化料才能获得不同模数、不同浓度的水玻璃，产品的模数高，杂质相对较少。

干法工艺早于湿法工艺，初期的解胶剂产品都是用干法工艺生产的水玻璃加工的。

湿法工艺可以一步法获得水玻璃，生产周期短，效率高，但存在水玻璃模数低、碱性滤渣难以处理等缺陷。

(2) 干法水玻璃生产工艺

干法水玻璃生产工艺流程如图 5-1 所示。

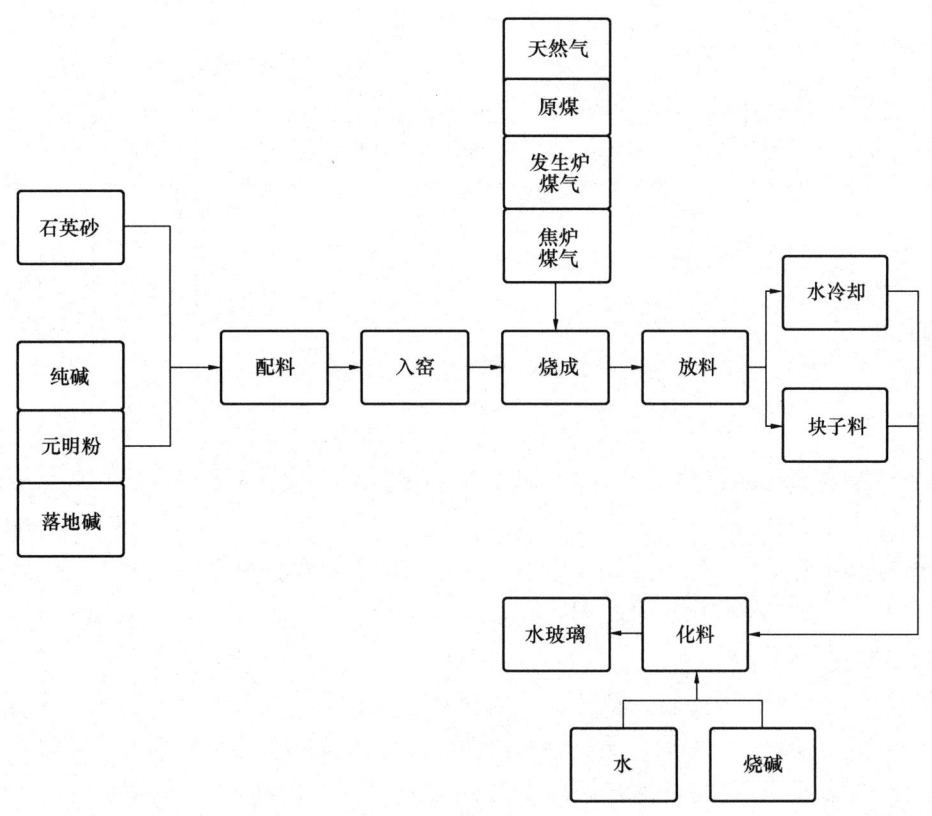

图 5-1　干法水玻璃生产工艺流程

① 配料

将石英砂和纯碱按照一定的比例投入混料机混合均匀，此乃纯碱料。也有用落地碱或元明粉替代纯碱生产固体硅酸钠的，由于落地碱杂质高，不能生产高品位的产品，元明粉高温分解后会排放大量的二氧化硫，形成酸雨对环境有很大的破坏，国家已明令禁止使用。

干法工艺生产的水玻璃模数在 3.1~3.8，用于解胶剂生产时一般要在化料时加碱降模后使用。

② 焙烧

将石英砂和纯碱的混合料借助斗式提升机、皮带运输机送入马蹄焰窑加料口，原料进入窑内焙烧，燃料多为原煤、天然气、发生炉煤气或者焦炉煤气，以天然气最环保，焦炉煤气成本最低，但无论采用哪种燃料，都要配备相应的环保设施，使废气达标排放。

③ 出料

固体硅酸钠的生产是连续进行的，一边进料一边出料，经过 1400℃ 的烧成反应，熔融状态的固体硅酸钠从出料口流出，进入下端冷却水池的称为水淬料，进入链板机的则为块子料（亦称果冻料）。

④ 化料

将水淬料或者块子料送入静压釜或者溶解滚筒，根据所需的水玻璃浓度和模数添加水或烧碱，然后充入蒸汽进行固体硅酸钠的溶解生成水玻璃。

近年来纯碱的价格一直处于高位运行，采用干法工艺生产的水玻璃由于成本的原因，目前已经很少用于解胶剂的加工，除非采用低成本的原材料，直接生产模数为 2.5 左右的固体硅酸钠，然后再加水化料，制成低模的水玻璃来生产偏硅酸钠，进而复配其他原材料加工陶瓷解胶剂。

(3) 湿法水玻璃生产工艺

湿法水玻璃生产工艺流程如图 5-2 所示。

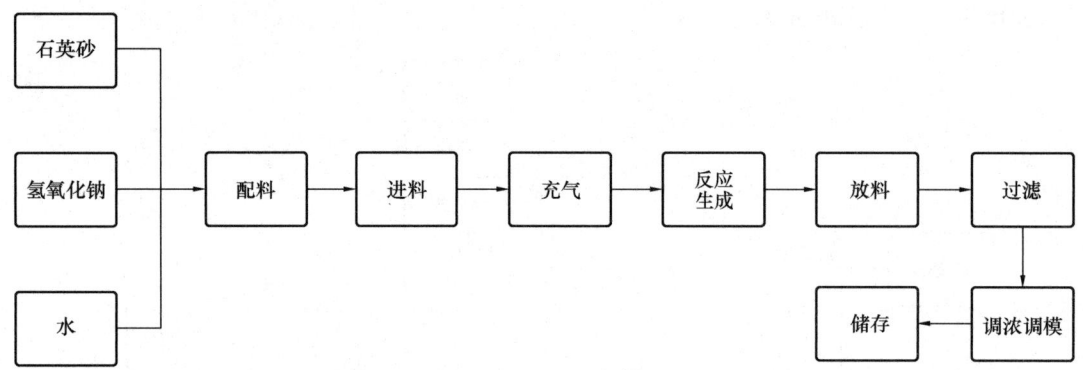

图 5-2 湿法水玻璃生产工艺流程

① 配料

将 32% 氢氧化钠与石英砂按照规定的比例投入配料搅拌机中搅拌混合均匀。

② 进料

打开反应釜的排气阀、进料阀，启动反应釜，接着启动配料搅拌机上的泥浆泵，物料通过管道进入反应釜，进料完毕后，关闭排气阀、进料阀。

③ 充气、加热

当锅炉压力大于 1.0MPa 时，打开反应釜上进气阀，开始往反应釜中充入蒸气，这是采用内热式的方法加热，也有采用反应釜夹套加热、导热油加热的，在山东目前仍然存在用明火直接对反应釜加热的做法，当地称为"烧球磨"，我们不主张采用该方式加入，由于温度难以精确控制，存在过压爆炸的隐患。

当反应釜中压力达到规定值时，关闭进气阀，正式开始生成水玻璃的反应，统计数据表明反应高峰期时釜内压力可以增加 0.2MPa。

④ 反应生成

从完成进气开始，有效的水玻璃反应生成时间应不低于 6h，反应过程要注意观察，及时处置异常。

⑤ 放料

打开排气阀，将釜内的饱和蒸汽排入热交换器或者"冷釜"中，当釜内压力低于 0.4MPa 时打开放料阀，釜中的物料通过管道进入中转罐或者直接进入板框压滤机压滤。

⑥ 过滤

过滤通常有两种方式：一种是从反应釜出来的物料直接进入板框式压滤机过滤，另一种是物料先放到中转搅拌机，泄压降温后再利用压滤机泵，送入压滤机过滤，这两种方式各有利弊，视情况而定。

⑦ 调浓、调模

调浓、调模必须是在水玻璃浓度、模数超过规定值的情况下,通过添加一定比例的水、氢氧化钠或低模水玻璃来调整浓度和模数,使其质量最终达到标准或技术工艺要求。

(4) 九水偏硅酸钠

将水玻璃和烧碱按照一定的比例混合搅拌均匀后,经冷却、结晶、粉碎后制得,生产成本低,性价比高,但由于固含量低,结晶水、游离水高,受应力影响后分子结构不稳定,易溶解、结块。

(5) 五水偏硅酸钠的三种生产工艺及其优缺点:

五水偏硅酸钠是以水玻璃和烧碱为原材料,主要的生产工艺有三种,即母液循环法、结晶粉碎法、连续造粒法,工艺比较先进的是连续造粒法。连续造粒法又分为结晶造粒法和喷雾造粒法。不同工艺的优缺点如下:

① 母液循环法,虽然能耗低,通过简单复制就可以提高产量,但由于结晶体表面吸附水多,暴露在空气中,或者与其他材料复配,容易产生盐桥效应而结块影响使用,并且每生产1t五水偏硅酸钠会产生1.25t的母液,母液长期循环使用,会导致产品外观发黄,若不匹配湿法水玻璃生产系统,母液难以消化。

陶瓷行业使用量最多的是用此工艺生产的五水偏硅酸钠产品,主要的产地在江西、广东。

② 结晶粉碎法是按照五水偏硅酸钠的含量,调配好溶液,然后经过浓缩、冷却、结晶、粉碎、过筛等工序制得外观不规则的五水偏硅酸钠产品。

此方法工艺简单,只需简单的浓缩设备和一块平整的场地,利用配备旋耕机的小型拖拉机就可以完成降温、冷却和制粉,为了保证产品的外观,还需要经过锤片式粉碎机进行二次粉碎,人工过筛。

应用该方法最大的产区在淄博,随着环保和安全管控门槛的提高,正规的企业仅剩两家,但在鼎盛时期,淄博的解胶剂(当地称为减水剂、偏硅)产量曾占据国内半壁江山,时至今日一些性价比高的产品、先进的生产方法也出自淄博产区,但随着水玻璃和液体陶瓷解胶剂的推广应用,其他产区利用结晶粉碎法生产九水偏硅酸钠、五水偏硅酸钠的量逐年在下降,解胶剂制造商慢慢变成了单纯的水玻璃生产企业。

③ 连续造粒法是目前最新、最先进的五水偏硅酸钠生产工艺,产品色白干爽,流动性好,但工艺复杂,能耗比较高,环保要求高,气候(温度、湿度)对产能的影响大,作为陶瓷解胶剂,没有前两种产品的性价比高。

每当下游的洗化、造纸、金属表面处理以及出口受阻时,会有一定量的该类产品通过陶瓷行业消化。

(6) 零水偏硅酸钠

21世纪初开始采用熔融法生产零水偏硅酸钠,以纯碱和石英粉为原料,在窑炉中煅烧而成,为了降低成本,多以原煤为燃料,对环境的污染大,而且产品的后续加工劳动强度高,效率低下,逐渐被趋势淘汰。除了环保管控的原因外,找不到合适的劳动力也是一个主要原因,著名的产品像江西的"OTⅡ-A",山东淄博的"8号料"都盛极一时,目前仅有潍坊等地在零星生产。

当前主流的零水偏硅酸钠产品采用的是喷雾造粒法,但因为成本高的原因,在陶瓷行业几乎没有得到推广应用,但从解胶性能来讲,零水偏硅酸钠不失为一种优秀的陶瓷解胶剂。

随着中国陶瓷走向世界,五水偏硅酸钠、零水偏硅酸钠及其复配产品具有较高的优势,由于其有效含量高,相对于其他类型的偏硅系列产品海运费低,而且产品的稳定性好,适合于长距离长时间运输。目前陶瓷行业除了标准的五水偏硅酸钠产品外,大部分都是七水偏硅酸钠、九水偏硅酸钠,多采用结晶粉碎法生产,典型的生产工艺流程如图5-3所示。

(7) 三聚磷酸钠

通常的工艺是将磷酸和烧碱按照比例进行混合,接着加入硝铵催化剂,用过滤器除去混合液中的杂质,然后用高压泵加压进入聚合炉,经压力雾化,与炉内高温气体相遇,干燥、聚合成三聚磷酸钠,通

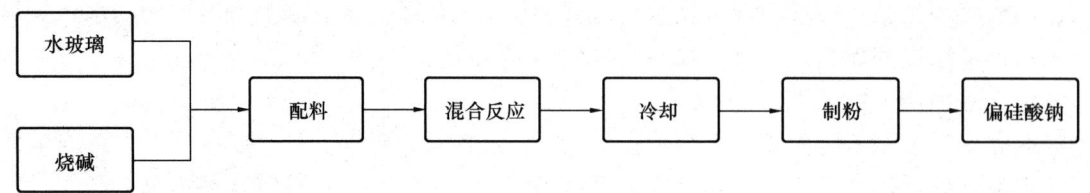

图 5-3　结晶粉碎法偏硅酸钠生产工艺流程图

过冷却滚筒冷却、滚筒筛筛分、串机粉碎后检斤、包装成为产品。

但为了降低制造成本，近年来用作陶瓷解胶剂的三聚磷酸钠，大量采用磷酸氢二钠或者粗品焦磷酸钠作为原料来生产，由于其氯离子含量高，脱盐不彻底时会影响其效果。

这也是为什么同样都是三聚磷酸钠，而且五氧化二磷的含量也相当，但价格和效果却相差很大的原因。

三聚磷酸钠主要出自云贵川，当地也是国内最大的黄磷产区，水电资源丰富，生产三聚磷酸钠具有得天独厚的条件。陶瓷行业使用的三聚磷酸钠、六偏磷酸钠主要产地在贵州和广西，多利用廉价的粗品焦磷酸钠或者废旧磷酸盐产品为原料来降低产品的生产成本，提升性价比。

（8）粗品焦磷酸钠

粗品焦磷酸钠是一种变废为宝的产品，它是将草甘膦生产后产生的母液通过两段炉焚烧后制得，有效成分约为焦磷酸钠的80%，当氯离子含量低于2%时，是一种高性价比的解胶剂产品。

2016年粗品焦磷酸钠开始在陶瓷行业应用，当时国内的陶瓷产量处于高峰期，对解胶剂的需求量大，而且多以固体类为主，这为粗品焦磷酸钠的利用提供了大好时机，国内多家草甘膦生产企业积存数年无法处理的粗品焦磷酸钠就是在这个时期被一抢而空的。

粗品焦磷酸钠通过在陶瓷泥浆中的试验，可单独添加或取代三聚磷酸钠使用，都有比较好的效果，但由于是采用草甘膦母液简单加工的，原材料的一致性差，导致粗品焦磷酸钠的质量存在较大波动，有的甚至没有任何解胶效果，反而有副作用。

（9）黑偏硅产品

所谓的"黑偏硅"是山东的叫法，实际上是一种含有腐植酸的偏硅酸钠产品，我们知道只有把风化煤中的腐植酸抽取变成游离酸才有解胶效果。通常采用碱性抽取法，是将一定比例的风化煤与氢氧化钠溶液混合来萃取腐植酸，其最终的产品就是腐植酸钠，因风化煤中腐植酸的含量、腐植酸钠的纯度不同产品的质量差异较大。

"黑偏硅"是巧妙地将偏硅酸钠的生产和游离酸的抽取结合在一起，简化了生产工艺，降低了制造成本，是一种性价比高的解胶剂产品，在国内外市场都有应用，其关键是要有原材料优势。

（10）复合型固体陶瓷解胶剂

复合型解胶剂，就是根据用户配方的不同，通过反复的试验，研制出一种由多种原材料按照一定比例组成的固体陶瓷解胶剂，它只是将各种原材料简单地混合均匀，是一个物理过程。

（11）液体陶瓷解胶剂

液体解胶剂是以水玻璃为载体，添加有机分散剂、磷酸盐或其他材料混合后生产的陶瓷解胶剂，也是近年来兴起且比较流行的解胶剂产品。该产品的加工需要用到储罐、搅拌机、计量设备、泵、阀等设备和工器具。

4. 陶瓷减水剂的发展趋势

经过20多年的快速发展，中国已经成为世界上最大的陶瓷制品生产国。根据相关统计资料，2022年陶瓷砖产量高达73.1亿 m^2，对资源的需求量巨大，但随着优质原材料的逐渐枯竭、环保整治的严格、原料制备工艺的升级、大板岩板的兴起，对陶瓷泥浆解胶剂提出了更高的要求。如何适应新形势下陶瓷原料加工对解胶剂新的要求，成为解胶剂研发、生产企业的课题。

（1）能与劣质原材料相匹配的陶瓷泥浆解胶剂

优质原材料，特别是高岭土的逐渐枯竭，劣质原材料的大量应用，对泥浆解胶剂的性能提出了更高的要求，与之相适应的解胶剂是研发的方向。

（2）对添加废水、废渣制备的泥浆能实现常态化解胶剂的产品

随着环保管控力度的加大和"双碳"时代的来临，生产废水、脱硫水、各种废渣、废瓷、废坯都必须进入原料制备工序，当作原材料使用，由于水中含硫呈酸性，污水处理使用净水剂，废渣中有较多的金属离子，从而导致泥浆制备过程中泥浆触变严重，这时传统的解胶剂已经无法达到正常生产的要求，急需一种能对脱硫废水、环保水、废渣等制备的陶瓷泥浆有效解决的解胶剂，就成为当务之急。

（3）连续球磨用、可连续添加的解胶剂

连续球磨工艺技术和装备是大势所趋，连续球磨技术的推广与运用可以使原料的装备、原料车间的设备机械化、自动化、智能化，可以解决目前陶瓷行业的高能耗、高污染、自动化程度低以及用工多、工作环境差、劳动强度大等问题。

组合式连续球磨机是一种新型球磨机，它的结构包括筒体、传动装置、原料和研磨体的进出料装置、自动检测和自动控制系统等。原料和水在进料装置驱动下通过进料端空心轴进入筒体内，在筒体带动下原料、水和球石作相互强力冲击，迅速得到研磨，经筒体的出料口流出，完成整个原料的球磨过程。

传统球磨机是封闭式的研磨，原料、水和球石装满整球才能运转，研磨效果差。而组合式连续球磨机是开放式的，只装有一半多原料、水和球石，球石上下落差大，对原料冲击势能大，球石被带到高处直接冲击原料而产生很好的研磨效果，研磨好的原料可以马上流出，不会产生过磨现象。

传统球磨的泥浆含水率在33%～34%，而连续球磨的泥浆含水率可降到32%。这对喷雾干燥节能有很大的效果，每降低2%的含水率，可节约煤2kg左右。连续球磨机由于能够显著降低原料制备的能耗、大幅度降低生产成本，而且由于泥浆性能稳定，产品质量和成品率得到提高，还具有便于生产管理、实现自动配料和连续化生产、生产周期大大缩短、节省占地面积、极大地提高劳动生产率等优势。

连续球磨技术是新建或者技术改造陶瓷企业的首选，能够适应连续球磨技术的液体陶瓷泥浆解胶剂成为当前解胶剂发展的主流，降低制造成本、提升产品的性能、提高性价比是科研攻关的方向。

5.1.5 陶瓷悬浮剂及其应用

1. 悬浮剂的定义

悬浮剂作为陶瓷添加剂行业近年来推出的一款新产品，从字面上的意思也不难理解其在陶瓷生产中所起的作用，顾名思义就是作为一种干粒釉的悬浮，使其顺利应用在瓷砖表面上的一种装饰效果。干粒釉是近年来陶瓷行业兴起的一种特殊装饰性材料，细度从前几年的80～120目发展到目前的325目干粒，有的甚至达到超细级别的400目左右。釉面由于经过干粒的装饰作用，有着砂糖般颗粒质感，有的又如肌肤般细腻丝滑且耐磨系数不断提升，应用的装饰场景也越来越广阔。经过特殊的淋釉程序，经过1080～1200℃高温烧成，砂糖般细微的颗粒均匀分布于砖面，在日光或灯光的照射作用下，闪闪发光如钻石般发出诱人的光芒，触摸起来则手感细腻丝滑，有如细沙滚动或婴儿肌肤般质感，从而达到一种绝佳的装饰效果。

2. 悬浮剂主要功能缺陷

悬浮剂由于其工艺的特殊性，在干粒加入悬浮剂搅拌后用钟罩淋釉器或直线淋釉器施布的过程中，

常因悬浮剂的品质问题，造成成品质量不合格或完全达不到预期的效果，故在悬浮剂的要求上提出了很高的品质要求。如果悬浮剂的质量有瑕疵，厂家很难生产出优质的产品。目前市面上的悬浮剂品质缺陷主要表现在以下几个方面：

(1) 淋釉时釉幕厚薄不均匀，有分叉或断流现象，造成釉面干粒施布不均及缺损。

(2) 淋釉时气泡多特别是有大泡，极易出现釉面凹坑、凸点及釉面缺损、不平整现象。

(3) 悬浮性差，容易造成干粒沉淀，体系内悬浮干粒不均，极易造成釉面施布不均、干粒厚薄参差不一。

(4) 悬浮剂本身体系不稳定易分层，容易造成生产工艺控制难度加大，流速时快时慢，造成釉面缺陷。

(5) 悬浮剂易变质黏度不稳定，特别是夏天时此现象更为严重，易造成生产工艺控制难度加大，造成釉面缺陷。

(6) 悬浮剂与干粒在釉面的附着力不强，干粒易被窑炉热风力吸走，造成釉面干粒缺损。

(7) 悬浮剂触变性大，流速很难控制，造成釉面叠釉或缺损现象。

(8) 悬浮剂体系内的助剂配伍不当，易造成釉面凹坑、橘皮等现象。

(9) 其他如外观变色、发臭等影响品质的问题。

综上所述，做好悬浮剂并非是件容易的事情，有些作坊式工厂很难生产出合格稳定的产品，就是专业的添加剂生产厂家有时也不能确保每批产品均是完美无瑕，有些生产工艺上细小的失误均会造成悬浮剂的质量不够稳定；不同地区因水质及温度差也会造成悬浮剂使用上的不同，需要调整不同的质量参数。

3. 悬浮剂的产品特性

成分：高分子聚合物或复配物。

外观：常见浅黄色、乳白色黏稠性液体或粉料混合体。

黏度：$(45+10)$ s，干粒粗的黏度偏上限，干粒细的黏度偏下限。

相对密度：$1.02+0.01$。

4. 悬浮剂使用方法

适合直线、钟罩淋釉器或喷釉等方法施釉，依悬浮剂:干粒釉=100:(40～45)或干粒:悬浮剂=1:(2.3～2.5)比例调整淋釉，釉浆流速控制在$(45+10)$ s；喷釉的流速相对要调低至30～35 s。

5. 悬浮剂的种类

目前市面上的悬浮剂从外观形态上分为液体和粉体的。粉体的主要是按1:(10～20)倍的水稀释搅拌均匀依黏度流速调整后使用，优点是成本相对较低，运输及存放较为便利，保质期较长，可随配随用。缺点是整体性能较差，触变性大，流变性较难调整，气泡多，易腐坏变质，需额外添加消泡剂及防腐剂，即使有粉状的消泡及防腐剂可配进配方体系，但因粉状的质量性能不如液体的，故在总体性能上与液体的悬浮剂相比还有差距，特别是需求质量较高的品类，粉体的悬浮剂目前还有一定的差距；液体的悬浮剂目前外观上区分主要有乳白色、黄色、灰黑色、棕色，其中乳白色作为主流高端使用。从浓度区分上，有直接上线使用的，也有按1:(2～5)倍用水稀释后使用的浓缩悬浮剂，特别是在发往外省市区时在运费、仓储、搬运等费用上可节省不少的费用。

5.2 硅酸锆的生产及应用

5.2.1 硅酸锆在陶瓷行业的应用

硅酸锆在日用陶瓷、卫生洁具用高温乳浊釉中的含量分别是8%~12%和8%~14%；在釉面内墙砖用化妆土以及锆白熔块中的含量分别为4%~10%和10%~12%；在早期的瓷质抛光砖用于超白砖中的含量为3%~5%，超过3%~5%时内照射跟外照射明显增长。所以很多企业在抛光砖里会减少硅酸锆的用量，一般会加入1%~2%，在琉璃制品中会加入1%的硅酸锆或者锆英粉来增加稳定性，但这不是主要应用。硅酸锆在我国陶瓷上的应用始于1980年，当时产品完全依赖进口。1992年，国内开始生产硅酸锆后，它在陶瓷上的应用开始普遍起来。后来由于建筑陶瓷的飞速发展，硅酸锆用量激增，成为陶瓷增白的主打产品、一枝独秀，并形成了一个年产百亿元的硅酸锆粉体产业。

硅酸锆在陶瓷坯釉料中主要有如下作用：①乳浊（遮光）、增白；②加强坯体强度；③增强抗水解性；④增强硬度和耐磨度。值得强调的是，硅酸锆之所以被广泛应用是因为它能同时起到以上四种作用。因此，其用量会长期保持一种基本量值，而且硅酸锆是陶瓷生产中不可替代的天然矿物。

硅酸锆生产中有许多杂质，这些杂质可分为：①有害杂质Fe_2O_3、TiO_2和Al_2O_3，一般的硅酸锆生产企业都有能力将铁杂质去除，但TiO_2和Al_2O_3去除难度较大；②基本无害杂质SiO_2和HfO_2（氧化铪），这种杂质是指在含量范围内基本无害，而超过这一范围不但有害，而且对陶瓷釉面及坯体产生极大影响，如SiO_2越标时釉面易出现后期炸裂，达不到国家检验标准；③微量碱杂质Na_2O、K_2O和P_2O_5，这些杂质因为含量很少，且属于有助熔作用的氧化物，即使有时超标，也不会对产品构成很大威胁；④放射性杂质Ra226、Th232、K40，硅酸锆和萤石是放射性较高的原料，长石、砂、石粉等次之。

硅酸锆生产和陶瓷企业生产一样"稳定压倒一切"，高档硅酸锆的稳定应包括砂源的稳定化处理、生产的稳定化处理及成品粉体性能的稳定化处理。

硅酸锆的原砂为锆英石，我国高档硅酸锆的原砂主要为澳大利亚优质锆英砂；美国砂源是否稳定尚不明朗；南非砂硬度较大，杂质含量稍高；越南砂和我国南海砂也有优质砂，砂源的稳定性仍是一个问题。在实际生产时，要求对原料进行均化，而对硅酸锆生产企业来说，只要采用进口澳大利亚大型砂矿公司产的优质锆英砂，进厂时进行严格检测，基本无须均化，因这些原料已在大型矿产公司进行了均化处理。

但是硅酸锆行业自身的激烈竞争，使得产品细度不断变细，改变着硅酸锆的适用范围，因此产生了纳米硅酸锆的改性需求。下游陶瓷企业对自身产品的升级也产生了对硅酸锆的新功能化需求。例如，陶瓷釉面的功能化和艺术化，催生出硅酸锆产品的功能化要求。纳米陶瓷材料加工与应用技术起源于硅酸锆加工行业，该技术自身的发展和成熟产生的成果，又会反哺硅酸锆行业技术进步的进程，形成硅酸锆产业发展新业态。

硅酸锆产品的技术改进可从以下几个方面着手。

(1) 硅酸锆作为化学成分应用的技术改进要求

硅酸锆是一种陶瓷配方中的原料，这种原料是釉中不可缺少的化学成分之一，这种原料在釉中不仅起到增白作用，还起到耐磨、耐腐蚀、抗水解的作用，是不可缺少和不可替代的，例如，惠达、乐华、河南长葛某厂为了提高陶瓷釉面的耐磨性都将硅酸锆的用量从8%提高到10%。河北某公司的产品，标准硅酸锆、3号硅酸锆、新纳米硅酸锆，均属于这一部分，他们的各项性能都能适应陶瓷的工艺要求，而不需要做出任何调整，所有的业务人员都能按说明书进行销售。产生溢价主要依靠品牌、规模和成本管理。对于原料类硅酸锆的选用，从降低高温黏度的角度讲，应避免带入氧化铝原料，即对于釉用硅酸锆来说应尽量避免用氧化铝球来球磨，采用硅酸锆球或氧化锆球做研磨介质更有利。所有的研究均证明，加入锆英石和氧化锆的乳浊釉，随其加入量的增加，釉的高温黏度呈直线上升。因此，锆釉易产生针孔、波纹、滚釉等缺陷。原因是锆化合物的高耐火性物质，在玻璃中不易被熔融。如果对其进行改性包覆，使其变为易熔物质，这样就可变为一种完美的增白剂了。

（2）硅酸锆的表面修复改性

纳米硅酸锆在釉中的应用技术更加复杂，随着细度的减小，其比表面积成倍增加，纳米效应凸显。制釉时难以获得好的料浆，烧成过程中由于颗粒活性大，更易与玻璃中的硅链结合，加强网络结构，使玻璃的高温黏度变得更大，使分散和包覆变得更为紧迫。甚至可以说，没有改性纳米硅酸锆就不能用于陶瓷釉中。硅酸锆的改性大体有两种：一种是纳米硅酸锆，改性的目的是制造一种"高活性低比表面积"的硅酸锆粉体；另一种是为与有机材料或金属材料的有效结合而改性。

纳米硅酸锆粉体仍无法得到广泛的应用，其主要原因是生产者在传统工业纳米化时，尚未掌握所有转化条件，其中包括工艺配方的设计、纳米粉体的前处理、纳米粉体的转化条件等。尤其是纳米粉体因范德华力的作用易产生团聚的现象，若依靠传统的分散技术，无法将纳米粉体分散。因此，要成功地将传统工业纳米化，首先要掌握关键技术，即如何先将纳米粉体适当地转化，使其在添加到下一个界面后仍为纳米粒子，没有团聚的现象产生。

（3）纳米硅酸锆的功能化

纳米硅酸锆的功能化是指硅酸锆除起到锆的化学成分的作用之外，经过纳米加工，还具备了一些纳米材料特征和性能，而且在硅酸锆被纳米加工后，具有了极高的活性，能够与其他功能性离子进行有效的复合，使其本身的性能发生改变，成为具有某种功能的纳米硅酸锆。

纳米硅酸锆功能粉中硅酸锆是这项技术的载体，产生溢价是产品带给陶瓷釉面的某种功能，例如自洁、增亮、防静电、杀菌、负氧离子等，产品名称是纳米硅酸锆功能粉，粒度在 100～450nm。

利用"纳米硅酸锆＋功能材料"的方式，我们可以开发出具有不同功能的硅酸锆品种，例如：纳米硅酸锆耐磨功能粉、纳米硅酸锆抗静电功能粉、纳米硅酸锆自洁功能粉、纳米硅酸锆抗菌功能粉、纳米硅酸锆健康功能粉、纳米硅酸锆功能色釉料。这样拓展硅酸锆的应用领域，也是提高硅酸锆溢价能力的根本方法。

以上技术的采用可以使硅酸锆企业的加工技术达到一个更高级的水平，能更好地满足市场对硅酸锆产品的需求。但是这对于硅酸锆企业的生存是必要的，不是充分的。因为市场竞争中能够长期生存的企业，一定是具有独特核心竞争优势，具有一定垄断性的公司。

5.2.2　硅酸锆生产设备及工艺

硅酸锆又称矽酸锆，是一种化学稳定性好、耐腐蚀、抗水解、折射率高的乳浊剂。超细硅酸锆为高性能硅酸锆代表产品，指经过超细粉磨工艺加工而成的硅酸锆粉体。超细硅酸锆外观呈灰白色或白色粉末，具有无毒、无味等特点，在电视显像屏、高级耐火纤维、高档陶瓷釉料等领域应用广泛。

硅酸锆主要制备方法包括干法和湿法两种。干法指将硅酸锆球放入球磨机中进行研磨，通过控制粒度大小以制得成品，干法具有生产成本低、耗能低、成品质量好等优势，在超细硅酸锆生产过程中应用较多；湿法指通过三次分段研磨技术制得超细硅酸锆乳浊剂，该法存在粉碎效率低、易造成环境污染、生产成本高等问题，不适合进行规模化生产。

硅酸锆的研磨是硅酸锆加工的重要步骤，用于将硅酸锆原料研磨成细粉，以满足不同陶瓷产品的加工需求。以下是一些常见的硅酸锆研磨设备：

（1）球磨机：球磨机是一种常见的机械设备，利用球体对硅酸锆原料进行撞击、摩擦和混合，实现研磨的效果。

（2）研磨机：研磨机采用磨盘的方式，通过高速旋转的磨盘对硅酸锆进行摩擦，可用于细磨和超细磨。

(3) 气流研磨机：气流研磨机通过高速气流对硅酸锆进行研磨，适用于细磨和超细磨的工艺。

硅酸锆的研磨设备选择取决于加工的具体要求和产品特性，通常需要根据生产工艺的不同进行合理配置。

这里对干法工艺和湿法工艺生产硅酸锆的特点进行了总结。

(1) 干法工艺

特点：干法工艺是在硅酸锆原料中不添加液体的情况下进行的制备过程。适用于一些不耐湿的硅酸锆制品的生产。优点：生产过程相对简单，能耗较低。适用于一些对水敏感的硅酸锆产品。缺点：粉尘扬尘较大，需要采取措施控制环境污染。部分工序可能导致设备磨损较快。

(2) 湿法工艺

特点：湿法工艺是在硅酸锆原料中添加液体（通常为水）的情况下进行的制备过程。适用于需要高度均匀分散、颗粒细致的硅酸锆制品的生产。优点：有助于防止粉尘污染，对工人健康和环境友好。能够实现更细致的研磨，提高产品的质量。缺点：生产过程相对复杂，能耗较高。需要考虑水的处理和回收问题。

选择干法工艺还是湿法工艺通常取决于具体产品的要求以及生产环境和设备的条件。

5.2.3 硅酸锆湿法球磨工艺及应用

硅酸锆微粉作为陶瓷行业釉料的乳浊剂，具有遮盖力强、乳浊效果好等优点。作为釉料的乳浊剂，主要考虑两个因素：一个是遮盖率；另一个是白度。遮盖率与很多因素有关，其主要因素是乳浊剂和基础釉的折射率差和硅酸锆超细粉的粒度。从理论上分析，硅酸锆超细粉的粒度越细，比表面积越大，对光的散射力越强，因而遮盖能力就越强。另外粒度越均匀、粒度分布愈窄，都有利于提高釉料的乳浊度。

球磨机湿法制备硅酸锆流程示意如图 5-4 所示。

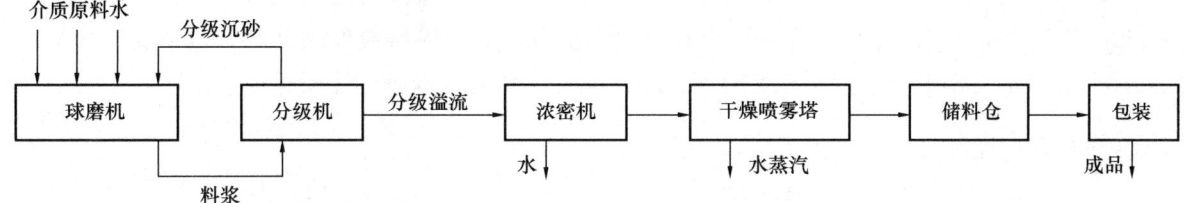

图 5-4 球磨机湿法制备硅酸锆流程示意

与国内大量用于建筑卫生陶瓷中的外资企业生产的超细硅酸锆相比，国内企业此类产品成本高、质量低，主要原因在于缺乏成熟的针对硅酸锆的超细磨技术。超细磨是高能耗过程，关键是如何缩短磨矿时间、降低磨矿能耗、提高磨矿效率。目前，硅酸锆超细粉的生产加工广泛采用的粉磨设备主要是搅拌磨、气流磨和振动磨等，而球磨机一直被认为是一种效率低、能耗大的生产设备，难以将物料粉碎到微米级，故在超细粉磨行业很少使用。但是通过了解几家外资企业，比如 ATO、红 B、庄信等，它们全是采用球磨技术。

硅酸锆生产车间如图 5-5 所示。

采用球磨机的湿生产工艺——沉砂分级研磨法：当球磨机按规定的转速运转时，研磨介质与物料一起在离心力和摩擦力的作用下被提升到一定高度后，由于重力的作用而脱离筒壁沿抛物线轨迹下落，然后它们又被提升一定高度，再沿抛物线轨迹下落，如此周而复始，使处于研磨介质之间的物料受冲击作用而被粉碎。同时，由于研磨介质的滚动和滑动，使物料颗粒受研磨、剪切等作用而被粉碎。物料被粉碎到一定粒度时，用不锈钢泵将其抽到搅拌筒，然后分级，分级溢流送往浓密机絮凝沉淀脱水，脱水物料送至喷雾塔干燥，干燥产品被气流送至储料仓，最后称重包装，分级沉砂返回球磨机再磨。球磨转速

图 5-5　硅酸锆生产车间

率的影响试验证明，球磨机结构尺寸与转速率、研磨介质直径与材质、料浆的浓度与温度、研磨介质充填率与研磨介质和磨料比值等工艺参数是直接影响产品粒度、产率和能耗的关键因素。

1. 球磨机结构尺寸与转速率

我们研究的结果是长度与直径的比例在 1.9 : 1 左右，是球磨机超细粉磨较为合理的长度、直径比。首先，对超细粉磨来讲，除考虑产量外，更应考虑产品的最终粒度及粒度分布范围，即要求颗粒有一个较窄的分布区域。其次要考虑出料的方便。因此要考虑直径不要太大，但直径太小不能形成抛落差，影响磨矿效率和产率。因此，参照有关文献资料，确定直径为 1.8m，长度为 3.4m。球磨机的转速率是影响磨矿效率的重要参数之一，参考资料表明，球磨转速率为 76% 时，介质抛落差最大，作功最大，对物料的冲击作用最强。在球磨初期阶段，冲击占主要作用，随着物料粒度的变细，则研磨占主要作用，考虑两方面的影响，将球磨转速率定为 70%。试验证明，采用此转速率球磨运行稳定，磨矿效率最高。

2. 研磨介质直径与材质

研磨介质的大小直接影响球磨机加工产品的最终粒度和粒度分布。研磨介质的直径越大，对大颗粒的作用越明显，产品的最终粒度越大。另外，大球径介质质量大，对硬质材料的冲击破碎作用力强，有利于物料粒度的细化和磨矿效率的提高。但是，当颗粒细化至 20μm 后，因大球径介质比表面积小，其冲击研磨作用对进一步的细化显得很小。为获取更多小于 1μm 的粒子，须选用较小的磨矿介质（大的比表面积）以增加冲击频率。但太小的介质其研磨冲击力因质量小而变得微弱。试验表明，由直径 30mm 介质球在研磨过程中所形成的自然球径级配较为适宜。粉碎锆英砂常用的研磨介质有钢球、氧化锆球和刚玉球。钢球密度大，冲击力大，价格成本低，但硬度小，磨损率大。不仅对产品产生铁质污染，影响产品质量稳定，而且增加酸洗作业工序，给生产带来不良后果。氧化锆球是最理想的磨矿介质，但价格成本太高。综合各方面的特性，以直径 30mm 刚玉球作为研磨介质较为理想。

3. 料浆的浓度与温度

料浆的浓度是影响磨矿效率及能耗的重要因素。试验得知，料浆浓度太大，能耗增加，但产品粒度未必细化，磨矿效率较低；料浆浓度太低，磨矿效率同样较低，磨矿时间延长，能耗增加。料浆浓度有一个最佳的临界点，在这个临界点上，粉碎达到某一要求的粒度所需的时间最短，效率最高。经试验，料浆浓度的临界点为 72%。研磨介质与物料由于相互冲击、研磨产生大量的热使料浆的温度随着粉碎时间的延长而迅速上升。如不采取相应的措施，将加剧研磨介质磨损，导致磨矿效率降低。同时，温度过高会恶化刚玉衬板与筒体之间的黏合力，使衬板脱落。因此，设计了向球磨机筒体上喷冷却水的强制冷却控温装置，有效地控制了料浆温度。

4. 研磨介质充填率与研磨介质和磨料比值

研磨介质充填率（指投入研磨介质的体积与磨筒体积的比率）对磨矿效率和产率有直接影响。充填率增大，介质球与物料之间的碰撞冲击和剪切研磨的频率增加，冲击作用减弱，研磨作用增强，磨矿效率提高，产率增大。但当充填率达到 60% 以上时，不仅功耗高，而且研磨介质本身及磨内衬板磨损加剧，磨矿效率明显降低，产率降低，造成产品加工成本增加。充填率小于 40% 时，冲击作用很强，研磨作用非常弱，磨矿效率明显降低，产率大幅下降。经试验，研磨介质充填率为 45%~50% 时效果较好。研磨介质和磨料比值（指投入的研磨介质与磨料的质量比值）也是影响磨矿效率和产率的重要因素。比值大时，磨矿效率高，产率小；比值小时，则反之。经试验证实，研磨介质和磨料比值为 3 时效果较好。在不添加助磨剂，入磨锆英砂粒径为 80 目的情况下，研磨 7h，其 DV_{97} 可达 17.02μm（BT9300 激光粒度仪测量）。

硅酸锆生产用砂磨机及生产线流程如图 5-6~图 5-8 所示。

图 5-6 硅酸锆生产用大容量砂磨机
（东莞琅菱机械供图）

图 5-7 砂磨机硅酸锆生产线现场
（东莞康博机械供图）

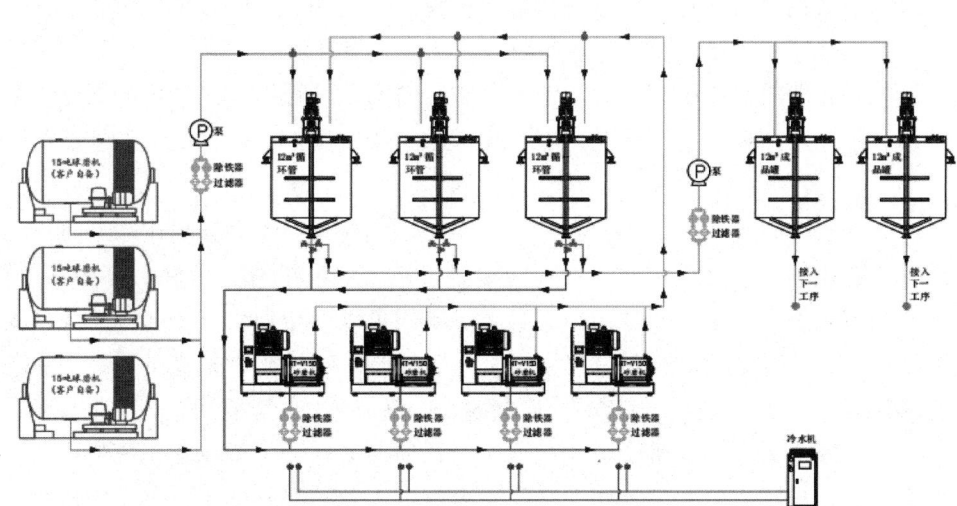

图 5-8 砂磨机生产硅酸锆生产线流程（东莞琅菱机械供图）

6 国内陶瓷色釉料墨水行业发展情况

6.1 广东陶瓷色釉料行业发展情况及区域资源

1. 广东产区依旧是国内主要的色釉料产区

广东作为传统的陶瓷产区和国内先进陶瓷技术研发创新产区在国内的地位曾经一度让其他的产区望尘莫及。广东陶瓷产区的陶瓷企业特别是以瓷砖为代表的质量过硬的产品,让市场上一致认为只有广东瓷砖才能代表中国瓷砖的水平,更是高质量瓷砖的代名词。因此,在以往的国内装修和工装市场通常是以使用佛山瓷砖作为高端和高质量产品的特征。广东瓷砖的高质量和新产品的研发创新技术实力雄厚,离不开人才队伍的建设和广东作为改革开放前沿阵地的一些政策性因素和人才聚集效益的影响。佛山在国内较早引入进口窑炉和压机等整套陶瓷生产线,1984年10月,我国首条从国外引进的彩釉砖生产线在佛山石湾利华装饰砖厂一次点火试产成功。

随后5年,佛山市陶瓷工业公司管辖下的陶瓷厂从国外引进的各类自动化生产线陆续投产,迅速打开市场。在引进设备的同时,各家工厂纷纷对进口技术进行了消化、吸收、改造、国产化,石湾陶瓷产区由此开始腾飞,从原来的十大产区之末摇身一变,成为八大产区之首。

截至2022年10月底,广东省共有建筑陶瓷生产企业164家,生产线680条,瓷砖日产能1091.31万m^2,陶瓷瓦日产能148.5万片,发泡陶瓷日产能880m^3。广东陶瓷协会秘书长王卫国在2024年广东省陶瓷行业能效对标及碳控排工作会议上提到,2023年广东省规模以上企业陶瓷砖产量19.99亿m^2,同比增长6.2%;卫生陶瓷产量4956.6万件,同比下降6.9%。

2. 佛山腾笼换鸟产业升级大量陶企外迁

时间移到2008年,"腾笼换鸟"是时任广东省委书记汪洋在2008年5月29日以《中共广东省委广东省人民政府关于推进产业转移和劳动力转移的决定》(以下简称《决定》)文件形式正式提出,也叫"双转移战略"。腾笼换鸟具体指:珠三角劳动密集型产业向东西两翼、粤北山区转移;东西两翼、粤北山区的劳动力,一方面向当地第二、第三产业转移,另一方面其中的一些较高素质的劳动力向发达的珠三角地区转移,也就是在那时,佛山开始对陶瓷项目进行限制和外迁。广东省内的其他陶瓷产区的陶瓷相关项目也开始部分外迁,江西高安产区和广西藤县陶瓷产区成为承接广东产区陶瓷外迁的主要外省产区。

再来看广东产区的色釉料企业就能明白为什么全国的色釉料企业主要在佛山市,其中有一定市场因素。因为广东陶瓷主要在佛山,巨量的陶瓷色釉料和辅料的需求市场造就了佛山在2001年之后的很长一段时间内成立和成就了一批行业内非常知名和实力雄厚的色釉料企业。其中包括大家耳熟能详的2家台资色釉料龙头企业——三水大鸿制釉和万兴。另外,后期陆续涌现出的知名的国产色釉料厂家,其中有2家上市企业如国瓷康立泰、道氏技术,还有中冠、中达、禾合、利德嘉、泰耀、华意、丰霖、华宝、精英、三晶石、昂泰、大千、大宇、正大、远大、万岛、富威顺、杨森化工等佛山知名企业,还有潮州地区以生产原子红、锆铁红而闻名的如中原、兴全业、丰业、潮州化工厂等一批以生产锡基色料的厂家。

3. 佛山是传统色釉料行业企业聚集地

单就广东产区来看的话，色釉料企业集中了行业内一大批知名企业，在企业规模和市场占有率方面都是名列前茅。在色料产品上，包括产品的锆基三原色之外，还有包裹色料以及陶瓷墨水色素生产方面都有技术积累和墨水生产经验。整个广东产区的色料企业基本上大致分为墨水生产企业、综合型的色釉料企业、单纯的坯体色料或者釉用色料生产企业、单一的抛釉类企业和熔块企业。特别是近年来，由于陶瓷产品的专一化和产品同质化的趋势进一步加重，导致传统的色釉料企业也面临着转型。不少传统的色釉料企业开始向单一品种生产或者单一产品服务的方向去转变。比如有不少企业转向单一的坯体黑色以及岩板黑色料的生产。还有企业向陶瓷墨水及陶瓷墨水色素单一产品转型。抛釉企业进一步整合扩大市场占有量，用数量来补充单价的下降。单一的釉用色料生产企业逐步地要么转型坯体色料，要么转型釉料或者墨水色素的生产，当然也有企业选择退出了传统色釉料行业的生产。

具体到产区企业方面来看，目前广东产区的 2 家上市企业的国内陶瓷墨水市场占有率已经超过 70％，2 家上市企业的价格战所引发的行业内墨水内卷加剧了中小微陶瓷墨水企业退出陶瓷墨水的生产，包括佛山地区的国产墨水厂家还有扬子、禅信、迈瑞思、华意、帆思科等企业。国产陶瓷墨水的价格已经下探到最低 2 万多的红色警戒线，陶瓷墨水按照色系进行一品议价的模式已经让墨水的利润空间下滑严重，甚至陶瓷墨水沦落到变相的卖色素的地步。未来，陶瓷墨水厂家只有自己掌握了墨水色素的生产与原料的控制才能在下半场市场竞争中存活下来。

另外，佛山地区的坯体色料生产厂家相对较多，而且目前市场存量较大的十几家色料企业都是有涉及坯黑和岩板黑色料的相关产品的生产，但是岩板黑等中低端黑色产品的价格竞争也是进入了白热化，在没有其他坯体料的市场行情下，以往的钛黄和锰红还有珊瑚红类产品的市场需求在 2021 年进入断崖式的下滑和停滞，以至于大部分的传统色料生产企业开始转入到坯体黑色和岩板黑的市场中来，然而岩板黑等传统黑色市场随着瓷砖的白色黑色同价趋势的出现导致坯体黑色市场未来还会进一步减少需求。

4. 广东区域抛釉企业为主，熔块企业外迁

对于陶瓷色釉料行业来说，以往大一点的色料企业都有自己的釉料部门。在没有全抛釉之前，釉料公司更多的是从事陶瓷熔块的生产，主要针对瓷片市场，还有广东以外部分产区和国外东南亚地区的陶瓷厂生产水晶地砖时需要的不透水熔块和水晶熔块等产品。进入全抛釉时代之后，部分色料企业开始转向生料釉的生产。一部分熔块企业退出市场和部分企业选择了外迁，还有一部分熔块企业转向干粒的生产等。目前佛山地区有一定规模和销量的企业除了 2 家上市企业，还有佛山市利德嘉制釉、佛山市远大制釉、佛山市拓普制釉、华力达、石易金、中扬釉料、佛山瑭虹釉料科技、佛山市中成釉料、佛山市陶立鑫釉料、佛山市三晶石陶瓷釉料、佛山市华誉泰釉料，等等。部分熔块企业受环保以及瓷片退出市场的影响，开始转向山东淄博代工或者是向广西藤县转移等。

佛山地区的抛釉类釉料公司较多，而且在生产工艺和产品创新方面在国内来说都是走在前头。外资企业在一些新品创新方面保持独特的优势，但在抛釉单一产品方面基本上仍然以国内的釉料公司为主，而且抛釉产品近两年在不断下降，抛釉相关的原材料价格在一路上涨，导致抛釉的净利一直显示出下降的趋势。因此，不少釉料公司必须依靠走量才能维持基本的生存和保存一定数量的技术服务人员队伍。不难看出，釉料以及陶瓷墨水产品与传统的色料相比，对于生产线上相关的工厂环节需要厂家派出固定的服务团队来保障釉料产品生产过程中的品质。

5. 广东省内陶瓷资源情况

广东省目前已探明的矿种有 116 种，其中具有利用储量的矿产有 82 种，部分非金属矿产丰富，储量资源在国内排名前五位的有 10 种，如高岭土、陶瓷土、大理石、玻璃砂、钾长石、硫铁矿等。用于

生产陶瓷的原料有高岭土、耐火黏土、萤石、钾长石、硅灰石、石膏等矿物。下面就这些矿物资源情况概述如下。

(1) 高岭土

陶瓷工业是广东省高岭土用量最多的行业,年需高岭土约 120 万 t。佛山地区高岭土原料主要来自沿海地区,清远、增城地区生产卫生洁具,高级日用瓷的中外合资企业生产中所用原料主要来自佛冈、中山、高要、惠阳等地区。

高岭土矿(包括陶瓷土)为广东省优势矿产之一,其资源丰富,分布范围广,矿床成因类型多。1980 年以来,发现和探明了一批质优、量大的高岭土矿床,探明储量大幅度增长。省内陶瓷用黏土矿区遍布全省,以潮州、惠阳、廉江三地瓷土规模最大,开发最早。如潮州飞天燕矿区已探明矿石储量 3200 万 t,该矿区高岭土除部分可用作低档铜版纸涂料外,主要是用作陶瓷工业原料。该矿矿石的原岩含石英量 10%～15%,长石晶屑 5%～10%,玻璃量 10%～15%,胶结物 65%～75%。矿石中黏土矿物为高岭石、伊利石、埃洛石和水云母,呈鳞片状、眼球状、棒状,亦含有长石、石英残余碎屑及微量磁铁矿、褐铁矿、金红石、白钛石、锆石等。该矿年开采量 50 万 t,并建有年产 10 万 t 的原矿选厂,主要供应本地及周边陶瓷行业。台山玉环矿区已探明陶瓷土及高岭土约 450 万 t,矿石主要由 20%～35%黏土、25%长石、32%石英和 5%～10%白云母及少量电气石、萤石及稀土矿物组成。黏土矿物以高岭石为主,埃洛石次之,伊利石占 5%～15%,蒙脱石占 55%以下。产品主要销往广州、佛山、顺德等地区。

(2) 耐火黏土

广东省耐火材料制品每年消耗耐火黏土约 3 万 t,用作陶瓷原料配料约 30 万 t,制作马赛克、无釉墙地砖餐具瓷器及高级瓷用泥饼出口用量为 2 万～3 万 t,全省耐火黏土年耗量约为 35 万 t,全部取自广东省内各地产的软、硬质耐火黏土。

广东省耐火黏土矿其主要矿床成因类型属沉积矿床,目前已知的矿床点主要分布于粤北的曲江、乐昌、粤中及珠江三角洲的清远、花都、东莞等地区。其中清远市高桥—龙塘矿区由两个矿床组成,分布于四周多为花岗岩出露的山间盆地第四纪沉积岩中,均为软质一、二级品耐火黏土。矿体呈层状,长为 1000～2000m,宽 500～650m,带状分布,厚 1～3m,深 0～10m,可露天开采。已探明 d 级以上储量为 514 万 t。矿石含 Al_2O_3 32%～45%,Fe_2O_3 1.5%～2.5%,烧失量 9%～10%,耐火度为 1710～1730℃,可塑性 2.78～3.45,收缩率 0.51%～8%。

(3) 萤石

广东省水泥、玻璃、陶瓷等工业萤石年消耗量约为 2 万 t,冶金行业萤石年消耗量为 1 万 t,化工行业萤石年消耗量为 1 万～2 万 t,全省年需萤石在 5 万 t 左右。

广东省萤石主要应用于冶金、水泥、玻璃和陶瓷的生产中,也是出口的矿产品。全省列入统计的探明 d 级以上储量 1100 万 t,居全国第六位,且多数已知矿床未勘探完全,尚有较大的潜在储量。广东省萤石矿体主要属中、低温热液裂隙充填脉状矿床,围岩以花岗岩为主,少数为火山岩,小部分可露天开采,主要分布于河源、兴宁、乐昌、南雄及佛冈等地的花岗岩体或接触内外带。矿体最长可达 3km 以上,最厚达 23m,一般深 151～360m,氟化钙含量 39.77%～96.02%,矿石经过手选可获高品位萤石富矿。

广东萤石矿皆由乡镇地方、集体和个体户开采,产量约 12 万 t。在生产萤石的县市都建有规模不等的选矿厂或萤石粉加工厂。除省内大量需求外,部分销往省外厂家,也有相当数量销往德国、日本、美国等地。

(4) 钾长石

广东省钾长石资源丰富,探明储量居全国第四位,有 13 处矿床,80%是伟晶岩矿床,尚有热液交换和混合岩变质型矿床。矿床受大断裂带及侵及岩体影响。钾长石矿床主要是块状或是加工成 200～

325目的钾长石粉，供广东省内的陶瓷厂、玻璃厂及搪瓷工业使用。矿石含K_2SO_4达10%。在清远、中山、云浮、五华、高州等地约有10个点由地方小规模开采，年产矿石约2万t。由于广东省内加工方法简单，质量不稳定，故部分高质量钾长石粉仍需从湖南购入。

根据近年来对五华白石矿床调查发现，该矿是广东省目前已知规模最大、地质工作程度已达勘探的钾石粉，属伟晶岩型，探明矿石储量263万t。矿体呈脉状，长291m，宽40m，厚28m，含K_2O 10.3%，Na_2O 1.82%，CaO 1.31%，MgO 0.085%，SiO_2 68.45%，Fe_2O_3 1.33%，Al_2O_3 15.27%，烧失量0.85%。目前由地区组织非正规小型开采，年产不足5000t，在五华城镇建设有磨粉工厂，矿石经选矿处理后，Fe_2O_3含量要降至0.28%以下，可供陶瓷厂作原料使用。

(5) 硅灰石

广东省的硅灰石矿主要分布于粤北酸性侵入岩与石灰岩接触变质带，朝天矿区上二统与花岗岩接触带，含硅灰石79%，石英6.7%，方解石8.2%，白度80.7。矿体长约1500m，宽490m，似层状，出露地表，精矿含SiO_2 44%，CaO 40%，年产数千吨，主要用于陶瓷工业、冶金等方面。

(6) 石膏

广东省的石膏矿主要分布于粤北、粤中及兴宁地区的第三纪、白垩纪内陆湖泊断陷盆地中，属沉积矿床。矿石类型为硬石膏、二水石膏、泥膏和纤维石膏，平均含$CaSO_4$ 78%~79%，呈多层状。主矿层长2600~21000m，宽1200~4200m，单层厚0.2~2m。四会、三水、兴宁等地均已建厂开采，年产矿石约57万t，产值5800万元人民币，全部供应广东省内自用，其中90%用于水泥生产，千余吨用作石膏板材、石膏粉及陶瓷模具等的生产。

6.2 江西陶瓷色釉料行业发展情况及区域资源

1. 江西色釉料企业进入高速增长期

根据色釉料网2023年7月发布的《全国陶瓷色釉料原辅材料行业2022产业调查》白皮书显示，江西及湖北省陶瓷产区内现有陶瓷色釉料及墨水企业20多家、陶瓷添加剂生产型企业7家。陶瓷色料年产能5万~6万t，陶瓷釉料及熔块产能45万~50万t，陶瓷墨水年产能0.3万~0.4万t，陶瓷添加剂年产能55万~60万t。作为广东陶瓷产业升级转移主要迁入产区之一的高安陶瓷产区步入高速发展期，色釉料及原辅材料行业相继进入江西市场。其中除传统熔块产区山东淄博的熔块釉料产品之外，广东地区的色釉料行业主要以陶瓷墨水和坯体以及釉用色料为主要产品结构。江西陶瓷产区前期对于熔块需求旺盛，后期转入对陶瓷墨水和坯体色料的需求。除外省流入的色釉料产品之外，高安本土色釉料企业也发展势头良好，前后涌现出的本地化具有一定规模和市场占有率的色釉料企业有：江西智博陶瓷科技、高安翔泽陶瓷原料、高安市延新陶瓷色釉、江西千色新型无机材料、江西欧陶、江西巴洛克新材、高安市蓝海制釉、江西亚航科技、高安常莹新型材料、高安市金威胜陶瓷颜料等。

另外，江西产区还有规模以上的西瓦、琉璃瓦企业。根据相关的媒体资料显示，目前我国琉璃瓦生产企业仍然存在数量多、大规模企业数量少的问题，70%的企业属于小型规模企业，年产值上亿元的企业仅占20%~30%。大量西瓦陶瓷企业的存在为釉用色料提供了强劲的需求市场。由于大部分的釉面砖已经基本实现了喷墨化。那么除了岩板对于坯体色料还有部分需求之外。当前对于普通的釉用色料需求量较大的市场就是西瓦以及琉璃瓦市场。所以对于江西产区的色料企业来说，前期对于孔雀蓝绿以及钴蓝等色料保持适量的需求之外，西瓦产业对于原子红还有锆铁红等部分包裹色料的需求也是较大。因此，江西市场除了釉料、陶瓷墨水等产品需求之外，对于传统的釉用色料的需求也较之其他陶瓷产区更旺盛。

2. 江西作为中部新兴陶瓷产区发展势头迅猛

江西瓷砖生产基地位于江西省高安市东南部素有高安"金三角"之称的八景、新街、独城三镇交界处，规划面积 30 万 km^2，2007 年经工信委、省发展改革委批准建设，2008 年升格为"中国建筑陶瓷产业基地"。目前基地共有陶瓷企业 43 家，包括全国三大建陶航母蒙娜丽莎、新明珠、新中源以及欧雅、恒达利、爱和陶等。园区配套建筑设施完善，拥有国家级建筑卫生陶瓷检验检测中心、高安市陶瓷工程中心、中国建筑陶瓷产业实训中心、铁路专用线、高安内陆口岸作业区、江西陶瓷会展中心、高安天然气有限公司等服务平台，同时引进了包装、釉料加工、陶瓷模具等配套服务企业，产业链条完善。目前，园区已形成以建筑陶瓷生产为主，物流、机械、化工、包装为辅的多元化综合性现代工业园区。

据中国建筑卫生陶瓷协会发布的"2023 年全国建筑陶瓷、卫生洁具行业运行概况"（以下简称"运行概况"）统计，在国内市场需求持续收缩，国际市场竞争加剧的背景下，2023 年全国陶瓷砖产量延续下行趋势，为 67.3 亿 m^2，较 2022 年下降 8.0%。

通过上述数据可以看到，这已是陶瓷砖产量自 2020 年以来的连续四年下跌，并且创下了自 2010 年以来的新低，几乎跌回到 2009 年 60 多亿平方米的水平。"运行概况"指出，2023 年，我国建筑陶瓷行业运行呈现出前热后冷的情况，与房地产开发景气指数走势基本一致。上半年，新型冠状病毒感染疫情影响的消退和消费的回暖拉动行业经济呈现出整体复苏态势，六月后，市场快速遇冷，企业经营压力急剧增大。从全年情况看，随着房地产"保交楼"工作的推进，房屋竣工面积同比大幅增长，为建陶行业带来利好，尤其对工程端销售起到积极作用。

数据显示，江西是全国仅次于广东的第二大陶瓷砖产区，瓷砖产能占全国的 14.0%；以及全国最大的陶瓷屋面瓦产区，陶瓷屋面瓦产能占全国的 19.5%。截至 2022 年，江西省现有建筑陶瓷生产企业 90 多家，建筑陶瓷生产线 310 多条，陶瓷砖日产能 566 万 m^2，陶瓷瓦日产能 700 万片，发泡陶瓷日产能 400 m^3。2023 年，抛光砖、瓷片市场需求进一步萎缩，而抛釉砖、中板、大板等品类的产能供应紧张，加速了高安产区头部陶企对抛光砖、瓷片生产的技改与转产。

3. 江西省内陶瓷资源情况

江西成矿地质条件优越，矿产资源丰富，是我国重要的有色金属、稀有金属、稀土和铀矿产基地之一。截至 2023 年年底，江西省已发现的矿产种类有 193 种（含亚种），其中查明有资源储量的矿产种类为 139 种，矿产资源配套程度较高。江西省已开发利用的矿区数量达到了 2708 个，矿产资源开发和利用效率不断提升。新增了一批重要矿产资源储量，包括锂（氧化锂）858 万 t、锰矿 1013 万 t 和金 7.29t。此外，江西在矿产资源的勘查方面也取得了显著进展，近几年新增了 44 处大中型矿床，其中包括 16 处大型矿床和 28 处中型矿床。江西省目前探明的矿产保有资源储量在全国前十位的矿产种类也有所增加。根据最新数据，江西探明资源储量在全国前列的矿产种类包括钨、钽、铷、滑石等 13 种矿产。

铜、钨、稀土、铀、钽铌、金、银素有"七朵金花"之称，其中钨矿和离子型稀土矿在世界矿业领域具有重大影响，享有"世界钨都"和"稀土王国"的美誉。

非金属矿产有 70 余种，大中型矿床 20 多处。其中瓷土、熔剂灰岩等量大质优，还有粉石英、硅灰石、膨润土、滑石、花岗石、大理石、珍珠岩等多种优势矿产。已开发利用的非金属矿种主要有水泥灰岩、硫铁矿、岩盐、萤石、磷矿、硅灰石、膨润土、石膏、瓷土、高岭土、膨胀珍珠岩、石棉、花岗岩板材等 42 种。大部分非金属矿产品均可满足省内需求，有一定优势的非金属产业有日用瓷器、专用陶瓷、有机硅、玻璃纤维、硫酸、岩盐、轻质碳酸钙、粉石英、硅灰石滑石等。相对于金属矿产而言，开发程度仍很低，许多矿种处于试开采或以销定产的阶段，其生产产品也多为初级产品，生产力水平低、工艺落后、产品附加值低，企业效益低下。

宜春市位于江西省西北部，资源丰富，已探明的矿产有 41 种。宜春钽铌矿是我国最大钽铌锂原料生产基地，锂矿可开采量占全国 89.3%，硅灰石储量约占全国 1/4，原煤、岩盐、石灰石等资源储量列江西第一。下面介绍宜春的陶瓷原料储量和开发情况：

(1) 万载县

万载县的主要陶瓷资源有石英、瓷土和品位较好的高岭土。据有关部门勘探测定，万载县瓷土资源丰富，储量达 5 亿 t 以上，且品位较高。以前，高安的很多陶瓷企业都在使用万载县的高岭土和瓷土。现在由于运输费用的上升，导致一部分企业在使用周边比较便宜的镁质土。目前，万载县发现高岭土的原矿点越来越多，随着广东一部分企业在高安建设抛光砖生产线，对于优质的高岭土需求量将越来越大，所以万载的高岭土矿主纷纷改进设备，进行原矿的加工和精选，提高产品的品位和档次。

(2) 上高县

上高县与高安市相邻，运输比较快捷方便。上高的主要陶瓷资源是硅灰石、透灰石，主要集中在与新余市接壤的几个乡镇。上高境内已探明的矿产资源有 20 种，矿区（点）约 40 处，主要有钴铅锌及石灰石、硅灰石、大理岩、高岭土、镁质黏土、砖瓦黏土、铁、银等。其中，硅灰石 446 万 t，大理岩 407 万 m^3、熔剂白云岩 33821 万 t。上高硅灰岩等矿产资源质优量大，集中分布于县域中南部，区位条件良好，利于规模开采。

(3) 奉新县

奉新县拥有大量的锂瓷石矿，主要集中在奉新县杨家湾，该地矿石以显微粒状、霏细结构为主，块状构造，经江西省地矿局赣西地质调查大队探明，该矿 d+e 级储量 1400.20 万 t，其中 d 级 90.23 万 t。矿石经检测，含硅量达到 67.14%，含铝量达到 19.19%，而其烧失量还不到 5%，品位较好。奉新县境内三面环山，形成西高东低的地势，从西向中、东部逐渐倾斜、低落，构成明显的西部中低山地、中部多丘陵、东部低丘河谷平原，属于典型的丘陵山区地形地貌。独特的地形孕育着丰富的陶瓷资源。目前已探明的矿种有萤石、瓷土、高岭土、花岗岩、钾长石、黏土、砂石、石英石、钽铌矿、铜、铝、铁、铀等十几种，其中花岗岩石在境内分布较广，且质地好，具有较大的开采价值。奉新的高岭土更是含铝量高，白度好。但江西的陶瓷企业很少使用奉新的高岭土，主要是因为奉新的高岭土原矿没有形成规模化的开采，同时由于运输距离远，导致原料的卖价比较高，高的甚至达到了 130 元/t。

(4) 宜丰县

宜丰县的瓷土资源矿藏比较丰富，近些年来宜丰县紧紧依托独特的瓷土资源优势，致力于瓷土的精深加工，大力发展陶瓷及配套产业，把陶瓷产业作为县域经济的主导工程来实施，使陶瓷资源得到了有效的开发和利用。宜丰的瓷土矿区主要分布在赣西北九岭山脉中段的低矮丘陵，海拔一般在 150m 左右。据相关的矿主介绍，该地区的矿区内水系不发达，没有大的江河流域在矿区周围经过，便于就地开采。同时，在宜丰县的其他地方已经发现了大大小小的瓷土矿产地达到了 50 多处，预测储量在 3000 多万吨。

近年来，宜丰县的瓷土资源得到了有效的开发。在开采过程中，发现很多地方的瓷土中富含锂，于是很多的矿主进行原矿的加工，提炼出锂瓷土和锂瓷石，将它们应用在陶瓷原料中，能达到降温和节能的目的，进一步提高了陶瓷产品的档次，这样一来，瓷土矿是供不应求，大大地提高了原矿的附加值。目前，宜丰县从事瓷土加工经营的企业达到了 20 多家。

(5) 高安市

高安市的陶瓷原料资源极为丰富。在高安各乡镇蕴含着丰富的瓷土资源，这些瓷土分布主要矿点一般为露天开采，地表层厚度在 3m 左右。高安陶瓷企业生产外墙砖、内墙砖及地砖所需的原料主要来自高安境内的新街、八景、独城、华林、祥符、伍桥、黄沙等乡镇，这些地方的原料价格在 30~100 元/t。高安陶瓷矿产资源丰富，拥有生产墙地砖的全部矿种和除广东黑泥外的生产抛光砖的绝大部分矿种，探明储量达到 5 亿 m^3，预测储量 10 亿 m^3，可容纳 400 条生产线生产 100 年以上。高安的瓷土矿区主要有汪家白沙瓷土矿区、兰坊先岗瓷土矿区、太阳尖古岭瓷土矿区等。此外，镁质土在高安也比较多见，但大多数的原矿储量不大，属于鸡窝矿点的比较多。在高安荷岭镇还储藏着一部分的锂瓷石和钾钠长石矿，适用在陶瓷釉料和抛光砖的生产当中。此外，在距离高安陶瓷基地的建山镇矿产资源丰富，主要有煤、瓷土、镁质土等。建山镇排楼村硅砂储量丰富，200多亩的山上尽是硅砂，质量相当好。建山镇英岭村内镁质黏土储量大，开采便利。

（6）铜鼓县

铜鼓县地处赣西北边陲，南接万载县，西接湖南省浏阳市，境内丘陵较多，孕育着丰富的陶瓷资源。据一位矿藏原料开发的老板介绍，铜鼓县境内出露地层，绝大部分属元古变质岩系构造发育，具有良好的矿化环境。县内已经发现或查明的金属矿有金、铁、锰、铜、铅、锌、钼、钨、锡、铌、钽等；非金属矿有硅石、高岭土、水晶、云母、黏土、长石、花岗岩等。有的则已查实储量多、质量优，有的则是发现含元素的矿化物等。

6.3 湖北陶瓷色釉料行业发展情况及区域资源

1. 湖北陶瓷产业发展情况

2021年，湖北省发布"陶瓷行业质量品牌建设三年行动计划"，着力打造"湖北生态陶瓷"品牌，推动湖北陶瓷产业从传统粗放向绿色智造转型。当时，湖北省有89家陶瓷企业，113条生产线，卫生陶瓷2020年年产量为2100万件，占全国产量的9.32%，居全国第四位。2023年，湖北省陶瓷工业协会经过2个多月的调研，在湖北省内划分东部和西部两个方向，湖北产区的年产量在3.9亿m^2，全省平均产销率在80%左右，总体呈现上半年产销高、下半年产销弱的局面。目前只有65%的陶瓷企业生产线在发挥生产能力，即湖北产区以65%的开窑率，实现了80%的产销率。泛当阳产区，目前具备生产能力的共有51条生产线，在产的只有30余条。目前产区企业在产的生产线均已完成包括智能化升级在内的第一轮技术改造。泛当阳产区品类齐全丰富，除岩板品类，几乎覆盖了从抛釉砖、抛光砖、地铺石、洁具等在内的大部分品类，但整体上产区的开窑率不高。

2. 湖北省矿产资源概况及现状

1）矿产资源背景

湖北省地跨扬子地块和秦岭—大别山造山带两大地质构造单元，具备较为优越的成矿地质条件。境内出露太古代至新生代各地质时代的岩石地层单位167个，不同岩石类型的岩浆岩侵入体千余个，高级、中级、低级和超高压—高压变质岩150多种，赋存着较丰富的矿产资源。

根据全国及湖北省成矿区划分成果，湖北省重点成矿区域有"四区、十片"。

鄂北区：为武当山—大别山成矿带分布区，包括鄂西北、鄂中北、鄂东北三个重点片。分布有铁、钒、金红石、铜、铅、锌、银、金、稀土、萤石、磷、绿松石、重晶石及各类建筑石材、饰面石材等矿产。

鄂西区：为湘西—鄂西成矿带省域部分，包括神农架—宜昌北部、鄂西南两个重点片。区内分布有金、银、铁、锰、钒、磷、煤、石墨、硫铁矿、菊花石、硒、耐火黏土等矿产。近年来陆续发现了以神农架冰洞山为代表的铅锌矿。

鄂中南区：为两湖断拗成矿区省域部分，包括荆门—当阳、天门—潜江、云梦—应城三个重点片。区内主要分布有石油、岩盐、卤水、芒硝、石膏等矿产。

鄂东南区：为长江中下游成矿带、江南地轴东段成矿带的省域部分，包括大冶—阳新、咸宁两个重点片。区内分布有铜、铁、金、银、钨、锡、钼、钒、铅、锌、铌、钽、铍、煤和建材非金属等矿产。

2) 矿产资源特点

(1) 矿产资源种类多，总量较丰富，资源禀赋居全国中游

根据《湖北省矿产资源总体规划（2021—2025 年）》，全省划定矿产资源"保障区、补给区、优化区、保护区"四大功能分区，明确建立以黄石市、鄂州市、襄阳市、宜昌市为支点的矿产资源保障区，辐射保障"三大都市圈"铜、铁、金、磷、晶质石墨等重要矿产供应；批准 17 个市（州）级和 68 个县级矿产资源规划，优化全省矿产资源勘查开发布局。

《湖北省新一轮找矿突破战略行动实施方案（2021—2025 年）》明确，要系统科学部署全省战略性矿产资源和地热清洁能源找矿工作，稳步推进鄂西页岩气勘探示范区、鄂东南深部铜多金属矿增储示范基地、潜江—荆州含钾卤水资源开发基地、鄂西北铌钽—稀土矿后备资源基地等大型能源资源勘查开发基地建设。社会资金投入找矿渐趋回暖，全省战略性矿产资源找矿成果突出。近三年来，全省矿产勘查投入资金达 6.2 亿余元，新增铁矿资源量 87.1 万 t、磷矿 77680.4 万 t。

报告显示，截至目前，湖北省已发现矿产 150 种，查明资源储量矿种 102 种，磷矿、钛矿（金红石）、溴、碘、石榴子石、泥灰岩、累托石黏土等保有资源储量居全国之首。磷矿资源储量 74.87 亿 t，居全国首位。鄂西地区页岩气地质资源量达 11.68 万亿 m^3，具有建成年产能 100 亿 m^3 的资源基础。

报告显示，矿业高质量发展方面，湖北省矿产资源采选业及相关制造业产值突破 1.6 万亿元，培育了以兴发、宜化、三宁、新洋丰等为代表的磷化工龙头企业，年实现产值超千亿元。智慧矿山建设方面，湖北省非煤矿山已实现矿山凿岩、掘进、铲装、运输等环节机械化率 100%；地下矿山监测监控、人员定位和通信联络系统建设率 100%；高陡边坡露天矿山和所有在用尾矿库建立在线监测、视频监控率 100%。

湖北省矿产种类一览表见表 6-1，已查明资源储量矿产构成如图 6-1 所示。

表 6-1 湖北省矿产种类一览表

矿产大类	已查明资源储量的矿种（括号内为亚矿种）		已发现或已开发利用（尚未查明资源储量矿种）	
	数量	名称	数量	名称
能源矿产	7	煤、石煤、石油、天然气、地热、铀、钍	2	油页岩、油砂
金属矿产	41	铁、锰、铬、钛、钒、铜、铅、锌、铝土矿、镁、镍、钴、钨、锡、钼、汞、锑、金、银、铌、钽、锂、锆、锶、铷、铯、镧、钕、镨、钐、铈、钇、铕、锗、镓、铊、铟、铼、镉、硒、碲	8	铂、钯、钌、锇、铱、铑、铍、铪
非金属矿产	42（55）	萤石、石灰岩（电石用灰岩、水泥用灰岩、熔剂用灰岩、建筑用灰岩）、白云岩（化工用白云岩、冶金用白云岩）、石英岩、砂岩（玻璃用砂岩、冶金用砂岩、水泥配料用砂岩）、天然石英砂（建筑用砂、水泥配料用砂）、脉石英（冶金用脉石英、玻璃用脉石英）、耐火黏土、硫铁矿、芒硝、重晶石、含钾砂页岩、橄榄岩、蛇纹岩（化肥用蛇纹岩、饰面用蛇纹岩）、泥炭、盐矿、碘、溴、硼、磷、石墨、硅灰石、滑石、云母、长石、石榴子石、透辉石、透闪石、石膏、方解石、玉石、泥灰岩、页岩、高岭土、陶瓷土、累托石黏土、膨润土、其他黏土（水泥配料用黏土、水泥配料用黄土、水泥配料用泥岩）、辉绿岩、花岗岩（建筑用花岗岩、饰面用花岗岩）、大理岩（饰面用大理岩、水泥用大理岩）、板岩	47	钾盐、宝石、金刚石、自然硫、刚玉、叶蜡石、蓝晶石、硅线石、红柱石、石棉、蓝石棉、蛭石、沸石、毒重石、冰洲石、菱镁矿、玛瑙、粉石英、天然油石、硅藻土、凹凸棒石黏土、海泡石黏土、铁钒土、玄武岩、珍珠岩、黑曜岩、松脂岩、凝灰岩、安山岩、浮石、霞石正长岩、火山灰、片麻岩、角闪岩、闪长岩、镁盐、砷、粗面岩、湖盐、天然卤水、含钾岩石、水晶、电气石、明矾石、颜料矿物、白垩、伊利石黏土
水气矿产	2	地下水、矿泉水		
合计	92（105）		57	

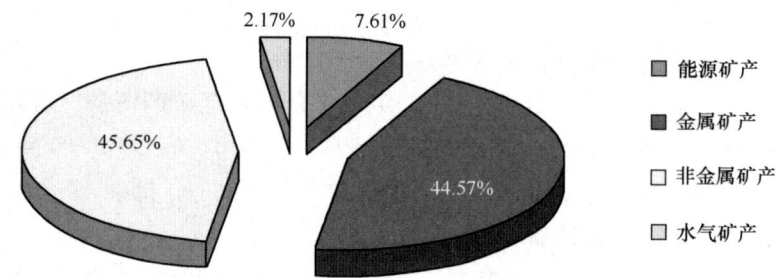

图 6-1 湖北省已查明资源储量矿产构成

截至 2020 年末，湖北省已查明资源储量的矿产居全国中游。有 65 种（亚种）矿产资源储量居全国同类矿产资源储量前 10 位；有 20 种（亚种）矿产的资源储量居全国同类矿产资源储量前 3 位；有 8 种矿产的资源储量居全国同类矿产资源储量之首，其中钛矿（金红石 TiO_2）、累托石黏土、碘、溴、石榴子石（矿石）等矿产在全国同类矿产查明资源储量中占有 50% 以上的绝对优势（图 6-2）。按全国统一标准计算，湖北省保有矿产资源储量潜在总值为 14720 亿元，矿产资源每平方千米潜在总值为 791.41 万元，均居全国第 14 位；人均潜在总值 2.425 万元，居全国第 17 位。

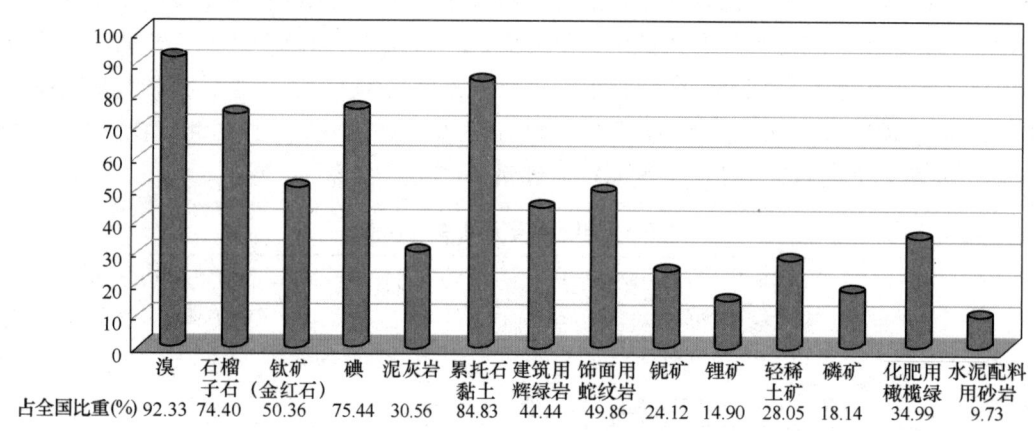

图 6-2 资源储量在全国比重较大的前 15 种矿产占全国比重示意图

（2）资源散布普遍，要紧矿产资源集中度高，区域特色明显

全省 13 个市（州）和 4 个省直管行政区均有矿产资源散布。其中富铁、富铜和金、钨、钼、钴、锶等矿产集中散布于鄂东南地域；磷、硫、铁、煤等矿产要紧散布于鄂西、鄂西南地域；重稀土、钛、萤石、重晶石、云母、长石等矿产要紧散布于鄂中北和鄂东北地域；石油、岩盐、石膏、芒硝、溴、碘、硼、铷、铯、锂等矿产要紧散布于鄂中南地域；绿松石要紧散布于鄂西北地域；金、银、钒、轻稀土等矿产在鄂西北地域占据重要地位。铁、铜、岩金、银、石墨、磷、硫、芒硝、石膏、水泥用灰岩、岩盐等要紧矿产的 80% 以上资源储量为大中型矿区（矿床），有利于成立较完备、规模化矿山及矿产品加工业体系。

（3）化工、建材及部分冶金辅助原料矿产丰硕，能源等矿产欠缺

磷、岩盐、石膏、水泥用灰岩等为湖北省优势矿产；高磷赤铁矿、累托石黏土、芒硝、钛、钒等为湖北省潜在优势矿产；铁、铜等资源较为丰硕，但对湖北省经济和社会发展需求的保证程度整体较低；水泥配料、玻璃硅质原料、冶金辅助原料、建筑用花岗岩、饰面石材资源储量前景较好；镁、铌、钽、铷、铯、锂、铊、稀土、硒、锶、金、银、铅、锌、溴、碘、硼、石墨、化工用白云岩、膨润土、耐火黏土、石墨、石榴子石、化肥用橄榄岩、建筑用辉绿岩等矿产和地热、矿泉水资源潜力较大。但湖北省缺煤、少油、乏气，铝、钨、锡、钼、锑等资源前景不容乐观，铂族金属、钾盐、铬铁矿等资源严重短缺。

（4）矿床规模总体偏小，共伴生矿、中贫矿、难采选矿多，开发利用难度大

全省共发现非油气类矿产地 1622 处，其中大型 138 处，中型 306 处，小型（含小矿）1178 处，所占比例如图 6-3 所示。

全省 70% 以上的金属矿床为共生矿床，80% 以上的金属矿床伴生多种有用组分，综合利用前景好，但利用技术难度大，如有色金属和稀有金属矿产的 80%、铁矿的 24%、金矿的 84%、银矿的 80% 的资源储量均来自共（伴）生矿床中。

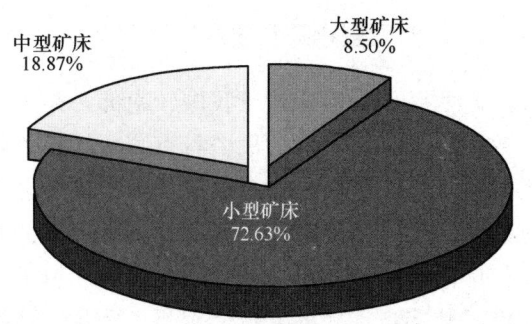

图 6-3　湖北省矿产地规模比例

全省中贫矿多，富矿少，矿石质量差。省内煤矿层薄面广、质差；高磷赤铁矿、铝土矿、钛（金红石）矿、稀土矿等矿产有害杂质含量高、矿物嵌布粒度细、矿石质量差；开发利用难度大、成本高。

6.4　广西陶瓷色釉料行业发展情况及区域资源

1. 色釉料企业在广西产区的发展情况

广西陶瓷相关配套园区的建设以及招商在很久之前就已经开始，特别是在佛山地区的不少色釉料企业很早就关注到了广西陶瓷产业招商的资讯和信息。因此包括像色釉料行业内的企业如禾合、创高、泉州新力、艾陶科技、科海制釉等色釉料企业在广西藤县设厂。色釉料企业在广西设厂除靠近客户陶瓷厂家，还有部分原因是广西新兴陶瓷产业区相关的环保政策和土地等优惠政策。但是，对于色釉料企业来说，广西陶瓷产区还存在一些较为特殊的情况，例如从佛山地区迁移到广西产区的陶瓷企业的总部大部分依旧设立在佛山，包括采购部门等，所以，即使是工厂设立在广西，但是相关的采购事务还是在佛山的总部进行。因而对于工厂如果仅仅设立在广西的色釉料企业来说，在佛山地区没有办事机构，并不见得在广西设厂就有一定的距离优势。

另外，广东与广西产区之间的运费问题也是企业需要考虑的，对于单价和产品价值本身不高的抛釉料产品来说，如果原料能够广西本地化，在广西产区就能进行混料处理，无疑在运费上面较之其他地区发汽运过来的还是有一定的价格上的优势。但是，针对色料产品来说，除非是价格非常低廉的低端坯体黑色产品之外，由于色料以及陶瓷墨水的单价和产值相对较高，因此这种运输成本上的差异显然不是非常主要的了。

因此，我们看到的更多的是抛釉类企业以及对环保和燃料等成本要求较高的生料釉和熔块类企业部分在广西产区设立生产工厂，但是色料和墨水类的企业在广西设立工厂的较少，而且从广西产区的色釉料产品的需求上面来看，除了岩板相关的坯体增强剂等甲基和减水剂类产品的需求之外，由于广西陶瓷产区内大部分的新建工厂基本实现了喷墨化，对于陶瓷墨水以及岩板相关的部分原料需求旺盛，抛釉类产品也是在逐步上升期。

目前，在广西陶瓷产区设立工厂的色釉料企业有广西恒特新材料科技有限责任公司、梧州市元盛新材料有限公司、藤县新力陶瓷科技有限公司、广西艾陶新型材料科技有限公司、广西科海新材料有限公司等企业。色釉料及添加剂辅料企业未来一段时间内可能还会继续往广西产区聚集。因为广西产区的陶瓷产能还在一个逐步释放和扩大增加的上升通道，而且最主要的是广西地区还可以烧煤以及包括光伏新能源等综合利用。部分前期在广西买地的色釉料企业的拿地价格也相对不高，即使未来不再从事陶瓷色釉料或者相关的行业时，其投资的土地增值依旧乐观可见。

2. 广西陶瓷相关行业发展情况

广西壮族自治区位于我国较南部，是一个以壮族民族文化为特点的少数民族自治区建制。广西境内少数民族分布广，广西民俗具有鲜明的特色，语言、服饰、建筑物、生活习惯、风土人情、喜庆节日、民间艺术、工艺特产、烹调技术等，构成了多姿多彩的民族风情。目前广西的经济、文化、科技的发展充满了活力，当地的陶瓷产业亦正以惊人的发展速度展现在人们面前。

广西陶瓷产业形成了日用、建陶、卫生、工业、艺术陶瓷等综合陶瓷品种，发展势头强劲。以下仅就广西壮族自治区的北流、贺州、藤县、桂平等陶瓷基地的建设与新进展，作简要介绍。

（1）北流陶瓷产区概况

广西北流市是玉林市所管辖的一个县级市，位于桂东南，毗邻粤西，以中国日用陶瓷之都闻名。北流有1000多年生产陶瓷的历史，全市有陶瓷企业50多家，从业人员6万多人，年产日用陶瓷超10亿件，产品90%以上出口，畅销欧美、东南亚等80多个国家和地区，是全国新兴的陶瓷产区和重要出口基地，是我国日用陶瓷行业的四大产区之一。

（2）贺州陶瓷产区概况

贺州原称贺县，以陶瓷产业著称，特别是平桂区的陶瓷产业发展势头强劲。贺州陶瓷产区生产晶莹洁白的小瓷碗以及令人爱不释手的陶瓷工艺品、精致典雅的园林瓷器。走进贺州平桂管理区黄田镇新村，琳琅满目的各种瓷器让人赞叹不已。这是平桂陶瓷产业发展形势喜人的一个缩影。

（3）藤县建陶基地

广西藤县隶属梧州管辖，目前藤县正在依托西江黄金水道构筑立体交通格局，着力打造华南的建筑陶瓷产业基地。近年来，藤县县委、县政府结合该县资源优势、区位和交通优势，提出建设陶瓷产业示范基地的目标，并在藤州镇潭东村规划项目用地，大力引进广东佛山等地的陶瓷企业，目前已有广西新中陶陶瓷有限公司入驻基地。由广东高明吉利陶瓷有限公司投资12亿元建立的广西新中陶陶瓷生产基地是该县充分利用本地丰富的高岭土资源引进的大项目。

（4）桂平陶瓷产区

灵海陶瓷工业园专用码头选址建设中的广西灵海陶瓷工业园专用码头的郁江岸线。广西灵海陶瓷产业项目是贵港市承接东部产业转移的重大成果，计划投资250亿元在桂平建设集约化建筑陶瓷产业基地。

3. 广西地区陶瓷资源情况

广西地处加里东褶皱带，地槽回返后的各个时期地壳活动性大，造成了区内与热液活动有关的有色金属矿床，与热水沉积有关的钒、锰等矿床有成矿优势，形成许多大型矿床，而铁、磷、煤等沉积矿床发育不好，又因新生代以来属亚热带气候域，风化作用强烈，形成锰、铝、钛、稀有金属、稀土、高岭土等一批风化矿床。故广西资源较丰富，已发现145种（含亚矿种）矿产，探明储量97种，名列全国前十位的有64种，居前五名的有47种，已开发利用的有72种。简要介绍一些主要矿产情况如下：

（1）锡矿

锡是国家急需矿之一。广西已探明储量150万t以上。锡在冶金、化工、陶瓷等工业广泛利用，随着国民经济建设发展对它的需用量与日俱增。

广西锡以岩浆热液矿床为主，产在花岗岩类岩体的接触带，自岩体往外依次为云英岩锡矿床、矽卡岩锡矿床、电英岩锡矿床、锡石硫化物锡矿床等，呈带状分布。随岩体构造及围岩岩性不同，各带可有宽仄、残缺。一般离岩体边缘1500m以外锡矿消失。已知成矿的岩体有：

① 四堡期的摩天岭岩体、元宝山岩体。探明的大型锡矿有一洞锡矿、九毛锡矿，中、小型矿床多处。

② 加里东期的钦甲岩体。探明中型钦甲铜锡矿。

③ 燕山早期的姑婆山岩体、花山岩体、珊瑚岩体、栗木岩体。探明的矿床有栗木钨锡矿、新路锡矿、珊瑚钨锡矿。

④ 燕山晚期的大厂岩体、芒场岩体。探明矿床有大厂超大型锡矿、芒场锡（小型）锌（大型）矿床。

广西砂锡矿也有一定的规模，都产生上述花岗石体的边缘的坡、洪积及冲积物中。

虽然经过几百年的开采、几十年的地质勘查工作，探明储量不少，但仍然有一定的找矿潜力，再探求几十万吨的储量是可能的。首先，在大厂岩体的上部（隐伏部分）和边缘找寻新矿体，找出大矿可能性大，效益最好（因为有铬、锌、锑、银等共生探明锡时这些矿同时得到储量），应是勘查优选项目。其次，栗木岩体的边缘还可找矿；栗木外围要能找到新的隐伏岩体，是最理想的。摩天岭、元宝山岩体边缘，特别是两岩体之间及摩天岭岩体西侧找到大、中矿床的可能性大。姑婆山岩体、花山岩体的边缘也可以找到矿。其中花山岩体的潜力要大些。

(2) 铝土矿

铝是一种轻金属，其合金在各种机械制造业中用途广，用量大，也是经济建设需要量大的矿种。广西探明的铝土矿储量名次在全国并不在前，但广西的铝土矿易采，质量也好，铝企业经济效益丰厚，已引起国家的重视。

广西铝土矿有沉积矿床和风化矿床两种：

沉积矿床是上二叠合山组下部的矿层，含矿层位分布在广西大部地区，但桂中、桂南只是黏土岩；桂西的凤山、巴马只是含黄铁矿的黏土岩；只有桂西的平果、田阳、田东、德保、靖西一带是一水铝土矿。矿层厚 1.2~7.8m，分布稳定，但风化剥蚀破坏严重。规模大，但含硫高，铝硅比低（6 左右），工业部门不好利用。

堆积铝土矿是合山组沉积铝土矿风化剥蚀后在岩溶洼地中堆积而成，其堆积的矿块及矿砾仍是一水铝，因风化作用去硫、去硅，成了低硫高铝硅比的优质矿石。能露天开采。胶结块及砾矿的黏土含一定量的三水铝石，其经济价值正在研究。

广西已探明储量的主要是堆积矿。矿山在开采的全是堆积矿。堆积矿产出范围比较明朗，可能有矿的地区均已做过不同程度的勘查工程。鉴于堆积矿开采容易，还可以采取分散开采，集中选冶的措施即可对小块面积堆积矿加以开采利用。这样地质工作还可以对过去看不上眼未进行勘查的小块堆积矿进行勘查，以利于充分利用优质矿源，说不定还会找到一两个大矿床。

(3) 锰矿

锰是国家急缺的矿种之一，广西探明储量及开采量居全国之首。由于锰矿用量大，国产矿远远不能满足需求，每年进口几十万吨以补不足，往后用量可能还会加大。如果国内找到更多锰矿，可减轻进口的压力。广西锰矿，以沉积矿床和风化矿为主。①沉积矿床：广西已探明储量的沉积锰矿床有下雷和龙头两个矿床，都是上古生代台沟相的热水沉积矿床。下雷矿床是上泥统榴江苏组中的沉积矿，龙头矿床是下石炭统大塘阶的沉积矿床。沉积矿床以碳酸锰矿为主，其中又以贫矿石居多，虽已探明储量近 1.5 亿 t，但贫矿难以利用。②风化矿床：广西气候适合风化矿床成矿，凡矿源体暴露地面多有成矿可能。广西能形成风化锰矿的矿源体（层）很多，有沉积的锰矿床、沉积的含锰层、含锰高的硫化矿床等。沉积的含锰岩层主要是晚古生代台沟中的热水沉积岩，在桂中、桂西都有广泛分布。桂中地区的台沟以北东向为主，次为东西向，其中形成含锰热水沉积岩的有早石炭（大塘阶）、晚泥盆（榴江组）、中二迭（孤峰组）等三个时代。桂西地区的台沟以北西向为主，次为东西向，其中有海相火山岩和含锰热水沉积岩的有：早泥盆世、中泥盆世、晚泥盆世、早、晚石炭世、早、中、晚二叠世、早三叠世等。这些含锰的岩层，风化后可形成氧化锰矿床，一般多是富矿。有的原矿为贫矿，但经简单的水洗可达富矿要求。广西这样的矿床（点）很多，已探明储量 6 千多万吨，但多是中、小型矿床。

从广西的成矿条件分析，广西找锰矿的条件很好；找富锰矿更是全国独具优势。广西找富锰矿的最佳地区应该是桂西地区。但是要充分认识这个地区找矿有一定难度，近几年地质部门在该区组织力量找矿，但找到的龙川锰矿、巴马锰矿都先是民采发现，地质队再去工作的。可以说地质队还未发现新矿床。可见走马观花式的矿点检查找锰矿收效甚微；必须找矿结合地质研究，针对含矿层位，按一定间距测短剖面，有含锰岩系者要化验是否有锰矿。

(4) 铅、锌及银矿

广西铅、锌及银探明有一定储量，在国内也算富有省区之一。在我国铅、锌只是一般矿种，银则是急缺矿种，每年需进口以补不足。广西独立银矿床不多，多与铅锌矿共生，故而把它们放在一起。

广西铅锌矿主要是热矿床，有产生在花岗石类岩体附近，成矿与花岗岩类有关系的确良岩浆热矿床，有远离岩浆岩的热卤水热液矿床。

岩浆热液热型铅锌银矿床有：与加里东期岩浆岩有关的；凤凰山银矿床；阳朔老厂、全州蕉江铅锌矿床；与燕山期花岗石有关的；贺州张公岭、藤县城村、岑溪佛子冲、博白金山、南丹芒场、河池五圩等铅锌银矿床。这类矿床铅锌银多共生。

热卤水铅锌矿床有：融安顶、环江北山、武宣朋村、盘龙、桂平锡基坑、上林童女山等铅锌矿床。这类矿床成矿主要在燕山期，也有一些大矿、富矿，但含银都很低。广西应着重找岩浆热液型矿的矿床。这类矿床中可以找到中、大型的银矿床。

(5) 稀土

稀土，特别是离子吸附型稀土，在我国南方比较丰富。广西也是这类矿的一个产区。稀土用途广，随经济建设发展而用量加大。离子吸附型稀土为风化壳矿床，开采、选矿、冶炼都比较容易。

广西的稀土矿床都是风化矿床，也都是含有稀土的中、酸性岩浆岩风化后的产物，可分为矿物型和离子吸附型两类型。矿物型稀土工业上利用还有一定难度。离子型稀土是当前广泛利用的资源，我们应该重视它。1989年前后，地矿部布置有离子型稀土的各省区做了离子吸附型稀土的大调查。广西调查结果有离子吸附型稀土的岩体很多，总储量大，富矿多，品种全（轻稀土、重稀土、富Eu型稀土都有）。还探明了钟山花山、周家两个大型矿床和一批小型矿床。国家规定这类矿床开采需有国家配额指标。早年广西得不到指标，原有的开采均停采。待以后需用量增大，争取到配额指标，广西便可发挥作用。因此，应积极向有关部门争取配额指标。

(6) 黏土

黏土一般不被人们看重，但是它的用途广泛，建筑、冶金、陶瓷无处不用，它的档次差别较大，低如砖瓦黏土，高为冶金用材。广西黏土矿产丰富，量大质佳，产出地理位置好，应积极给予充分利用。

黏土有硬质黏土和软质黏土之分，软质黏土易采易加工利用。广西两种黏土都有，目前经过勘查的主要是软质黏土，为新生代湖沼沉积的矿床，如邕宁维罗、合浦乌江、赤江等矿床。这些矿床基本未建矿山开采。如果建矿山开采，经选矿可以提供不同档次的耐火、陶瓷、填（涂）料等产品，稳定供应各有关厂家需用，会收到很好的经济效益。

(7) 珍珠岩、黑曜岩

珍珠岩、黑曜岩在高温下体积迅速膨胀，是制作优质超轻绝热材料的主要资源（膨胀珍珠岩）。膨胀珍珠岩质轻、色白、多孔，吸声性好，化学稳定性强，吸湿性小，能防火、隔热、保温，广泛用于冶金、电力、化工、石油、建筑及国防工业。高层建筑兴起其用量与日增长。

广西产在酸性火山岩中的黑曜岩厚度大分布较稳定，储量可观，1990年地质队详查了一个地段，矿石质量较好。由于未加利用，也就没有进一步开展地质工作。从发展形势看，这种矿今后大有用场，广西可以做些准备，先走一步。

(8) 膨润土、高岭土、滑石、钒、钛铁矿等矿产

这些矿产广西有资源优势，已经探明了一定储量，如：宁明膨润土、合浦十字路高岭土、龙胜滑

石、上林大丰钒矿，藤县、苍梧一带的钛铁砂矿等，都是质优量大的矿床。这些矿产广西找矿远景也很好，今后则要注重开发利用。

6.5 福建陶瓷色釉料行业发展情况及区域资源

1. 福建产区陶瓷色釉料暨原辅材料行业发展情况

福建陶瓷色釉料企业依托当地陶瓷企业近些年的高速发展，逐步将产品做大做强向周边以及全国其他陶瓷产区外销。作为福建陶瓷色釉料企业特色主打产品之一的坯体色料中的珊瑚红、坯黑、钛黄等产品，在前几年通体大理石和外墙砖企业较多的福建地区实现了产销两旺的势头，特别是以坯体珊瑚红为地域优势产品之一，全国其他产区以及陶瓷色釉料技术实力较强的佛山地区的色釉料企业大多自己不生产珊瑚红，都以从福建地区的厂家调货为主。除此以外，还有福建地区的中低档的坯体黑色产品色料企业也是具有成本优势。部分色料企业通过自身加工处理尾渣尾矿以及研磨金红石粉等产品来降低部分色料产品的原料成本，进而在陶瓷行业逐步过渡到数字打印技术之后，重点在坯体色料方面投入人力和资金进行研发创新。

在传统的陶瓷色料生产方面，涌现出以群益、四方、集友、新力等为代表的产区色料企业，其中以福建群益为代表的福建产区色釉料知名企业，融合覆盖了陶瓷厂、色料、釉料等综合发展。另外，像宝利新材、丰联等色料厂家在坯体色料钛黄坯黑等产品系列上也是具有产量大、性价比高等优势，在市场占有一席之地。釉料公司方面，如陶艺制釉等公司业务也都是在向周边产区外延。从产区产地上来看，福建地区的色料企业也是跟随陶瓷厂家周边地区建设，比如泉州地区的南安、官桥，还有晋江的磁灶等陶瓷厂家相对集中，因而不少色釉料企业在周边聚集。另外，就是漳州地区的平和陶瓷工业园区聚集了3~4家陶瓷色釉料生产企业，而且漳州地区陶瓷企业多以仿古砖、抛釉砖、地铺石等色料相对需求量较大的企业为主，比如近年流行的岩板大板等也是在当地的万利、建华等陶瓷企业有生产。

2. 福建陶瓷产区整体发展情况与趋势

福建作为国内重要的陶瓷产区，产能一直非常大。以往在几大陶瓷产区中，福建晋江仅次于广东佛山和山东淄博，位列第三。近些年，随着陶瓷产业的转移发展，传统产区在生产地域和生产规模上都在扩张，很难用某个市来界定产区。所以行业内人士开始用"泛佛山产区""泛高安产区"等扩词来勉强表达。事实上，用省份来讨论产能似乎更确切。福建产区的产能很强大，如今已经超越山东，仅次于广东，坐稳了国内陶瓷产区的第二把交椅。整个福建产区，泉州产区拥有规模企业200多家，闽清有规模企业30多家，漳州生产企业10多家，厦门、福州的罗源各一家，合计有10条以上生产线。整个产区共计生产企业250多家，生产线500多条。福建产区的产能强大，但是在整个陶瓷行业里，福建产区的产品影响力却不大。长期以来，行业里都说"广东人做砖，福建人卖砖"或者"佛山人做砖，晋江人卖砖"。

2021年卫生陶瓷出口数据显示，福建省排名第三，出口量为1269.45万件，占比11.55%。近两年福建陶瓷产区加速转型，其中地铺石、罗马柱、750mm×1500mm等产品成为福建陶瓷企业创新的主要方向。作为全国最大的外墙砖生产基地，随着外墙砖市场的持续萎缩和利润的持续走低，福建外墙砖企业加快转型步伐，其中地铺石、厚砖、厚板仍是转产的主要方向。目前，福建产区专业生产地铺石的生产线增至60多条，有生产地铺石的生产线合计达到了80条以上，不少外墙砖、仿古砖生产线均有混烧地铺石。

除了建筑卫生陶瓷之外，福建地区在日用瓷和特种陶瓷方面也十分具有地方特色。德化陶瓷又称德化瓷，是福建德化的传统瓷雕塑烧制技艺之一。德化县地处福建省中部，与江西景德镇、湖南醴陵并称中国三大近代瓷都，是中国陶瓷文化的发祥地之一。德化窑是中国古代南方的著名瓷窑，因窑址位于福建省德化县而得名。德化瓷的制作始于新石器时代，兴于唐宋，盛于明清，技艺独特，传承未断。它一直是中国重要的对外贸易品，与丝绸、茶叶一道享誉世界，为制瓷技术的传播和中外文化交流作出了贡献。德化现有陶瓷企业1400多家，产业集群形成了传统瓷雕、出口工艺瓷、日用瓷并驾齐驱的发展格局，很多大企业将分公司设到美、德、英等国。迄今已有70多家出口陶瓷企业获"日用陶瓷质量许可证"和"输美日用陶瓷生产厂认证"的双认证资格。

近年来，德化县政府持续出台政策，鼓励引导陶瓷产业转型升级，不仅将高性能碳化硅陶瓷及复合材料和技术创新研究院引入瓷都，生产特种陶瓷、半导体、光伏等特种陶瓷产品，还先后引进了超细环保矿物纤维材料项目，生产摩擦制动材料和机械密封材料和引进誉隆硅材料项目，成立了石英板材和光电制品生产厂。此外，还先后启动建设高端日用陶瓷产业园、陶瓷智能装备产业园、建筑卫浴陶瓷产业园等六大功能园区，建立陶瓷智能装备研究院和高科技陶瓷中试研究院，推动陶瓷产业科技赋能、跃升发展。同时，还成立了陶瓷创新发展研究院，启动国家陶瓷工业设计研究院建设，推动传统产业与国际国内设计顶端人才深度合作，加速了工业设计与国际市场的接轨。

3. 福建省陶瓷用原料矿产资源概况

福建省目前发现的非金属矿物有42种，其中有石灰石、石英砂、萤石、重晶石、叶蜡石、花岗岩、高岭土等。用于生产陶瓷的原料有高岭土、叶蜡石、长石、绢云母、硅灰石、透闪石、透辉石等矿物。这些矿物资源情况概述如下：

（1）高岭土

福建省高岭土矿产资源丰富，居全国第三位，几乎全省各县均有分布，尤以戴云山脉及两侧最多，为福建省具有经济潜力的矿产。已探明高岭土矿床有31处，其中同安郭山东坑、永春大丘头、龙海龙江、龙岩东官下西矿区等为大型矿床；闽清珠中、仙游钟山、宁德西陂塘、周宁安后为中型矿床。此外还有小型矿床20处。全省累计已探明储量16亿t，可采量5300万t，估计储量可达到约6亿t。已探明的储量中，龙岩地区约占46%，厦门市占27%，其次为漳州市、泉州市。矿床主要为风化残积型，部分为火山热液蚀变及风化残积型，沉积型矿床多为矿点。福建省高岭土多用在陶瓷业及其相关行业。近几年，福建省高岭土开采企业有300多家，产量在765万t左右，产品主要供给省内数百家陶瓷厂作原料，部分销往他省和供外贸出口。福建省高岭土选矿床有20家以上，较大选矿区厂有10多家，年产量2000~8000t。

（2）叶蜡石

叶蜡石为福建省的优势矿种，储量占全国的第二位，矿床主要分布在沿海的宁德至福州、泉州至漳州一带。已探明矿床有7处，其中大型矿床有3处（福州峨嵋、寿山及福清东仔）、中型矿床2处（闽清珠中、寿宁湖潭），其余皆为小型矿床。探明储量3071万t，其中福州所属区域内的矿石占总储量的94%。福建省叶蜡石开采企业有116个，产量87万t，主要用于陶瓷业（其中90%以上用于各类陶瓷面砖），其次是耐火材料、玻璃纤维、造纸、白水泥和雕刻。除满足本省内自用外，还部分销往其他省及出口到国外。福建省现有叶蜡石粉加工厂30多家。最大的厂年加工94万t叶蜡石粉。由于全国建材工业、冶金工业、塑料工业及造纸工业等迅速发展，导致叶蜡石需求量增大。福建省是叶蜡石的主要产地，其开采、加工在全国具有重要的地位。

（3）长石

长石是一种普遍存在的造岩矿物，为含钾、钠、钙的铝硅酸盐。长石具有助熔性，在陶瓷坯、釉中作为助熔剂物质可降低陶瓷产品的烧成温度，促进莫来石晶体的形成，是釉层中玻璃物质的主要来源之一。福建省长石矿主要分布在同安、仙游、德化、泰宁、建宁、将乐等地。已探明储量有70万t，平均含 K20 达 9.3%~13%。福建省约有 49 个长石矿山企业，年产矿石 112 万 t，主要用于省内陶瓷业，全省每年长石需求量约 15 万 t。

（4）绢云母

福建省南安地区有 1 处绢云母矿，储量 228 万 t，年产 1.5 万 t，主要供福建省瓷砖业用，有部分用于出口。目前主要销售没有精加工系列的原矿产品。

（5）硅灰石、透闪石、透辉石等节能矿产

硅灰石、透闪石、透辉石在福建省皆属新型节能材料，广泛用于陶瓷行业。以前这些矿产没有受到重视，近年来针对这些矿物的利用已做了一些调查研究工作，并已开始开发利用。硅灰石在陶瓷工业上作助熔剂（缩短烧成时间 23~40h，降低温度 105~180℃），在福建省受到特别青睐；透辉石和透闪石则可作陶瓷节能原料。据初步了解，此类矿产的开采尚处于小规模阶段，有 9 家集体和个体矿山登记在册，产量约在 2 万 t 以上，资源储量可达亿吨以上。

6.6 山东陶瓷色釉料行业发展情况及区域资源

1. 山东陶瓷色釉料行业发展情况

近几年对于传统熔块企业的打击是显而易见的，特别是从山东淄博产区熔块行业的留存企业数量和生产情况来看是不容乐观的。亮面砖被岩板系列代替的后果就是亮面透明熔块的需求面临腰斩甚至是淘汰。作为陶瓷砖的上游原料之一的熔块类产品，其必须跟随陶瓷市场的转变而转型和转产。所以，今后熔块企业必须依托岩板产品进行相应的产品升级和研发，比如在干粒上花时间和精力进行产品的升级。其次，市场未来对于熔块产品的需求在短期之内还是一个缩减的趋势，对于过多产能的淘汰是一个必然的趋势。熔块企业必须抓紧时间进行转型和产品升级才能适应当前的市场变化。

据媒体报道了解，此前山东在产的 70 台熔块熔化炉主要集中在淄博、滨州、潍坊、济南、临沂等地，是以附近焦化厂产生的焦化煤气为燃料来生产。近期，有关重点工业、建设、技术改造项目的名单相继公布。其中，河北 4 个陶瓷项目列入 2022 年重点工业和技术改造投资项目；山东淄博 5 家陶企项目列入市重点技术改造项目。13 个陶瓷行业项目被列为重点技术改造项目，其中有科勒卫浴、统一陶瓷、智合陶瓷、锦昊陶瓷、玉玺陶瓷 5 家陶卫企业的项目。另外，山东国瓷的国瓷文化艺术研究院项目被列为服务业重点项目。

目前，山东产区的色釉料企业中，包括色釉料行业上市企业之一国瓷康力泰以及山东陶正新材料科技有限公司等。作为山东产区的优势产品之一的熔块行业，根据行业人士分析，2022 年山东地区存在 100 台熔化炉左右，满足国内 60%~70%陶企的生产需求，山东地区仍为国内熔块最大的生产基地，而此前，山东熔块产能约占全国产能的 80% 以上。除此以外，山东陶正在色釉料以及陶瓷墨水方面属于较有地域代表性的企业之一，还有像淄博三锐等在陶瓷墨水方面也是做得不错的。不得不说的是，随着 2021 年后北方市场的进一步萎缩，以及大量的熔块和陶瓷企业的关闭外迁，特别是 2021 年釉料用原材料涨幅惊人，导致大部分的釉料企业出现亏损的情况和客户减少。因此，从 2021 年下半年开始到 2022 年初，北方色釉料以及部分原料供应商企业开始转向南方市场，如向江西以及佛山等陶瓷产区转移。

2. 山东陶瓷行业发展情况介绍

山东陶瓷砖产量 5 年下滑 60%。建陶产区之一的淄博，保留下来的陶瓷企业在 2016 年的转型升级中被要求执行超低排放标准。但作为排放大户，山东省生态环境相关部门强调，将对钢铁、焦化、建材、石化、化工等行业进行重点执法检查。依法查处无证排污、不按证排污、超标排污、治污设施不正常运行、旁路偷排、台账造假、监测报告造假、自动监测数据弄虚作假等环境违法问题，定期通过主流媒体曝光典型案例，提升对于违法企业的震慑力。据悉，截至2022年10月，山东仅剩不到80家陶瓷企业，生产线100多条，其中部分转产琉璃瓦。

3. 山东省内陶瓷资源情况

山东省是中国东部沿海的一个重要省份，位于黄河下游、东临渤海、黄海，与朝鲜半岛、日本列岛隔海相望，西北与河北省接壤，西南与河南省交接，南与安徽省、江苏省毗邻。山东半岛与辽东半岛相对，环抱着渤海湾，海岸线长3024km。山东省东西最长700km，南北最宽约420km，陆地总面积15.67万 km²，约占全国总面积的1.6%，居全国第十九位。已发现矿产140种，已探明储量的75种，有57种储量居全国前十位。其中黄金、石膏、自然硫、玻璃用砂岩、饰面用辉长岩、饰面用花岗岩、陶粒用黏土、水泥配料用红土8种居全国第一位，石油、钴、铪、菱镁矿、金刚石、陶瓷土、透辉石7种居全国第二位，铸型用砂、钾盐、溴、制碱用灰岩、晶质石墨、滑石、红柱石、水泥用黄土、建筑用大理石9种居全国第三位。

山东是中国重要的黄金产地，黄金产量占全国的四分之一以上，全国黄金产量排名前7位的矿山均在山东省。全省原油产量约占全国总产量的三分之一。山东境内含煤地层面积5万多平方千米，兖滕煤矿是全国十大煤炭基地之一。

山东氧化铝产量占比国内产量超三成，氧化铝产业主要集中在华东地区、华南地区。2021年山东、山西、广西、河南氧化铝产量超1000万t，其中，山东依托港口优势，全部采用进口矿石，2021年山东氧化铝产量最高达2748.93万t，占比35.5%。山东铝行业上游原材料铝土矿的资源较少，拥有铝土矿储量仅159万t，在全国铝土矿储量占比约为0.2%。但由于中国总体铝土矿资源较缺乏，只占全球铝土矿储量的33%，需大量进口铝土矿原材料。

尽管山东铝土矿的资源并不占优势，但山东地处东部沿海，拥有青岛、烟台、威海、东营、日照等港口，在海外铝土矿的进口具备较强的区位优势。在电解铝和铝材方面，山东电价不具有明显优势，但山东是我国工业大省，自身铝的消费量较大，且能辐射我国铝的主要市场华东，山东铝产业具有良好的市场基础。此外，山东铝行业集中度高，主要由魏桥集团、信发集团、南山铝业先进企业主导，从氧化铝、自备电厂、电解铝到铝材的产业配套较完善，相当程度地抵消了电价方面的相对劣势。凭借区位、工业基础以及产业链优势，山东成为中国铝产销大省，氧化铝、电解铝产量全国第一，铝材料产量全国第二。分产品看，2018年山东氧化铝产量2447万t，占全国氧化铝产量的34%；电解铝产量915万t，占全国电解铝产量的25%；铝材产量852万t，和排名第一的河南相差无几，占全国铝材产量的19%。2021年，山东省氧化铝产量为2748.94万t，位居全国榜首。

6.7 四川陶瓷色釉料行业发展情况及区域资源

1. 四川产区陶瓷色釉料行业发展情况

四川省陶瓷企业主要集中在夹江以及周边地区，包括附近的威远等地区的白塔新联兴陶瓷企业。但是就色釉料企业来看，四川省内除一些熔块釉料公司，大部分色釉料企业都是广东产区或者山东产区的色釉料企业在四川设立的分公司。比较大型一点的本地化色釉料企业如大禾公司成立于2000年6月，经过20多年的努力，已经发展成为一个品种齐全、管理先进的规模化企业。目前公司占地面积40亩（1亩≈666.67m²），有5座陶瓷熔块窑炉、2条湿法球磨和2条干粒生产线，具有年产3万t熔块和成品釉的生产能力。

特别是作为色料来说，本身的单价相对较高和初期对于环保和技术工艺要求相对较高，因此除了广东区域以色料和传统跑有料企业较为突出之外，北方的山东产区结合自己的釉料原料的优势，又以熔块为主要产业链和产品性价比非常突出。因此，像四川产区这样的纵然是陶瓷企业众多，但是相关的如陶瓷墨水和色釉料等产品基本上还是以外省色釉料企业为主。

2. 四川夹江陶瓷产业发展情况

2004年9月，中国建筑材料工业协会（现中国建筑材料联合会）、中国建筑卫生陶瓷协会联合将夹江县命名为"中国西部瓷都"。2021年，家具岩板依然是生产企业维系产销平衡的主力型产品。不过，岩板在夹江的最大热潮却是在750mm×1500mm等中小规格建筑装饰岩板兴起之后。具备中小规格岩板生产能力的陶瓷企业基本都进入到建筑装饰岩板的赛道，"灰坯"岩板成为多家企业的标配。截至目前，夹江县已经有多家岩板生产企业，分别是盛世东方、广乐、建辉、华兴、建翔、简优、珠峰。历经30余年市场磨砺，夹江因瓷而兴、因瓷而盛、因瓷而名，形成与广东佛山、山东淄博、福建晋江、江西高安陶瓷产业"五足鼎立"格局，创造了享誉经济学界的"夹江现象"，产品涵盖中高低档各类内外墙地砖、艺术陶瓷、卫浴陶瓷和地暖陶瓷，主要销往云、贵、川、渝等西南地区及新疆、青海、甘肃、陕西等西北地区。夹江县正以创建国家级经开区为引领，着力发展民用核技术、绿色建材、先进材料、食品加工四大特色产业，打造新场先进材料产业园、吴场高端陶瓷产业园、木城民用核技术应用产业园"一区三园"，力争到2025年，工业总产值达到1000亿元，加快建成全省县域经济发展强县。

3. 四川省内陶瓷相关矿物资源情况

2021年7月14日，四川省自然资源厅印发《四川省矿产资源总体规划（2021－2025年）（征求意见稿）》（以下简称《规划》），《规划》提出，到2025年矿产资源保护与合理利用水平将进一步提高。合理控制开发利用强度和采矿权总数，提高矿山集约化规模化程度，全省矿山总数稳中有降，小型矿山数量明显减少，大中型矿山比例得到提高，全省矿业总产值稳步增长。在非金属矿开发与利用方面，《规划》鼓励企业依靠科技进步，研究开发新型非金属矿产品和矿物材料，延伸下游应用领域，实现矿产品升级增值。鼓励规模开采水泥原料、陶瓷原料、饰面石材和其他非金属矿产。玻璃用石英岩、砂岩、白云岩产能达到250万t左右，矿山数减少至40个左右。饰面用大理石、花岗石荒料产能达到35万 m^3，矿山数减少至105个左右。

四川是中国矿产资源丰富的省份之一。现已发现矿产123种，探明储量的达89种，其中45种在全国名列前五位。据不完全统计，除石油、天然气外，有矿产地5712处，其中矿床1153处，大、中型矿床491处。四川的矿种多而全。目前国民经济需要的能源、冶金、化工、建材等基础工业矿物原料都比较丰富，辅助矿产也较充足。一些优势或潜在优势的矿产常集中在一个或几个地区，这就有利于建立较大规模的工业基地，并使矿产资源得以合理利用，如钒钛磁铁矿集中在攀西地区，就近还有一定规模的富铁矿床；钙芒硝集中在成都平原，磷矿集中在绵竹、什邡、汉源、马边、雷波一带；岩盐集中在自贡、威远、南充、盐源等地区；煤和硫铁矿主要集中在川南地区；汞矿集中在酉阳、秀山地区；铜、铅、锌较集中地分布在会理、会东一带。四川的矿藏中矿床的共生、伴生组分比较妥，有利于综合评价、综合开发以取得最大的经济效益。如攀西地区的钒钛磁铁矿，除铁、钒、钛外，伴生有锂、镍、钴、铜、镓、钪及铂族元素；龙门山的什邡式磷矿有硫、磷、铝、锶和稀土碘等共生和伴生；白玉呷村多金属矿床除银、铅锌外，伴生有铜、金和稀散元素多种；盆地中的盐卤水除含盐外，还有锂、铯、锶、溴、钡、碘等伴生。中、低品位矿石多，富矿相对较少。

四川固体矿产保有储量名列全国第一位的有钒钛、钛、硫铁矿、白垩、水泥配料用矿岩、陶瓷用砂岩、水泥配料用黏土、熔炼水晶、光学萤石、玻璃用脉石英共10种。位居第二位的有钙芒硝、岩盐、石棉、白云母、镉、碘、水泥石灰岩、熔剂石灰岩、玻璃用白云母、石榴子石、砖瓦用砂岩、水泥配料用泥岩共12种。铁、铝、锌、铂、铍、锂、锶、铸用砂岩、溴、晶质石墨共10种，居第三位。镍、钾盐、蓝石棉、玻璃用砂岩、硅藻土共5种，居第四位。锰、铝、汞、钽、磷长石、硒共7种，居第五位。四川省矿产分布具有明显的地域性，东部、西部、盆地、山区，各具特色。东部盆地主要有岩盐、钙芒硝、石膏、石灰岩、天青石、石油、天然气及部分铁黏土、砂岩等沉积矿产。

6.8 江苏、浙江、安徽陶瓷色釉料行业发展情况及区域资源

1. 江浙皖地区陶瓷色釉料行业发展情况

据海关总署统计数据，我国卫生陶瓷出口在2015到2018年呈现震荡走势，2019年以来，全国色釉料出口规模持续提升。2021年，全国色釉料出口再创新高，出口量为45.90万t，较2020年有大幅度增长，增长率为44.82%，出口额3.68亿美元，同比增长43.50%，出口规模进一步扩大。国内出口色釉料产地方面，山东占全国总出口量的39.99%；江苏和浙江紧随其后，分别占全国总出口量的14.74%和10.55%。江苏色釉料出口额排名第三，占总出口额的15.59%。江苏地区较为知名的色釉料企业有江苏拜富，该公司主要生产各种陶瓷色料、陶瓷熔块、玻璃颜料、陶瓷釉上中下颜料及陶瓷和玻璃花纸、超细硅酸锆、锆英粉等。先后开发无锌无铅透明熔块，填补了国内日用陶瓷空白，技术达到国际先进水平。公司多种产品被评为"江苏名牌产品""江苏省高新技术产品""国家重点新产品"等称号。

目前，安徽地区比较大的釉料熔块企业有安徽磐盛，其年产13.4万t陶瓷熔块项目在安徽落地。据赵小平介绍，安徽磐盛新型材料科技有限公司是由山东磐盛陶瓷科技有限公司投资，该项目自2015年开始筹备，历经一年多，公司完成了各项考察、论证和手续报批等工作，项目建成达产后，可安排就业200余人，产值达5亿元，利税1500万元。

2. 江浙皖产区陶瓷相关行业发展情况

江苏是全国重点陶瓷产区之一，江苏宜兴又是中外闻名的陶都，江苏陶瓷生产历史悠久，企业遍布全省各地，资源藏量丰富，产品门类齐全，工业结构合理，科技力量雄厚，配套协作条件良好，具有广阔的发展前景。宜兴以盛产陶瓷而闻名于世，享有"陶都"之称。早在七千年以前的新石器时期，宜兴人民的祖先就开始从事制陶行业，可以说是全国陶业生产的发源地之一，也是全国陶瓷生产的主要基地之一。目前拥有各类陶瓷生产企业700多家，家庭陶瓷作坊达到数千家，形成了从原料探矿、开采、加工、运输、设计开模、制作、烧成、包装、销售、市场、科研教育等全套一条龙的产业链。

据相关机构统计，江浙沪三省（市）现有陶企20多家。截至2022年，江浙沪已建成生产线40多条，瓷砖日产能16万多平方米。此外，江浙沪地区增加大板（含瓷抛大板、陶土大板）生产线多条，产能3万多平方米。另外，江苏省是我国先进材料制造大省，具有良好的产业基础和市场空间，技术、市场与综合实力均居全国前列。据武汉情报中心数据显示，2018年江苏省特种陶瓷产业市场规模达到3525.6亿元，作为先进新材料的重要组成单元，特种陶瓷以其优秀的功能与结构特性，正迎来跨越式发展的黄金时期。

安徽省拥有丰富的陶瓷矿产资源，但是陶瓷产业在很长一段时间里发展缓慢，一直扮演着陶瓷矿产资源的廉价输出者角色。近几年，随着陶瓷矿产资源不断被勘探查明以及国家宏观经济政策调整，广东、福建等省的大批陶瓷企业开始进驻安徽省，安徽省陶瓷企业已初具规模，并已成为某些地市新的经济增长点。另外，陶瓷产业与人们的生活密切相关，随着城镇化建设的加快，安徽省作为一个人口大省，紧邻江、浙、沪人口密集度高的发达省份，具有较大的产品辐射半径，为陶瓷产业的发展提供了巨

大的市场空间。目前安徽省及其周边地区的市场需求旺盛，现阶段主要以建筑陶瓷生产为主，安徽现有建陶生产线40多条，主要以瓷砖和琉璃瓦为主。

3. 江浙皖地区的陶瓷相关矿产资源情况

浙江省矿产资源种类较多，已发现矿产113种。截至2023年年底，全省统计矿产资源储量的矿产93种（不包括油气、放射性矿产）。全省矿区有1484个，其中固体矿产矿区1421个，地热和矿泉水矿区63个。浙江省矿产分布情况：能源矿产主要分布于浙江西部；黑色金属矿主要分布在绍兴、诸暨、余杭、淳安、湖州、三门、景宁等市县；有色金属矿产全省均有分布，其中铜矿较集中分布于绍兴、建德、诸暨，铅、锌、钼等多金属矿遍布全省，钨、锡矿等见于浙西北；贵金属矿产中金、银矿主要分布在遂昌、诸暨、绍兴、东阳、黄岩、天台等市县；稀有稀土金属主要分布在临安、龙泉、天台、黄岩、永嘉、绍兴等市县；非金属矿产遍布全省，其中普通萤石主要分布于金华、丽水、湖州、杭州等市，叶蜡石主要分布于丽水、温州、绍兴等市，明矾石主要分布于温州、杭州、宁波市，膨润土主要分布于杭州、湖州等市，硅藻土分布于绍兴市，伊利石主要分布于绍兴、温州市，沸石主要分布于丽水市，硅灰石主要分布于湖州市，高岭土主要分布于绍兴、温州、丽水、台州等市，水泥灰岩主要分布于杭州、湖州、衢州、金华等市。

浙江省矿产资源总的特点是丰歉并存，陆域燃料（煤炭、石油）矿产贫乏；金属矿产多为小矿、贫矿，其中铁矿资源储量较小，铜、钼矿质优，但后备储量不足，铅、锌资源储量较大，但以贫矿为主，非金属矿产丰富。由于客观地质条件的限制以及地勘投入不足，我省矿产资源形势较严峻。除部分非金属矿产外，大部分矿产保有储量不能满足开采需要，叶蜡石、硅藻土、水泥灰岩、熔剂灰岩、玻璃原料、明矾石、沸石、电石灰岩、高岭土、陶瓷土等10多种矿产保有储量可以满足开采需要；铁、铜、铅、锌、钼、金、硅灰石、饰面用花岗岩等矿产保有储量基本能满足开采需要。

非金属矿产丰富，部分矿种探明资源储量位居全国前列。以探明资源储量而言，明矾石、叶蜡石居全国之冠，萤石、伊利石居全国第二，膨润土、高岭土、水泥用石灰岩、沸石、硅灰石、珍珠岩等列前十名之内。多数矿床规模大，埋藏浅，开采条件良好。江苏省已发现各类矿产133种，其中已查明资源储量的有69种。矿产资源表现为"三多三少"：矿产种类多，人均占有少；小型矿床多，大型矿床少；非金属矿多，金属矿少。岩盐、芒硝、凹凸棒石黏土、高岭土、金红石、水泥用灰岩、陶瓷土等是江苏特色和优势矿产。

6.9 国内外资陶瓷色釉料企业发展情况

对于陶瓷行业来说，Ferro、Esmalglass、Itaca、Fritta这四家公司在20年前各自都是独立且全球知名的色釉料公司。2019年12月，美国Ferro公司正式签署剥离瓷砖涂料（Tile Coatings）业务的协议，以4.6亿美元现金出售其瓷砖涂料业务给一家西班牙颜料公司，该公司是Lone Star基金旗下投资组合公司Esmalglass-Itaca-Fritta集团的子公司。Ferro公司于1919年成立，在美国纽交所上市，是全球最著名的功能性涂料与色料公司，也是陶瓷喷墨打印墨水的创始者。Fritta公司1973年成立于Villarreal（Castellón，西班牙）。Esmalglass公司于1978年在Villarreal成立，致力于陶瓷用熔块、色釉料等产品的研发、生产及销售。Itaca公司于1989年开始在La PoblaTornesa（Castellón，西班牙）投入业务运营，主要也是经营陶瓷用熔块与色釉料。1999年Esmalglass与Itaca联手成立了Esmalglass-Itaca集团，在技术、产品、技术服务和设计方面提升了一个台阶。2012年7月，巴林投资基金集团Investcorp收购了Esmalglass-Itaca集团，并通过其管理团队巩固艾斯马格拉斯-意达加集团在国际市场的地位并扩大产品市场份额。2015年，西班牙Esmalglass-Itaca集团收购了Fritta，进一步扩大了产品经营范围,一跃成为数字陶瓷装饰颜色和材料的市场领导者,也是当年中国瓷砖市场最大的陶瓷墨水供应商。2017 年 7 月 13 日,巴林投资基金 Investcorp 宣布以 6.05 亿欧元的价格向德克萨斯私人股本公司 Lone Star 出售了西班牙 Esmalglass-Itaca 集团,也因此有了今天 Lone Star 基金旗下投资组合公司 Esmalglass-Itaca-Fritta 集团的子公司以 4.6 亿美元收购了全球知名公司 Ferro 属下的瓷砖涂料业务。

陶丽西集团 1963 年成立于西班牙瓦伦西亚,如今在全球 25 个国家和地区设立有 33 家分公司,120 多个国家有其应用客户。作为建筑陶瓷行业的合作伙伴及陶瓷原料供应商,陶丽西致力于提供整套解决方案并且服务于全球陶瓷领域生产商。陶丽西(苏州)陶瓷釉色料有限公司成立于 2002 年 6 月,占地面积约 100568m^2。公司为一家高度自动化的企业,核心产品为陶瓷釉料、色料、陶瓷数码喷墨墨水、印粉及陶瓷领域内涉及的各类添加剂。从成立之初到现在,陶丽西中国已经发展成为一家向亚洲陶瓷市场提供高品质的产品、创新技术以及时尚潮流的企业。迄今为止,陶丽西集团在江苏苏州设立中国分公司,客户遍布全国,并相继在多个区域设立分公司,如广东、山东、江西(景德镇及高安)、福建、四川等地。

福禄(苏州)陶瓷色釉料有限公司,主要经营生产玻璃陶瓷熔块、釉料、颜料、成釉、无机粉体填料及其他相关产品等,于 2000 年 8 月 11 日在苏州工商局登记注册,公司注册资本 516(万元)。

卡罗比亚釉料(昆山)有限公司是意大利卡罗比亚集团所属的分公司,集团总部设在意大利的佛罗伦萨。卡罗比亚集团已有 120 多年的历史,所属的分公司、分厂遍及大部分国家各地,集团集生产、销售、科研于一体,多年来凭着先进的技术、不断的研究开发和生产队伍的全部化,确立了世界陶瓷原料市场中的地位。卡罗比亚釉料(昆山)有限公司于 2001 年 08 月 28 日成立。公司经营范围包括:生产釉料、染料等陶瓷玻璃表面加工原料,如陶瓷玻璃装饰用金属加工原料、硅酸锆、长石、精密陶瓷品、熔块及上述产品项下相关无机材料的研发、生产加工;提供售后服务以及销售自产产品等。能单独进行原料加工、色料、釉料生产、新产品的研发及新工艺技术和设备输出,并具有雄厚技术、研发实力和完善的售后服务能力,为客户研发适合的产品。

意达加(昆山)精密陶瓷科技有限公司是由西班牙 ESMALGLASS 集团在中国投资的一家独资公司,专业生产和销售熔块、釉料、陶瓷色料。ESMALGLASS 集团成立于 1978 年,总部坐落于西班牙陶瓷中心卡斯特利翁。公司业务包括陶瓷釉色材料销售,陶瓷技术服务,釉色材料的设计、研发与推广。自成立起,公司相继推出各种釉色专业技术,公司的研发和制陶技术日趋成熟,业界开始广泛接纳公司不断推出的新工艺、新技术、新产品。20 世纪 80 年代以后,在全球化经济的推动下,ESMALGLASS 建立全球化产业网络。如今,在全球拥有 11 家子公司,分别坐落于西班牙、意大利、葡萄牙、英国、巴西、美国、墨西哥、中国和印度尼西亚。此外,公司在全球范围内拥有广阔的销售代理网络。公司在全球同地业中位列前三名,拥有 11.1% 的市场份额。ESMALGLASS 中国全资子公司——意达加(昆山)经营绿色环保的釉色材料、干法和湿法施釉、图案设计、陶瓷品的原材料和化学添加剂的生产。所有产品直接为地板和墙面瓷砖、陶瓷餐具和卫生洁具的生产原料。意达加的管理理念是:尊重个人并关注个人职业发展;推行全面质量管理理念;不断进行技术创新;为客户提供技术支持服务;引领设计潮流。佛山意达加精密陶瓷科技有限公司成立于 2012 年 8 月 7 日,注册资本为 100 万元人民币。

6.10 陶瓷喷墨打印机的未来发展方向

随着科技的不断发展,陶瓷喷墨打印技术作为一种先进的制造技术在陶瓷行业中的应用越来越广泛,正在逐步改变陶瓷行业的生产方式。随着技术的不断进步和应用的广泛拓展,陶瓷喷墨打印机的未来发展趋势和动力值得我们深入探究。它以其高精度、高效率、高附加值的优点,成为了陶瓷行业未来发展的重要方向。本节将探讨陶瓷喷墨打印机的未来发展方向。

1. 技术进步与新材料的应用

随着陶瓷喷墨打印技术的不断进步，未来将会有更多的新材料应用于陶瓷喷墨打印。

例如，新型陶瓷油墨的研发和应用，将进一步提高陶瓷产品的质量和性能。未来，我们可以期待更小的墨滴、更高分辨率的打印效果以及更复杂的三维陶瓷部件的生产。同时，随着3D打印技术的不断发展，陶瓷喷墨打印技术也将与3D打印技术相结合，实现更加复杂的陶瓷结构制造。

打印速度提升。随着技术的进步，陶瓷喷墨打印的速度也将会得到大幅提升。这将有助于提高生产效率，降低生产成本，并使得更大规模的生产成为可能。

2. 数码装备的多样化未来

现在已经出现的数码装备有数码布料机、数码二次布料机、数码喷墨机、数码喷釉机、数码三维打印机、数码三次烧直印喷墨机、数码激光转印花纸、数码激光印刷机、数码喷干粉机、数码干粒机，等等，数码装备的选择愈加多样化。

数码玻璃印刷机：革新性的数码玻璃印刷机器因其使用陶瓷油墨在建筑玻璃和汽车玻璃的内外部呈现完美的应用。玻璃印刷机可以印刷任何实际大小规格的玻璃板面，也可以做到超大尺寸的玻璃板面。呈现出无与伦比的打印质量，高达720dpi的分辨率以及超微米的点滴精度。不透明度控制印刷层密度、点打印、边到边的打印。

数码陶瓷油墨技术的关键点：无与伦比的抗划伤、耐酸碱、抗紫外线和耐候性。宽调色板基于六种颜色，可根据色卡编号自动或手动混合得到想要的颜色，建筑应用革新的理想选择。不含重金属油墨，不包含铅、镉金属，适用于一系列后期的强化和烧结的再加工程序，符合严苛的质量要求和耐久性的行业标准。

3. 如何结合传统与数码

云彩喷釉机、平板印刷机、滚筒印刷机、刷面（釉）机、二次布料机、干粒机、干粉机的投入使用就是传统陶机装备与数码结合的成果。工艺方案见表6-2。

表6-2 工艺方案

工艺方案 A		工艺方案 B	
airless	喷釉	shapegrit	数码干粒
digital inks	颜色墨水	airless	喷釉
deepink	深刻墨水	digital inks	颜色墨水
wetgrit	湿法干粒	glossv/matt	亮光/亚光墨水
		diamondglass	钻石干粒

4. 智能化与自动化

随着工业4.0的推进，自动化与智能化将成为工业用陶瓷喷墨打印机的重要发展方向。未来的陶瓷喷墨打印机将实现自动调整参数、自动校准等功能，从而提高生产效率和精确度。未来陶瓷喷墨打印机将更加智能化和自动化。通过引入人工智能技术，可以实现陶瓷喷墨打印过程的自动控制和优化，提高打印效率和精度。同时，利用大数据和云计算技术，可以对打印数据进行分析和挖掘，陶瓷喷墨打印机将会实现更高程度的智能化控制，实现自动调整参数、自动检测等功能，实现陶瓷产品的个性化定制和智能化生产。

（1）数字化生产

数字化技术的应用将会改变陶瓷喷墨打印过程的各个环节，从材料配方、生产过程控制到后处理等环节实现数字化管理。

(2) 数字化与网络化

数字化与网络化将有助于实现远程控制、远程监控等功能，从而使得陶瓷喷墨打印机的操作更加便捷、生产过程更加可控。

(3) 伴随着人工智能和自动化技术的发展，建筑陶瓷喷墨打印机的喷头也有可能实现智慧化和自动化。例如，通过 AI 技术，我们可以实现自动调整墨水的用量、自动识别图案瑕疵等。这将大大提高生产效率，并降低人为因素对生产质量的影响。

5. 环保与可持续发展

(1) 环保墨水的开发

为了响应国家环保号召，未来的陶瓷喷墨打印机将会使用更多环保友好型的陶瓷墨水。这些墨水在生产过程中更加环保，且在使用后对环境的影响更小。

(2) 废弃物回收和再利用

为了实现可持续发展，陶瓷喷墨打印过程中产生的废弃物将会被回收和再利用，这将有助于减少废水废气等废弃物的排放，降低生产成本，并保护环境。

环保和可持续发展已经成为当今社会的重要议题，未来的陶瓷喷墨打印机将更加注重环保和可持续发展。采用环保油墨、废弃物再利用等技术，减少对环境的负面影响。同时，推动能源节约和资源循环利用，实现陶瓷行业的可持续发展。

6. 市场应用与普及

随着陶瓷喷墨打印技术的不断完善和应用，未来的陶瓷产品将更加多样化、个性化。不仅在建筑、家居等领域得到广泛应用，还将拓展到航空航天、医疗等领域。同时，随着技术的普及和成本的降低，陶瓷喷墨打印机将在更多的中小企业得到应用，推动陶瓷行业的转型升级。

陶瓷喷墨打印机的应用范围。未来的陶瓷喷墨打印机将在更多领域得到应用。例如，在建筑、电子、新能源等领域都有巨大的市场潜力。

陶瓷喷墨打印机是现代工业生产中一种重要的技术手段，其应用范围十分广泛。这里将详细介绍陶瓷喷墨打印机的应用范围，旨在帮助大家更好地了解这一技术的应用领域。

(1) 陶瓷制品生产

陶瓷喷墨打印机在陶瓷制品生产中应用最为广泛。通过喷墨打印技术可以在陶瓷表面精确地印刷各种图案、文字和数码等信息。这种技术不仅可以提高陶瓷产品的附加值，还可以生产出具有高附加值的个性化、小批量和多样化的陶瓷制品。

(2) 玻璃制品生产

玻璃喷墨打印机也可以应用于玻璃制品的生产。通过喷墨打印技术，可以在玻璃表面印刷各种精美图案和文字，提高玻璃制品的美观度和附加值。例如，在建筑玻璃、汽车玻璃、化妆品瓶、酒瓶等领域都有广泛应用。

(3) 纸张印刷

陶瓷喷墨打印机也可以应用于纸张印刷。相比传统的印刷方式，陶瓷喷墨打印机可以实现更高精度的印刷，并且可以在纸张表面印刷出各种特殊的图案和文字效果。这种技术在书籍、杂志、海报等领域有广泛应用。

(4) 纺织品印染

陶瓷喷墨打印机也可以应用于纺织品的印染。通过喷墨打印技术可以在纺织品表面印刷各种精美图案和色彩，提高纺织品的附加值和美观度。这种技术在服装、床品、沙发巾等领域有广泛应用。

(5) 建材生产

陶瓷喷墨打印机也可应用于建材生产，例如瓷砖、石材等。通过喷墨打印技术可以在建材表面印刷各种精美图案和色彩，提高建材的美观度和附加值。这种技术在建筑装饰、家庭装修等领域有广泛应用。

(6) 微型器件制作

陶瓷喷墨打印机在微型器件制作方面也有应用。例如，可以使用陶瓷喷墨打印机在硅片或其他微型器件上精确地印刷各种图形和文字，从而实现微型器件的加工和制作。这种技术在半导体、集成电路等领域有广泛应用。

综上所述，陶瓷喷墨打印机的应用范围十分广泛，可应用于陶瓷制品生产、玻璃制品生产、纸张印刷、纺织品印染、建材生产以及微型器件制作等领域。陶瓷喷墨打印机的未来发展方向是多方面的，工业用陶瓷喷墨打印技术以其独特的优势，包括技术进步与新材料的应用、智能化与自动化、环保与可持续发展以及市场应用与普及等。为了更好地适应未来发展的需要，需要不断加强技术创新和研究投入，推动陶瓷喷墨打印技术的不断发展完善。同时，加强与其他领域的合作与交流，拓展陶瓷产品的应用领域和市场空间。只有这样，才能让陶瓷喷墨打印技术更好地服务于人类社会的发展进步。

附　录

附表 1　国内及外资陶瓷色釉料辅料企业及产业情况

序号	地区	企业类型	2021—2022年企业数量（家）	预估色料产能（万 t/年）	预估釉料及熔块产能（万 t/年）	预估陶瓷墨水产能（万 t/年）	预估陶瓷添加剂产能（万 t/年）
1	广东	陶瓷墨水色釉料及熔块企业	63	23～25	100～120	4.0～4.5	65～70
		添加剂	16				
2	江西湖北	陶瓷墨水色釉料及熔块企业	20	5.0～6.6	45～50	0.3～0.5	55～60
		添加剂	7				
3	广西	陶瓷墨水色釉料及熔块企业	7	3.0～4.0	10～15		
		添加剂					
4	福建	陶瓷墨水色釉料及熔块企业	8	7.5～8.0	25～30		
		添加剂					
5	四川	陶瓷墨水色釉料及熔块企业	21		30～35		
		添加剂					
6	山东	陶瓷墨水色釉料及熔块企业	23	4.0～5.0	50～60	3.5～4.0	10～15
		添加剂	1				
7	江苏安徽	陶瓷墨水色釉料及熔块企业	4	0.3～0.5	20～30		
		添加剂	1				
8	外资	陶瓷墨水色釉料及熔块企业	5			仅计算中国区域内预估销售量	
		添加剂					
合计		陶瓷色釉料及添加剂	176	43.5～48.5	280～340	8.0～9.2	130～145

附表 2　2022 年国内色釉料辅料行业主要产品价格汇总

产品类别	序号	品名	行情（元/kg）含税出厂	主要成分	国内部分生产厂家
传统色料类	1	镨黄	85～90	Pr-Zr-Si	中达、华意、康立泰、道氏
	2	钴蓝	60～130	Co-Al-Zn	智博、陶正、大龙
	3	锆铁红	35～40	Fe-Zr-Si	兴全业、辉记、中原
	4	钒锆蓝	35～40	V-Si-Zr	中达、华意
	5	金黄	30～35	Fe-Cr-Zn-Al	陶正、中达、丰霖
	6	钴黑	80～130	Co-Cr-Fe-Ni	陶正、大千、莫道尔
	7	红棕	35～40	Fe-Al-Cr-Zn	中达、莫道尔、陶正
	8	橘黄	20～24	Cd-Se-Zr-Si	陶结义、天宇、中冠、大象
	9	低端坯黑	3～5.5	Fe-Cr	恒特、金威胜、保利、丰联
	10	中档坯黑	13～16	Fe-Cr	恒特、天宇、陶结义、群益
	11	岩板黑	24～31	Fe-Cr	中冠、群益、陶结义、大千、萨索洛
	12	珊瑚红	6.8～7.2	Fe-Al	中元、新力、集友
	13	钇铝红	13～15	Y-Cr-Al-Ca	中元
	14	硅铁红	9～12	Fe-Si	中元、新力

续表

产品类别	序号	品名	行情（元/kg）含税出厂	主要成分	国内部分生产厂家
包裹色料	1	包裹红	100~120	Cd-Se-Zr-Si	金威胜、华意、金环、扬子、大千
包裹色料	2	包裹黄	90~110	Cd-Se-Zr-Si	金威胜、华意、金环、大千
包裹色料	3	柠檬黄	75~95	Cd-Se-Zr-Si	金威胜、华意
添加剂	1	减水剂（硅酸钠）	0.6~1.5		富威顺、嘉博、欧陶、远大
添加剂	2	三聚磷酸钠	6.5~8.0		重庆川东
添加剂	3	甲基	9.0~15		杨森、国方、金泓陶
添加剂	4	岩板增强剂	6.0~7.5		杨森、富威顺、嘉博、国方
熔块产品	1	低温透明	3.0~4.0		昆仑、禾合、星火、金特
熔块产品	2	高温亚光	3.0~4.0		昆仑、禾合、星火、金特
熔块产品	3	锆白	4.0~7.0		磐盛、昆仑、禾合
熔块产品	4	含钛不透水底釉	3.0~4.0		金卓、金鼎、陶宝、哈雷
陶瓷干粒	1	透明干粒	10~18		磐盛、共赢商、龙洋、星谊
陶瓷干粒	2	乳浊干粒	20~30		磐盛、共赢商、龙洋、星谊
陶瓷干粒	3	彩色干粒	20~40		磐盛、共赢商、龙洋

注：以上价格为色釉料网市场调研价格，不同厂家不同品质价格不同，具体价格受运费等账期影响，请以厂家实际报价为准。本数据仅作为当时数据参考。

附表3　2022年（6—9月）国内陶瓷墨水价格区间及主要企业

序号	颜色/色系	国产陶瓷墨水价格区间（元/kg）	进口外资陶瓷墨水价格区间（元/kg）	国产墨水企业及品牌
1	黑色	70~95	90~130	伯陶、道氏、陶正、迈瑞思、精英、国色、禅信、三锐等。
2	蓝色	58~90	80~130	伯陶、道氏、陶正、迈瑞思、精英、国色、禅信、三锐等。
3	黄色	50~65	65~85	伯陶、道氏、陶正、迈瑞思、精英、国色、禅信、三锐等。
4	米黄	28~38	45~60	部分外资墨水企业品牌
5	红色	32~41	50~65	意达加（福禄）、陶丽西、司马
6	包裹红墨水	100~130	120~130	意达加（福禄）、陶丽西、司马
7	包裹黄墨水	90~120	100~120	意达加（福禄）、陶丽西、司马

注：以上价格为色釉料网市场调研收集价格，市场销售具体价格受运费等账期影响不等，请以厂家线下实际报价为准。本数据仅作为当时数据参考。

附表4 2022年全国瓷砖生产单位平方米耗材金额预估

序号	产品	产量（亿m²/年）	土料球磨工段			釉线线喷墨机工段			抛磨后段	其他耗材（万元）	合计（万元）	平均单价（元/m²）	备注
			减水剂金额（万元）	增强剂金额（万元）	球石球衬金额（万元）	釉料金额（万元）	釉用添加剂金额（万元）	墨水金额（万元）	抛磨耗材消耗（万元）				
1	瓷片	3.57	3855.6	284.7715736	10845.9609	76755	3478.4805	5355	2052.75	0	102631.133	2.4395	
2	外墙砖	2.856	3084.48	227.8172589	8676.76872	8996.4	948.379	0	0	0	21936.70098	0.6545	
3	厚砖/广场砖	2.499	4453.218	328.9111675	7592.17623	4373.25	455.3025	0	0	0	17205.3533	0.5865	
4	其他												
5	仿古砖	7.14	16482.69	3258.968609	21691.9218	43518.3	3471.587	21420	8211	11352.6	129414.2074	1.5385	
6	中板	10.71	24724.035	4888.452915	32537.8827	122094	5849.428	25704	45517.5	72760	334086.0086	2.652	
7	抛釉砖	41.055	182900.025	21697.86996	124728.5504	569638.125	27696.7315	209380.5	176536.5	350412.5	1663031.857	3.4425	
8	抛光砖	1.428	6361.74	754.7085202	4338.38436				10959.9		22416.16088	1.3345	
9	大岩/薄板	2.142	9542.61	7422.03	6507.57654	35755.41	1445.051	5140.8	15529.5	40701.4	122046.445	4.845	
	小计	71.4	251404.398	38863.53	216919.248	861130.41	43344.9595	267000.3	258807.15	475226.5	2412767.865		

说明：1. 此预估数据依据2021年全国瓷砖产量为基础上，按照2022年下滑15%的基础上预评估的数据，2022年实际数据以政府部门或者行业协会最终公布的数据为准。

2. 由于2022年各地陶瓷产区受到新冠疫情等相关因素影响，调查人员很难取得实际数据，本数据只作为参考研究使用。

附表5 2022年中国陶瓷生产减水剂用量计算表

序号	产品	产量（亿 m²/年）	年产量折算干料质量（万 t/年）	减水剂使用比例范围	减水剂年使用量（万 t）	减水剂平均单价（元/t）	减水剂年销值（万元）
1	瓷片	3.57	714	0.3%～0.5%	2.856	1147.5	3855.6
2	外墙砖	2.856	571.2		2.2865		3084.48
3	厚砖/广场砖	2.499	824.67		3.298		4453.218
4	其他						
5	仿古砖	7.14	2034.9	0.4%～0.8%	12.206		16482.69
6	中板	10.71	3052.35		18.3175		24724.035
7	抛釉砖	41.055	13548.15	0.8%～1.2%	135.4815		182900.025
8	抛光砖	1.428	471.24		4.709		6361.74
9	大/岩/薄板	2.142	706.86		7.072		9542.61
	小计	71.4	21923.37		186.2265		251404.398

注：1. 本数据依据中国建筑卫生陶瓷协会往年数据作为基础数据推算预估的参数。只作为研究使用，具体价格以及实际产能数据请以中国建筑卫生陶瓷协会官方公布数据为准。

2. 陶瓷减水剂主要为偏硅酸钠盐系列，不同NaO含量的偏硅酸钠盐在陶瓷泥浆中的解胶效果各不同，使用添加量也各不一样，在工厂使用最多的减水剂一般有水玻璃（NaO：12%）、九水偏硅酸钠（NaO：22%）、五水偏硅酸钠（NaO：28%）以及定制的26%NaO，或者添加三聚磷酸钠和腐植酸盐等材料进行复合生产，提高减水效果。故价格从1200～3000元不等，计算年度销值时用量按照使用比例的平均值计算。

附表6 国内陶瓷减水剂增强剂供应商信息

序号	供应商信息	主要产品	预估年产量（t）	预估年值（万元）	注册资金（万元）	辐射市场	核心竞争力
1	富威顺	偏硅酸钠减水剂、坯体增强剂	20000～25000	5000	200	江西、广西、福建以及国外出口	技术、配方
2	杨森化工	坯体增强剂、甲基	10000～12000	7000	200	广东、广西、江西	技术、配方
3	国方	坯体增强剂、甲基	7000～8000	6000	50	国内及国外出口	技术、配方
4	山有海科技	偏硅酸钠减水剂、坯体增强剂	25000～30000	7000	100	广东、广西、江西	技术、配方
5	欧陶	水玻璃、偏硅酸钠减水剂	250000～300000	25000	1000	国内及国外出口	技术、配方

注：部分初始数据来源于科达工贸公司饶云团队提供，在此表示感谢。数据仅供参考研究，不得用于其他用途。具体企业产销情况请以企业公布的官方数据为准。

附表7　2022年中国陶瓷生产用陶瓷墨水使用量计算表

序号	产品	产量（亿 m²/年）	每平方米墨水用量（g）	年度消耗墨水量（t）	平均墨水单价（元/t）	年度墨水消耗金额（万元）
1	瓷片	3.57	2～3	892.5		5355
2	外墙砖	2.856	0	0		0
3	厚砖/广场砖	2.499	0	0		0
4	其他		0	0		0
5	仿古砖	7.14	4～6	3570	60000	21420
6	中板	10.71	3～5	4284		25704
7	抛釉砖	41.055	7～10	34896.75		209380.5
8	抛光砖	1.428	0	0		0
9	大/岩/薄板	2.142	3～5	856.8		5140.8
	小计	71.4		44500.05		267000.3

注：1. 据康立泰2021年度市场调查，全国有喷墨机4000台，月消耗墨水4400t/月。
2. 主要供应商：道氏、康立泰、陶立西、迈瑞思、意达加、司马等。
3. 预估数据仅作为参考。

附表8　2022中国陶瓷生产用色料辅料消耗量用量计算表

序号	产品	产量（亿m²/年）	底釉年消耗量（万t）	硅酸锆				色料			干粒		
				添加比例（%）	年消耗量（万t）	单价（元/t）	总价（万元）	用量	单价（元/m²）	总价（万元）	用量	单价（元/m²）	总价（万元）
1	瓷片	3.57	0	0	0		0			0			0
2	外墙砖	2.856	0	0	0		0			0			0
3	厚砖/广场砖	2.499	0	0	0		0			0			0
4	其他			0	0								
5	仿古砖	7.14	18.912	3	0.5695		11352.6	色料：坯用色料主要为黑色用于岩板、通体大理石。但是也只是部分砖使用，年使用量为8万～10万t，产值5亿～8亿元。釉用色料主要为包裹红、钒蓝用于西瓦行业和一小部分出口	<153000		主要应用在大板和部分全抛釉中，增加砖面质感和特殊效果，年用量30000t左右	7000	0
6	中板	10.71	32.13	10	3.213	20000	64260						
7	抛釉砖	41.055	153.95625	10	15.3935		307912.5						17850
8	抛光砖	1.428											
9	大/岩/薄板	2.142	7.1757	10	0.714		14351.4						
	小计	71.4			19.89		397876.5			153000			17850
	其他耗材合计：（硅酸锆＋色料＋干粒）						568726.5						

参 考 文 献

[1] 崔文豪. 低温快烧液相乳浊熔块的研究[D]. 景德镇：景德镇陶瓷大学, 2019.
[2] 钱效林. 熔块生产过程中的质量控制[J]. 山东陶瓷, 2003, (2)：22-24.
[3] 江红涛, 李佳欣, 熊海. 陶瓷釉料墨水的研究进展[J]. 中国陶瓷, 2023, 59(9)：48-54.
[4] 周纯, 罗媛媛, 陈明秀. 陶瓷喷墨打印常见问题及解决办法[J]. 广东化工, 2018, 45(22)：83-85.
[5] 罗强, 江彬轩, 钟保民, 等. 高硬度、耐磨、易洁抛釉砖工艺技术的研究及工业化生产[J]. 佛山陶瓷, 2021, 42(011)：327-328.
[6] 余峰, 陈婧, 王韫之, 等. 我国全抛釉陶瓷砖自主创新特点和技术发展趋势的研究[J]. 中国陶瓷, 2017, 53(011)：625-626.
[7] 沈忠一. GJM-90型超细硅酸锆湿法粉碎生产线及工艺特点[J]. 矿业研究与开发, 2004, 24(1)：3.
[8] 符致兴, 于非, 凌守云, 等. 湿法球磨工艺参数对硅酸锆平均粒度的影响[J]. 钛工业进展, 2014, 31(2)：4.
[9] 屈启龙, 王冠甫, 谢建宏, 等. 球磨制备超细硅酸锆新工艺[J]. 中国陶瓷工业, 2007, 14(3)：3.
[10] 卫翠婷, 古俊申, 岑鹏. 岩板专用黑色色料的研发应用分析[J]. 佛山陶瓷, 2022, 32(3)：24-28.
[11] 章文义. 利用铬铁渣制备坯用黑色色料的研究[J]. 佛山陶瓷, 2019, 29(8)：33-37.
[12] 黄惠宁, 黄宾. 陶瓷墙地砖数字喷墨印刷技术与设备应用[M]. 北京：中国建材工业出版社, 2018.
[13] [日]素木洋一. 釉及色料[M]. 北京：中国建筑工业出版社, 1979.
[14] 俞康泰. 现代装饰色釉料与装饰技术手册[M]. 武汉, 武汉理工大学出版社, 1999.
[15] 秦威. 梭式窑烧成制度对产品质量的影响[J]. 佛山陶瓷, 2005, 15(10)：2.
[16] 申明, 李剑. 以人为本[M]. 北京：企业管理出版社, 1997.
[17] 杨永华, 雷镇鸿. 最新工厂管理实务[M]. 深圳：海天出版社, 2002
[18] [美]斯蒂格利茨. 经济学[M]. 北京：中国人民大学出版社, 1997.
[19] 秦威, 范方禄. 色料的生产控制对产品质量的影响[J]. 佛山陶瓷, 2006, 16(12)：3.
[20] 潘熊. 抛釉砖凹釉缺陷产生原因及其克服方法[J]. 佛山陶瓷, 2020, 30(5)：3.
[21] 陈朝华, 刘长河. 铁白粉生产及应用技术[M]. 北京：化学工业出版社, 2006.
[22] 郭惠法, 熊超圆, 陈光. 全抛釉瓷砖生产过程中常见技术问题及解决方法[J]. 佛山陶瓷, 2021, 31(2)：4.
[23] 黄惠宁, 张国涛, 李家斌, 等. 负离子材料在陶瓷中应用现状及前景分析[J]. 佛山陶瓷, 2012(3)：9.
[24] 詹益州. 负离子粉在陶瓷中的应用研究[J]. 佛山陶瓷, 2013(2)：4.
[25] 胡俊, 区卓琨. 陶瓷墨水的制备技术[J]. 佛山陶瓷, 2011, 21(9), 4.
[26] 彭晔. 包裹硫硒化镉颜料的制备及在陶瓷墨水中的应用[J]. 佛山陶瓷, 2019, 29(6)：4.
[27] 余峰, 陈婧, 王韫之, 等. 我国全抛釉陶瓷砖自主创新特点和技术发展趋势的研究[J]. 中国陶瓷, 2017, 53(011)：625-626.
[28] 刘一军, 杨元东, 杨倩, 等. 一种全抛釉以及具有全抛釉的抛釉砖及其制备方法. CN112745145A[P]. 2021, 36(022)：111-112.

后 记

我国陶瓷色釉料及原辅材料行业经历 20 多年的高速发展，形成了一个系统化、专业化、规模化的年产值超过 300 亿元的产业链和行业群体。每年进入陶瓷色釉料及辅料行业的大学生和技术人员群体也十分庞大，但是由于相关的大学教学课程的缺乏以及专业指导书籍的匮乏，导致企业每年都需要花费大量的时间和精力以及投入大量的资金和物力来培养生产研发技术人员。特别是作为技术创新和企业涉及技术保密等需要，陶瓷色釉料墨水及辅料等相关的技术创新和产品研发进展相对延迟，与国外先进技术和材料基础研究存在一定的差距。由此可见，行业内急需一本陶瓷色釉料及辅料相关的技术指导用书和生产疑难故障排除的工具用书。

笔者 2004 年大学毕业刚进入陶瓷行业时，读的第一本专业书籍是日本专家素木洋一编写的《釉及色料》，其次是《佛山陶瓷》杂志。当时的梦想之一就是要成为行业内知名的技术专家。因此，从 2005 年开始我一直坚持在《佛山陶瓷》撰写色釉料相关的技术文章，通过总结自己的生产实践经验和公开分享创新理念，与同行共同探讨学习进而推动行业技术创新和培养新人，使创新人才能够站在我们的肩膀上去做研发和创新，减少不必要的试验和不经济的研发方向。虽然我本人不是陶瓷专业毕业，但是我对这个行业充满了热情与激情，愿意为这个行业去付出和做一些力所能及的事情。

首先，感谢国内外从事陶瓷色釉料、陶瓷墨水、熔块与干粒、陶瓷添加剂如减水剂、增强剂以及硅酸锆生产的企业等，包括色釉料及辅料企业生产中应用到的混料及精细加工设备企业，还有行业中的研发与生产技术人员、相关的大学及产学研基地等在这一领域里卓有成效的工作和业绩，这是本书编写的基础，没有这些理论研究与实践数据，本书的编写是难以完成的。

其次，感谢我的行业引荐人湖北理工学院的涂传文老师和入行导师宝力高公司彭子俊先生的指导与培养，以及前期职业生涯中的上司及领导徐志成先生、陈志明先生、陈文军先生、王翔先生的帮助与关照。同时，感谢《佛山陶瓷》前后两任主编乔富东老师、黄宾老师对于我学术生涯的提携与指导。感谢中国建材工业出版社王萌萌编辑对我一直以来的关注与督促，让我能够静下心来牵头完成本书的编写。

再者，衷心感谢全体参与本书编写、材料提供、研讨会提出建议的编者与作者，正是由于你们的积极参与和无私付出为本书的按时出版提供了强有力支持，感谢编委会的全体专家。

最后，感谢山东国瓷康立泰无机科技有限公司、肇庆市新润丰高新材料有限公司、广东中达新材料科技有限公司、佛山市陶结义无机材料有限公司、佛山市展邦锆材料有限公司、佛山市三水区富威顺化工有限公司、佛山市中冠无机材料有限公司、佛山市美添功能材料有限公司、佛山市华都陶瓷色釉有限公司、佛山市新集化工科技有限公司、广西藤县创域新材料有限公司、肇庆市中元高新材料有限公司、佛山市扬子颜料有限公司、广东三水大鸿制釉有限公司、佛山市华意陶瓷颜料有限公司、佛山市国方纤维材料科技有限公司、佛山市杨森化工有限公司、福建省群益陶瓷原料有限公司对本书出版给予的资助！感谢中国建筑卫生陶瓷协会、佛山市陶瓷学会、色釉料网对本书出版给予的支持！感谢张天杰、黄宾两位副主编对本书编写与出版给予的帮助与指导！

由于种种因素，本书还存在不少不足之处，期待在今后再版时完善。

希望本书的出版对推动我国陶瓷色釉料墨水及辅料添加剂、硅酸锆研发与生产工艺及设备的进一步升级与创新发挥积极作用！

秦 威

2023 年 12 月 30 日于佛山

岩板分散增强剂
耐材胶黏剂
抑菌纤维素
釉料防腐剂

江门市国邦纤维材料有限公司
佛山市国方纤维材料科技有限公司

联系人：0757-82726676 方先生 13539309488（微信同号）
工厂地址：佛山市三水区白坭镇进港大道9号之一

佛山市华意陶瓷颜料有限公司

华意"的红"

与众不同

发色力强·品质稳定·技术专业

电话：0757-82276836
网站：http://www.hycolour.com
工厂地址：广东省佛山市高明区明城镇工业开发区明喜路
总公司地址：广东省佛山市禅城区季华西路68号中国陶瓷产业总部基地陶配中心A302

岩板黑
珊瑚红
沙漠红
钛黄系列

联系人：李总　13809816196
生产基地：肇庆市德庆县城工业集约基地

肇庆市中元高新材料有限公司

干粒悬浮剂	让不安的心不再悬着！
排墨剂	油墨立散，油脂立溶，气泡立消！
消泡剂	陶业专用，一滴见效，立竿见影！

解胶分散剂 / 三聚磷酸钠 / 复合三聚磷酸钠 / 六偏磷酸钠 / 五水偏硅酸钠 / 腐植酸钠 / 助磨剂 / 防腐剂
乙二醇 / 甘油 / 抛釉印油 / 干粉印油 / 丝网印油 / 胶辊印油 / 三度烧印油 / 防粘网剂 / 固定剂

新型解胶增强剂/新型特效增强剂——谁用谁知道，用了都说"好"！

1	易溶无粘，可加快泥浆流速	2	强度明显，无夹心或黑心现象	3	不易腐坏，强度稳定
4	可替代黏土，节省成本，提高产成率	5	增加坯体白度及发色力	6	减少烧失量，提高烧成率
7	提高球磨效率，节约能耗	8	加快湿坯的干燥速度，减小能耗率	9	提高压机使用效率，延长使用时间
10	可球磨或外加，使用方便	11	……		

甲基（CMC）——各种高中低黏甲基、粒状甲基、速溶甲基、坯用甲基、特殊性能甲基：品类齐全，性价比高：专业研发，陶业先行！

只为泥土做嫁衣，赋予泥土新生命！
杨森坯强——行业精品，引领品质！

新型解胶增强剂　　新型特效增强剂　　液体解胶增强剂　　液体增强剂　　高效增强剂
腻子粉用增强剂　　高效增强增塑剂　　薄板专用增强剂　　大板专用增强剂　　陶板增强剂
电陶增强剂　　新型坯用甲基　　坯用甲基（CMC）　　其他特殊用途增强剂

公司责任：让泥土变得更有价值，让客户使用我们的产品而受益！
公司愿景：让世界每一块有窑业的热土，都有我们生命的足迹！

佛山市杨森化工有限公司　　佛山市陶隆新型材料有限公司
TEL：(0757)82266519/82266559　　http://www.fsyangsen.com（杨森化工网址）
联系人：江先生 13809250378　　曹小姐 13929969148

$29,000,000,000

根据世界卫生组织研究报告指出，**滑倒**已经成为世界各地意外或非故意死亡伤害的第二大原因，全球每年因滑倒受伤产生的医疗损失高达美金**290亿**。

数据源：实况报导 世界卫生组织媒体中心
全球每年仍发生3730万因跌倒而需送医治疗案例
2021 世界卫生组织

您的安全谁来把关？

大鸿制釉防滑釉，通过中国建材行业标准检测并取得专家认证，砖面湿式静摩擦系数：美规大于0.5达到『很安全』『非常安全』等级，澳规达到P4以上『滑倒风险低』『滑倒风险非常低』等级，『涩而不粗，细而不滑』，有效预防滑倒摔伤，您的安全，由大鸿来把关！

*國家發明專利廿年許可號: ZL 2013-1-0565409.3 **仿冒必究**

大鸿防滑釉 细致 防滑 易洁 耐磨 耐酸碱

中国制釉　多一层保护

业务洽谈：林先生 18029316999 / 施先生 18029316988 / 刘先生 13990607016

佛山市新集化工科技有限公司
FOSHAN XINJI WINTOP CHEMICAL MATERIAL CO.,LTD

碳酸锶 碳酸钡

诚信创造财富　科技引领未来

——碳酸锶、碳酸钡专业供应商

诚实守信兴骏业
守法守德展宏图

地址：广东省佛山市禅城区汾江南路109号利豪大厦1座16楼
电话：0757-82707369 / 82707879
手机：李生 135-2775-8818　189-2317-7358